"十二五"江苏省高等学校重点教材
(编号:2015-1-145)

武器装备概论
(第2版)

袁军堂　张相炎　编著

国防工业出版社

·北京·

内 容 简 介

武器装备是武装力量用于实施和保障战斗行动的武器、武器系统以及与之配套的其他军事技术装备的统称,是进行战争的物质基础,是军队战斗力的重要组成部分。武器装备的现代化是国防和军队现代化的重要标志。随着新军事变革的深入发展,多兵种、立体化协同作战将是现代战争的主要模式。本书全方位介绍陆、海、空、天立体空间各种作战模式下的主战武器装备,包括陆、海、空主战武器装备,火箭军武器装备,无人作战平台及武器装备,太空战、信息战的基本概念和武器装备及其发展趋势,新概念武器的概念、类型及在未来战争中的应用前景等。

本书旨在为大学生提供一本全面了解多兵种、立体化协同作战条件下所使用的武器装备类型、作用及其发展趋势的通识教材;着力提升大学生的军事理论素养,也可作为军事理论课和军训的配套教材。本书图文并茂、内容丰富、系统性强、可读性好,也是一本普及武器装备知识、提高国民国防素质的科普读物,也适合现役军人、文职人员、各类在校学生和武器爱好者阅读。

图书在版编目(CIP)数据

武器装备概论/袁军堂,张相炎编著. —2版. —北京:国防工业出版社,2019.1(2023.11重印)
ISBN 978-7-118-11742-4

Ⅰ.①武… Ⅱ.①袁… ②张… Ⅲ.①武器装备—概论 Ⅳ.①E92

中国版本图书馆 CIP 数据核字(2018)第 286899 号

※

国防工业出版社 出版发行
(北京市海淀区紫竹院南路23号 邮政编码100048)
北京虎彩文化传播有限公司印刷
新华书店经售

*

开本 787×1092 1/16 印张 20½ 字数 471 千字
2023年11月第2版第3次印刷 印数 6001—7000册 定价 58.00 元

(本书如有印装错误,我社负责调换)

国防书店:(010)88540777	书店传真:(010)88540776
发行业务:(010)88540717	发行传真:(010)88540762

第 2 版前言

  本书是一部全方位介绍陆、海、空、天立体空间各种作战模式下主战武器装备的科普教材,是"武器装备概论"国家精品视频公开课和大学素质教育精品通选课的配套教材,也是"十二五"江苏省高等学校重点建设教材。2011 年由国防工业出版社出版,全书彩色印刷,装帧精美,累计 5 次共印刷 8500 册,受到师生好评。除本校使用外,教育部、工信部和解放军所属 20 余所高校也选用该教材作为本科生或研究生的教学用书。

  近年来,世界范围内新军事变革风云变幻,武器装备也取得了新的发展,各国都研制和列装了一批新式武器装备。本书第 2 版绪论部分对新中国武器装备的发展历程进行了补充和完善;第 2 章陆战武器装备部分补充了近年来列装的或通过阅兵和防务展等方式公开的国内外轻型自动武器及士兵系统、自行火炮、自行火箭炮、新型主战坦克及装甲车辆、智能灵巧弹药、战术导弹等;第 3 章和第 4 章适当增加了海战、空战使用的先进武器装备,如航空母舰编队及舰载机、战略核潜艇、新型导弹驱逐舰、四代战机、战略轰炸机、预警机等;第 5 章介绍了火箭军使用的弹道导弹、巡航导弹以及反导系统;第 6 章~第 9 章补充了近年来信息战武器装备、太空战武装装备、无人作战武器装备和新概念武器装备方面的发展状况。书中引用和参考了许多中外学者的论文和著作,武器大全、军事科技等网站的信息,以及相关武器装备图片等,谨在此一并表示诚挚的感谢。

编著者
2018 年 12 月

第1版前言

武器装备是进行战争的物质基础，是军队战斗力的重要组成部分。武器装备的现代化是国防和军队现代化的重要标志，其发展水平体现了一个国家的军事、经济实力和科学技术水平。当今的武器装备已发展为庞大而复杂的武器装备体系，该体系通常由主战武器装备、综合电子信息系统和综合保障系统三大部分组成。在现代战争中，这三大部分相辅相成，共同为取得战争胜利发挥重要作用。随着新军事变革的深入发展，立体化、多兵种协同作战将是现代战争的主要模式，"指技合一"是对新时期军队干部知识、能力、素质的基本要求。

国防生是未来我军主要技术力量之一。国内目前有100多所普通高等学校招收国防生，为我军培养高级技术人才。目前，在校国防生有数万人。了解各类武器装备的性能、在战争中的作用及今后的发展方向，对提高国防生军事理论素质具有重要意义。

目前，国内介绍武器装备方面的科普读物已有不少，但大都只是介绍某一种类型武器（如手枪、火炮、坦克装甲车辆、军舰、作战飞机等）、单一兵种或单一作战模式（陆战、海战、空战等）所使用的武器，缺乏系统性。本书系统地介绍陆、海、空主战武器装备，无人作战平台，新概念武器的类型、发展现状及在战争中发挥的作用，以及太空战、信息战的基本概念和武器的发展趋势。本书旨在为各专业国防生提供一本全面了解多兵种、立体化协同作战条件下所使用的武器装备类型、作用及发展趋势的通识教材，着力提升国防生的军事理论素质。本书全方位介绍陆、海、空、天立体空间各种作战模式下的主战武器装备，图文并茂，系统性强，可读性强，同时也为普及武器装备知识、提高国民国防素质提供一本参考书，适合在校学生、现役军人和武器爱好者阅读。

本书共八章。第1章绪论，简要介绍武器装备的基本概念，以及武器与战争的关系、中国武器装备发展概况；第2章陆战武器装备，主要介绍陆战及其武器装备的相关基本概念、基础知识和发展，包括轻武器、火炮、坦克装甲车辆、弹药等；第3章海战武器装备，主要介绍海战及其武器装备的相关基本概念、基础知识和发展，包括航空母舰、巡洋舰、驱逐舰、护卫舰、导弹快艇等水面舰艇和潜艇、舰载武器等；第4章空战武器装备，主要介绍空袭作战与反空袭作战及其武器装备的相关基本概念和基础知识，包括战斗机、强击机、轰炸机、侦察机、预警机等军用飞机和武装直升机、各类导弹、航空炸弹、防空高炮系统等；第5章空间作战武器装备，简要介绍空间作战及其武器装备的相关基本概念、基础知识和发展趋势，包括各类军用卫星、反卫星武器、航天飞机、空间站、空天飞机等；第6章无人作战武器装备，简要介绍无人作战及其武器装备的相关基本概念、基础知识和发展趋势，包括地面无人作战平台、水中无人作战平台、空中无人作战平台、太空无人作战平台等；第7章信息战武器装备，简要介绍信息战及其武器装备的相关基本概念、基础知识和发展趋势，包括综合电子作战系统、信息作战平台、信息战武器等；第8章新概念武器装备，简要介绍新概念武器装备的相关基本概念、基础知识和发展趋势,包括动能武器、定向能武器、非致命武器、纳米武器、基因武器、气象武器等。

本书主要由袁军堂教授和张相炎教授共同编著完成,鞠玉涛教授、王亚平副教授分别参与了第4章和第8章的编写工作,刘宁讲师、高永峰博士、硕士研究生贺永明、邓文、熊细文等参与了部分章节的资料整理工作,给予了大力支持和帮助。本书由谈乐斌教授担任主审专家,付出了辛勤劳动,提出了许多宝贵意见及建议;书中还引用和参考了许多中外学者的论文和著作,以及相关武器装备图片,谨在此一并表示诚挚的感谢。

本书内容广泛,涉及多方面的技术知识。由于编者水平有限,书中难免存在缺点和错误,殷切希望广大读者批评指正。

编著者
2010年12月 于南京

目　　录

第1章　绪论 ·· 1
　1.1　战争与武器 ··· 1
　1.2　武器装备 ··· 3
　1.3　新中国武器装备的发展历程 ·· 5

第2章　陆战武器装备 ·· 13
　2.1　陆战的基本概念 ·· 13
　2.2　轻武器 ·· 14
　　　2.2.1　概述 ·· 14
　　　2.2.2　轻武器的类型 ·· 15
　2.3　火炮 ·· 25
　　　2.3.1　火炮概述 ··· 25
　　　2.3.2　火炮的种类 ·· 27
　2.4　坦克装甲车辆 ··· 42
　　　2.4.1　概述 ·· 42
　　　2.4.2　坦克装甲车辆的种类 ·· 45
　2.5　弹药 ·· 56
　　　2.5.1　弹药概述 ··· 56
　　　2.5.2　弹药的种类 ·· 58
　2.6　陆战武器的发展方向 ·· 75

第3章　海战武器装备 ·· 77
　3.1　基本概念 ··· 77
　3.2　水面舰艇 ··· 78
　　　3.2.1　概述 ·· 78
　　　3.2.2　水面舰艇的类型 ·· 80
　3.3　潜艇 ·· 107
　　　3.3.1　概述 ·· 107
　　　3.3.2　潜艇的类型 ·· 109
　3.4　勤务舰船 ··· 117
　　　3.4.1　概述 ·· 117
　　　3.4.2　勤务舰船的类型 ·· 118
　3.5　舰载武器装备 ··· 124
　　　3.5.1　概述 ·· 124

3.5.2　舰载武器的类型 …………………………………………………………… 124
　3.6　海战武器装备的发展方向 …………………………………………………………… 134

第4章　空战武器装备 …………………………………………………………………… 136
　4.1　空战的基本概念 ……………………………………………………………………… 136
　4.2　军用飞机 ……………………………………………………………………………… 137
　　　4.2.1　概述 …………………………………………………………………………… 137
　　　4.2.2　军用飞机的类型以及在空战中的作用 ……………………………………… 138
　4.3　军用直升机 …………………………………………………………………………… 154
　　　4.3.1　概述 …………………………………………………………………………… 154
　　　4.3.2　军用直升机的种类 …………………………………………………………… 157
　4.4　空袭武器 ……………………………………………………………………………… 166
　　　4.4.1　概述 …………………………………………………………………………… 166
　　　4.4.2　空袭武器装备 ………………………………………………………………… 166
　4.5　反空袭武器 …………………………………………………………………………… 173
　　　4.5.1　概述 …………………………………………………………………………… 173
　　　4.5.2　反空袭武器系统 ……………………………………………………………… 173
　4.6　空战武器装备的发展方向 …………………………………………………………… 181

第5章　火箭军武器装备 ………………………………………………………………… 183
　5.1　概述 …………………………………………………………………………………… 183
　5.2　弹道导弹 ……………………………………………………………………………… 184
　5.3　巡航导弹 ……………………………………………………………………………… 188
　5.4　反导系统 ……………………………………………………………………………… 193

第6章　空间作战武器装备 ……………………………………………………………… 203
　6.1　空间战概述 …………………………………………………………………………… 203
　6.2　空间作战武器装备 …………………………………………………………………… 207
　6.3　空间作战武器的发展趋势 …………………………………………………………… 221

第7章　无人作战武器装备 ……………………………………………………………… 223
　7.1　无人化战场 …………………………………………………………………………… 223
　7.2　无人作战平台特点 …………………………………………………………………… 225
　7.3　空中无人作战平台 …………………………………………………………………… 227
　7.4　地面无人作战平台 …………………………………………………………………… 234
　7.5　水中无人作战平台 …………………………………………………………………… 240
　7.6　空间无人作战平台 …………………………………………………………………… 247
　7.7　无人作战平台的发展趋势 …………………………………………………………… 251

第8章　信息战武器装备 ………………………………………………………………… 253
　8.1　信息战概述 …………………………………………………………………………… 253
　　　8.1.1　信息化战争 …………………………………………………………………… 253
　　　8.1.2　信息战 ………………………………………………………………………… 253
　　　8.1.3　信息化军队 …………………………………………………………………… 257

  8.2 信息化武器装备 259
    8.2.1 综合电子信息系统 259
    8.2.2 信息化弹药 260
    8.2.3 信息化作战平台 261
    8.2.4 单兵数字化装备 262
    8.2.5 信息战武器 263

第9章 新概念武器装备 272
  9.1 概述 272
  9.2 动能武器 273
  9.3 定向能武器 280
  9.4 信息武器 288
  9.5 非致命武器 292
  9.6 地球物理环境武器 299
  9.7 纳米武器 305
  9.8 基因武器 313

参考文献 317

第1章 绪　　论

1.1　战争与武器

在人类社会发展过程中,战争与武器始终是紧密联系在一起的。从宏观来看,战争是政治的延续,是包括经济、科技、军事、外交等因素在内的综合国力的较量。从局部来看,战争是人与武器装备有机结合的战斗力的较量,武器装备与军队的战斗力息息相关。战争中,人的因素是第一位的,但是军事技术和武器装备的作用也非常重要,特别是在高技术战争中,人的因素和武器的结合将更加紧密,信息化武器装备在战争中发挥的效能也越来越显著。

战争的需求是武器装备发展的催化剂,战争对武器装备的需求推动了兵器、舰艇、航空、航天、动力、电子技术的发展。同时,新式武器装备的发展及运用,又对战争样式和结果产生了巨大影响。

人类最初使用原始兵器可以追溯到公元前60万年。那时候,原始人已经学会用石头做工具。在以狩猎、捕鱼和采集为主要生活方式的原始经济条件下,最早用于武力冲突的兵器就是由这些生产工具转化而来的,而参战的人员也是部落中的一员。在漫长的旧石器时代,原始人发明了石刀、石矛、石斧等劈刺型兵器,到了新石器时代又发明了弓箭。弓箭一直是战争中最主要的投掷型兵器。当人类进入第一个阶级社会(奴隶社会)以后,奴隶主阶级为了镇压奴隶的反抗和对外掠夺,组织脱离生产的人员,并用最精良的武器装备为专门的武装力量(军队)。而规模越来越大的武装冲突也演变成为战争。武器的发展史贯穿于人类社会发展史、科技发明史和战争史的始终。通常,按使用的武器装备特征,可粗略把战争分为冷兵器时代战争、热兵器时代战争、机械化时代战争、信息化时代战争。

公元17世纪以前,人类处在农业经济社会。这个时代的战争主要使用石质、木质、青铜和铁质的兵器,相对后来的以化学能(火炸药)为能源的"热"兵器而言,称为"冷"兵器,称这个时代的战争为冷兵器战争。各种冷兵器的原理,都是一种传递或延长(借助杠杆、弓弩张力)人的体能的战斗器械。冷兵器主要有以下几种类型:进攻型手持兵器,如刀、枪、剑、戟、斧、叉、矛、鞭、锤、铲等;弹射兵器:弓、弩等;防御性兵器,如盾、铠甲、胄(盔)等;运载工具,如战船、战车、战马等。

火药的发明是兵器技术的一次重要革命,在公元808年,我国就已记载了这项发明。公元10—12世纪,我国已将火药用于兵器,制成火球、火箭、火蒺藜、火炮等火器。13世纪,这项技术先后传入阿拉伯及欧洲。但是,由于当时的技术水平很低,火器的威力很小,过于笨重、制造困难、价格昂贵,难以大量使用,因此在战场上只占很小部分。冷兵器仍是这一代战争的主要兵器。

公元17—20世纪末,人类处在工业经济社会。这个时代的战争主要使用以化学能

（火药、炸药）为主要能源的兵器，大大提高了兵器发射与推进的距离和杀伤破坏的威力，称为"热"兵器，这个时代的战争也称为热兵器战争。特别是在欧洲，16世纪就发明了枪炮机械点火装置并取代了火绳枪，对中国传入欧洲的火炮做了许多改进，如采用粒状火药、铸铁炮弹、活动炮架和瞄准装置，提高了射程和机动性。17世纪后，欧洲人又发明了来复枪、左轮手枪、手榴弹等，火炮成为军舰、城堡攻防的重要武器。19世纪中叶起，枪炮设计又出现了一系列重大改进，后装式火炮、定装式弹药、带反后坐装置的弹性炮架、螺旋膛线及旋转稳定弹丸、无烟火药及TNT炸药等奠定了枪、炮作为热兵器时代主要武器的技术基础。各种运载工具的发明，使得热兵器时代战场空间与机动速度大大增加，开始了武器装备机械化进程。枪械、火炮、火箭是现代常规武器。

20世纪50年代朝鲜战争后，喷气式战斗机和空空导弹得以迅速发展；60年代越南战争后，精确制导炸弹、武装直升机备受军方青睐；70年代第四次中东战争后，电子战武器、无人机得到快速发展；80年代发生的英阿马岛战争使人们对反舰导弹刮目相看；90年代发生的海湾战争、科索沃战争以及21世纪发生的伊拉克战争更是各种高技术武器综合运用的试验场。战后各军事大国都纷纷总结经验教训，竞相发展适用于远程打击、精确交战、夺取战争时空优势和信息优势的高技术武器装备，特别是综合电子信息系统、防空反导武器、精确制导武器、信息战武器、空天武器、动能武器和定向能武器等。武器装备的发展和应用是无止境的，如大规模毁灭性的核化生武器，能危及人类生存的基因武器、气象武器，以及诱发瘟疫、地震的灾害武器等。因此，全人类需共同努力，有理智地控制科学技术的军事发展和应用。

进入20世纪80年代，以信息技术为中心的新技术革命开始深刻地影响经济与社会的发展。与此同时，发生在20世纪90年代的几场局部战争也呈现出未来战争的信息化特征。

战略的转变对武器装备的发展具有推动作用。新中国成立以来，我军随着战略的转变，陆、海、空、火箭军、战略支援部队武器装备也得到了长足的发展。按照新的战略构想，2035年基本实现国防和军队现代化，到21世纪中叶全面建成世界一流军队。陆军由区域防卫型向全域机动型转变；海军由近岸防御向近海防御，并具备一定的远海作战能力转变；空军由国土防空向国土攻防兼备，并向战略空军转变；火箭军由初具战略打击能力向兼备核常导弹攻击能力，并向具备陆基战略核反击能力和常规导弹精确打击能力转变；战略支援部队是维护国家安全的新型作战力量，是我军新质作战能力的重要增长点，主要是将战略性、基础性、支撑性都很强的各类保障力量进行功能整合后组建而成的。成立战略支援部队，有利于优化军事力量结构、提高综合保障能力。20世纪90年代后期以来，我军由半机械化向机械化与信息化复合发展转变，武器装备加快发展，形成了以第二代装备为主体、第三代装备为骨干的现代武器装备体系。

近年来，我军围绕打赢信息化条件下局部战争需要，大力提高官兵素质，加快发展高新技术武器装备，扎实开展实战化训练，信息化条件下的战略威慑和实战能力显著提升。尤其是战略预警能力、机动能力、中远程精确打击能力和信息化对抗能力有了很大提高，陆海空军和火箭军、战略支援部队的联合作战能力明显增强，确保了有效维护国家的主权、安全和领土完整。

1.2 武器装备

随着新军事变革的深入发展,立体化、多兵种协同作战将是现代战争的主要模式,"指技合一"是对新时期军队干部知识、能力、素质的基本要求,了解各类武器装备的性能、在战争中的作用及今后的发展方向,对提升军队指战员的军事理论素质具有重要意义。同时,也对普及武器装备知识、提高国民国防素质具有重要意义。

武器,有时又称兵器,它是直接用于杀伤敌人有生力量(战斗人员)和破坏敌方作战设施的工具。武器可以是一根简单的木棍,也可是一枚高科技的核弹头。古代有弓、箭、刀、矛、剑、戟等,近现代相继出现枪、炮、化学武器和火箭、导弹、核武器等。武器又泛指进行斗争的工具和手段。任何可造成伤害的事物(甚至是心理上的)都可称为武器。

武器装备,是武装力量用于实施和保障战斗行动的武器、武器系统以及与之配套的其他军事技术装备的统称。武器装备是进行战争的物质基础,是军队战斗力的重要组成部分。武器装备的现代化是国防和军队现代化的重要标志,其发展水平体现了一个国家的军事、经济实力和科学技术水平。人类社会经历了冷兵器、热兵器、机械化、信息化时代战争,武器装备正在向智能化方向发展。当今的武器装备已发展为庞大而复杂的武器装备体系,该体系通常由主战武器装备、综合电子信息系统和综合保障系统三大部分组成。在现代战争中,这三大部分相辅相成,共同为取得战争胜利发挥重要作用。

武器发展到现代已成为一个非常庞大的家族。武器家族成员众多,随着科技的进步,新的成员层出不穷,各具特色。因为武器是在矛与盾的对抗中发展起来的,所以呈现出名目繁多、相互兼容的特点,给武器分类带来了许多困难。

按照武器不同的特征,可以将武器作不同的分类。

(1) 按时代分类,可分为古代武器、近代武器、现代武器和未来武器。

(2) 按制造材料分类,可分为木兵器、石兵器、铜兵器、铁兵器、复合金属兵器和非金属武器。

(3) 按武器的性质分类,可分为进攻性武器和防御性武器。

(4) 按武器的作用分类,可分为战斗武器和辅助武器。

(5) 按能源分类,可分为冷兵器、火药武器、核武器、化学武器、生物武器、激光武器、粒子束武器、声波武器。

(6) 按原理分类,可分为打击武器、劈刺武器、弹射武器、爆炸武器、定向能武器和动能武器。

(7) 按杀伤力分类,可分为常规武器和非常规武器(核武器、化学武器、生物武器)。

(8) 按作战任务分类,可分为战略武器和战役、战术武器。

(9) 按使用空间分类,可分为地面武器、水域武器、空中武器和太空武器。

(10) 按军种分类,可分为陆军武器、海军武器、空军武器、火箭军武器、战略支援部队武器。

(11) 按用途分类,可分为压制武器、反坦克武器、防空武器、反舰艇武器和反卫星武器。

(12) 按武器的重量分类,可分为轻武器和重武器。

（13）按机动能力分类,可分为固定基座式武器、活动基座式武器、自行式武器、牵引式武器等。

现代武器是指现在各国实际使用中的、库存的、正在研制的武器。按照人们的习惯,现代武器可分为14种:

（1）枪械,包括手枪、步枪、冲锋枪、机枪和特种枪。

（2）火炮,包括加农炮、榴弹炮、火箭炮、迫击炮、高射炮、坦克炮、反坦克炮、航空炮、舰炮和海岸炮等。

（3）装甲战斗车辆,包括坦克、装甲输送车和步兵战车等。

（4）舰艇,包括战斗舰艇(航空母舰、战列舰、巡洋舰、驱逐舰、护卫舰、潜艇、导弹舰等)、两栖作战舰艇(两栖攻击舰、两栖运输舰、登陆舰艇等)、勤务舰艇(侦察舰船、抢险救生舰船、航行补给舰船、训练舰、医院船等)。

（5）军用航空器,包括作战飞机(轰炸机、歼击机、强击机、反潜机等)、勤务飞机(侦察机、预警机、电子干扰机、空中加油机、教练机等)、直升机(武装直升机、空中运输直升机等)、无人驾驶飞机、军用飞艇、军用气球等。

（6）军用航天器,包括军用人造卫星、宇宙飞船、空间站和航天飞机。

（7）化学武器,包括装有化学战剂的炮弹、航空炸弹、火箭弹、导弹弹头和化学地雷等。

（8）生物武器,包括生物战剂(细菌、毒素和真菌等)及其施放装置等。

（9）防爆武器,包括橡皮子弹、催泪瓦斯、炫目弹、高压水枪等。

（10）弹药,包括枪弹、炮弹、航空炸弹、手榴弹、地雷、水雷、火炸药等。

（11）核武器,包括原子弹、氢弹、中子弹和能量较大的核弹头等。

（12）精确制导武器,包括导弹、制导炸弹、制导炮弹等。

（13）隐身武器,包括隐身飞机、隐身导弹、隐身舰船、隐身坦克等。

（14）新概念武器,包括定向能武器(激光武器、微波武器、粒子束武器)、动能武器(动能拦截弹、电磁炮、群射火箭)、军用机器人和计算机"病毒"等。

在冷兵器时代,由于武器的技术水平很低,所以都是单兵使用的器械。随着武器技术的发展,武器的功能、类别、结构越来越复杂,机械化、自动化程度越来越高,在完成战斗任务时,必须把各种武器、技术装备根据各自的功能,按照一定的规范组合起来,以便高效率地统一行动,完成指令任务。

武器系统是由若干功能上相互关联的武器及各种技术装备有序组合、协同完成一定作战任务的整体。武器系统是一个表达武器及其运行所需各部件的总称。武器系统是功能上有关联,共同用于完成战斗任务的数种军事技术装备的总称。在任何一种武器装备综合系统中,其必备部分是在武装斗争中用于毁伤各种目标的军用武器。武器系统不是各部分的简单集合,应是正确的系统整合,内部有机协调,整体优化。武器系统内部有严格的精度分配、时间分配、性能分配、功能协调。武器系统整体有科学的考核指标,对分系统及系统单元有严格要求。

武器系统可以分成战略武器系统与战术武器系统,其中,每类又可分为进攻武器系统和防御武器系统。根据武器功能的不同,又可分为许多子系统。例如,野战防空武器系统,是由中、小口径高炮、地空导弹、光电跟踪测距装置及火控计算机等组成;坦克武器系统,是由坦克武器(坦克炮、坦克机枪和弹药)与坦克火控子系统(观察瞄准仪器、测距仪、火控计算机、坦克稳定器和操纵装置)组成;防空、反导防御系统,是由地空导弹、目标搜索、识别、跟踪系统、导引系统与指挥控制中心组成;等等。

可以看出,任何武器系统都应具备如下基本功能:

(1) 目标探测与识别。利用各种侦察、观(探)测手段(如雷达、光学、光电探测、声纳等)搜索目标,并对目标的类型、数量、型号、敌我属性等进行辨识。

(2) 火力与指挥控制。根据目标探测与识别所获得的各种信息,通过不同的工作站实现信息收集、信息传输、信息(融合)处理、信息利用过程,并完成对目标的威胁估计、对所属部队的任务分配及指挥决策、对火力单元实施射击的诸元(方位角、高低角)计算等工作。

(3) 发射与推进。根据火力与指挥控制系统确定的射击诸元,通过发射管道(如炮管、枪管、发射筒、发射井)或其他推进装置(如火箭推进器)提供的动力,赋予战斗部(弹丸)一定的初速,将其抛射到预定的目标上(或区域)。

(4) 弹药毁伤。先通过发射与推进过程将战斗部(弹丸)送抵预定目标上(或区域),再通过弹丸内装填物(剂)的物理、化学、或生化反应等过程,使弹丸与目标发生碰击、侵彻、爆炸作用,以达到毁伤目标的军事目的。

(5) 辅助设施。为保障部队及兵器(武器)系统正常工作、输送等的其他设备。

1.3 新中国武器装备的发展历程

中华人民共和国成立70多年来,国防和人民军队建设发生了历史性变化,取得了辉煌成就。武器装备经历了从"小米加步枪"到"飞机坦克加大炮",从机械化到机械化与信息化融合,从"两弹一星"的成功到陆、海、空、天和声、光、电等各类尖端武器装备的不断研发的过程。解放军武器装备建设日新月异,实现了突飞猛进的跨越式发展,已逐步形成具有中国特色的机械化与信息化复合发展的武器装备体系,某些领域跻身世界先进行列。目前,三代主战坦克、09式步兵战车、052D驱逐舰、"辽宁号"航空母舰、歼20飞机、轰6K战略轰炸机、空警-2000预警机、"长剑"-10巡航导弹和"东风"系列新型战略核导弹等高新技术装备已在部队列装,为我军现代化建设和军事斗争准备提供了物质技术支撑。

2011年,国防大学徐焰少将在《国防现代化买不来——新中国武器装备的发展历程》一文中,从军事技术角度分析,把解放军武器装备自1949年中华人民共和国成立至今的发展历程归纳为四个阶段。

(1) 技术引进、仿制生产(1950—1961年)。近代中国面对世界时,已处于极度衰弱的状态,其首要原因是社会生产水平仍停滞于落后的农耕方式而错过了工业化大潮,军事上也错过了热兵器、机械化这两个历史发展机遇。北洋军阀和国民党统治时期忙于内战,国家始终处于分裂混乱之中,当权者重点经营的军工产业不过是外国的附庸,国内连一辆汽车、一架飞机都不能独立制造。1949年全国解放时,虽然我国是世界上人口第一大国,但是工业产值排在世界第26位。当时国内几个兵工厂如沈阳兵工厂、太原兵工厂、重庆兵工厂等都只能生产少量机枪、步枪等轻武器,连迫击炮都造不好,更无法生产机械化装备,弹药年生产能力也仅能达到1万t。相比之下,第二次世界大战期间美、苏、德等国的年弹药生产量都在200万t以上。当时发达国家军队已进入了机械化时代,如1950年美国军队平均3个人一辆机动车,苏联军队平均10人一辆机动车,中国人民解放军平均500人一辆机动车。

世界军事发展史证明,没有国家工业化,就不可能有真正的军队机械化和现代化。新中国成立后,毛泽东主席便提出:"中国必须建立强大的国防军,必须建立强大的经济力量,这是两件大事。"鉴于当时国内工业基础过于薄弱,中国国防事业采取了"两条腿走路"的方针,一方面应急购买苏联先进装备,另一方面建立独立的国防体系。20世纪50年代中国重工业建设起步时,我国军工部门及时补上了机械化这一课,同时在发展核武器方面实现了跨越式发展,抓住了一个重要的历史机遇。抗美援朝战争期间,新中国出于作战急需,主要以半价赊购方式(只有少量属苏联无偿赠送)引进了苏联106个陆军师、23个空军师的装备,欠下了30亿元人民币的外债(当时折合13亿美元)。1951—1954年,中国同苏联达成了"156项"重点工业项目的引进,其中军工企业便占了44项,苏方以成本价提供陆、海、空三军配套的飞机、舰艇、大炮、坦克等武器装备的生产线,并免费提供相应技术。中国能获得这一世界军事历史上罕见的重大援助,主要因素并不是当时所宣传的"国际主义",而是国家间的利益交换,是因为中方在朝鲜战争中站到第一线流血牺牲,苏联才给予了相应的回报。真正了解中苏交往史的人都知道,在苏联领导人中,赫鲁晓夫对华提供的援助最多,水平也最高。1953年他担任苏共第一书记时内外地位不稳,急需刚赢得抗美援朝战争胜利而在国际上有很高威望的新中国的支持,对华援助特别是军事援助有了质的提升。斯大林援华时提供的大多是第二次世界大战时用过的旧品,赫鲁晓夫上台后提供的则是现役的各种常规武器的生产技术。

新中国刚建立起的军工企业在苏联专家帮助指导下,用苏联提供的设备仿制生产出56式枪械、歼-5战斗机、带"5"字头的各种火炮、59式坦克等主要装备,这些都达到或接近了当时的世界先进水平。不过,20世纪50年代世界强国已经迈入核武器阶段,毛泽东在赫鲁晓夫1954年首次访华时又提出能否在这方面提供帮助,却受到婉拒。中共中央于1955年决定,开始核弹、导弹的预研。1956年东欧发生了反对苏联控制的波兰、匈牙利事件,翌年夏天苏共莫洛托夫等元老又想推翻赫鲁晓夫政权。在此形势下,赫鲁晓夫才不顾军方坚决反对,于1957年7月同意向中国提供原子弹、导弹样品,帮助建立核工厂,其交换条件则是毛泽东访苏对他表示支持。1957年10月,中苏签订《国防新技术协定》,规定苏联再援建102项重点项目。毛泽东随后访苏,在61国共产党、工人党会议上拥护苏联在社会主义阵营的"为首"地位。苏联对华的"两弹"(导弹、核弹)项目援助,主要是帮助中国建设了最早的原子反应堆、浓缩铀工厂、核燃料棒工厂、铀矿和核试验基地,提供了P-2型导弹样品。后因中苏之间产生政治矛盾,苏联于1960年7月中断了"两弹"方面的援助并撤走专家。不过中国在此前得到了一些核武器制造设备和许多技术援助,还是大大缩短了研制时间。苏联撤退专家后留下的核工厂"半拉子工程",毕竟比自己白手起家要好得多。中国能以世界上最快的速度研制完成"两弹一星",主要是自力更生的结果,苏联早期的帮助也起了重要作用。1961年中苏关系有所缓和,赫鲁晓夫在主动提出中国可延迟还债时,又提供了"米格"-21战斗机等新装备及其生产技术资料。不过中苏关系这一度好转为时不久,便因同年11月苏共召开二十二大时中共反对批判斯大林并支持阿尔巴尼亚而再度闹翻。1962年11月,苏联以古巴导弹危机时中国对其不予支持反而影射抨击为由,在"米格"-21的技术资料还未最后交齐时停止这一援助项目,对华的军事帮助至此停止。不过中国军事工业通过全面接受和掌握苏联20世纪50年代水平的武器装备技术,对奠定国防工业的基础还是起到了重大作用。当年主管经济工作的中共中央副主席陈云在1984年会见苏联老朋友时曾表示,对苏联给予的这些援助,"中国人民都没有忘记,也永远不会忘记"。

(2)技术突破、自主研制(1962—1978年)。20世纪60年代初,苏联援助中断,中国的武器发展进入了一个将近20年的完全自主研制阶段。此间中国同苏联逐渐进入敌对状态,同美国为首西方国家的关系虽由对抗走向缓和,却基本未得到军事技术帮助,国内的科研人员和军工企业在近乎封闭状态下自力更生研制武器装备。20世纪60年代最令国人自豪的军事成就就是"两弹"的研制成功。这一项目受苏联撤退专家的影响并不大,是因为中国自己有一批从国外学成回国的顶尖专家,并且在苏联援助中断前就掌握了核心技术和全面配套的设备。中国于1960年研制成功地地导弹,1964年首次爆炸原子弹成功,1966年实现了原子弹和导弹的"两弹"结合发射成功,1967年空投氢弹爆炸试验成功,1970年成功发射了人造地球卫星。中国开始"两弹"项目时,一辆汽车、一架飞机还都不能独立制造,在此薄弱基础上起步,十几年内就完成了"两弹一星"项目,创造了世界上研制时间最短的跨越式发展奇迹。当年出于"争气"的鼓劲需要,曾宣传搞尖端武器是"勒紧裤腰带",其实若仔细计算,中国在"两弹一星"项目上的花费总计只有100亿元人民币左右,只相当于每年国家财政支出的2%和年均国防费的12%,这在世界各大国研究核弹、导弹时又是花费最少的。当年中国的尖端武器能实现跨越式发展,其主要原因有两点:一是起点高,从起步便瞄准世界先进水平;二是有所为有所不为,集中力量在重点领域。中国在接受苏联援助的设备、技术时,一开始就掌握着自主知识产权。在"文化大革命"的动乱中,从事"两弹"研制的知识分子和技术人员还大都得到保护,使这一项目还能在恶劣的环境中继续发展。中国在尖端武器方面取得的这些成就,为国家提供了重要的战略威慑能力,成为在世界上奠定大国地位的重要支柱之一。1970年"两弹一星"项目最后完成,1971年联合国便通过恢复新中国的合法席位并驱逐台湾的"中华民国"代表的决议,其中的因果关系是不言自明的。

在20世纪60年代和70年代,中国的常规武器研制进入了一个漫长的消化苏联技术的时期,虽有部分自主创新,却因原有技术基础薄弱而未能实现跨代突破,"文化大革命"的动乱又造成许多科研、生产单位处于瘫痪或半瘫痪状态。鉴于常规装备与世界水平的差距拉大,60年代后期中央军委又强调"师团行动骡马化",出现了指导思想的倒退,军队的训练和许多日常工作也受到很大干扰。当时许多武器项目的科研指导又出现急躁冒进思想,违反科学规律而按"大会战"方式搞突击。例如,空军同时上马研制歼-8、歼-9、歼-11、歼-12、歼-13,十几年间却没有一种能够定型。海军虽制造出新型驱逐舰,舰体建好后却迟迟缺少相应的雷达等仪器,十余年后才能形成有效的战斗力。无数事实证明,国防现代化是一项艰巨的系统工程,应该靠提高全民全军的科学素质来解决,不能依照小农经济的单向思维以短期努力希望一蹴而就。从1964年起,我国半数左右的基本建设经费投入在三线建设,在西部原来的偏远地区形成了一个庞大的独立的军工体系,对改善我国国防工业的布局起到了一定作用。不过当时实行的是"军民两层皮"的建设模式,军工体系的建设只是单纯投入,没有经济收益,这也使国防科研经费往往难以为继。由于国防企业只生产军品而不生产民用品,军品援外还以"不当军火商"的精神免费赠送,国防企业日益成为一种沉重的包袱。这样的军工建设模式不仅影响了国家经济建设和人民生活改善,也影响了国防工业的自身发展。在 1978 年十一届三中全会召开前的十几年间,解放军的常规装备在仿苏式基础上几乎未能出现质的突破,原先与世界先进水平已经大大缩小的差距又重新拉开。我国武器装备发展在这一阶段的独立探索,经历了种种曲折,虽然步履维艰并走了不少弯路,却毕竟积累了经验,并总结了教训。通过自身的努力,还锻炼出一支本国自主科研队伍,这又为后来的大发展创造了基础条件。

(3)技术储备、战略调整(1979 年—20 世纪 90 年代后期)。1978 年末召开的中国共产党十一届三中全会,开始了改革开放的进程,中国的武器装备发展也迎来了一个全新局面。通过拨乱反正,全军部队和国防科研部门确立了以现代化为中心的正确发展方向,清算了"左"的错误,我国的军队和国防科研、军工部门通过面向世界,走出国门,开阔了眼界,也迎来了技术上的全面创新发展。改革开放之初,我国的一些军工部门领导人走出国门,与西欧军工科研机构开展了交流,由此他们痛感自身的差距并增强了追赶的紧迫性。当时我国的有关部门曾设想过成批购买西欧的先进装备为部队实行换装,如陆军一度准备购买西德的"豹"-2 坦克和反坦克炮,海军曾洽购英国的 42 型驱逐舰并想引进技术改造自己的 051 驱逐舰,空军则商议购买英国的"鹞"式和法国的"幻影"战斗机,不过西方讲求实利的军工企业家只热衷推销武器成品,不肯转让核心技术,要价之高又令人咋舌。当时有人计算,购买西欧的装备为解放军全面换装需要数百亿美元,若使国内的军工体系再由苏式更换为欧美系列则花费加倍。1981 年中国的外汇储备不过 27 亿美元,还要优先满足经济建设,自然不可能再走 20 世纪 50 年代那种全面引进之路。何况美国和西欧国家在骨子里仍把中国这个"共产党国家"视为异类,关键性技术控制很严,中国买来武器后在零配件和技术保障上又要受制于人,到头来在政治上也会被"卡脖子"。曾是中国国防工业奠基人的聂荣臻元帅针对这一情况特别指出,像中国这样一个大国,不可能买来一个国防现代化。中国领导人通过分析本国情况,认为提高本国军队装备的出路还在于自研,对外交流主要是学习引进技术。由于立足于自研为主,并积极引进国外先进技术,当时国内军工科研在经费大幅压缩的情况下仍有重大进步。国内军工企业对国外先进武器只少量购买样品,再努力吃透其技术,并以引进的技术改造旧装备。例如,军工行业引进国外的航电技术改造了歼-7 战斗机,用引进的火控技术改造了 59 式坦克,都使其战斗力有了跨代升级。20 世纪 80 年代以后,军队长期实行了"忍耐"方针,国防费用一再压缩,中国的国防企业对武器则采取多研制、少生产的方式,虽然相当长时间内军队装备没有太大改善,军事科技水平却有了不小的提升。如 1981 年中国用 1 枚运载火箭成功发射 3 颗卫星,这一技术运用到军事领域便可使一枚导弹分导出多弹头。1982 年常规潜艇水下发射弹道导弹成功,1988 年核潜艇在水下发射弹道导弹成功,都标志着战略武器水平又有了跨越性发展。在 1984 年国庆 35 周年的天安门广场阅兵式上,中国自行研制的"东风"系列洲际导弹、中程导弹和 69-Ⅲ型主战坦克、自行榴弹炮、装甲输送车及歼-8 歼击机都参加了检阅。这些武器的技术标准虽与世界先进水平相比至少有着 20 年差距,却显示了我国常规兵器研制突破了长期相对停滞的局面而有了质的跨越。

在大力引进国外先进军工技术同时,中国军工企业也打开了国外军售市场。中共中央十一届三中全会前后,邓小平便提出,不当军火商不行了。在 1979 年,中国以向埃及出售歼-6战机为开端,将武器也作为外销商品推向国际军贸市场,在20世纪80年代还取得了不小的销售量。例如,当时通过引进西方航电设备对歼-7进行改造,向十几个国家出口上千架。此时出口创汇获得的收益不仅解决了军工企业的经费来源困难,又为下一步的武器研制提供了重要资金,从而形成了良性循环。西方国家联合对中国实行军品禁售,而中苏关系却实现了正常化。苏联衰落和俄罗斯联邦初建时,其军工企业急需经费以解决生存困境,中国因此再度从隔绝了30年的旧日合作伙伴那里引进了具有国际80年代水平的战机、地空导弹、潜艇。中国在20世纪90年代初的对俄军购数量并不算太大,却解决了一些重点技术的引进问题,与之前对西方装备的探索相结合,再加上自主开发能力的大大提升,中国对重点武器的开发有了不少质的突破。一些在研装备吸收了俄罗斯新型装备的优点,大大加快了研发速度,有些还"青出于蓝而胜于蓝"。从90年代中后期起,中国军队将信息化作为军队建设方向,装备信息化也被列为武器发展的重中之重。海湾战争、科索沃战争的实践证明,现代信息电子技术已经改变了战争的样式,"硅片较量"比"钢铁拼搏"更重要。由于国家"863"高技术研究发展计划的实行,整个国家科技水平的提升又为向军品研制转化创造了重要的前提条件,国内电子信息工业的发展,也使国防科研和军工生产迈上一个台阶。1999年新中国成立50周年的天安门广场阅兵,向世人初步展示了中国军队新一代武器的外貌,如新型坦克、装甲车和各类导弹都大批亮相,这些作战平台与国际先进水平的差距已大幅缩小。与此同时,中国各军工企业也都按行业组成各集团公司,以符合市场经济规律的运行方式推动武器的研制,大大促进了主战装备在与世界接轨的标准下得到大发展。

(4) 技术创新、跨越发展(20世纪90年代末至今)。现代武器装备的研制是国家科技水平的结晶,同时也靠经济实力支撑。中国通过改革开放大大增强了经济实力,迈向21世纪后终于结束了"忍耐"期,对国防的投资逐年增长。尤其是1999年美机轰炸中国驻南联盟大使馆事件的发生,不仅激怒了全国民众,也使国防部门更深刻地认识到增强国防科技实力的重要性。据2009年国庆60周年阅兵时宣布的数字,在此前10年间中国对武器装备研制方面的投入已经超过了1999年以前的50年。但是中国的国防投入,目前按比例计算还低于世界平均水平,更少于美国等西方国家。2010年间中国的国内生产总值为39万多亿元人民币,而国防费预算为5321亿元,只占国内生产总值的1.4%左右。2010年美国的国内生产总值为14.6万亿美元,军费开支却占4.5%,按汇率换算后,美国的军费开支是中国的7倍。当然,与世界各大国相比,中国经济总量近些年增长迅速,国防费支出在10年间已由世界第五位跃居世界第二位。进入21世纪后,由于国内科技水平得到跃升和国防投入增加,军工科研终于得到了解放以来从未有过的良好物质保障,武器研制有了快速发展。如果将20世纪50年代至60年代前期算作中国武器发展的第一个黄金期,进入21世纪后可谓进入了第二个黄金期。相比之下,第一个黄金期中国军队武器的快速发展还是全面模仿苏联,第二黄金期的发展特点却是自主研发,对外购买少量武器只是作为补充,这才有了赶上世界先进水平的希望。

自20世纪90年代末以来,中国每年都有一些重大的军工科研突破,尤其是弥补了过去基础研究的众多弱项,在航空、航天、船舶、兵器、军用电子、工程物理等高技术领域取得了一大批具有世界先进水平的成果。解放军陆军第三代坦克批量装备部队,先进的野战防空装备、远程火力突击装备也大量生产;国产第三代战机歼-10等列装航空兵后形成了以第三代战机为骨干的空中武器装备体系;世界先进水平的防空反导装备研制成功,加上先进的空空导弹、空地导弹,又使空军逐步具备攻防兼备作战能力;国产新型导弹驱逐舰、导弹护卫舰大量列装,使海军先进舰艇数量具备一定规模,并配备各种先进舰载武器系统,极大增强了防区外打击能力和编队防空能力;第二炮兵部队开始装备机动的战略核导弹,已具备核常兼备、慑战并举的作战能力;解放军信息支援能力日益提高,电子战水平也有了极大提高。中国军队建设带来的装备更新换代,已经逐步形成具有本国特色的机械化与信息化复合发展的武器体系,在某些领域里跻身于世界先进行列。尤其令中国人民自豪的是,国防科研部门发挥自身的强项,在进行信息化建设的同时迈向外层空间,"神舟"1号至"神舟"11号相继发射成功,2007年1月还进行了反卫星试验。

中国国防科研水平的跃升,使国产武器在国际军贸市场上也走向高端,改变了过去以低档廉价为主的外销方式。中国推向国际市场的FC-1"枭龙"战斗机、国产"凯山"防空导弹、"江卫"级护卫舰等重型主战装备,都被认为不逊于西欧国家同类产品的水平,价格又具有优势,因而受到众多发展中国家的欢迎。在武器外销增加时,中国的武器外购却在不断减少。在2008年珠海航展上,中国一位导弹总设计师曾公开对记者发表讲话说:"前些年我们从某些航空强国引进一些装备、技术,这对我们是有不小帮助的。但再过三年,最多五年,他们再想向我们销售产品就会相当的困难,因为那时我们的技术水平可能已经赶上甚至超过了他们。"

2009年的新中国成立60周年天安门阅兵,是对新中国武器装备发展的一次大检阅。参阅部队在地面有30个装备方队,展示的武器数量超过以往历次国庆阅兵,而且性能也有了新的跨越,并能充满自信地公布了型号和部分性能。阅兵中出现的96式和99式国产第三代主战坦克,虽在1999年天安门广场阅兵中已出现过,但是其内部设备已有了质的飞跃,外装甲上的防护设施也有了可见的改进。汽车牵引的火炮已经退出了阅兵行列,参加阅兵的火炮都是自行火炮和车载突击炮,其中的155mm自行加农榴弹炮出口中东后被用户认为优于西方同类装备。"东风"-31甲战略导弹在阅兵式上又再次作为重要方阵亮相,显示出"个头变小、威力更大"的特点,说明已具备了第二次打击能力。再加上"东风"-21中程导弹和"长剑"-10巡航导弹的亮相,形成了远、中、近程配套的体系,表明了中国军队核常兼备的战略打击能力大大提高。阅兵中的海军因不可能"陆上行舟",主要以车载方式展示了多种导弹,显示出反舰和防空作战能力的跃升。空军受阅编队的战机达150架,是解放后历次阅兵中数量最大、机型最多的一次,而且所有战机都为国产,其中如歼-10、歼-11又属第三代,令不少人感到神秘的国产预警机也首次加入受阅阵营。

2011年1月11日,中国新研制的第四代战斗机歼-20在成都进行了试飞,使我国成为继美国、俄罗斯之后第三个能研制出这一代新战机的国家。随着全球范围高科技的发展,航空作为高投入、高科技密集的产业,在世界上已经成为"贵族"产业,只有美国、俄罗斯还维持原有的完整的飞机制造业,欧洲国家必须联手合作才能共同维持完整的航空工业,其他国家则在很大程度上成为美、俄、欧洲航空工业体系里的配角。在此形势下,中国航空业能异军突起,标志着基础工业、装备制造业、材料科学、电子科学等各个相关领域都有了重大突破,并将改变未来空军强国的格局。近些年国际上的局部战争已证明,空军已成为"首战之军",中国在世界战机的研制领域已超越西欧而跃入前三名之列,这为解放军空军在确保"首战用我,全程用我"提供了物质保证。中国武器装备的大幅进步,也使各军兵种的战略任务有了新的变化。陆军强调全域机动,海军实行了近海防御到远海防卫,空军实施攻防兼备,火箭军则能够核(弹)常(规)并用。2004年以后的《中国国防白皮书》也已经向国内外宣布,中国军队建设的重点是信息化,能打赢信息化条件下的局部战争将是军事斗争准备的主要任务。中国在综合国力增强后,也不会走对外扩张之路,但要保持国防实力的适当发展,才能对国际反华势力和分裂势力起到有效的震慑作用。

2012年9月25日,中国第一艘航空母舰"辽宁舰"在中国船舶重工集团公司大连造船厂正式交付海军。2013年,"辽宁舰"航空母舰顺利完成多次训练、舰载机歼-15开始量产。海军一大批新型驱逐舰、护卫舰先后入列。多艘056级轻型导弹护卫舰下水,056型导弹护卫舰"蚌埠舰""大同舰""营口舰""梅州舰""百色舰""上饶舰""惠州舰""钦州舰",054A型多用途全封闭导弹护卫舰"潍坊舰""岳阳舰",052C型"中华神盾"导弹驱逐舰,903A型大型综合补给舰"太湖舰""巢湖舰"入列海军。直-10和直-19等武装直升机不断列装陆航部队,歼-20及歼-31隐身战机试飞工作相继取得进展,运-20大型运输机和"利剑"无人战机首飞。

2014年,海军武器装备主要表现为054A护卫舰的规模化列装和052D驱逐舰的正式列装。歼-20重型隐身歼击机试飞不断取得新进展,运-20重型运输机进入采购阶段,歼-31亮相珠海航展。空中预警机、加油机、通信机、电子战飞机等改型,"巨浪"2导弹开始战备执勤。2015年,空军方面是预警机、歼-31、歼-20、运-20和直-10的天下,海军方面几乎每月一艘导弹护卫舰或驱逐舰下水,满载排水量超过25000t的07船坞登陆舰最抢眼。各种保障性舰艇不断列装部队。陆军方面,09式轮式战车、96A式主战坦克、99A式主战坦克、35t新型坦克、05式水陆坦克、04A型步兵战车、03式伞兵战车、05式水陆两栖步兵战车、05式155mm自行加榴炮、"红箭"-10反坦克导弹发射车等列装部队使陆军装备有了质的改变,而陆军单兵武器几乎全部换装。

2015年9月3日,在纪念中国抗日战争暨世界反法西斯战争胜利70周年大阅兵上展出的武器装备中,首次在阅兵展示的有ZTZ-99A主战坦克、"红箭"-10反坦克导弹、PLZ-05A 155mm自行加榴炮、猛士防护型突击车、"猛士"反恐突击车、PGZ-07双联35mm自行高射炮、"红旗"-6A弹炮一体末端防御系统、"海红旗"-10近程舰对空导弹、"鹰击"-12超声速反舰导弹、"东风"-16常规弹道导弹、"东风"-21D反舰弹道导弹、"东风"-26中程弹道导弹、"东风"-5B洲际弹道导弹、BZK-005中型长航时无人机、攻击-1中型长航时无人机、JWP02通用无人机、轮式轻型分队指挥车、频谱监测车、轮式装甲无线电接入节点车、整体自装卸运加油车、机场综合保障车、拆装修理车、履带抢救车、空警-500预警机、运-8技术侦察机、空警-200、轰-6K战略轰炸机、歼-15舰载歼击机、直-8B直升机、直-10武装直升机、直-19武装直升机等。

进入2016年,中国第二艘航空母舰建造的公开、052D导弹驱逐舰的入列和中国多弹头洲际导弹的曝光,都受到世人瞩目。2017年4月26日,中国第二艘航空母舰在大连出坞下水,标志着我国自主设计建造航空母舰取得重大阶段性成果。2017年6月28日,自主研制的新型万吨级055型导弹驱逐舰下水仪式在上海江南造船(集团)有限责任公司举行。055型驱逐舰的研制,是中国海军极具里程碑性质的事件,其意义甚至超过首艘国产航空母舰项目。因为055型驱逐舰自身的强大战斗力和先进技术,让中国人民海军首次拥有全球最强大的驱逐舰。

2017年7月30日上午9时,庆祝中国人民解放军建军90周年阅兵在朱日和训练基地举行,这是新中国成立以来首次为建军节举行的阅兵。本次亮相的武器中,有40%是首次亮相。首次参加阅兵的新式装备既包括歼-20、歼-16等大名鼎鼎的明星武器,也有"东风"31AG等几乎从未露面的拳头武器。运-20大型运输机也首次亮相阅兵式。红旗-9B和红旗-22两型地空导弹,"鹰击"-12A反舰导弹,09式自行高炮、"红旗"-6弹炮导弹发射车和跟踪高炮车,解放军陆军陆航突击部队首次亮相。直-10武装直升机、直-19武装直升机、直-8运输直升机等多种机型参加阅兵。战略支援部队的通信干扰无人机、雷达干扰无人机和反辐射无人机也一同亮相。

新中国成立60多年来,神州大地发生了天翻地覆的巨变。人民军队的面貌也由"小米加步枪"走到了今天的机械化加信息化。"神舟"飞船遨游太空,导弹神箭刺破青天,新型核潜艇可下五洋,装甲铁骑高速驰骋……新中国一代代军工人员和广大指战员在武器装备的研制生产方面付出了艰辛的努力,创造了辉煌的业绩。不过我们也应清醒地看到,我军装备的总体水平与世界发达国家相比还有不小的差距,具体表现在:新装备比例明显偏低,武器装备的一体化水平还不够高,武器性能、可靠性、轻型化、精确化、信息化等方面亟待提高,新武器缺乏实战检验。

党的十九大报告提出:坚持走中国特色强军之路,全面推进国防和军队现代化。国防和军队建设正站在新的历史起点上。面对国家安全环境的深刻变化,面对强国强军的时代要求,必须全面贯彻新时代党的强军思想,贯彻新形势下军事战略方针,建设强大的现代化陆军、海军、空军、火箭军和战略支援部队,打造坚强高效的战区联合作战指挥机构,构建中国特色现代作战体系,担当起党和人民赋予的新时代使命任务。适应世界新军事革命发展趋势和国家安全需求,提高建设质量和效益,确保到2020年基本实现机械化,信息化建设取得重大进展,战略能力有大的提升。同国家现代化进程相一致,全面推进军事理论现代化、军队组织形态现代化、军事人员现代化、武器装备现代化,力争到2035年基本实现国防和军队现代化,到21世纪中叶把人民军队全面建成世界一流军队。

世界一流军队必须要有一流的武器装备。解放军武器装备建设今后仍将保持连续、高速的跨越式发展。随着信息技术、人工智能的飞速进步和越来越广泛地应用于军事领域,武器装备未来发展趋势将更加突出"四化四性",即信息化、系统化、精确化、智能化,全维性、多样性、抗毁性、保障性。

第 2 章 陆战武器装备

2.1 陆战的基本概念

陆战是指在陆地上实施的战斗行动。陆战武器通常是指陆军实施战斗行动所采用的武器。现代陆战是由摩托化步兵、坦克兵、炮兵、空降兵、火箭军、野战防空兵、陆军航空兵、两栖登陆部队以及支援保障部队共同实施的战斗行动。通常上述诸兵种采用的主要武器均属于陆战武器。

在火药发明以前,军队里使用的兵器称为冷兵器。冷兵器大概可以分成三个阶段,首先是史前时期,从考古学来讲叫石器时代,这个阶段的兵器称为石器时代的兵器。开始青铜冶铸后,兵器开始以青铜为主要材质,这个时期的兵器称青铜时代的兵器。人们懂得了金属的冶炼后,兵器的主要材质改为钢铁,这个时期的兵器称为铁器时代的兵器。所有冷兵器都是一种传递或延长(借助杠杆、弓弩张力)人的体能的战斗器械。冷兵器时代的作战方式只能是排兵、布阵,兵对兵、将对将式的短兵相接,或车、马队形的冲杀与肉搏。城堡是最有效的防御工事,如有两千多年的历史的万里长城。冷兵器战争的战场主要在陆地。因此,在冷兵器时代,陆战主要是由配有冷兵器的士兵结成一定阵形,以白刃格斗决胜负。这种以冷兵器杀伤作为陆战基本内容的格斗方式,经历了徒步格斗、车战和步骑战等阶段,持续了一个漫长的历史时期。

火药的发明是武器技术的一次重要革命,在公元 808 年,我国就已记载了这项发明。10—12 世纪,我国已将火药用于兵器,制成火球、火箭、火蒺藜、火铳等火器。13 世纪,这项技术先后传入阿拉伯及欧洲。在 12 世纪以后的许多次战争中都有使用火器参战的记录。火器的出现,特别是线膛武器的出现和广泛应用后,火力逐渐成为决定陆战胜负的一个重要因素。第一次世界大战时,陆军部队装备了大量的机枪、火炮和少量的坦克,出现了步兵、炮兵、坦克协调一致的协同战斗。这种陆战,不仅以火力和突击消灭敌人,而且以迅速的机动,利用和发展突击的效果,使火力、突击和机动相结合成为取得战争胜利的基本要素。第二次世界大战期间,应用大量的坦克、飞机及空降兵进行战斗,成为陆战的主要样式。随着火力、突击、机动以及现代侦察能力的提高,防护的要求越来越高,陆战又有了新的发展。

随着现代科学技术的发展,许多国家的陆军部队除装备了各类先进的枪械、火炮和坦克装甲车辆外,还大量装备了精确制导武器和武装直升机,以及电子、红外等技术器材,陆军武器装备向立体化方向发展,军队的火力、突击力、机动力明显增强,防护力也有很大提高。现代陆战是立体的协同战斗,具有杀伤破坏力大、情况变化快、战斗样式转换迅速、指挥协同复杂和勤务保障艰巨等特点。在地面战斗中,已由打步兵为主变为打装甲目标为主,同时还要打空降、打飞机、打导弹。防核、化学、生物武器,电子干扰与反干扰等也成为陆战的重要内容。本章主要介绍陆战中使用的轻武器、火炮、坦克装甲车辆及各种弹药,武装直升机将在空战武器中介绍。由于火箭军主要担负战略任务,所以火箭与导弹将在火箭军武器装备中介绍。

2.2 轻 武 器

2.2.1 概述

1. 轻武器的基本概念

轻武器通常是指单兵或班组携行使用的武器,又称"轻兵器"。它包括各类枪械、榴弹武器系统及单兵导弹等。主要装备对象是步兵,也广泛装备于其他军兵种,如航空兵、海军陆战队、特种兵、武装警察等。其主要作战用途是杀伤有生力量,毁伤轻型装甲车辆,破坏其他武器装备和军事设施。还有各种机枪配置在装甲车辆、飞机、舰艇上作为近距离攻击及防御使用。

轻武器的主体是枪械,通常包括手枪、冲锋枪、步枪、机枪和特种枪(霰弹枪、防暴枪、救生枪、信号枪)等,还包括军用刀具、榴弹发射器、单兵火箭发射器、单兵便携式导弹系统等。一个国家枪械(尤其是步枪)的发展水平,可以看成是其轻武器发展水平的标志。枪械是利用火药燃气发射弹头的轻型身管射击武器,口径小于20mm,是步兵突击火力的重要组成部分,用于在近距离上杀伤敌方有生力量,压制火力点,攻击陆地轻型装甲、低空目标、小型船只,是进攻和防御中作战的有效武器,也是三军主要的自卫武器,它具有机动灵活、不受地形气象条件的约束、适应性强、勤务保障简便等特点。

轻武器的主要特点:重量轻,体积小,多数能单独使用,可由单兵或战斗小组携行;使用方便,开火迅速,火力猛烈;环境适应能力强,可以在恶劣的条件下作战,人能达到的地方轻武器就能达到,特别适应于敌后斗争使用;品种齐全,可以按任务要求进行装备,杀伤人员,击毁装甲,防卫低空,纵火焚烧,施放烟幕、毒气等均可使用轻武器;结构简单,易于制造,成本低廉,适于大量生产,大量装备。

2. 轻武器的主要作用

轻武器具有其他武器不可替代的战术功能。在现代战场上部队不会只局限于一地作战,地面攻防战斗往往是在看得见的距离上进行交火。在现代战争中,轻武器是现代步兵(轻步兵和装甲步兵)手中的基本武器,是近战中最有效的杀伤手段;轻武器在支援步兵冲击,在压制和摧毁敌人火力点(敌机枪掩体、榴弹发射器和反坦克武器阵地等)方面,有相当大的威慑和打击作用;防御时,在近距离内,轻武器是遏止和粉碎敌人轻步兵冲击的主要火力源泉;在特定条件下战斗(丛林、峡谷、城镇等),轻武器能够发挥非常重要的作用;在敌后游击作战中,袭击敌人运输线(特别是它的油料供应系统)、供应基地、前线机场、导弹发射基地、通信联络系统和指挥机关等,轻武器可能是战斗使用的主要武器;警戒、巡逻、侦察和自卫,必须配装轻武器;在反装甲的梯次火力配系中,步枪等配装的枪榴弹等轻型反装甲手段,有不可忽视的作用;轻武器具有一定的防低空低速空中目标(如伞降兵、直升机和低空飞机等)的作用。

3. 轻武器的发展简史

火器的产生源于9世纪初中国发明的火药。1259年中国制成的以黑火药发射子窠的竹管突火枪,被认为是世界上最早的身管射击火器。14世纪出现火门枪,15世纪出现火绳枪,16世纪出现燧石枪(又称燧发枪),19世纪初出现击发枪,19世纪中叶出现金属弹壳定装弹后装击针枪,19世纪下半叶出现弹仓枪,19世纪末出现自动枪械。在这长达600余年的发展过程中,枪械本身由前装到后装,由滑膛到线膛,由非自动到自动,经历了多次重大的变革。19世纪中叶以前,枪械的发展主要集中在提高点火方法的方便性和可靠性方面,19世纪末开始在提高射速方面有了突破性的进展。同时,枪械的品种由少到多,重量逐渐减轻,口径由大到小,射程由近及远,射速也逐渐提高,才发展到今天这样的水平。

19世纪末期,后装枪和金属弹壳定装枪弹已经成熟。20世纪以来,为了伴随步兵班战斗,笨重的机枪演绎出了轻机枪;阵地争夺战的增加,要求在近距离内增大火力,使冲锋枪出世参战;飞机和坦克在战场上的运用,使坦克机枪、航空机枪、高射机枪、反坦克枪、无坐力发射器、火箭发射器和单兵导弹等相继发展起来。

随着科学技术的进步,轻武器将在探索新的工作原理、新型结构产品方面继续发展。在提高轻武器机动能力的同时,还要着重增强其威力,加大其火力密度,以提高其作战效能;提高轻武器对任务、人员和环境的适应性,加强轻武器反坦克、反空袭的能力,使枪械实现点、面杀伤与破甲一体化。轻武器在新材料、新能源和高技术的采用方面也将大有前途。

2.2.2 轻武器的类型

轻武器的分类如表2.1所列。

表2.1 轻武器的分类

轻武器	枪械	手枪
	按用途分	冲锋枪
		步枪
		轻机枪
		重机枪
		大口径机枪
		特种枪(霰弹枪、防暴枪、救生枪、信号枪等)
	按自动方式分	导气式
		管退式
		枪机后坐式
	榴弹武器	手榴弹
		枪榴弹
		榴弹发射器
		便携式火箭发射器
		便携式导弹发射系统
		无后坐力发射器
	特种轻武器装备	刀具
		弓弩
		激光枪
		单兵遥控攻击弹药

1. 手枪

手枪主要指用单手握持发射的短管枪械,使用专用的手枪弹药,多用于近战和自卫,有效杀伤距离一般不超过50m。

手枪是单人使用的自卫武器,它能以其火力杀伤近距离内的有生目标。手枪由于短小轻便,携带安全,能突然开火,能杀伤近距离内的有生目标,一直被世界各国军队和警察,主要是指挥员、特种兵以及执法人员等大量使用。手枪虽然不是对战争胜负起到重要影响的武器,但它仍是军队不可缺少的装备。无论战争如何现代化,对于指挥官、后勤人员等来说,在紧急情况下进行自卫,手枪仍是必不可少的。

与其他枪械比,手枪的主要特点是:重量轻,体积小,便于随身携带;枪管短小,口径小,适合于杀伤近距离内的有生目标;多采用半自动(单发)射击;结构简单,操作方便,易于大批量生产,成本低。手枪的不足之处是有效射程近,一般不超过50m。

手枪按使用对象可分为军用手枪、警用手枪和运动用手枪;按用途可分为自卫手枪、战斗手枪(大威力手枪)和特种手枪(包括微声手枪和各种隐身手枪);按结构可分为自动手枪、左轮手枪和气动手枪(如运动手枪)。

世界著名的手枪有意大利"伯莱塔"92F型手枪(见图2.1)、奥地利"格洛克"17型手枪、美国"柯尔特"M2000型手枪(见图2.2)、德国P229型手枪、中国QSG92式手枪(见图2.3)、德国HKP7型手枪、美国"鲁格"P85式手枪、美国M1911A1式手枪、捷克CZ83型手枪、苏联"托卡列夫"TT30手枪等。

图2.1 意大利"伯莱塔"92F型手枪　图2.2 美国"柯尔特"M2000型手枪　图2.3 中国QSG92式手枪

2. 冲锋枪

冲锋枪指单兵双手握持能连发射击手枪弹的轻型全自动速射枪械。冲锋枪只用来杀伤有生目标,单发射击时,可杀伤300m以内的单个目标;连发时可以对200m以内的单个或集群活动目标射击。

冲锋枪是一种经济实用的单兵近战武器,特别是轻型和微型冲锋枪由于火力猛烈、使用灵活,很适合于冲锋和反冲锋,在丛林、战壕、城市巷战等短兵相接的战斗中更能见其长。因此,目前冲锋枪作为枪族重要成员之一,对于步兵、伞兵、侦察兵、边防部队及警卫部队等来说,仍然是一种不可缺少的个人自卫和战斗武器。

冲锋枪比步枪短小轻便,具有较高的射速,火力猛烈,适于近战和冲锋时使用,在200m内具有良好的作战效能。冲锋枪结构较为简单,枪管较短,采用容弹量较大的弹匣供弹,战斗射速单发为40r/min,长点射时为100~120r/min。冲锋枪多设有小握把,枪托一般可伸缩和折叠。

冲锋枪在前两次世界大战中发挥了重要作用。世界著名的冲锋枪有俄罗斯AN-94

冲锋枪、英国"司登"冲锋枪、芬兰 M1931"索 m"冲锋枪、德国 MP5 系列冲锋枪(见图2.4)、捷克斯洛伐克 ZK383 冲锋枪、俄罗斯"波波莎"7.62mm 冲锋枪、美国 M3 式冲锋枪、中国 56 式冲锋枪、中国 79 式轻型冲锋枪等。

图 2.4　德国 MP5 冲锋枪

　　冲锋枪枪弹威力较小,有效射程较近,射击精度较差。从国外轻武器发展势头来看,除了微型、轻型、微声冲锋枪仍有生命力以外,常规冲锋枪将被小口径突击步枪所取代。

3. 步枪

　　步枪指单兵使用的长管肩射枪械,由于步枪的枪管内膛一般都有膛线(又称来福线),因此又称来福枪。主要用于发射枪弹,杀伤暴露的有生目标,有效射程一般为 400m;也可用刺刀、枪托格斗;现代步枪有的还可发射枪榴弹,具有点面杀伤和反装甲能力。步枪是步兵使用的最基本武器之一。它被称为枪中"元老",因为其他各种枪都是在步枪的基础上发展起来的。

　　步枪是步兵的基本装备,为单兵肩射的长管武器主要用于杀伤暴露有生力量,有效射程为 400m。也可用刺刀或枪托格斗,步枪是步兵最早使用的、装备数量最多的、使用面最广的射击武器,俄罗斯 AK47 式 7.62mm 步枪世界闻名(见图 2.5)。

图 2.5　俄罗斯 AK47 式 7.62mm 步枪

　　步枪按自动方式可分为非自动、半自动和全自动方式三种,现代步枪多为自动步枪。步枪按用途可分为普通步枪、突击步枪、骑枪(卡宾枪)和狙击步枪;按枪弹又可分为大威力枪弹步枪、中间枪弹步枪和小口径步枪。最近,以色列一家名为"墙角射击"的公司推出一种新型"拐弯步枪"(见图 2.6),使射击者在墙角一侧无须暴露自己就能向另一侧射击,让拐角成为对自己有利的地形。由于反恐战的需要,在军事上对单兵战斗武器的要求越来越高,在军队和警队中应用"拐弯步枪",都可以提高近距离搏斗和城市战的战斗力。

狙击枪是指一种在普通步枪中挑选或专门设计制造,射击精度高、射程远、可靠性好的专用步枪。一般仅能单发,多数配有光学瞄准镜,有的还带有两脚架,装备狙击手,主要用于杀伤600~800m以内对方的单个重要有生目标(如指挥人员、车辆驾驶员、机枪手等),以及压制或消灭敌人的火力点,表尺的射程为1500~2000m,有效射程一般为1000m。狙击步枪以其特别高的射击精度,被人称为"一枪夺命"的武器。当代世界著名的狙击步枪主要有美国"巴雷特"M82A1狙击枪(狙击之王,见图2.7)、美国"麦克米兰"Tac-50狙击枪(射程最远)、瑞士Sauer SSG3000狙击枪(单发最准)、德国G3/SG1军用狙击枪(连发最准)、英国精密国际公司AWM/P狙击枪(单发最狠)、美国"斯太尔"Scout通用狙击枪(既轻便,又实用)、国产JS12.7mm狙击枪(亚洲第一狙)、美国Tango 51狙击枪(反恐利器)、德国Blaser R93狙击枪(欧洲狙王)和俄罗斯SV-98狙击枪等。

图2.6　以色列"拐弯步枪"　　　　图2.7　美国"巴雷特"M82A1狙击枪

突击步枪根据现代战争的要求(在缩短的作战距离上,需要有更高的火力威力和更好的机动能力),将步枪和冲锋枪所固有的最佳战术技术性能成功地结合起来,现多指各种类型的能全自动/半自动/点射方式射击,发射中间型威力枪弹或小口径步枪弹,有效射程为300~400m的自动步枪。世界著名突击步枪有苏俄AK系列突击步枪、美国M16式突击步枪、德国G36突击步枪、法国FAMAS突击步枪、中国95式突击步枪(见图2.8)、奥地利AUG突击步枪、比利时FNC式突击步枪、以色列"伽利尔"突击步枪、瑞士SG550式突击步枪、英国L85A1式突击步枪等。

图2.8　中国95式突击步枪

卡宾枪,即骑兵步枪,源于15世纪末西班牙骑兵所使用的一种短步枪。当时西班牙把骑兵称为Carabins(音为"卡宾"),卡宾枪由此而得名。卡宾枪实际上归类属于步枪。

它一般采用与标准步枪相同的机构,只是截短了枪管,是一种枪管较短,重量较轻的步枪,有人称其为"短步枪"。卡宾枪与冲锋枪使用不同的弹药,是显著的区别。卡宾枪与冲锋枪具有相同的短而轻、机动性好的特点。两者的主要区别:冲锋枪火力密集,但由于发射手枪弹,威力较小,射程较近;而卡宾枪属于步枪类,使用的弹药与使用手枪弹的冲锋枪不同,在威力和射程上优于冲锋枪。典型卡宾枪有美国 M1 卡宾枪(见图 2.9)、美国 Colt M4A1 卡宾枪、美国 M16A2 卡宾枪、中国 CQ-A 卡宾枪、美国 XM8 式轻型模块化卡宾枪等。

图 2.9　美国 M1 式卡宾枪

近 20 年来,由于科学技术的迅速发展,出现了一些性能和作用独特的步枪,如无壳弹步枪、液体发射药步枪、箭弹步枪。

4. 机枪

机枪是带有枪架或枪座,能实现连发射击的自动枪械。机枪以杀伤有生目标为主,也可以射击地面、水面或空中的薄壁装甲目标,或压制敌火力点。在枪族中,机枪以它那凶猛的火力所编织的弹雨网令人不寒而栗。机枪是最早发明并投入使用的自动武器。在所有的枪械中,它火力最猛、射程最远、威力最大,堪称枪中之王。

机枪通常分为轻机枪、重机枪、通用机枪和大口径机枪;根据装备对象,又分为野战机枪(含高射机枪)、车载机枪(含坦克机枪)、航空机枪和舰用机枪。

轻机枪是以两脚架为依托抵肩全自动射击的重量较轻的速射枪械,重量轻,携行方便,机动性好,可以由一个士兵操作使用。轻机枪使用步枪子弹,有简单的脚架。由于轻机枪一般装备到步兵分队或步兵班,是步兵班的火力骨干,因此部分国家将其称为班用机枪。轻机枪靠弹链或弹匣供弹,通常每分钟可发射 150 发;连续射击时可连射 300 发,能有效地杀伤 800m 以内的敌人集团目标和重要的单个目标。著名的轻机枪有捷克的 ZB-26、日本的歪把子(见图 2.10)、德国的 MG34、德国的 MG42、美国的 M1918、美国的 M249、俄国的 RPK74、德国的 HK MG4、中国的 95 式等。

图 2.10　日本的歪把子轻机枪

重机枪指装有稳固的枪架的速射枪械,一般质量在 25kg 以上,射击精度较好,能长时间连续射击。重机枪为步兵排的火力骨干。重机枪发射的子弹像流水一样,半分钟内可以连续发射 300 发,能形成一股强大的火力网。它既可以用来压制敌人的火力点,封锁敌人的行动路线;又能大批杀伤集团目标,支援步兵冲锋陷阵。战斗射速为200～300r/min。重机枪的射程比步枪、冲锋枪都远。使用普通枪弹时,在3000m距离仍有一定的杀伤力。用特种弹,射程可达到5000m。它靠大容量弹链/箱供弹,枪架可以调整为平射、高射两种状态,在500m高度内,重机枪打击伞兵非常有效。著名的重机枪有美国"马克沁"重机枪(见图2.11)、M2式"勃朗宁"重机枪、苏联SGM重机枪、中国57式重机枪、中国QJZ89式重机枪等。

图2.11 美国"马克沁"重机枪

通用机枪,也称轻重两用机枪,以两脚架支撑可当轻机枪用,装在枪架上可当重机枪用,是一种既具有重机枪射程远、威力大、连续射击时间长的优势,又兼备轻机枪携带方便、使用灵活,紧随步兵实施行进间火力支援的优点的一种机枪,是机枪家族中的后起之秀。如今,轻重两用机枪作为步兵的重要武器装备,已经是基本取代了重机枪的地位。著名通用机枪有德国MG3式通用机枪、美国M60通用机枪、美国M240通用机枪、苏联PK/PKM通用机枪、比利时FNMAG型通用机枪、法军AANF1通用机枪、中国80式通用机枪、中国88式通用机枪(见图2.12)等。

图2.12 中国88式通用机枪

大口径机枪指带枪架口径一般在12mm以上的速射枪械,由枪身、枪架、瞄准装置等组成。其主要特点是体积小,重量轻,机动灵活,投入战斗速度快,射速快,火力猛,对低空目标射击效果好,主要用于歼灭斜距离在2000m以内的敌人低空目标,还可以用于摧毁、压制地(水)面的敌火力点、轻型装甲目标,封锁交通要道等,是步兵连的火力骨干。大口径机枪按运动方式分为牵引式、携行式和运载式(安装在坦克、装甲车、步兵战车等载体上)。著名的大口径机枪有俄罗斯NSV式、美国RAMOM2式、美国XM312式(见图

2.13)、中国的 77 式、中国 W95 式、新加坡的 50MG 式和英国 M2HB 式等。其中,美国 XM312 式是目前最轻的 12.7mm 大口径枪。

机枪自问世以来,一直是步兵使用最广泛的自动武器之一。它的主要任务是伴随步兵在各种条件下战斗,用以杀伤中近距离的有生目标,也可以射击地面、水面或空中的轻装甲目标或压制火力点。在现代战争条件下,火炮武器的支援距离增加,加上步兵战车的使用,使得机枪特别是地面机枪的机动性、杀伤力和侵彻能力正在不断地改进和提高,并在战场上发挥着非常重要的作用。

图 2.13　美国 XM312 式大口径枪

5. 枪族

枪族是使用同一种枪弹,主要零部件可以通用的几种枪的总称。如苏联 5.45mmAK74 枪族,以 AK74 步枪为基础,还包括 AKC74 折叠步枪、AKP74 短折叠步枪和 РПК74 轻机枪;奥地利 5.56mmAUG 枪族,以 5.56mm 步枪为基础,还包括 5.56mm 短步枪、5.56mm 突击步枪和 5.56mm 轻机枪;我国 7.62mm81 式枪族,以 81 式步枪为基础,还包括 81-1 式折叠步枪和 81 式轻机枪。

枪族化的主要优点是设计周期短,研制成本低,便于工厂大量生产,生产成本低,便于后勤供应和维护保养,便于训练和操作,缩短培训时间等。

枪族的主要形式有通用化式和系列化式。通用化式是结构相同,变更少量零件就可组成步枪、短步枪、折叠步枪和轻机枪等;系列化式是在现有枪族基础上更换少量联结件就可安装在步兵战车、坦克、舰艇、飞机上使用。

6. 榴弹发射器

最初的榴弹轻武器是将一种称为枪榴弹的超口径弹药挂配在枪口上,用枪和枪弹发射。可分为杀伤型和反装甲型。杀伤型枪榴弹一般重 200~600g,杀伤半径为 10~30m,最大射程为 300~600m;反装甲型枪榴弹一般重 500~700g,直射距离为 50~100m,垂直破甲可达 350mm,可穿透 1000mm 厚的混凝土工事。此外,枪榴弹还可发射破甲、杀伤两用弹、特种弹和教练弹等。枪榴弹一般使用筒式发射器和杆式发射器发射。图 2.14 为中国 90 式 40mm 枪榴弹。

图 2.14　中国 90 式 40mm 枪榴弹

榴弹发射器是一种发射小型榴弹的轻武器。其外形、结构和使用方式大多像步枪或机枪。口径一般为20~60mm。因其体积小、火力猛,有较强的面杀伤威力和一定的破甲能力,所以主要用于毁伤开阔地带和掩蔽工事内的有生目标及轻装甲目标,为步兵提供火力支援。其最大射程为400m,可弥补手榴弹与迫击炮之间的火力空白。

由于榴弹发射器在现代战场上具有独特作用,不仅使用相当广泛,而且在同其他轻武器的竞争中不断地完善和发展,因此将成为未来战争中重要的作战武器之一。

榴弹发射器按使用方式,可分为单兵榴弹发射器、多兵榴弹发射器和车(机)载榴弹发射器;按发射方式,可分为单发榴弹发射器、半自动榴弹发射器和自动榴弹发射器三种类型。

单发榴弹发射器只能单发装填(手工装填或弹仓供弹)和单发射击,具有结构简单、体积小、重量轻的特点。因抵肩射击后坐能量的限制,其初速常限制在100m/s以内,最大射程400m左右,战斗射速6~8r/min。单发榴弹发射器有时直接外挂在突击步枪或冲锋枪上称为枪挂榴弹发射器。著名的枪挂榴弹发射器有俄罗斯GP25(见图2.15)、美国M203、波兰wz. Pallad、德国HK79、中国LG2等。

半自动榴弹发射器能自动装填,但只能实施单发射击,它既保持了单兵携行使用的灵活性,又增大了火力密度与火力持续性。其战斗射速可达25r/min,最高达60r/min,初速100m/s左右,最大射程400~600m。著名的半自动榴弹发射器有美军M32半自动榴弹发射器和南非MGL-140半自动转轮式榴弹发射器(见图2.16)等。

图2.15 俄罗斯GP25枪挂榴弹发射器

图2.16 南非MGL-140半自动榴弹发射器

自动榴弹发射器,也称为榴弹机枪或连发榴弹发射器,它能自动装填并实施连发射击。其突出特点是射速高、火力密度大;但因发射器/弹药系统质量高,故机动性较差,多采取机载、舰载、车载使用或步兵战斗小组多人使用。理论射速为300~400r/min,战斗射速100r/min左右,最大射程可达1500~2000m。著名的自动榴弹发射器有美国的MK19-3自动榴弹发射器、美国"打击者"MK47式自动榴弹发射器、德国HK GMG自动榴弹发射器、俄罗斯的"勇士"AGS-30式自动榴弹发射器、新加坡的超轻型AGL式自动榴弹发射器和中国的LG3式自动榴弹发射器(见图2.17)。

榴弹发射器可配用杀伤弹、杀伤破甲弹、榴霰弹以及发烟、照明、信号、教练弹等。榴

图 2.17　中国的 LG3 式自动榴弹发射器

弹一般配触发引信,也有的配反跳或非触发引信。有的国家还利用弹射原理,研制了能抵地曲射、微声、无光、无烟,并能联装齐射的新型榴弹发射器。

7. 单兵火箭发射器

单兵火箭发射器,简称火箭筒,能发射多种超口径弹药。它由发射筒、发射装置和超口径火箭增程弹三部分组成。除能肩射外,它还有轻重两种发射架,可发射多种超口径弹药,是一种能在有限空间发射的多功能近战武器。其主要用途是反坦克、反装甲、反武装直升机、摧毁野战工事、杀伤有生力量、施放烟雾和实施照明等。

从 20 世纪 50 年代初期到 60 年代中期发展的单兵火箭发射器为第一代单兵火箭发射器。第一代反坦克火箭发射器的直射距离达到 400m 以上。例如,苏联的 РПГ-2 型、美国的 M20、瑞典的 M2 卡尔·古斯塔夫、土耳其的 66 式、西德的 PZF44 和中国的 56 式反坦克火箭发射器等。第二代单兵火箭发射器始于 20 世纪 60 年代中期至 70 年代末期,发射筒与火箭弹合为一体。例如,美国的 M72A 系列、苏联的 РПГ-7 系列和 РПГ-9、法国的 F1、西德的 PZF-44-2A1 和"弩"式、瑞典的"m 尼曼"、中国的 70 式和 79 式手持反坦克火箭发射器等。第三代单兵火箭发射器始于 20 世纪 70 年代末到 80 年代中期,轻、重两用型火箭发射器同时发展。例如,美国的 M72E4、苏联的 РПГ-18 和 РПГ-22、法国的"阿皮拉斯""达特 120""萨布拉冈"和 WASP58("黄蜂"58)、瑞典的 M3 和 AT-4 以及中国的 PF89-80-1 型火箭发射器等。第四代火箭发射器从 20 世纪 90 年代初期一直发展到现在。尤其是进入 21 世纪后,这类武器的发展速度明显加快了,单兵火箭发射器已由单一的反坦克武器,发展成为多用途、多功能,并且具有一定智能特性的近战武器。例如,德国"铁拳"3 式(见图 2.18)、美国 M72E、奥地利 LAT500 式、俄罗斯 РПГ-27 式、法国阿帕杰克斯智能型、中国 98 式、中国 2004 式等。德国的"铁拳"3 最大有效射程可达 400m,破甲厚度为 800~900mm。

图 2.18　德国"铁拳"3 式 60mm 火箭发射器

火箭筒的主要特点:重量轻,结构简单,操作方便,造价低,易于大量生产和装备;弹道低伸,射击精度较高;射速高,火力猛,杀伤效果大;能在有限空间内使用,适于城镇巷战,也能在碉堡、掩体以及野战工事内使用;可减小发射痕迹,战场生存能力较强。

8. 单兵便携式导弹系统

单兵便携式(肩扛式)导弹系统主要有单兵便携式防空导弹系统和单兵便携式反坦克导弹系统。

单兵便携式防空导弹系统是地空导弹系列中体积最小、重量最轻、射程最近、射高最小的一种轻型防空武器,主要配备于作战地域前沿或重要设施的防空区域,主要打击对象是低空、超低空飞行的战斗机、攻击机、轰炸机、武装直升机以及巡航导弹。

单兵便携式防空导弹的发射方式大致可分为两种:一种是肩扛式发射;另一种是依托式发射。肩扛式发射就是发射者呈站立姿态,发射仰角选在15°~65°之间,将发射器置于肩上,用单目瞄准镜进行瞄准,像发射反坦克火筒那样扣动扳机便可。依托式发射方式是指发射装置安装在三脚支架上或任何固定及移动的平台上进行发射。导弹的动力装置多为固体火箭发动机,发射时用助推火箭发射,离发射筒数米后主航发动机启动。这种导弹具有小巧、轻便、隐蔽发射的特点,作战高度为50~2300m,最大斜距为4000m,在历次战争中都发挥了重要作用。

单兵便携式防空导弹经历了四代,重点用于超低空点状目标防空,成为超低空飞行目标的克星。根据制导技术来划分,第一代在20世纪60年代中期装备部队,采用光学瞄准和红外自导引,只能白天作战和尾追射击,如美国"红眼睛"、苏联"箭"-2(SA-7)型、中国"红缨"5;第二代在20世纪70年代初期装备部队,采用高灵敏度红外导引头制导或手动无线电指令制导为主,具有一定的全向攻击能力和抗环境干扰能力,如美国"毒刺"型、苏联"箭"-3(SA-14)和"针"-1(SA-16)型、英国"吹管"、中国"前卫"1等;第三代在20世纪80年代初期装备部队,采用双波段被动红外寻的导引头制导、激光波束制导、半自动无线电指令和激光波束的复合制导等,具有全天候、全向攻击能力,能抗红外干扰,如法国"西北风"、英国"星爆"、俄罗斯"针"(SA-18见图2.19)及改进型、美国"毒刺POST"和"毒刺RMP"型、瑞典RBS70和RBS90型、中国"飞弩"-6等。第四代从20世纪90年代初期开始,采用焦平面阵列导引头制导、视成像制导系统和开发相应的以微处理器为基础的智能自适应制导技术,如美国"毒刺"Block Ⅱ型单兵便携式防空导弹系统、日本91式"凯科"等。

图2.19 俄罗斯SA-18便携式防空导弹系统

单兵便携式反坦克导弹系统是体积最小、重量最轻、射程最近的一种轻型反坦克武器,主要配备于作战地域前沿,主要用于反坦克、反装甲、摧毁野战工事等。射程可达2000m,破甲深度可达1000mm以上。

单兵便携式反坦克导弹系统,可由前线步兵单人操作使用,但通常由两名士兵(射手和弹药手)操作使用。有两种发射方式:一是采用立姿或跪姿进行肩射;二是用小型三脚架支撑在地面上进行有准备的射击(卧姿发射)。由于使用三脚架发射时的命中率高,故这种发射方式更为常用。肩射的命中率要低一些,多在遭遇战等紧急情况下使用。导弹的动力装置多为固体火箭发动机。一般采用所谓"软发射"就是先低速起飞,然后加速。发射时,导弹的小型起飞发动机先使导弹以低速飞离导弹发射筒,其后由主发动机提供续航推力,使导弹的速度达到预定速度。这种导弹具有小巧、轻便、隐蔽发射的特点。

便携式反坦克导弹系统经历了四代,从制导技术来看,第一代出现在20世纪60年代,由射手操控制导,采用目视瞄准、跟踪及手动有线传输指令制导,如苏联AT-3、法国SS-10、德国"曼姆巴"、中国的"红箭"73等;第二代出现在20世纪60年代中期,采用目视瞄准、红外半自动跟踪、导线传输指令制导和半自动瞄准线有线指令制导、激光驾束制导系统和光纤制导,如法国和德国研制的"米兰"、美国"龙"M-47、瑞典的"比尔"、法国"沙蛇"、中国"红箭"8、俄罗斯AT-4等;20世纪80年代末期开始第三代,发射后导弹自动攻击目标,如美国"标枪"(见图2.20)、俄罗斯"短号"等;第四代采用智能复合制导方式,可转换攻击目标,具有多个目标攻击能力,如以色列"长钉"等。

图2.20 美国"标枪"反坦克导弹系统

2.3 火 炮

2.3.1 火炮概述

1. 火炮的基本概念

火炮是利用火药燃气压力等能源抛射弹丸,口径大于和等于20mm的身管射击武器。火炮自问世以来,就以其巨大的威力而成为地面战场的主要火力武器。在第二次世

25

界大战期间,火炮被誉为"战争之神",这充分体现了火炮在现代战争中的地位。火炮经过长期的发展,逐渐形成了多种具有不同特点和不同用途的火炮体系,成为战争中火力作战的重要手段,大量地装备了世界各国陆、海、空三军。

火炮属重型常规武器。火炮种类较多,配有多种弹药,可对地面、水上和空中目标射击,歼灭、压制有生力量和技术兵器,摧毁各种防御工事和其他设施,击毁各种装甲目标和完成其他特种射击任务。

2. 火炮的特点

火炮发射过程是一个极其复杂的动态过程。一般发射过程极短(几毫秒至十几毫秒),经历高温(发射药燃烧温度高达 2500~3600K)、高压(最大膛内压力高达 250~700MPa)、高速(弹丸初速高达 200~2000m/s)、高加速度(弹丸直线加速度是重力加速度的 10000~30000 倍,发射装置的零件加速度也可高达重力加速度的 200~500 倍,零件撞击时的加速度可高达重力加速度的 15000 倍)过程,并且发射过程以高频率重复进行(每分钟可高达 6000 次循环)。

火炮发射过程伴随发生许多特殊的物理化学现象。火炮发射过程中,对发射装置施加的是火药燃气的冲击载荷。在冲击载荷的激励下还会引发发射装置的振动。火炮发射过程中,身管的温升与内膛表面的烧蚀、磨损是一系列非常复杂的物理、化学现象。当弹丸飞离膛口时,膛内高温、高压的火药燃气在膛口外急剧膨胀,甚至产生二次燃烧或爆燃。特别是采用炮口制退器时,产生的冲击波、膛口噪声与膛口焰容易自我暴露而降低人和武器系统在战场上的生存能力,对阵地设施、火炮及载体上的仪器、仪表、设备和操作人员都会产生有害作用。

火炮发射特点可以概括为周期性(一发一个循环,要求较好的重复性)、瞬时性(发射过程极短,具有明显的动态特征)、顺序性(每个循环的各个环节严格确定,依次进行)、环境恶劣性(高温、高压、高速、高加速、高应变率、高功率)。

3. 火炮的地位与作用

火炮在战争的激烈对抗中发展壮大,成为战场上的火力骨干,起着影响战争进程的重要作用。以高技术现代化为主要特征的现代战争,新武器的发展和运用,使作战思想,战场上的火力组成和任务分工发生了深刻的变化。在战争的直接对抗中,强大的火炮仍具有重要意义,它不仅是战斗行动的保障,而且仍将是最终夺取战斗全胜的骨干力量。未来战争在空中、海上、地面共同组成的装备体制中,火炮仍然是不可替代的。

战争的多样性决定了火炮品种的多样性,它们的功能各有侧重,轻重梯次配置,和其他武器相互补充、优化组合,形成完整的装备和火力体系。

现代火炮是战场上常规武器的火力骨干,配置于地面、空中、水上各种运载平台上。进攻时用于摧毁敌方的防御设施,杀伤有生力量、装甲车辆、空中飞行物等运动目标,压制敌方的火力,实施纵深火力支援,为后续部队开辟进攻通道;防御时用于构成密集的火力网,阻拦敌方从空中、地面的进攻,对敌方的火力进行反压制;在国土防御中用于驻守重要设施,进出通道及海防大门。它具有火力密集、反应迅速、抗干扰能力强、可以发射制导弹药和灵巧弹药实施精确打击等特点。

4. 火炮的发展简史

火炮的发展是与社会进步分不开的。火炮技术的发展与战争也是密不可分的。科学技术发展带动着军事技术发展,军事技术发展带动着火炮技术发展。

我国是火炮的发源地。早在春秋时期,就出现了抛石机,也称为"砲"。它使人体得到了延伸,可以打击人体够不到的目标,改变了之前面对面地"肉搏"战斗方式。

7世纪,唐代炼丹家孙思邈发明了黑火药,于10世纪初开始用于武器。抛石机的抛射能源以黑火药代替人力后,"炮"取代了"砲"。1259年(宋开庆元年)出现的突火枪,可以认为它就是火炮的雏形。热兵器的出现,不仅提高了兵器的威力,更重要的是使作战模式由"点打击"变为"面打击"。

我国古代金属冶炼铸造技术成就辉煌,直接推动着金属管型火器的诞生。1298年制造的青铜火铳是世界上现存有明确纪年的最古老的"火炮"。金属管型抛射火器的出现,标志着火炮技术实现了第一次质的飞跃。金属管型抛射火器的射程更远,威力更大,使用更安全。

13世纪,我国的火药和火器沿着丝绸之路西传,在战争频繁和手工业发达的欧洲得到迅速发展。欧洲产业革命推动火炮在结构上发生了深刻的变革。1846年出现带螺旋膛线的线膛身管,实现了发射锐头圆柱弹丸的设想,显著提高了火炮的射击密集度和射程。1854—1877年间先后出现的楔式和螺式炮闩,形成了从炮身后端快速装填弹药的新结构。1872年以后陆续出现几种带有弹簧和液压缓冲装置的弹性炮架,有效地缓解了威力和机动性的矛盾,确立了现代火炮的基本构架。跨入20世纪,科学研究成果推动和战争需求,促使火炮不断发展,逐渐形成了一个品种繁多、技术密集的武器家族。

火炮性能的优劣,不仅仅取决于火炮本身,还取决于与之配套的其他装备性能。随着战场需求不断提高和科学技术的发展,现在的火炮,已经不仅仅是一个"发射装置",而成为一个集目标探测与跟踪、瞄准指挥与控制、火力发射等于一身的"火炮武器系统"。火炮武器系统就是指为保证作战效能而以火炮为中心有机组合起来的一整套技术装备的总称。火炮武器系统能在全天候条件下连续测定目标坐标,计算射击诸元,使火炮自动瞄准和射击。

火炮武器系统一般包含火炮火力分系统、火控分系统与运行分系统等。火炮火力分系统(有时简称火炮系统)是指完成发射并取得最终战斗效果的技术装备的总和,主要包括火炮本体(发射装置,简称火炮)和弹药等。火控分系统主要包括目标探测子系统、目标跟踪子系统、射击控制与指挥子系统、操作瞄准控制子系统等。运行分系统(自行炮称为底盘)主要包括动力系、传动系和行走系等,有时也将运动体的部分包括在火炮本体之内。

为适应科学技术的发展和战争的需求,不仅对火炮外延拓展,更重要的是拓宽火炮内涵。现代的火炮不仅发射普通的无控弹药,也发射制导弹药和灵巧弹药,正在研究中的液体发射药、电、磁等新能源发射武器,均属于它的范畴。

火炮的演变过程表明,科学技术的进步是它发展的基础,战争的需求是它发展的动力,解决威力和机动性的矛盾是它发展的主线。

2.3.2 火炮的种类

火炮的种类如表2.2所列。

表 2.2　火炮的种类

火炮				火炮			
按隶属军种分	陆军炮			按内膛结构分	滑膛炮		
	海军炮				线膛炮		
	空军炮				锥膛炮		
按弹道特征分	平射炮	加农炮		按装填方式分	前装炮		
	曲射炮	榴弹炮			后装炮		
		迫击炮		按操作方式分	非自动炮		
按用途分	压制火炮	加农炮			半自动炮		
		榴弹炮			自动炮		
		加榴炮		按瞄准方式分	直瞄火炮		
		迫击炮			间瞄火炮		
		迫榴炮		按口径大小分	小口径火炮		
		火箭炮			中口径火炮		
	反坦克火炮	坦克炮			大口径火炮		
		反坦克炮		按隶属关系分	营炮		
		无后坐炮			团炮		
	高射炮	野战高射炮			师炮		
		城防高射炮			军炮		
	舰炮				集团军炮		
	航炮(航空自动炮)				统帅预备队炮		
	要塞炮(海岸炮)			新型火炮	前冲炮		
按运动形式分	固定炮(铁道炮)				液体发射药火炮		
	驮载炮				电磁炮	导轨炮	
	牵引炮	不带辅助推进装置				线圈炮	
		带辅助推进装置			电热炮	纯电热炮	
	车载炮					电热化学炮	
	自行炮	轮式			激光炮		
		履带式		其他			

按运动形式,火炮一般分为固定炮、驮载炮、牵引炮、自行炮等。

固定炮,一般泛指固定在地面上或安装在大型运载体上的火炮。例如,1942 年德国制造的"杜拉"巨型炮(见图 2.21),口径 800mm,炮身长 32.48m,全炮质量 1329000kg。弹丸质量 7100kg。它只能安置在特制的车台上,用机车牵引,在铁道上运行和发射,这一类火炮称为铁道炮。著名的固定炮还有"巴黎大炮"等。

为了适应在山地或崎岖地形上作战,有时需要将火炮迅速分解成若干大部件,以便人

图 2.21 德国"杜拉"巨型炮

扛马驮,这类火炮称为驮载炮,也称为山炮、山榴炮。如意大利 M-56 式 105mm 驮载炮,行军状态全重 1290kg,火炮可分解成 11 个部件,最重的部件约 122kg,可人扛马驮。著名的还有美国 M116 式 75mm 驮载炮(见图 2.22)、英国 70mm 山地炮、日本 90 式 70mm 山地炮等。

牵引炮是指运动依靠机械车辆(一般是军用卡车)或骡马牵引着走的火炮。牵引炮结构简单,造价低,易于操作和维修,可靠性好。如英国 BAE 系统为美国研制的 M777 超轻型 155mm 牵引榴弹炮(见图 2.23),是世界最轻的 155mm 火炮,战斗全重 3745kg,最大射程可达 30km,可由战术直升机吊运。著名的还有英国 L119 型 105mm 轻型榴弹炮、美国 M119 型 105mm 榴弹炮、美国 M198 型 155mm 榴弹炮、俄罗斯 д-30 122mm 榴弹炮、南非 105mm 轻型榴弹炮、南非 G5-52 式 155mm 榴弹炮、以色列 TIG 155mm 牵引榴弹炮炮、中国 86 式 122mm 榴弹炮、中国 PLL01 型 155mm 加榴炮等。

图 2.22 美国 M116 式 75mm 驮载炮　　图 2.23 美国 M777 超轻型 155mm 牵引榴弹炮

为了提高火炮在阵地上近距离内的运动机动性能,有些牵引炮还加设了辅助推进装置。带辅助推进装置的牵引炮也称自运炮或自走炮。自运炮可以在阵地可短距离运行,其远距离运动还需要牵引车的牵引。自运炮还可以利用其动力实现操作自动化。如新加坡的 FH88 式 155mm 榴弹炮(见图 2.24),重 5400kg,可由 C-47D 直升机吊运,依靠自己的动力可以直接进入发射阵地,可在 2.5min 内完成射击准备,越野时的最大速度达到 12km/h,还可以为弹药自动装填。著名自运炮还有英国、德国、意大利三国研制的 FH-70 式、瑞典 FH77 式、法国 TR 式、奥地利 GHN-45 式、南非 G5 式、以色列的 839P 和 845P 式、中国 WA021 式等 155mm 榴弹炮,俄罗斯 125mm 反坦克炮和中国 130mm 加农炮等都加装辅助推进装置。

车载炮是指,为了提高火炮在战场上的战术机动性能,将火炮结构基本不作变动或简单改动后安装在现有或稍作改动车辆上,形成牵引炮与牵引车合二为一,不需要外力牵引而能自行长距离运动的火炮。对小口径火炮可以在行进中进行射击,对大口径火炮只要支上千斤顶就可以实施射击。车载炮巧妙地结合了自行火炮"自己行动"和牵引火炮"简单实用"的优点,在大口径压制火炮战技性能和列装成本的天平上取得了良好的平衡。如法国"凯撒"155mm 车载炮(见图 2.25),最大射程为 42km,射速为 6~8r/min,战斗转换时间为 1min,全炮重 18500kg。著名车载炮还有以色列 ATMOS2000、瑞典"弓箭手"、中国 SH-1、中国 SH-2 等。

图 2.24　新加坡的 FH88 式 155mm

图 2.25　法国"凯撒"155mm 车载炮

自行炮是指,为了进一步提高火炮在战场上的战术机动性能和自身防护能力,将火炮安装在战斗车辆的底盘(轮式或履带式)上,不需要外力牵引而能自行长距离运动的火炮。自行炮把装甲防护、火力和机动性有机地统一起来,是一个独立作战系统,在战斗中对坦克和机械化步兵进行掩护和火力支援。一般的自行火炮最大时速为 30~70km,最大行程可达到 700km,具有极好的越野能力,能协同坦克和机械化部队高速机动,可执行防空、反坦克和远、中、近程对地面目标攻击等任务。自行式火炮按行驶方式可分为轮式和履带式两种。按装甲防护程度可分为全装甲式、半装甲式和敞开式。著名自行炮有德国 PZH2000(见图 2.26)、英国 AS90、南非 G6-52L、韩国 K9、中国 PLZ-05、中国 PLZ-05A

(见图2.27)、法国AUF1、美国M109A6、新加坡SSPH1、俄罗斯2S19 M2等。德国PzH2000式52倍口径的155mm自行榴弹炮,发射标准炮弹最大射程为30km,发射增程弹最大射程为40km,弹药基60发,自动化装弹,连续射击时8发/min,急射时3发/10s,战斗全重约55t,最大速度为60km/h,最大越野速度为45km/h,最大行程为420km。中国PLZ-05A 52倍口径的155mm自行榴弹炮,发射底凹榴弹最大射程为40km,发射底排榴弹最大射程为50km,发射火箭底排复合增程弹最大射程为70km,弹药基30发,自动化装弹,连续射击时8~10发/min,急射时4发/15s,战斗全重约45t,最大速度大于55km/h,最大越野速度大于40km/h,最大行程为550km。

图2.26 德国PZH2000型155mm自行炮

图2.27 中国PLZ-05A 155mm自行榴弹炮

装在装甲战斗车辆上,符合步兵作战要求,主要以防护为目的的火炮,称为战车炮。战车炮一般为小口径自动炮。

按弹道特征,火炮一般分为加农炮、榴弹炮、迫击炮等。

加农炮是指弹道平直低伸、射程远、初速大(大于700m/s)、身管长(大于40倍口径)、射角小(小于45°)的火炮,也称平射炮。加农炮一般用定装式或分装式炮弹,变装药号数少,可直接瞄准射击,属地面炮兵的主要炮种之一。常用于前敌部队的攻坚战中,主要用于射击远程目标、活动目标、直立目标、装甲目标等。高射炮、反坦克炮、坦克炮、航空机关炮、舰炮和海岸炮都具有加农炮的弹道特性。加农炮可以牵引,也可以自行。著名加

31

农炮有苏 M-46 式 130mm 牵引加农炮、苏 M1976 式 152mm 牵引加农炮、美国 M-59 式 155mm 牵引加农炮、美国 M107 式 175mm 自行加农炮、德国 150mmK18 加农炮、中国 59-1 式 130mm 牵引加农炮(见图 2.28)等。

图 2.28　中国 59-1 式 130mm 牵引加农炮

榴弹炮是指弹道比较弯曲、射程较远、初速较小(小于 650m/s)、身管较短(20～40 倍口径)、射角较大(可到 75°)的中程火炮。榴弹炮一般用分装式炮弹,变装药号数多,主要采用间接瞄准射击,属地面炮兵的主要炮种之一。榴弹炮口径较大,杀伤威力大,弹丸的落角很大,弹片可均匀地射向四面八方,主要用于杀伤远程隐蔽目标及面目标。榴弹炮采用变装药变弹道可在较大纵深内实施火力机动。榴弹炮可以牵引,也可以自行。著名榴弹炮有美国 M119 型 105mm 牵引榴弹炮、美国 M198 型 155mm 牵引榴弹炮、美国 M777 轻型 155mm 牵引榴弹炮、美国 M109A6 型 155mm 自行榴弹炮,俄罗斯 д-30 122mm 牵引榴弹炮(见图 2.29)、中国 86 式 122mm 牵引榴弹炮、英国 AS90 型 155mm 自行榴弹炮等。

图 2.29　俄罗斯 д-30 122mm 牵引榴弹炮

迫击炮是指弹道十分弯曲、射程较近、初速小(小于 400m/s)、身管短(10～20 倍口径)、射角较大(45°～85°)的火炮,俗称"隔山丢"。迫击炮是支援和伴随步兵作战的一种极为重要的常规兵器。迫击炮一般采用口部装填方式发射"滴形"炮弹,操作简便,变装药容易,弹道弯曲,可迫近目标射击,几乎不存在射击死角,主要用于杀伤近程隐蔽目标及面目标。由于迫击炮的炮膛合力较小,为了减轻重量,一般以座板直接将炮膛合力传给地面。迫击炮的名字来源于两方面:一是它弹道弯曲可以迫近目标射击;二是炮弹从炮口装填靠自重下滑而强迫击发。因而迫击炮的名字形象地表达了它的作用和性能。大多数迫击炮为轻便型,也可以驮载、牵引或自行。著名迫击炮有美国 M224、美国 M252、美国

M120(见图 2.30)、中国 P89、中国 W1987、新加坡 SRAMS、法国 2R2M、俄罗斯 2C31"维纳"、美国"龙火"、以色列"卡多姆"、瑞士"大角羊"、瑞典 AMOS 等。

图 2.30 美国 M120 式 120mm 迫击炮

榴弹炮和迫击炮弹也统称为曲射炮。20 世纪 70 年代,有些国家新研制的榴弹炮也具有弹道低伸的特性,射程增大到能遂行同口径加农炮的射击任务。一般将这种兼有加农炮和榴弹炮弹道特点的火炮称为加农榴弹炮,简称加榴炮。近年研制的"榴弹炮"实际上都是加榴炮。兼有榴弹炮和迫击炮弹道特点的火炮称为迫击榴弹炮,简称迫榴炮。

按用途,火炮一般分为压制火炮、反坦克火炮、高射炮、舰炮、航炮、要塞炮等。

压制火炮,主要是指以地面为基础,用以压制和毁伤地面目标或以火力伴随和支援步兵、装甲兵的战斗行动的火炮,通常包括中大口径加农炮、榴弹炮、加榴炮、迫击炮、迫榴炮等,有些国家还包括火箭炮。压制火炮是地面炮兵的主要武器装备,具有射程远、威力大、机动性高的特点,主要用于杀伤有生力量、压制敌方火力、摧毁装甲目标、防御工事、工程设施、交通枢纽等,还可以用于发射特种用途炮弹。有时,将用于进攻时为步兵提供短距离炮火火力支援的自行压制火炮称为突击炮,是陆军快速反应力量的主要突击装备,用于实施快速部署、要域夺控和地面突击,支援步兵扫荡和杀伤敌有生力量,摧毁敌装甲目标、野战防御工事,夺占预定地域或目标。

火箭炮是炮兵装备的火箭发射装置。火箭炮的主要作用是引燃火箭弹的点火具和赋予火箭弹初始飞行方向,火箭弹靠自身的火箭发动机动力飞抵目标区。由于火箭靠本身发动机的推力飞行,火箭炮本身受力小,结构简单,重量轻。火箭炮通常采用多发联装和发射弹径较大的火箭弹,是一种齐射武器,它的发射速度快,火力猛,突袭性好。火箭炮能在短时间内提供大面积密集火力,是一种具有极大的杀伤力和对敌精神上的震撼力的炮兵武器。但火箭炮射弹散布大,因而多用于对远距离大面积目标实施密集火力打击。火箭炮按定向器结构分为导轨火箭炮、多管火箭炮和箱式火箭炮。子母弹和制导技术的发展为火箭炮提供了广阔的前景,一般现代火箭炮的射程为 20~70km,超远程火箭炮的射程可达 100km 以上。最著名的火箭炮是苏联的"卡秋莎"16 联装导轨火箭炮,发射 132mm 尾翼火箭弹,最大射程约 8.5km。如今继俄罗斯之后,中国已经拥有一系列世界上最强大最高效的多管火箭炮系统。世界著名火箭炮有俄罗斯 BM-21 式 122mm"冰雹"火箭炮系统、俄罗斯 БМ-30 式 300mm"龙卷风"火箭炮系统、中国 81 式 122mm40 管火箭炮、中国 PHL03 式 12 管 300mm 多功能火箭炮系统、中国 WS-2 式 400mm 6 管火箭炮(见

图 2.31)、美国 M270 式 227mm12 管火箭炮等。

图 2.31　中国 WS-2 式 400mm 6 管火箭炮

反坦克火炮主要是指用于攻击坦克和装甲车辆的火炮,通常包括坦克炮、反坦克炮和无后坐炮。反坦克火炮由于要与快速机动的坦克、装甲战车作战,一般具有初速大、射速高、弹道低伸、反应快等特点。

坦克炮是配置于现代坦克的主要武器。坦克主要在近距离作战,坦克炮在 1500～2500m 距离上射击效率高,使用可靠,用来歼灭和压制敌人的坦克装甲车,消灭敌人的有生力量和摧毁敌人的火器与防御工事。现代坦克炮是一种高初速长身管的加农炮,口径一般为 85～125mm,炮身长为一般口径的 50 倍以上,主要配用的尾翼稳定的长杆式次口径反坦克脱壳穿甲弹,初速可达 1800m/s 以上。

反坦克炮是指专门配备反坦克弹药用于同坦克、步兵战车等装甲目标作战的火炮。反坦克炮身管较长、初速大、直射距离远、发射速度快、穿甲效力强、机动性好。反坦克炮多设计为远距穿甲用途,口径较大炮管较长,多采用钨钢脱壳穿甲弹以保证远距离的穿甲能力,打击坦克比坦克炮更有优势。反坦克炮的弹道弧度很小,一般对目标进行直接瞄准和射击。反坦克炮按其内膛结构划分,有线膛炮和滑膛炮两大类,滑膛炮发射尾翼稳定脱壳穿甲弹和破甲弹;按运动方式划分,有自行式和牵引式反坦克炮两种。自行反坦克炮又称坦克歼击车或装甲突击车。自行式除传统的采用履带式底盘以外,目前研制中的大多考虑采用轮式底盘,以减轻重量便于战略机动和装备轻型或快速反应部队。现代反坦克炮的水平和坦克炮水平差不多,口径为 90～125mm,最大初速为 1700m/s,直射距离为 1700m,最大射速为 12r/min。著名反坦克炮有俄罗斯 2A45M"章鱼"125mm 牵引反坦克炮、俄罗斯 2S25 式 125mm 自行反坦克炮、美国 V-150 轮式自行反坦克炮、美国 V-300 轮式自行反坦克炮、美国 AGS 105mm 履带自行反坦克炮、中国 86 式 100mm 牵引反坦克炮、中国 89 式 120mm 自行反坦克炮、中国 11 式 105mm 轮式装甲突击车(见图 2.32)、瑞典的 LKV91 式 90mm 自行反坦克炮、德国 KJPZ4-5 式 90mm 自行反坦克炮、瑞士"鲨鱼"105mm 轮式自行反坦克炮、意大利"半人马座"120mm 轮式自行反坦克炮、意大利 B1"逊陶罗"105mm 轮式自行反坦克炮、法国 AMX-10RC105mm 轮式自行反坦克炮等。

一般火炮在发射炮弹的同时,还会产生巨大的后坐力,并使火炮产生后坐,这既影响

图 2.32　中国 11 式 105mm 轮式装甲突击车

射击的准确性和发射速度,又给操作带来不便。无后坐炮是发射时炮身不后坐的火炮。无后坐炮在发射时利用后喷物质(一般为高速喷出的火药燃气)的动量抵消弹丸及部分火药燃气向前的动量,使炮身受力平衡,不产生后坐力。无后坐炮也称无后坐力炮。无后坐炮的最大优点是体积小、重量轻,操作方便。无后坐炮主要用于直瞄打击装甲目标,也可以用于压制,歼击有生力量。无后坐炮的口径一般为 57~120mm,反坦克直射距离为 400~800mm。其最大的缺点是炮后火焰大,容易暴露炮位,而且炮弹初速低。无后坐炮既可固定于地面使用,也可以安装在轻型拖车、吉普车和装甲人员输送车上使用;配用弹种多,使用范围广。著名无后坐炮有意大利"弗格里"80mm 无后坐炮、瑞典"卡尔·古斯塔夫"84mm 无后坐炮、美国 M40 式 106mm 无后坐炮、日本 60 式 106mm 双管自行无后坐炮、苏联 Б-10 式 82mm 无后坐炮、中国 75 式 105mm 自行无后坐炮、中国 PW78 式 82mm 无后坐炮(见图 2.33)等。

图 2.33　中国 PW78 式 82mm 无后坐力炮

高射炮是指从地面对空中目标射击的火炮,简称高炮。高射炮主要用于同中低空飞机、直升机、无人机、导弹等空中目标作战,必要时也可攻击地面有生力量、坦克等地面装甲目标或小型舰艇等水面目标。高射炮要同高速飞行的空中目标作战,必须机动灵活,炮架结构要能快速进行 360°回转,高低射界-5°~90°,弹丸初速大,飞行速度快,弹道平直,射高一般为 2~4km,一般是能自动射击的自动炮,射速一般为 1000~4000r/min,有的可高达 10000r/min。目前,反导已经成为高射炮的主要任务。为了有效对付高速飞行的导弹这样的小目标,高射炮主要采取在极短的瞬间射出大量弹丸覆盖一定空间,形成一定火力网进行拦截的方式,因此高射炮射速快,射击精度高,多数配有火控系统,能自动跟踪和瞄准目标。高射炮通常包括野战高射炮和城防高射炮。野战高射炮伴随地面部队行动。城防高射炮主要驻防重要城市和军事目标。著名高射炮有美国 M163"火神"20mm 6 管自行高射炮、美国 M247"约克中士"40mm 自行高射炮、苏联 ZSU-23-2 式 23mm 牵引高射炮、苏联 ZSU-23-4 式 23mm 自行高射炮、俄罗斯"通古斯卡"自行高射炮、瑞士"厄利空"35mm 双管牵引高射炮、德国"猎豹"35mm 双管自行高射炮、法国 AMX30 式 30mm 自行高射炮、英国"神枪手"35mm 双管自行高射炮、意大利"奥托"76mm 自行高射炮、瑞典"博福斯"40mm 牵引高射炮、日本 87 式 35mm 自行高射炮、中国 87 式 25mm 双管牵引高射炮、中国 95 式 25mm 4 管自行高射炮、中国 07 式 35mm 双管自行高射炮、中国 09 式 35mm 转膛自行高射炮(见图 2.34)等。

图 2.34　中国 09 式 35mm 转膛自行高射炮

　　舰炮是指以水面舰艇为载体的火炮。舰炮是传统海军武器,曾经是海军舰艇主要的攻击武器。现代舰艇的中小口径舰炮,反应快速、发射率高,与导弹武器配合,可遂行对空防御、对水面舰艇作战、拦截掠海导弹和对岸火力支援等多种任务。随着电子技术、计算机技术、激光技术、新材料的广泛应用,形成由搜索雷达、跟踪雷达、光电跟踪仪、指挥仪等火控系统和舰炮组成的舰炮武器系统,成为舰艇末端防御的主要手段之一。舰炮一般是自动炮。舰炮的炮弹一般布置在甲板之下,通过外能源的扬弹机输送到甲板之上的舰炮中。舰炮按口径大小分为大口径舰炮、中口径舰炮和小口径舰炮。口径在 130mm 以上的舰炮称为大口径舰炮,或重型舰炮,其主要任务是攻击岸上和海上目标。美国海军"依阿华"及战列舰装备的 406mm 舰炮是当前世界上口径最大、威力最猛的舰炮,它能发射重达 1000kg 的炮弹,射程达 38km,可用炮弹穿透 9m 厚的混凝土工事。口径在 76~130mm 的舰炮称为中口径舰炮,或中型舰炮,其主要任务是抗击中、低空来袭的飞机,也具有一定的反导能力,并可攻击海上和岸上目标,一般射程 15~30km,射速每管 10~120r/min,美国 MK45 MOD4 式 62 倍口径 127mm 新型舰炮(见图 2.35)是射程最远的舰炮,使用增程制导弹药,具有超视距作战能力,射程可达 116.5km。口径在 20~57mm 之间的舰炮称为小口径舰炮,根据舰炮所完成任务的不同,又分两种类型:一种是近程反导舰炮,也称为近程防御武器系统,主要执行在距舰 300~3000m 内拦截来袭反舰导弹的任务;另一种是小口径高射炮,主要用于抗击低空和超低空来袭的飞机,并具有一定的反导能力,也可用于射击海上或岸上目标。在小口径舰炮中,中国 11 管 30mm 舰炮(见图 2.36)射速可达 10000r/min。

　　航炮是指安装在飞机上的口径在 20mm 以上的自动射击武器,也称航空机关炮。航炮主要用于攻击空中和地面目标,必要时也可攻击海上目标。航炮具有口径小、射速很高、结构紧凑、自动化程度高等特点。虽然导弹武器广泛装备飞机,但航炮仍不失为一种有效的近距格斗性自动武器。现代航炮口径一般为 20~30mm,弹丸初速为 700~1100m/s,射

图 2.35　美国 MK45MOD4 式 127mm 舰炮

图 2.36　中国 11 管 30mm 舰炮

速每管可达 400~1200r/min,有效射程 2000m 左右。著名航炮有美国 M61A1"火神"6 管 20mm 航炮(见图 2.37)、美国 GAU-8/A"复仇者"7 管 30mm 航炮、英国"阿登"25mm 航炮、英国"阿登"30mm 航炮、俄罗斯 AM-23 式 23mm 航炮、俄罗斯 ГШ-23 式 23mm 双管联动航炮、俄罗斯 HP-30 式 30mm 航炮、德国毛瑟、法国德发 554 式 30mm、中国 23-2、23-3、30-1 等。

图 2.37　美国 M61A1"火神"6 管 20mm 航炮

要塞炮主要是指配置在海岸要塞、岛屿、岸防阵地和陆地要塞上的火炮,主要用于攻击海上目标和支援在濒海方向作战的己方舰船和陆军部队,保卫重要城市、交通枢纽、重大建筑、战略要地、首脑机关等。要塞炮一般具有口径大、射程远、精度高、威力大等特点。其中布置在陆上,主要射击海上目标的火炮又称为海岸炮,主要用来射击各种水面目标,有些火炮部署的位置也能够对附近的地面目标进行射击。用于保卫海军基地、港口、沿海重要地段及海岸线,或支援近海舰艇作战。海岸炮在反舰导弹出现之前是沿海地区唯一的防御系统。有些要塞炮是特别设计的火炮,有些则是改良来自陆军使用的火炮。如中国台湾军队将美国M1式240mm榴弹炮、M115式203mm榴弹炮和M59式155mm加农炮改为要塞炮使用,主要用于部署在外岛要塞中,如图2.38所示。要塞炮的部署方式可以分为固定炮塔、固定阵地与移动阵地三大类。著名的要塞炮有德国"克虏伯"210mm海岸炮、俄罗斯A-222式130mm自行海岸炮、中国双130mm海岸炮等。

图2.38　中国台湾军队M1式240mm要塞炮

由炮口装填炮弹的火炮称为前装炮;由炮尾装填炮弹的火炮称为后装炮。前装炮造价低,研制周期短,但易漏气,射程近,较不安全。后装炮易闭气,射程远,较安全,但造价高,研制周期长。现代火炮除部分迫击炮外,绝大多数是后装炮。

身管内膛有膛线(在身管内壁加工有螺旋形导槽)的火炮称为线膛炮;身管内膛为光滑表面而没有膛线的火炮称为滑膛炮。为了能可靠地密封火药气体,防止外泄,将身管内膛加工成直径从炮尾到炮口均匀缩小的锥膛炮。随着弹丸向前运动,膛径逐渐缩小,弹带不断受到挤压,能可靠地密封火药气体,可以大幅度提高初速,但是制造这种火炮,特别是加工带锥度的身管,具有极大的难度。

自动炮是指能自动完成重新装填和发射下一发炮弹的全部动作的火炮。若重新装填和发射下一发炮弹的全部动作中,部分动作自动完成,部分动作人工完成,则此类火炮称为半自动火炮。若全部动作都由人工完成,则此类火炮称为非自动火炮。自动炮能进行连续自动射击(连发射击,简称连发),而半自动炮和非自动炮则只能进行单发射击。自动炮已大量地装备于世界各国陆、海、空三军。

自动炮实现自动的核心部分称为火炮自动机。火炮自动机按利用能源有内能源式、外能源式和混合能源式;按工作方式有炮闩后坐式、炮身后坐式(炮身长后坐与炮身短后坐)、导气式、转膛式、转管式、链式、双管联动式等多种类型。

压制火炮按口径不同可分为大口径火炮(口径大于200mm)、中口径火炮(口径等于90~200mm)、小口径火炮(口径小于90mm)。高射炮按口径不同可分为小口径高射炮(我国及俄罗斯口径小于60mm,西方口径小于35mm)、中口径高射炮(我国及俄罗斯口径等于60~100mm,西方口径等于35~40mm)、大口径高射炮(我国及俄罗斯口径大于100mm,西方口径大于40mm)。迫击炮按口径不同可分为轻型(口径小于60mm)、中型(口径等于60~100mm)、重型(口径大于100mm)。

火炮按隶属关系分为班炮、排炮、连炮、营炮、团炮、师炮、军炮、集团军炮、统帅预备队炮。对应的炮兵按隶属关系分为队属炮兵和预备炮兵。队属炮兵指集团军以下各级合成军队建制内的炮兵,西方国家称"野战炮兵"。预备炮兵是隶属于统帅部或军区(方面军)建制的炮兵,有的国家称"最高统帅部预备队炮兵"。

炮兵按运动方式分为摩托化炮兵(机械化炮兵)和骡马炮兵。摩托化炮兵是指火炮及其配套装备用自身的动力,或用汽车、履带车辆牵引和装载而进行运动的炮兵。骡马炮兵是指火炮、仪器等装备由骡马挽曳或驮载进行运动的炮兵。

炮兵按装备战斗性能分为榴弹炮兵、加农炮兵、山地炮兵、火箭炮兵、迫击炮兵、反坦克炮兵和地地战役战术导弹部队。山地炮兵是以轻型加农炮、榴弹炮和迫击炮为主要装备,用于在山地和难以通行的大起伏地作战的炮兵。反坦克炮兵是以反坦克武器为基本装备,以击毁敌坦克和装甲车辆为基本任务的炮兵,也称反坦克歼击炮兵、防坦克炮兵等。地地战役战术导弹部队是以地地战术导弹、反坦克导弹和地空导弹为基本装备,在战术范围内以火力支援地面部队作战和掩护地面部队对空安全的部队。

有一类火炮在工作原理和结构上都不同于传统火炮,称为新型火炮,也有称为新概念火炮。

传统火炮发射时,炮身一般处于近似静止状态,在火药气体压力作用下炮身开始后坐,后坐结束后在回复到待发射状态。在炮身复进过程中击发,利用炮身复进时的前冲能量抵消部分后坐能量的火炮工作原理,称为复进击发原理,也称为软后坐。复进击发原理的应用,可以大大减小后坐力,有利于提高射速和射击稳定性,有利于减轻火炮全重。复进击发原理应用于大口径火炮时,往往在发射前,炮身处于后位,先释放炮身使其向前运动,在炮身前冲过程中达到预定的速度或行程时击发,以击发时的前冲动量抵消部分火药燃气压力产生的向后冲量,从而大大减小作用于炮架上的力,使火炮的重量和体积减小,这种火炮称为前冲炮。据称法国施耐德 M1906 65mm 山炮是世界上第一门前冲炮,20 世纪 60 年代美国研制过 M204 式 105mm 前冲式榴弹炮(见图 2.39),我国在 20 世纪 70 年代也研制出 130mm 前冲加农炮。复进击发原理应用于小口径自动炮时,在连发射击中,后坐部分的运动介于前位与最大行程之间,好像浮在炮架上运动,因此一般称为浮动原理。20 世纪 50 年代,瑞士就研制出小口径浮动高射炮,现代研制的小口径自动炮大多采用浮动原理。

图 2.39 美国 M204 式 105mm 前冲式榴弹炮

传统火炮用的是固体发射药。固体发射药是一种具有固定形状、燃烧速度很快、均相化学物质,而液体发射药是一种没有固定形状、燃烧速度很快的化学物质。液体发射药火炮是使用液体发射药作为发射能源的火炮。平时可以将发射药与弹丸分开保存,发射过程分别装填。液体发射药火炮有外喷式、整装式和再生式三种形式。整装式液体发射药火炮,与常规药筒定装式固体发射药火炮类似,液体发射药装填在固定容积的药筒内,经点火后整体燃烧。整装式液体发射药火炮,结构简单,装填方便,但液体发射药整体燃烧的稳定性较差,内弹道重复性不好保证。外喷式液体发射药火炮,是依靠外力在发射时适时地将液体发射药喷射到燃烧室进行燃烧。对外喷式液体发射药火炮,外喷压力必须大于膛内压力。由于膛内压力很高,所以外喷压力很大,因此需要一个外部高压伺服机构来完成液体发射药的喷射。该外部高压伺服机构相当复杂,控制困难。再生式液体发射药火炮工作原理如图 2.40 所示。在发射前,液体发射药被注入储液室。点火具点火,点火药燃烧生成的高温高压气体进入燃烧室中,使得燃烧室内压力升高,推动再生喷射活塞并挤压储液室中的液体发射药。由于差动活塞的压力放大作用,使得储液室内液体压力大于燃烧室内气体压力,迫使储液室中的液体发射药经再生喷射活塞喷孔喷入燃烧室,在燃烧室中迅速雾化,被点燃并不断燃烧,使燃烧室压力进一步上升,继续推动活塞并挤压储液室中的液体发射药,使其不断喷入燃烧室,同时推动弹丸沿炮管高速运动,形成再生喷射循环,直到储液室中的液体发射药喷完为止。可以通过控制液体发射药的流量来控制内弹道循环。液体发射药与传统固体发射药相比,装填密度大,内弹道曲线平滑,初速高,从而大幅度提高射程;而且液体发射药不需要装填和抽出药筒,使得火炮的射速也大大提高;再者,液体发射药储存方便,存储量大,能减少火药对炮管的烧蚀、延长炮管使用寿命、减小炮塔空间;此外,生产液体发射药的成本也比较低廉。1985 年,美国就研制出 155mm 再生式液体发射药自行榴弹炮样炮。

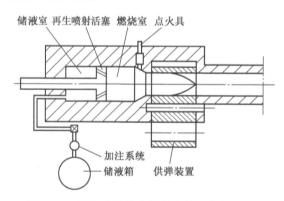

图 2.40　再生式液体发射药火炮工作原理图

电磁炮是利用运动电荷或载流导体在磁场中受到的电磁力(通常称为洛仑兹力)发射弹丸的一类新型超高速发射装置,又称为电磁发射器。根据工作原理的不同,电磁炮又分为轨道炮(导轨炮)和线圈炮两种。轨道炮是由一对平行的导轨和夹在其间可移动的电枢(弹丸)以及开关和电源等组成,工作原理如图 2.41 所示。开关接通后,当一股很大的电流从一根导轨经炮弹底部的电枢流向另一根导轨时,在两根导轨之间形成强磁场,磁场与流经电枢的电流相互作用,产生强大的电磁力(洛仑兹力),推动载流电枢(弹丸)从导轨之间发射出去,理论上初速可达 6000~8000m/s。线圈炮主要由感应耦合的固定线圈和可动线圈以及储能器、开关等组成,工作原理如图 2.42 所示。许多个同口径同轴固定线圈相当于炮身,可动线圈相当于弹丸(实际上是弹丸上嵌有线圈)。当向炮管的第一个线圈输送强电流时形成磁场,弹丸上的线圈感应产生电流,固定线圈产生的磁场与可动线圈上的感应电流相互作用产生推力(洛伦兹力),推动可动弹丸线圈加速;当炮弹到达第二个线圈时,向第二个线圈供电,又推动炮弹前进,然后经第三个、第四个线圈……直至最后一个线圈,逐级把炮弹加速到很高的速度。

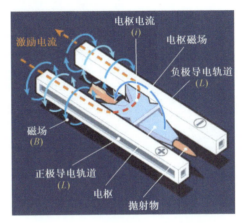

图 2.41　电磁导轨炮工作原理图

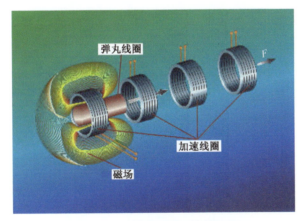

图 2.42　电磁线圈炮工作原理图

电热炮是全部或部分地利用电能加热工质,采用放电方法产生离子体来推进弹丸的发射装置。这种等离子体属高温等离子体,又称电弧等离子体,故此早期的电热炮称为"电弧炮"。从工作方式上,电热炮可以分为两大类:用等离子体直接推进弹丸的,称为直热式电热炮或单热式电热炮;用电能产生的等离子体加热其他更多轻质工质成气体而推进弹丸的,称为间热式电热炮或复热式电热炮。从能源和工作机理方面考虑,直热式电热炮是全部利用电能来推进弹丸的,它们是一类"纯"电热炮;而绝大多数间热式电热炮,发射弹丸既使用电能又使用化学能,因此它们是一类电热"化学"炮,故也称为电热化学炮。通常所说的电热化学炮,主要是指一种使用固体推进剂或液体推进剂的电热化学炮,工作原理如图 2.43 所示。除由高功率脉冲电源和闭合开关组成的电源系统和等离子体产生器外,很像常规火炮,只不过它的第二级推进剂多采用低分子量的"燃料"。当闭合开关

41

后,高功率脉冲电源把高电压加在等离子体产生器上,使之产生低原子量、高温、高压的等离子体,并以高速度注入燃烧室,在其内等离子体与推进剂及其燃气相互作用,向推进剂提供外加的能量,使推进剂气体快速膨胀做功,推动弹丸沿炮管向前运动。

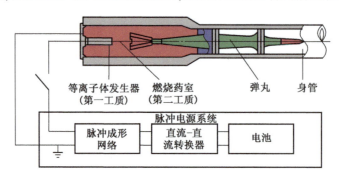

图 2.43　电热化学炮工作原理图

2.4　坦克装甲车辆

2.4.1　概述

1. 基本概念

第二次世界大战以来,随着军队摩托化、机械化的步伐大大加快,军用车辆的种类和数量急剧增加,已形成一个十分庞大的家族。顾名思义,军用车辆是指用于军事目的的车辆。

军用车辆按行驶方式分:一种是以轮胎行驶的称为轮式车辆;另一种是以履带行驶的称为履带式车辆。目前在军用车辆中,轮式约占 3/4,履带式约占 1/4。

军用车辆按用途分大致可分为战斗车辆、牵引运载车辆、运输车辆和特种车辆四种。战斗车辆,简称战车,是指那些装有武器、直接参加战斗和活动于战场前沿的车辆。由于战斗车辆通常带装甲防护,最典型的是坦克,因此通常又称为坦克装甲车辆。牵引运载车辆是指主要用来牵引火炮、雷达、指挥仪,以及运载导弹、坦克等这类特长、特重的武器装备。运输车辆是指主要担负前后方物资及人员的运输任务。特种车辆是指由越野车或普通汽车经过改装,以完成各种军事任务的一类车辆。

坦克装甲车辆是坦克、步兵战车、装甲输送车、装甲侦察车、装甲工程保障车辆及各种带装甲的自行武器的统称。它是装有武器和拥有防护装甲的一种军用车辆。

按行走机构可分为履带式装甲车辆和轮式装甲车辆。履带式装甲车单位压力小,承载能力大,可进行零半径转向,转向灵活,突出的优点是越野性能好;但其转向时阻力大,对路面破坏也大,推进效率低,噪声大,寿命短,成本及使用维修费用高。履带式装甲车辆适于在各种复杂的环境和条件下使用。轮式装甲车行驶阻力与转向阻力小,转向对路面破坏小,公路行驶速度快,油耗低,噪声小,寿命长,制造成本低,使用经济,维修简便,乘坐舒适,能实现小车扛大炮,突出的优点是公路机动性好;但其单位压力大,承载能力小,转向半径大,越野通行能力和承载能力均不如履带式装甲车辆。轮式装甲车适于在公路网发达的地区高速长途机动。目前,主战坦克、步兵战车等主要为履带式,但是轮式装甲车辆也日益受到各国的重视,地位不断提高。这两类装甲车辆处于共同发展时期。在履带式装甲车辆上已采用履带挂胶、动静液传动、液气悬挂等技术提高性能。轮式装甲车辆上采用防弹轮胎,驱动方式从6×6增至8×8甚至10×10,以提高性能。这两类车辆在总体防护能力上,要求车前部或整车防反坦克火箭筒的攻击,顶部防攻顶子母弹,行动及车底部防地雷攻击。

坦克装甲车辆在科学技术的推动下,在实战的考验中不断发展,形成了包括坦克、自行火炮、步兵战车、装甲输送车、火力支援车、装甲指挥车、装甲侦察车、装甲布雷车、装甲扫雷车、装甲架桥车等特种装甲车辆的装甲车辆战斗系列,成为现代陆军的主要突击装备。

2. 坦克装甲车辆的特点

坦克装甲车辆是集火力、防护与机动性与一体的武器系统。火力、机动力和防护力是现代装甲车辆战斗力的三大要素。

作为战场主要进行近距离战斗的坦克,其主要任务是对付敌方坦克,因此其火力无疑是装甲车辆中很强的。自行火炮更是以火力强著称。其他装甲车辆主要是对付有生力量或自卫,其火力相对较弱。坦克炮的命中精度和导弹相差不大,且穿甲、破甲和碎甲威力大大优于导弹,所以各国主战坦克仍以火炮为主要攻击武器。坦克的辅助武器及其他装甲车辆的武器多采用7.62mm并列机枪、12.7mm或7.62mm高射机枪,有的装有榴弹发射器。

作为战场主要进行近距离战斗的坦克,其直接面对的是敌方坦克,因此其防护能力无疑是装甲车辆中最强的,其他装甲车辆主要是对付有生力量或自卫,其防护能力相对较弱。坦克的防护系统,在车体和炮塔前部多采用复合装甲,车体两侧挂装屏蔽装甲,有的坦克在钢装甲表面挂装了反应装甲,有效地提高了抗弹能力,特别是防破甲弹穿透能力。坦克正面通常可防御垂直穿甲能力为500~600mm的反坦克弹丸攻击。

极强的机动能力是装甲车辆的主要特点。动力多采用涡轮增压、中冷、多种燃料发动机,有的采用了电子控制技术。发动机功率多为883~1103kW。传动装置多采用电液操纵、静液转向的双功率流动液行星式,将动液变矩器、行星变速箱、静液或动静液转向机构、减速制动器等部件综合成一体。行动装置多采用带液压减振器的扭杆式悬挂装置,有的采用液气式或液气—扭杆混合式悬挂装置。最大速度为55~72km/h,越野速度为30~55km/h,最大行程为300~650km。通行能力:最大爬坡度约30°,越壕宽2.7~3.15m,过垂直墙高0.9~1.2m,涉水深1~1.4m,多数装有导航装置等。

3. 坦克装甲车辆的发展简史

乘车战斗的历史,可以追溯到古代,中国早在夏代就有了从狩猎用的田车演变而来的马拉战车。而现代装甲车辆的诞生是近代战争的要求和科学技术发展的结果。装甲车辆作为战争机器的钢牙铁齿,经历了历次战争的烽火磨砺,至今仍然是各国陆军的主力作战兵器,主宰着地面战场。装甲车辆促进了现代战争由步兵徒步作战向工业时代摩托化、机械化作战的演变过程,并在人类社会进入信息时代之际为今后陆军主战装备的跨世纪发展提供了重要武器平台。

19世纪,由于冶金和机械制造技术的进步而生产出了内燃机、火炮、防护装甲和推进装置。这时候已经具备了制造装甲车辆所必需的能力和技术。

1914年第一次世界大战爆发,为支援空军在法国的作战行动,英国组建了世界上的第一个装甲车师。当时,各国利用普通卡车底盘改装的轮式装甲车,主要用于执行侦察和袭击作战任务。第一次世界大战期间,出现了纵深梯次配置的坚固阵地,机枪与铁丝网障碍物和堑壕等防御工事相结合,使防御阵地变得异常坚固,迫切需要研制一种火力、机动、防护三者有机结合的新式武器。英国人E·D·斯文顿发现民用拖拉机的履带推进系统表现出很强的越野特性,建议在拖拉机上装上火炮或机枪。1915年,英国政府采纳了E·D·斯文顿的建议,利用汽车、拖拉机、枪炮制造和冶金技术,试制了坦克的样车。第一次世界大战时期,坦克的使命主要是克服堑壕铁丝网障碍物,引导步兵冲击,消灭敌人的步兵,摧毁机枪掩体和发射点,而不是与敌人的坦克相对抗。因此,坦克配备的主要武器是机枪和短炮管榴弹炮。随着坦克的诞生,火力、防护性和越野性都比较弱的轮式装甲车失去了在战场上为步兵提供火力支援的地位,于是转向其他用途发展,如装甲输送车、装甲指挥车、装甲侦察车等。

第二次世界大战爆发前,始终对称霸欧洲虎视眈眈的德国加紧生产坦克和装甲车,进行战争准备,频频研制出新车型。第二次世界大战促进了装甲车辆技术的迅速发展,装甲车辆的性能得到全面提高,结构形式趋于成熟,并逐步摆脱了从属于步兵和骑兵的观念,开始重视综合性能的提高,使其成为地面作战的主要突击兵器,形成坦克对坦克的"肉搏战"。

第二次世界大战后,装甲输送车得到迅猛发展,许多国家把装备装甲输送车的数量看作是衡量陆军机械化、装甲化的标志之一。

第二次世界大战结束后,在欧洲国家中,德国、英国和法国陆军一直非常重视轮式装甲车的发展。改变了两次世界大战期间利用卡车简单改造装甲车的做法,而是通过精心的设计,制造出一系列全新的车型。20世纪60年代以后,在发展主战坦克的同时,一些国家从现代条件下协同作战尤其是核条件下加强步兵与坦克的协同作战出发,研制了步兵战车。将坦克和步兵战车混合编组后,坦克的高速冲击和纵深追击可以得到步兵的协同和支援。20世纪60年代至70年代期间研制的坦克,既能完成过去中型和重型坦克所承担的任务,又具有中型坦克的机动能力,同时在火力和装甲防护方面达到或超过了重型坦克的水平,形成了一代新型坦克,称为主战坦克。20世纪80年代以来,世界各国对主战坦克不断地进行现代化改进,性能不断提高。

在世界军用装甲车辆家族中,除了坦克,还有许多用途不同、数量庞大的装甲车辆。目前,在世界各国军队装备有几十种装甲车辆。

坦克仍然是未来地面作战的重要突击兵器,许多国家正依据各自的作战思想,积极地利用现代科学技术的最新成就,发展21世纪使用的新型主战坦克。坦克的总体结构可能有突破性的变化,出现如外置火炮式、无人炮塔式等布置形式。火炮口径有进一步增大趋势,火控系统将更加先进、完善;动力传动装置的功率密度将进一步提高;各种主动与被动防护技术、光电对抗技术以及战场信息自动管理技术,将逐步在坦克上推广应用。各国在研制中,十分重视减轻坦克重量、减小形体尺寸、控制费用增长。可以预料,新型主战坦克的摧毁力、生存力和适应性将有较大幅度的提高。这也是坦克未来的发展方向。

坦克装甲车辆家族还有不断增长的趋势。现代战争已演变为不同技术装备之间的对抗,世界上一些国家针对现代作战特点,又研制出一些新型的坦克装甲车辆,突出各种车辆特点或功能。

2.4.2 坦克装甲车辆的种类

坦克装甲车辆的种类如表 2.3 所列。

表 2.3 坦克装甲车辆的种类

坦克装甲车辆	装甲战斗车辆	地面突击车辆	坦克
			装甲突击车
			装甲运输车
			步兵战车
		地面支援车辆	自行火炮
			导弹发射车
		电子信息车辆	装甲侦察车
			装甲指挥车
			装甲通信车
			装甲电子干扰车
	装甲保障车辆	工程保障车辆	装甲架桥车
			装甲工程作业车
			装甲扫雷车
			装甲布雷车
		技术保障车辆	装甲抢修车
			装甲保养车
		后勤保障车辆	装甲救护车
			装甲供弹车
			装甲补给车

坦克装甲车辆按用途分为装甲战斗车辆和装甲保障车辆两大类。装甲战斗车辆装有武器系统,直接用于战斗。装甲保障车辆装有专用设备和装置,用来保障装甲机械化部队执行任务或完成其他作战保障任务。

装甲战斗车辆分为地面突击车辆、火力支援车辆和电子信息车辆三小类。地面突击车辆在进攻和防御战斗中担负一线突击和反突击任务,是装甲机械化部队战斗行动的主要攻防武器,包括坦克、步兵战车、突击炮和装甲输送车等。火力支援车辆以车载火力系统支援、掩护地面突击车辆的作战行动,共同完成战役、战斗任务,是装甲机械化部队战斗行动的火力战武器,包括各类自行压制武器、自行反坦克武器和自行防空武器,如自行火炮、导弹发射车等。电子信息车辆在装甲机械化部队体系中,以电子信息技术为主,对部队和武器系统实施指挥与控制,包括侦察、指挥、通信、电子对抗和情报处理等装甲车辆。

装甲保障车辆装分为工程保障车辆、技术保障车辆和后勤保障车辆三小类。工程保障车辆执行克服沟渠障碍、运动保障、阵地作业和扫雷及布雷等工程保障任务,包括架桥、布雷、扫雷、工程作业等装甲车辆。技术保障车辆在野战条件下执行抢救、修理、技术救援等保障任务,包括抢救、抢修、保养等装甲车辆。后勤保障车辆执行野战救护和输送等任务,包括救护、供弹、补给等装甲车辆。

1. 坦克

"坦克"一词是英文"tank"的音译,原意是储存液体或气体的容器。在首次参战前,为了保密,英国将这种新式武器说成是为前线送水的"水箱"(tank),这个名称一直沿用至今。

坦克是搭载大口径火炮以直射为主的全装甲有炮塔履带式战斗车辆,是具有强大直射火力、高度越野机动性和坚固防护力的履带式装甲战斗车辆。它是地面作战的主要突击兵器和装甲兵的基本装备,主要用于与敌方坦克和其他装甲车辆作战,也可以压制、消灭反坦克武器,摧毁野战工事,歼灭有生力量。在地面兵器中,没有哪一种兵器能像坦克这样将矛和盾两方面结合得如此完美。可以说,是坦克推动了陆战史上一场重大革命。在第二次世界大战中,坦克八面威风,称雄战场,获得了"陆战雄狮""陆战之王"等诸多美称。

20世纪60年代以前,坦克多按战斗全重和火炮口径分为轻、中、重型。通常轻型坦克重10~20t,火炮口径不超过85mm,主要用于侦察、警戒,也可用于特定条件下作战。中型坦克重20~40t,火炮口径最大为105mm,用于遂行装甲兵的主要作战任务。重型坦克重40~60t,火炮口径最大为120mm,主要用于支援中型坦克战斗。英国曾一度将坦克分为步兵坦克和巡洋坦克。坦克的"陆地巡洋舰"这个雅号也是这么来的。步兵坦克装甲较厚,机动性能较差,用于伴随步兵作战。巡洋坦克装甲较薄,机动性能较强,用于机动作战。

20世纪60年代以后,由于第二次世界大战时期的坦克逐步退役,新建坦克的现代化程度大大提高,多数国家将坦克按用途分为主战坦克和特种坦克。习惯上把在战场上执行主要作战任务的坦克统称为主战坦克(取代了传统的中型和重型坦克);装有特殊设备、担负专门任务的坦克,如侦察坦克、空降坦克、水陆坦克、喷火坦克等,统称为特种坦克,多数是轻型坦克(但大部分国家,将支援作战用的轻型坦克,仍保留轻型坦克的称呼)。

根据生产年代和技术水平,坦克也被分为三代。从出现坦克到第二次世界大战中期,主流的坦克类型被称为第一代坦克,相当于机动的火炮,以短停射击为手段,近距离内也可不停车开火,采用均质装甲,半圆形炮塔;第二次世界大战中期到20世纪60年代的主流坦克,被称为第二代坦克,火炮双向稳定,可以在沿直线匀速行驶时射击动静目标,不再需要短停,采用均质装甲,外形得到较大改善;20世纪60年代以后研制的坦克被称为第三代坦克,采用三向稳定或全向稳定,火炮射击摆脱了车体必须沿直线匀速行驶的限制,消除来自车体变速和转向的干扰,目标一旦被确定,其他一切交给火控计算机,实现运动中射击运动目标,采用复合装甲,优化外形结构。目前现在世界上先进的主战坦克,主要是80年代以后研制的,这些坦克的战斗全重一般为40~60t,越野速度为35~55km/h,最大速度为72km/h,载有2~4名乘员。坦克的主要武器是一门105~125mm口径火炮,有效直射距离一般为1800~2000m,射速为6~9发/min。通常采用复合装甲或贫铀装甲,部分还可以披挂外挂式反应装甲,并多数装备了导航系统、敌我识别系统、夜战系统以及三防系统(防核/防化学/防生物)。

火力、机动力和防护力是现代坦克战斗力的三大要素。火力的强弱主要取决于坦克的观瞄系统、火炮威力和弹药的威力。现代坦克一般采用先进的计算机、红外、微光、夜视、热成像等设备对目标进行观察、瞄准和射击。坦克炮可以发射穿甲、破甲、碎甲和榴弹等多种类型的炮弹,还可发射炮射导弹。不同类型的穿甲弹对目标的破坏程度有所不同,一般在2000m距离上能够穿透400mm厚的装甲,在1000m距离上可穿透660mm厚的装甲,破甲厚度可达700mm。除具有较大的破坏威力外,坦克炮的命中精度也很高,2000m原地对固定目标射击可达80%,1500m行进间对活动目标射击能达到60%以上。如果再配合使用激光半主动制导炮弹,命中精度还会大大提高。不难看出,坦克炮的命中精度和导弹相差不大,且穿甲、破甲和碎甲威力大大优于导弹,所以各国主战坦克仍以火炮为主要攻击武器。

坦克由武器系统、推进系统、防护系统、通信设备、电气设备及其他特种设备和装置组成。

当今世界著名主战坦克有德国"豹2"A7坦克、美国M1A2坦克、中国ZTZ-99A2坦克、以色列"梅卡瓦"Ⅳ坦克、法国"勒克莱尔"坦克、英国"挑战者"型主战坦克、俄罗斯T14"阿玛塔"坦克、日本90坦克等。德国"豹2"A7主战坦克(见图2.44),装备55倍口径120mm滑膛炮和顶置FLW200遥控武器站,2000m射程穿甲深度为680mm,先进火控系统反应时间低于6s,正面对动能弹防护能力可达800mm,战斗全重达60t,最大速度为72km/h,最大行程为500km。中国ZTZ-99A2主战坦克(见图2.45),我国首台信息化坦克,火力、防护、机动、信息力等均处于世界先进水平,装备50倍口径125mm滑膛炮,2000m射程穿甲深度为700mm,正面对动能弹防护能力可达700mm以上,战斗全重达51t,公路最大速度为80km/h,最大越野速度为60km/h,最大行程为500km。

图2.44 德国陆军装备的"豹2"A7主战坦克

2. 装甲输送车

装甲输送车是设有乘载室的一种轻型装甲车辆。装甲输送车主要用以在战场上运送步兵和输送物资器材,是名副其实的现代战场运输之星。在保障要求日益高技术化的战场上,无论是纵横驰骋的坦克兵,还是战争之神炮兵,或是沙场老兵步兵,都离不开装甲输送车的保障。没有装甲输送车源源不断的前运后送,任何现代战争都将困难重重,难以为继。

图 2.45　中国 ZTZ-99A2 主战坦克

装甲输送车具有高度机动性、一定防护力和火力,必要时,可用于战斗,并且造价较低,变形性能较好。在机械化步兵(摩托化步兵)部队中,装备到步兵班。装甲输送车上通常没有供乘车步兵使用的射击孔,到达战场后步兵需下车徒步战斗,这就使步兵在某些战场条件下难以协同坦克前进、攻击,并容易受到敌方火力杀伤。而且装甲输送车通常只装有机枪,不具备反装甲能力。另外,它的装甲较薄,仅能防枪弹。装甲输送车造价较低,变形性能较好,但火力较弱,防护力较差,多数车乘载室的布置不便于步兵乘车战斗。

装甲输送车有履带式和轮式两种,大多数为水陆两用。由装甲车体、武器、通信设备、观察瞄准装置和推进系统等组成。动力装置位于车的前部,车后部为乘载室。装甲输送车一般只安装有机枪或小口径机关炮,火力较弱。

多数装甲输送车的战斗全重 6~16t,车长 4.5~7.5m,车宽 2.2~3m,车高 1.9~2.5m,乘员 2 人或 3 人,载员 8~13 人,最大爬坡度为 25°~35°,最大侧倾行驶坡度为 15°~30°。履带式装甲输送车陆上最大时速为 55~70km,最大行程为 300~500km。轮式装甲输送车陆上最大时速可达 100km,最大行程可达 1000km。履带式和四轴驱动轮式装甲输送车越壕宽约 2m,过垂直墙高 0.5~1m。多数装甲输送车可水上行驶,用履带或轮胎划水,最大时速为 5km 左右;装有螺旋桨或喷水式推进装置的,最大时速可达 10km。

目前,世界上的装甲运输车型号众多,其中性能好、具有代表性的主要有美国的 M113A3 履带式装甲运输车、俄罗斯的 BTR-90 轮式装甲运输车(见图 2.46),德国"狐"轮式装甲运输车、TH495 履带式装甲运输车,德国、英国、荷兰联合研制的"家犬"轮式装甲运输车,瑞士的"皮兰哈"轮式装甲运输车,中国 89 式履带式装甲输送车等。

图 2.46　俄罗斯 BTR-90 轮式装甲输送车

3. 步兵战车

步兵战车是供步兵机动作战用的装甲战斗车辆。它是由装甲输送车发展而来的,为使步兵能乘车协同坦克作战,车体两侧和后门上一般设置射击孔。步兵战车增强对敌方装甲目标和反装甲武器的作战能力,提高作战部队进攻速度。自20世纪50年代起,一些国家开始研制步兵战车。

由于步兵战车真正实现了步兵乘车作战,具有一定的反装甲目标能力。战车的装甲通常可防小口径炮弹和炮弹碎片。步兵战车主要用于协同坦克作战,也可独立执行战斗任务。步兵战车里的步兵既可乘车战斗,也可以下车战斗,非常灵活。步兵下车战斗时,留在车上的乘员可以利用车上的武器来支援作战。兵战车的任务是快速机动步兵分队,消灭敌方轻型装甲车辆、步兵反坦克火力点、有生力量和低空飞行目标。在机械化步兵(摩托化步兵)部队中,装备到步兵班。现装备多数步兵战车的战斗全重为12~28t,乘员2人或3人,载员6~9人。车载武器通常有1门20~40mm高平两用机关炮、1挺或2挺机枪和1具反坦克导弹发射器等。其火力通常能毁伤轻型装甲目标、火力点、有生力量和低空目标,装有反坦克导弹的步兵战车,还具有与敌坦克作战的能力。车载机关炮可发射穿甲弹、脱壳穿甲弹、穿甲燃烧弹和杀伤爆破弹等,射速为550~1000r/min,最大射程为2000~4000m。反坦克导弹射程为3000~4000m,破甲厚度为400~800mm。

步兵战车按结构分,有履带式和轮式两种,除底盘不同外,总体布置和其他结构基本相同。履带式步兵战车越野性能好,生存能力较强,是现装备的主要车型。轮式步兵战车造价低,耗油少,使用维修简便,公路行驶速度高,有的国家已少量装备部队。步兵战车由推进系统、武器系统、防护系统、通信设备和电气设备等组成。步兵战车的机动性能高于或相当于协同作战的坦克。一般能水陆两用,有的因战斗全重较大,不能自浮,须借助浮渡围帐或浮囊才能浮渡。履带式步兵战车,陆上最大速度为65~75km/h,水上最大速度为6~10km/h,陆上最大行程可达600km,最大爬坡度约32°,越壕宽1.5~2.5m,过垂直墙高0.6~1m。

步兵战车属轻型装甲车辆,装甲较薄,最大装甲厚度为14~30mm,通常由高强度合金钢或轻金属合金材料制成。有的采用间隔装甲或"乔巴姆"式复合装甲。车体和炮塔的正面可抵御20mm穿甲弹,侧面可抵御普通枪弹及炮弹破片。为增强防护能力,有的还装有反应装甲。车上通常装有抛射式烟幕装置和三防装置,有的还采用热烟幕装置。车体表面涂有伪装涂料。有的车内还装有灭火装置、取暖和通风排烟设备。

目前,装备的国家和地区达30多个,俄罗斯装备数量最多,其次是美国和西欧。著名步兵战车有美国"布莱德利"M2A3步兵战车、俄罗斯БМП-3步兵战车(见图2.47)、英国"沙漠武士"步兵战车、德国"黄鼠狼"步兵战车、意大利VCC-80"标枪"步兵战车、瑞典CV90式步兵战车、法国AMX-10P步兵战车、中国ZBD-04A步兵战车、中国ZBL-09轮式步兵战车(见图2.48)等。

4. 装甲指挥车

装甲兵部队主要遂行机动作战任务,并主要用于进攻,是陆军的主要突击力量。装甲兵部队的作战使命,决定了装甲兵部队的作战行动具有机动性强、作战节奏快等显著特点。装甲兵部队只有在高速流动的战场上,才能最有效地发挥其作战效能。与之相适应,装甲兵部队的作战指挥也带有明显的流动性的特点,要求其各级指挥机构与部队同步机

图 2.47 俄罗斯 БМП-3 步兵战车

图 2.48 中国 ZBL-09 轮式步兵战车

动、同步展开,实现动中谋、动中通、动中令。具备与部队同步机动能力、同等防护能力,能够实现动中通、动中谋、动中令的装甲指挥车,就成为装甲兵部队不可或缺的重要配套装甲装备。

装甲指挥车是指设有指挥舱,用于部队作战指挥的轻型装甲车辆。装甲指挥车通常利用装甲输送车或步兵战车底盘改装,配备多种电台和观察仪器,具有与基型车相同的机动性能和装甲防护力。多数装有机枪,乘员 1~3 人。其指挥室装有多部无线电台、1~3 部接收机、一套多功能车内通话器、多种观察仪器、工作台、图板等,可乘坐指挥员、参谋和电台操作人员 2~8 人。有的装甲指挥车还装有有线遥控装置、辅助发电机和附加帐篷等。由于陆军机械化、装甲化程度的提高,有些国家已把装甲指挥车列入装甲车辆车族系列,并扩大了装备范围。装甲指挥车分履带式和轮式。

现装备装甲指挥车有美国 M577 履带式装甲指挥车(见图 2.49)、俄罗斯 BTR-80K 履带式装甲指挥车、英国"苏尔坦"履带式装甲指挥车、瑞士轮式装甲指挥车、中国 YW701A 履带式装甲指挥车等。

5. 装甲侦察车

装甲侦察车是一种装有侦察设备的军用车辆,主要用于实施战术侦察,具有高度机动性、一定的火力和防护能力。车上一般装有大倍率光学潜望镜、红外夜视观察镜、微光瞄准镜、微光夜视观察系统和热像仪等。昼间光学仪器对装甲车辆最大观察距离 15km,夜间一般为 1.5~3km。如装有雷达和激光测距仪,可观察 20km 左右。装甲侦察车是坦克

图 2.49 美国 M577 装甲指挥车

部队和机械化部队实施战术侦察的重要技术装备。现代战场情况复杂,瞬息万变,军事情报的有效时间大大地缩短了。坦克部队和机械化部队实施战术侦察不能只凭战前掌握的有关情况行动,而要及时根据新获取的情报以变应变。新情报的来源有多种渠道,但其中最主要的是依靠本部队装甲侦察分队进行现场侦察。因此,装甲侦察车成为陆军不可缺少的装甲战斗车辆。装甲侦察车的特点是小巧玲珑,行驶速度快,具备两栖能力。装甲侦察车分履带式和轮式两种。履带式装甲侦察车的最大公路速度为 66~95km/h,最大行程为 483~1000km,最大水上速度为 7~10km/h。轮式装甲侦察车的最大公路速度达 120km/h,最大行程达 1000km。

著名装甲侦察车有俄罗斯 БРДМ 装甲侦察车、美国 M1127"斯崔克"装甲侦察车(见图 2.50)、美国 M3 装甲侦察车、美国 V-600 装甲侦察车、德国"山猫"装甲侦察车、德国"鼬鼠"装甲侦察车、法国 VBC90 装甲侦察车、法国 AMX-10R 轮式装甲侦察车、英国"蝎"式装甲侦察车、英国"佩刀"装甲侦察车、瑞士"鲨鱼"装甲侦察车、中国 04 式装甲侦察车、中国 09 式装甲侦察车、中国"猛士"侦察车(见图 2.51)等。

图 2.50 美国 M1127"斯崔克"装甲侦察车

6. 装甲通信车

装甲通信车是指执行通信任务的轻型装甲车辆。装甲通信车装有多种通信器材和设备,主要用于保障坦克部队指挥与协同等通信联络。坦克上的电台通信距离只有几十千米,在机动作战中要与遥远的上级指挥机关保持顺畅的联络,就必须借助于装有远程通信电台的装甲通信车充当其忠实的"信使"。装甲通信车有履带式和轮式两种。乘员 3~8

图 2.51 中国"猛士"侦察车

人,其中包括通信勤务人员和战斗勤务人员。车上装有有线通信设备、无线电台、车内通话器和发电机等,有的还配有自卫武器。装甲通信车在停止和运动中均可执行通信勤务。有许多国家的指挥车和通信车采用相同的设备,称为指挥通信车。装甲通信车辆一般由轻型装甲车辆改装而成。

典型装甲通信车主要有美国 M4"布雷斯利"装甲指挥通信车、俄罗斯 BMP-3K 装甲指挥通信车、日本 82 式装甲指挥通信车、中国 ZZT1 装甲通信车(见图 2.52)等。

图 2.52 中国 ZZT1 装甲通信车

7. 装甲抢救车

装甲抢救车(也称修理车或技术保障车)是装有专用救援设备或修理工具的装甲车辆,主要用于野战条件下对于淤陷、战伤和发生技术故障的坦克装甲车辆实施抢救、牵引到前方维修站,快速修理或牵引后送,必要时也可用于排除路障和挖掘坦克掩体等,通常采用坦克或装甲车的底盘改造而成。通常装有绞盘、起吊设备、驻铲和刚性牵引装置等,有的还携带拆装工具和部分修理器材。车上通常有 2 名乘员,还可搭乘 2 名或 3 名修理人员。20 世纪 70 年代以来,各国在生产新型坦克的同时,也生产相应底盘的坦克抢救车,并广泛采用液压驱动技术,使作业装置的工作能力、可靠性、自动化程度及总体性能得到较大的改进和提高。按重量等级或保障对象划分,可分为中型、重型和轻型;按底盘的结构形式划分,可分为履带式和轮式;按车载设备划分,又可分为牵引型、抢救牵引型和抢救修理牵引型。

典型装甲抢救车有美国 M88A2 装甲抢救车、美国 LAV 装甲抢救车、俄罗斯 M1977 装甲抢救车、俄罗斯 БРЭМ-1 装甲抢救车、英国"萨克松"装甲抢救车、英国"奇伏坦"装甲抢救车、瑞典 BGBV 82 装甲抢救车、法国 CV90 装甲抢救车、法国 AMX-30D 装甲抢救车、德国"水牛"BPz3 装甲抢救车(见图 2.53)、中国 84 式抢救车和中国 79 式抢救车等。

图 2.53　德国"水牛"BPz3 装甲抢救车

8. 装甲工程作业车

装甲工程作业车,又称战斗工程作业车,是伴随坦克和机械化部队作战并对其进行工兵保障的配套车辆,基本任务是清除和设置障碍、开辟通路、抢修军路、构筑掩体以及进行战场抢救;有的车还可用于为坦克装甲车辆涉渡江河构筑岸边进出通路和平整河底,保障战斗车辆渡河。在现代战车中,有装甲工程车的支援和保障,各种战斗武器就能发挥作用,部队作战效果就会大大提高,因此装甲工程车是一种不可缺少的支援车辆。根据不同的战术用途和装甲防护能力,装甲工程车大体可分为重装甲工程车、轻装甲工程车和非装甲工程车。重装甲工程车一般采用主战坦克底盘,大体具有与坦克相当的防护能力和机动性,用于伴随和支援第一梯队坦克的战斗。轻装甲工程车,有的采用轻型坦克底盘,有的采用轮式或履带式装甲车底盘,有的采用专门设计的底盘。非装甲工程车多数是履带式或轮式推土车,多从民用履带推土机或轮式车辆发展而成,有的有装甲驾驶舱。

典型装甲工程车有美国 M9 装甲工程车、美国 M728 装甲工程车、俄罗斯 ИМР 装甲工程车、德国"豹"式装甲工程车、德国"獾"式装甲工程车、德国和瑞士合作研制"科迪亚克"装甲工程车、法国 EPG 装甲工程车(见图 2.54)、法国 M3VLA 装甲工程车、英国 FV180 装甲工程车、以色列"开路先锋"装甲工程车、中国 82 式装甲工程车和 09 式装甲工程车等。

图 2.54　法国 EPG 装甲工程车

9. 装甲架桥车

在前线和前沿地区,存在着大量天然或人工障碍如河流、沟渠、雨裂、陡壁、山谷、反坦克战壕,以及被破坏的公路、桥梁等需要利用不同的军用桥梁系统来克服。军用装甲架桥车则是其中机动、灵活而简单的克服障碍的一种手段。装甲架桥车是装有制式车辙桥和架设、撤收机构的装甲车辆,多为履带式,通常用于在敌火力威胁下快速架设车辙桥,保障坦克和其他车辆通过反坦克壕、沟渠等人工或天然障碍。通常一套器材架设长度不超过63m,克服障碍深度不大于4m,适应流速不大于1.5m/s,每跨架设时间2~15min。如美国装甲架桥车临时架设的重型突击桥,自重9t,桥长32.3m,载重量为70t。按桥梁结构和架设原理划分,可分为剪刀式架桥车、平推式架桥车、单节翻转式和车台(桥柱)式架桥车四类。按架桥车采用的底盘划分,可分为履带式和轮式两种。轮式架知车又可分为普通型、两栖自行型和拖车(挂车)型。大多数国家都装备以第二代主战坦克为基础的第二代架桥车。

典型装甲架桥车有美国 M60AVLB 架桥车、美国"狼獾"架桥车、英国"大力神"架桥车(见图 2.55)、俄罗斯 TMM 架桥车、法国的 AMX-30 架桥车、法国 PTA 模块式架桥车、德国"鬣蜥"架桥车、日本 81 式架桥车、中国 79 式架桥车等。

图 2.55 英国"大力神"架桥车

10. 装甲布雷车

地雷历来是反机动的锐利武器。在进攻中,快速、准确地布雷可以有效地迟滞防御之敌的反击行动;在防御中以地雷为核心的障碍物地带,筑起了一道难以逾越的屏障。装甲布雷车是一种利用机械装置布设地雷场的专用装甲车辆,用于在战争过程中快速机动布雷,也可用于预设地雷场。按行驶方式,布雷车可分为拖式和自行式;按布雷过程可分为自动式和半自动式;按布雷方式,可分为放置式和抛撒式。拖式布雷车、自动布雷车和抛撒布雷车分别用布、埋、抛撒的方法布设或预设雷场。前两种方法布设的雷场规则、雷距可调、雷距均匀、雷场密度可调、布雷速度比人工布雷快50倍,一般每小时布雷1000枚以上。抛撒布雷布的特点是可以在一定距离之外的预设雷场进行布雷,能在临时或紧急情况下快速布雷,但抛撒雷距不均,布雷不规则。

典型布雷车有俄罗斯 ПМ3-4 拖式布雷车、英国棒状地雷拖式布雷车、瑞典 FFV 拖式布雷车、日本 83 式拖式布雷车、苏联 ГМ3 履带式装甲自动布雷车、法军"马太宁"自动布雷车、中国 GQL120 型自动布雷车、英国"突击队员"抛撒布雷车、美国 M128 抛撒布雷车和"火山"式抛撒布雷车、德国"蝎"式抛撒布雷车(见图 2.56)、中国 84 式火箭布雷车等。

11. 装甲扫雷车

装甲扫雷车是一种装有扫雷器的专用装甲车辆,用于在地雷场中为部队开辟道路。在现代战争中,它们都是进行地雷战、实施机动和反机动的重要工程装备。装甲扫雷车一般是在坦克或装甲车上挂装不同扫雷器材。按扫雷方式,扫雷车可分为机械扫雷车、爆破

图 2.56　德国"蝎"式抛撒布雷车

扫雷车、机械爆破联合扫雷车。机械扫雷车是靠坦克或装甲车推动安装在车前的扫雷滚轮、扫雷犁和锤击式扫雷器在雷场中进行排雷作业的装备,因此机械扫雷车分为碾压式(滚压式)、犁掘式和锤击式三种。碾压式扫雷车是依靠滚轮自身重量压爆地雷。这种扫雷车对非压发地雷无效,对在沙土、沼泽地和深土中埋设的地雷作用不佳。犁掘式扫雷车是依靠扫雷犁从土中挖出地雷并推至道路两旁。这种扫雷车不能在冻土深度 5cm 以上的地区和各种灌木地区作业。锤击式扫雷车通过高速地锤击车辆前面的地面而引爆和锤毁地雷。爆破扫雷车有弹药爆破扫雷车和电子爆破扫雷车。爆破扫雷车不直接进入雷场,而是在雷场外一定距离上发射扫雷装药或电磁波,引爆和摧毁地雷,以达到开辟通路的目的。机械爆破联合扫雷车是将机械扫雷器与爆破扫雷器集中在同一辆车上的多功能扫雷车。一般在坦克或装甲车前部装机械压辊或犁刀,车体上部装爆破装药及其发射装置或者电磁发射装置。实施扫雷作业时先在车辆前进方向发射扫雷装药以爆破方式在雷场中开辟通路,或者发射电磁波引爆无线电控制的地雷,然后再用压辊或犁刀排除未爆炸或未被清理的地雷。

典型扫雷车有美国 ROBAT 遥控扫雷车、美国"豹"式遥控扫雷车、俄罗斯 BMR-3M "Крот"扫雷车、英国"大蝮蛇"爆破扫雷车、英国"阿德瓦克"锤击式扫雷车、德国 2000 型扫雷车、波兰 Kroton 扫雷车、瑞典"博斯福"扫雷车、瑞典 3500 扫雷车、日本 92 式扫雷车、日本"牛头犬"扫雷车(见图 2.57)、中国 GSL131 扫雷车等。

图 2.57　日本"牛头犬"扫雷车

12. 装甲救护车

装甲救护车是指备有制式担架、医疗设备、器械和药品,在战场环境下实行人员救护的装甲车辆,是装甲机械化部队重要的配套装备,是流动在战场上的"红十字"装甲保障车辆。装甲救护车主要用于野战条件下救护伤员,并将重伤员运送至后方,主要装备坦克部队和机械化步兵(摩托化步兵)部队的后勤分队。

装甲救护车有履带式和轮式两种,通常由轮式装甲车辆或履带式装甲车辆底盘变形而成,具有较高的机动性和一定的防护力。装甲救护车一般只装备1挺或2挺机枪作为自卫武器。装甲救护车一般战斗全重从几吨到20余吨不等,通常有乘员2人或3人,医护人员1人或2人。其装甲可防普通枪弹和炮弹破片。有的车还装有三防装置。车内设有救护舱,舱内可容纳带担架的卧姿重伤员2~4人,或坐姿轻伤员3~8人,也可轻、重伤员混载。救护舱内设有观察仪器以及通信、照明、空气调节和洗消设备等。装甲救护车均备有急救性处置和外科手术所需的医疗器械和药品,有的还备有医用小型电冰箱。在救护舱内,通常能进行急救处置,有的还可进行急救性外科手术。

20世纪70年代以来,装甲救护车得到较广泛使用,美国、英国、法国、苏联、联邦德国和意大利等国用轻型装甲车辆变形发展装甲救护车。英国的"撒玛利亚人"FV104履带式装甲救护车是由轻型坦克改装的,设驾驶员和护理员各1名,可运送1名重伤员和4名轻伤员,或2名重伤员和3名轻伤员。法国的"潘哈德"M3/VTS轮式装甲救护车是由装甲输送车改装的,设驾驶员1名、护理员2名,可运送4名重伤员,或6名轻伤员,也可运送2名重伤员和3名轻伤员。中国于1982年在63式履带装甲输送车底盘上发展了YW-750和WZ-751两种装甲救护车。1991年在89式装甲输送车基础上,发展了WZ-752装甲救护车(见图2.58)。

图 2.58　中国 WZ-752 装甲救护车

2.5　弹　药

2.5.1　弹药概述

1. 弹药的基本概念

弹药通常是指在金属或非金属壳体内装有火药、炸药或其他装填物,能对目标起毁伤作用或完成其他作战任务(如电子对抗、信息采集、心理战、照明等)的军械物品。弹药是武器火力系统的重要组成。弹药是武器系统中借助武器输送至目标区域,直接完成杀伤敌人有生力量和破坏敌方作战设施的那部分,是完成既定战斗任务的最终手段。

2. 结构原理

弹药结构应满足发射性能、运动性能、终点效应、安全性和可靠性等诸方面的综合要求。

现代弹药通常由战斗部、投射部和稳定部等部分组成。

战斗部是弹药毁伤目标或完成既定终点效应的部分。某些弹药仅由战斗部单独构成。典型的战斗部由壳体(弹体)、装填物和引信组成。引信是能感受环境和目标信息,从安全状态转换到待发状态,适时作用控制弹药发挥最佳作用的装置。常用的引信有触发引信、近炸引信、时间引信等。有的弹药配用多种引信或多种功能的引信系统。装填物是弹药毁伤目标的能源物质或战剂。常用的装填物有炸药、烟火药、预制成形的杀伤穿甲等毁伤元件,核装药、生物战剂、化学战剂、功能部件以及其他物品。通过装填物(剂)的自身反应或其特性,产生相应的机械、热、声、光、化学、生物、电磁、核等效应来毁伤目标或达到其他战术目的。弹体容纳装填物并连接引信,多数情况下是形成毁伤破片的基体。战斗部中全部爆炸品,从引信中的雷管(火帽)直至弹体中的炸药装药,按感度递减而输出能量递增的顺序配置,组成爆炸序列,保证弹药的安全性和可靠性。

稳定部是保证弹药稳定飞行,以正确姿态接触目标的部分。常用的稳定部,有赋予弹药高速旋转的导带和涡轮装置;有使战斗部空气阻力中心移于质心之后的尾翼装置,以及两种装置的组合形式。

某些弹药还有导引部,用以导引或控制弹药的飞行姿态,并将弹药导向目标区,或自动跟踪运动目标,直至最终击中目标。

3. 发展简史

古代用于防身或进攻的投石、弹子、箭等可算是射弹的最早形式。它们利用人力、畜力、机械动力投射,利用本身的动能击伤目标。

中国约公元 808 年发明了黑火药,10 世纪用于军事,作为武器中的传火药、发射药及燃烧、爆炸装药,在武器发展史上起了划时代的作用。黑火药最初以药包形式置于箭头射出,或从抛石机抛出。13 世纪,中国创造了可发射"子窠"的竹管"突火枪",子窠是最原始的子弹。随后有了铜和铸铁的管式火器,用黑火药作为发射药。13 世纪,火药及火器技术经阿拉伯传至欧洲。13 世纪后半叶,欧洲应用了火药和火器。早期火器是滑膛的,发射的弹丸主要是石块、木头、箭,以后普遍采用了石质或铸铁实心球形弹,从膛口装填,依靠发射时获得的动能毁伤目标。16 世纪初出现了口袋式铅丸和铁丸的群子弹,对人员、马匹的杀伤能力大大提高。16 世纪中叶出现了一种爆炸弹,由内装黑火药的空心铸铁球和一个带黑火药的竹管或木管信管构成,先点燃弹上信管,再点燃膛内火药。17 世纪出现了铁壳群子弹。17 世纪中叶发现和制得雷汞。19 世纪,后膛与线膛武器得到进展,击发火帽及击发点火方式、旋转式弹丸结构、金属壳定装式枪弹结构、雷汞雷管起爆方式、无烟火药的发明和应用、苦味酸、TNT 炸药的发明和应用等,是这一时期弹药最重要的发展,这些成就全面提高了武器系统的射程、射击精度、威力和发射速度,使弹药进一步完善。与此同时,随着目标的不断发展,弹药类型增多。射击武器弹药除爆炸弹、榴霰弹、燃烧弹外,还出现了对付舰艇装甲的穿甲弹。在海战中已普遍使用了水雷,19 世纪后半叶出现了鱼雷。

20 世纪初,TNT 已作为一种军用炸药广泛装填于各类弹药中。在第一次世界大战中,随着飞机的作战使用和坦克的出现,相应发展了各种航空弹药和反坦克弹药。化学弹药也用于战场。第二次世界大战期间和战后,迅速发展了基于聚能效应的破甲弹。火箭技术、核装药、制导技术的应用及其结合,是现代弹药技术中最重大的发展,它使弹药的发展水平达到了一个新的高度。

未来弹药的发展,主要是采用高破片率钢材制作弹体或装填重金属、可燃金属的预制、半预制破片,提高战斗部的杀伤威力;无控弹药灵巧化与制导弹药智能化,提高战斗部对目标的作用效率;研制复合作用战斗部,增加单发弹药的多用途功能;发展集束式、子母式和多弹头战斗部,提高弹药打击集群目标和多个目标的能力;在航空弹药和炮弹上加装简易的末段制导或末段敏感装置,提高弹药对点目标的命中精度;发展各类特种弹药,执行军事侦察、战场监视(听)及通信干扰等任务,适应未来全方位作战需要;采用高能发射药、改善弹药外形,或探索简易增程途径,增大弹药射程。此外,在弹药部件结构上,还应实现通用化、标准化、组合化,简化生产及勤务管理。

2.5.2 弹药的种类

一般弹药的分类方法有五种,具体如下。

弹药按用途可分为主用弹药、特种弹药和辅助弹药。主用弹药是指用于毁伤各类目标的弹药;特种弹药是指用于完成某些特种战斗任务的弹药;辅助弹药是指用于部队训练、演习和试验等非战斗使用的弹药。

弹药按装填物(剂)的类别可分为常规弹药、核弹药、化学(毒剂)弹药和生物(细菌)弹药等。常规弹药是装有常规火药、炸药或其他装填物的弹药。核弹药是指原子弹利用核裂变链式反应,氢弹利用热核聚变反应,放出核内能量产生爆炸作用的弹药,威力极高。爆炸后产生冲击波、地震波、光辐射、贯穿辐射、放射性沾染、电磁脉冲等,对大范围内的建筑、人员、装备、器材等多种目标具有直接和间接的毁伤作用。核装药主要装填在航空炸弹及导弹战斗部中,用于对付战略目标。化学弹药是装有化学战剂的弹药。化学战剂为各种毒性的化学物质,可装填在炮弹、地雷、航空炸弹和火箭弹的战斗部中,通过爆炸将其撒布于空中、地面,使人员中毒,器材、粮食、水源、土地等受到污染。生物弹药是装有生物战剂的弹药。生物战剂为传染性致病微生物或其提取物,包括病毒、细菌、立克次氏体、真菌、原虫等,能在人员、动植物机体内繁殖,并引起大规模感染致病或死亡。它可制成液态或干粉制剂,装填在炮弹、炸弹、火箭弹的战斗部中。通过爆炸或机械方式抛撒于空中或地面上,形成生物气溶胶,污染目标或通过传染媒介物(如昆虫)感染目标。核弹、化学弹和生物弹是特殊类型的弹药,具有大面积的杀伤破坏能力和污染环境的能力,属于大规模杀伤破坏性武器。

弹药按投射运载方式可分发射式弹药、推进式弹药、投掷式弹药和布设式弹药。用身管武器发射的枪弹、炮弹,称为发射式弹药。常以身管发射武器的口径标示其大小。它具有初速大、射击精度高、经济性好等特点,是应用最广泛的弹药,主要用于压制敌人火力,杀伤有生目标,摧毁工事、坦克和其他技术装备。本身带有推进系统的导弹、火箭弹、鱼雷等,称为推进式弹药。近程导弹多用于对付坦克等战术目标。中、远程导弹常装核弹头,主要用于打击战略目标。火箭弹适于作为压制兵器对付面目标。轻型火箭弹适于步兵反坦克作战。鱼雷用于对付各种舰艇和其他水上目标。航空炸弹、手榴弹等称为投掷式弹药。通常没有投射部,可直接从飞机上投放,或用人力投掷。航空炸弹主要用于轰炸重点目标或对付集群目标。手榴弹用于对付有生目标或轻型装甲目标。地雷、水雷等称为布设式弹药。可用空投、炮射、火箭或人工等方式布设,用以毁伤敌人的步兵、坦克或舰艇。

弹药按有无导引部可分为无控弹药和有控弹药(制导弹药)两种。

弹药按配属可分为炮兵弹药、装甲兵弹药、海军弹药、空军弹药、轻武器弹药和工程战斗器材等。

弹药的种类繁多,对付不同目标,采用不同的战斗部。典型的战斗部有:①爆破战斗部,主要是靠炸药爆炸的直接作用或爆炸波毁伤目标;②杀伤战斗部,是靠炸药装药爆炸时弹体形成的高速破片或预控、预制破片杀伤有生力量,毁伤其他目标;③穿甲战斗部,是凭借自身的动能击穿各类装甲目标;④破甲战斗部,是靠聚能装药爆炸时,金属药形罩形成的高速金属射流毁伤各类装甲目标;⑤子母战斗部,是靠母弹体内装的子弹毁伤较大面积上的目标;⑥复合战斗部,具有两种毁伤作用,如杀—爆复合、穿—爆—燃复合等;⑦多用途战斗部,能毁伤两种以上的目标,如既能杀伤有生力量,又能毁伤轻型装甲;⑧特种弹战斗部,完成特种战斗任务,如燃烧战斗部、照明战斗部、发烟战斗部、宣传战斗部等;⑨新概念战斗部,如单脉冲式微波弹战斗部、碳纤维弹战斗部、侦察弹战斗部、干扰战斗部、非致命毁伤战斗部、软毁伤战斗部等。

弹药的战斗部门类齐全,五花八门。一种口径火炮往往配有多种炮弹,即一种平台,多种负载。如美国 M198 式 155mm 榴弹炮就配有 20 余种弹药。由于同一种战斗部对目标的毁伤效果一样,往往一种弹药可用于多兵种,即一种弹药用于多种平台。可以预测,随着科学技术的发展,新目标的不断出现,为了满足未来战争的需要,高新技术弹药将会不断涌现。因此,弹药是武器系统中更新最快、发展最活跃的领域。

弹药包括枪弹、炮弹、手榴弹、火箭弹、导弹、鱼雷、水雷、地雷、爆破筒、发烟罐、炸药包、核弹药、反恐弹药以及民用弹药(如灭火弹、增雨弹)等。

1. 枪弹

枪弹是从枪膛内发射的弹药,又称子弹,是枪械在战斗中用来攻击或防御,致使目标直接遭受损害的弹药,也是各类武器中应用最广、消耗最多的一种弹药。现代军用枪弹主要用来杀伤有生目标,也可用来摧毁轻型装甲车辆、低空飞机、军事设施等目标。枪弹一般由弹头、弹壳、发射药和底火四大部分组成,如图 2.59 所示。枪弹均采用定装式,即弹头、发射药、弹壳和底火四大部分固结为一体。底火点燃发射药,高温高压火药气体推动弹头飞出枪口,以达到杀伤或破坏目标的目的。

图 2.59　枪弹及其构造

枪弹已发展到 20 多种,其中有普通弹、特种弹、辅助用弹,还有多种新型枪弹,如无壳弹、箭形弹、齐射弹、液体弹等。按枪械种类的不同,枪弹可分为手枪弹、步(机)枪弹和大口径机枪弹等;按口径分,通常称口径在 6mm 以下的为小口径枪弹,在 12mm 以上的为大口径枪弹;按战术用途不同,可分为战斗用枪弹和辅助用枪弹。战斗用枪弹主要包括普通弹(普通弹又有轻弹和重弹之分)、穿甲弹、燃烧弹、曳光弹、爆炸弹,还有穿甲燃烧弹、燃烧曳光弹、穿甲燃烧曳光弹、爆炸燃烧曳光弹等,辅助用枪弹有空包弹、教练弹、强装药弹,另外还有信号弹以及防暴武器用各种霰弹、晕眩弹、催泪弹和橡胶弹。普通枪弹弹头多是实心的。

2. 炮弹

用火炮发射的弹药称为炮弹,是一种发射式弹药。炮弹主要用于压制敌人火力,杀伤有生力量,摧毁工事,毁伤坦克、飞机、舰艇和其他技术装备。炮弹一般由弹丸和发射部两部分组成,如图 2.60 所示。

图 2.60　炮弹及其构造

弹丸一般由战斗部、稳定部和导向部组成。战斗部一般由弹体、装填物和引信组成。弹体必须具有良好的气动外形,以减小空气阻力。弹丸的装填物根据战斗任务而定,常用的装填物有炸药、烟火剂、子弹、宣传品等。对于线膛炮发射的弹丸,稳定部是弹体上的弹带,发射时弹带嵌入膛线,一方面密封火药气体,另一方面与膛线配合使弹丸高速旋转,出炮口后能稳定飞行;对于滑膛炮的弹丸,稳定部是弹体上的尾翼,使弹丸能稳定飞行。导向主要是引导弹丸运动,有膛内导向和膛外导向。膛内导向主要是依靠弹体上的导向圆柱,引导弹丸在炮膛内的运动。对现代高技术炮弹,采用简易制导方法,引导弹丸在炮膛外的运动。

发射部一般由药筒、发射药、底火及其他辅助元件组成。药筒用来安装底火,盛装发射药和其他辅助元件,平时保护发射药不受潮和损坏,发射时密封火药气体。发射药是弹丸获得动能的能源。底火用来点燃传火管或发射药,可分为机械击发式、电击发式或机电两用底火。一定装药结构的发射药,在底火作用下燃烧,产生按一定规律变化的膛内压力,赋予弹丸预定的初速。药筒内装的辅助元件有点火(传火)药包、传火管、消焰剂、护膛剂、除铜剂、紧塞具和密封盖等。

炮弹是种类最多、数量最大的一种弹药。

按弹丸与装药药筒(药包)的装配方式,炮弹可分为定装式炮弹、药筒分装式炮弹和药包分装式炮弹(包括模块装药式炮弹)。对于口径较小的炮弹,一般为定装式,即炮弹的弹丸和发射部发射前是固定在一起的。对于口径较大的炮弹,一般为分装式,即炮弹的弹丸和发射部发射前是分开放置的。

按用途可分为主用炮弹,特种炮弹和辅助炮弹。常用的主用炮弹有榴弹(杀伤弹、爆破弹、杀爆弹)、穿甲弹(半穿甲弹、实心穿甲弹、高速杆式脱壳穿甲弹)、破甲弹(单级破甲弹、多级破甲弹)、多用途弹、特种弹(燃烧弹、照明弹、宣传弹)、光电干扰弹(红外诱饵弹、箔条弹、多功能烟幕弹、假目标弹)等。其组成大同小异,主要是战斗部的组成不同。

1) 榴弹

16 世纪中叶,英国人什拉波聂里将原来火炮的实心弹改装成装有许许多多金属弹子的炮弹,炮弹落地后发生爆炸,弹子、弹片四处飞散,杀伤力比原来实心弹提高数倍。因为这种炮弹像石榴一样多籽,遂得了个"榴弹"的称号,榴弹也称"开花弹"。

榴弹依靠炸药爆炸后气体的膨胀功和弹丸破片的动能来毁伤目标。按毁伤效果,榴弹又可分为以下几种。

(1) 杀伤榴弹:杀伤弹的弹体内装填炸药,以爆炸后可形成大量的破片去杀伤敌人有生力量。毁伤破片的形成分为自然破片(弹药爆炸时弹体自然破碎形成的大量高速破片)、预制破片(类似于子母弹,根据目标性质预先把破片制成所需的质量和形状,在弹药爆炸时被高速抛出)、预控破片(在弹体或某些组件上按所需的破片质量预制切槽或刻痕以形成薄弱处,在弹药爆炸时形成质量较均匀和形状大体一致的破片)、定向破片(通过预制、预控或弹药爆炸时自然形成集中在某一方向上的破片)等。

(2) 爆破榴弹:爆破弹的弹体较薄,弹体内装填的炸药装得比较多,以爆炸产生的爆轰产物和冲击波破坏目标,主要用于破坏工事和障碍物,在地雷场中开辟通路,摧毁导弹发射场、机场、火力点等固定目标。

(3) 杀伤爆破榴弹:杀伤爆破榴弹既有杀伤作用,又有爆破作用,可以一弹两用。杀爆榴弹弹丸及其构造如图 2.61 所示。

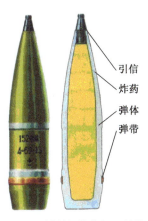

图 2.61 杀爆榴弹弹丸及其构造

"一寸长,一分强",人们总是希望不断增大射程,将弹丸发射到更远的地方。增大射程的主要技术途径:一是提高初速;二是提高弹丸飞行性能;三是途中加速。提高初速主要是在火炮、发射药、装药结构等方面采取措施;提高弹丸飞行性能主要是在弹丸结构上采取措施,减小弹丸飞行阻力;途中加速主要是采取火箭增程。减小弹丸飞行阻力,可以优化弹形,获得良好飞行特性。此外,弹丸在飞行中冲开空气向前运动时,头部所承受的空气压力极大,而尾部由于惯性作用,空气还来不及填充弹丸运动所造成的局部空气稀疏,所承受的空气压力比弹头要低。这种弹丸头、尾部之间的压力差就形成底部阻力。减小底部阻力是减小弹丸飞行阻力重要方面。按增大射程的措施,增程榴弹又可分为如图2.62所示几种。

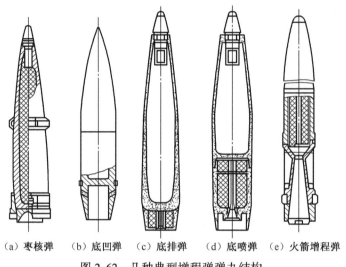

(a)枣核弹　(b)底凹弹　(c)底排弹　(d)底喷弹　(e)火箭增程弹

图 2.62　几种典型增程弹弹丸结构

(1)枣核弹:枣核弹的外形像枣核,改善了弹头、弹尾的形状,弹体呈流线形,弹形系数小,优化了弹丸空气动力,减小了飞行阻力,使射程增加。

(2)底凹弹:弹底部加工成空心的凹裙形,利用底凹,可以使飞行中弹底处涡流强度减弱,弹后空间能及时被周围空气填充,提高弹底压强,使弹头部及弹尾部的压力差减小,从而减小了空气阻力,使射程增加。

(3)底排弹:在弹丸尾部装有排气装置,利用排气装置内装的底排药,在低压下燃烧排出的气体填充因弹丸运动所形成的弹底低压区,提高了弹底的压力,用于减少飞行中的底阻以增加射程。

(4)底喷弹:在弹丸尾部装有喷气装置,利用喷气装置内装的底喷药,在低压下燃烧喷出的气体不仅能提高弹底区的压力,而且还对飞行的弹丸提供一定的推力,以增加射程。

(5)火箭增程弹:火箭增程弹是在常规弹丸尾部装一固体燃料火箭发动机,弹丸飞出炮口一段行程后,火箭发动机点火,赋予弹丸新的推力,使弹丸射程提高。发动机的最佳点火时间应由外弹道设计确定。

2)穿甲弹

穿甲弹是依靠弹丸命中目标时本身的大动能和坚硬的弹头强拱硬钻来击穿装甲目标。弹丸内装的炸药量较少或者不装炸药,前者称为"含药穿甲弹",后者称为"实心穿甲弹"。穿甲弹具有初速高、直射距离大、射击精度高的特点,是反坦克火炮的主要弹种;也配用于舰炮、海岸炮、高射炮和航空机关炮,用于毁伤坦克、自行火炮、装甲车辆、舰艇、飞机等装甲目标,也可用于破坏坚固防御工事。

(1)普通穿甲弹:普通穿甲弹的结构形式很多,其主要区别在头部结构上,常见的普通穿甲弹有尖头曳光穿甲弹、钝头曳光穿甲弹、带风帽和被帽的曳光穿甲弹(见图2.63)。

图 2.63　普通穿甲弹弹丸结构

（2）脱壳穿甲弹：弹丸在膛内运动时，弹丸的断面密度小，初速会相应地增大；弹丸在空中飞行时，弹丸的断面密度增大，空气阻力加速度可下降；从弹丸在膛内、膛外的运动情况看，如能设计一种质量和直径能随膛内、外运动而改变的弹丸，便能获得较大的初速和落速。脱壳穿甲弹就是在细长的穿甲弹芯外包裹着可脱落壳体的一种穿甲弹，在膛内有较小的断面比重，可以获得较大初速，出炮口后，利用空气阻力使可脱落壳体(卡瓣或弹托)脱离弹体，增大断面比重，减小空气阻力，获得较大的落速，如图2.64所示。

图 2.64　脱壳穿甲弹脱壳过程

3）破甲弹

根据爆炸理论，炸药爆炸后，高温、高压的爆轰产物基本上是沿炸药表面法线方向飞散；当炸药一端有轴对称凹陷时，爆轰产物便沿药面法线飞散在轴线处汇合，形成一股高温、高速、高密度的爆轰产物流，这就是装药的聚能效应。利用装药的聚能效应，使能量密度很高的爆轰产物流，作用在钢板的较小面积上，对钢板有更大的破坏能力，这就是破甲原理。

破甲弹是利用"聚能效应"，依靠弹内炸药起爆后形成的高温、高速、高密度的金属射流冲击钢甲来达到破甲目的的一种弹药，也称聚能装药破甲弹，破甲弹弹丸结构如图2.65所示。破甲弹是反坦克的主要弹种之一，主要配用于坦克炮、反坦克炮、无坐力炮等。用于毁伤坦克等装甲目标和混凝土工事。射流穿透装甲后，以剩余射流、装甲破片和爆轰产物毁伤人员和设备。

图 2.65　破甲弹弹丸结构

破甲弹的优点：一是其破甲威力与弹丸的速度及飞行的距离无关；二是在遇到具有很大倾斜角的装甲时也能有效地破甲。其缺点：一是穿透装甲的孔径较小，对坦克的毁伤不如穿甲弹厉害；二是对复合装甲、反作用装甲、屏蔽装甲等特殊装甲，其威力将会受到较大影响。

4) 碎甲弹

当弹性体受到脉冲载荷作用时,脉冲载荷是以应力波的形式在物体内部传播;波通过时,在该处的介质将承受一定的应力作用,且质点发生运动和变形。当猛炸药贴于钢甲表面爆炸瞬间产生高压脉冲载荷,在金属内部以压缩波进行传播,波遇到自由表面立即进行反射而改变符号变为拉伸波,其反射波的强度与入射波相等,两波同速相背而行,相互干扰,干扰区的应力迭加。当距离表面某处的合成应力超过材料的临界断裂应力时,材料在该处产生裂纹并向四周扩展,形成层裂。而含在该层内应力波的冲量将转化为裂片的动能,使其以一定的度崩落、飞散,如压缩波的能量足够大,将形成新的反射波,继续在新的自由表面崩落,而具有很大的毁伤作用。

碎甲弹是以较薄的弹体包裹较多的塑性炸药,当命中目标时,受撞击力的作用,弹壳破碎后,里面的塑性炸药紧紧粘贴在装甲表面,当引信引爆炸药后,在装甲板上产生冲击波,使装甲板的内部产生应力波,利用超压崩落装甲内层碎片,崩落的碎片以相当大的动能在装甲车体内进行杀伤和破坏,因此,碎甲弹并不穿透钢甲。碎甲弹弹丸结构如图2.66所示。碎甲弹除了作为反坦克弹种外,还由于能装填较多的炸药而作为爆破弹使用。另外由于它在爆炸时,弹丸破片具有较大的动能,因此对敌方有生力量具有较强的杀伤力,故也可作为杀伤弹使用。

图 2.66 碎甲弹弹丸结构

碎甲弹的优点:一是其构造简单,造价低廉,爆炸威力大;二是碎甲效能与弹速及弹着角关系不大,甚至当装甲倾角较大时,更有利于塑性炸药的堆积;三是碎甲弹装药量较多,爆破威力较大,可以替代榴弹以对付各种工事和集群人员。其缺点:一是对付屏蔽装甲、复合装甲的能力有限;二是碎甲弹的直射距离较其他弹种近。

5) 子母弹

子母弹是指以一枚弹丸的弹体作为载体(称为母弹)内装一定数量的子弹,发射后,母弹在预定区域和空域开舱抛射子弹,子弹分别起爆,完成毁伤目标和其他战斗任务的炮弹。子母弹的威力大大超过普通榴弹。目前已出现了杀伤子母弹、反装甲子母弹、布雷子母弹和发烟子母弹等。子母弹是在大、中口径火炮上发展起来的新弹种,主要利用众多子弹形成密集火力网,对付集群目标或快速飞行目标。在导弹战斗部和航空炸弹上子母弹也得到广泛应用。

子母弹主要由弹体、引信、子弹、抛射药等部分组成。弹体是装子弹的容器,称为母弹。在外形上与普通榴弹相似,母弹内膛成圆柱形,容积较大,其弹壁较薄。当母弹飞到目标上空时,引信按装定的时间发火,点燃抛射药,将子弹推离母体散于空中,如图2.67所示。子弹的类型很多,有杀伤、破甲等,子弹内有炸药,自带引信与稳定装置。当子弹从母弹中被抛出时,子弹的引信解脱保险,同时稳定装置起作用,稳定飞行,使引信朝向地面,碰击目标时,引信发火,子弹爆炸而毁伤目标。

图 2.67 子母弹攻击过程

6）特种炮弹

（1）照明弹：弹体内装照明剂用以发光照明的炮弹。通常可利用时间引信在预定的空中位置引燃照明剂，照明剂发出强光形成照明炬，在一定持续时间内照亮目标区。

（2）发烟弹：弹体内装有发烟剂的炮弹，用以生成烟幕、迷盲和干扰对方的观察、射击和指示目标，也称烟幕弹。发烟弹通常由弹体、发烟剂、爆管、炸药（或抛射药）和引信等构成。按成烟原理分爆炸型和升华型。爆炸型发烟弹弹体内装黄磷或易挥发的液体发烟剂。装有黄磷的发烟弹爆炸时，爆管将弹体炸裂，黄磷被分散到大气中与氧燃烧生成五氧化二磷形成烟幕。装有液体发烟剂的发烟弹，其发烟剂则吸收大气中水分形成烟幕。升华型发烟弹弹体内装有粗蒽、六氯乙烷或有色发烟剂，在点燃后，从发烟孔喷出而成烟幕。

（3）燃烧弹：装有燃烧剂的炮弹，又称纵火弹。主要用于烧伤有生力量，烧毁易燃的军事技术装备和设备。通常由弹体、燃烧剂、炸药或抛射药、引火管、引信等组成。燃烧剂多选用铝热剂、黄磷、凝固汽油、稠化三乙基铝和稠化汽油等，用于产生高温，毁伤目标；抛射药或炸药用于将弹体炸碎，将燃烧剂引燃抛散至目标。

7）灵巧炮弹

灵巧炮弹是指在外弹道某段上能自身或借助目标照射信号，探测识别目标，跟踪目标，直至命中和毁伤目标的炮弹。在现阶段，它主要包括弹道修正弹、末敏弹、末制导炮弹和炮射导弹等。

（1）弹道修正弹：简易修正弹在外形上与一般炮弹相近，装有弹载信息接收和处理控制装置、弹道修正动力装置。弹道修正弹工作原理如图 2.68 所示。目前常用的信息接收装置有数据接收机和光电信号接收机；常用的动力装置为装在弹药质心附近的若干个径向微型火箭发动机。当信息接收装置接收到来自地面火控系统提供的弹道修正数据，或接收到目标信息，经过信息处理控制装置控制点燃微型火箭发动机，产生径向推力，使偏离预计弹道的弹药按预计弹道飞行实现弹道修正，可大大地提高弹药命中目标的概率。

（2）末敏弹：末敏弹是利用自身的目标探测识别装置，在外弹道末段捕获目标，靠爆

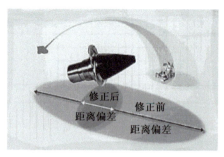

图 2.68　弹道修正弹工作原理

炸形成弹丸击毁目标的弹药。一般由战斗部、目标探测识别装置、稳态扫描装置、信号处理控制器等组成。末敏弹大多数为子母弹形式,对于旋转稳定高速弹药,末敏子弹还有减速减旋装置。装有敏感子弹药的母弹由火炮或火箭炮发射后按预定弹道以无控的方式飞向目标,在目标区域上空的预定高度,时间引信作用,点燃抛射药,将敏感子弹从弹体尾部抛出。敏感子弹被抛出后,靠减速和减旋装置(一般是阻力伞和翼片)达到预定的稳定状态。在子弹的降落过程中,弹上的扫描装置对地面做螺旋状扫描。弹上还有距离敏感装置,当它测出预定的距地面的斜距时,即解除引爆机构的保险。随着子弹的下降,螺旋扫描的范围越来越小,一旦敏感装置在其视场范围内发现目标(也就是被敏感)时,弹上信号处理器就发出一个起爆自锻破片战斗部的信号,战斗部起爆后瞬时形成高速飞行的侵彻体去攻击装甲目标。末敏弹工作原理如图 2.69 所示。如果敏感装置没有探测到目标,子弹便在着地时自毁。

图 2.69　末敏弹工作原理

(3) 末制导炮弹:末制导炮弹就是在炮弹前部加装导引头,炮弹发射后能在弹道飞行末段实施导引、控制的炮弹。末制导炮弹发射后,弹道前段与普通炮弹一样靠惯性飞行,在弹道末段则转入导引段飞行,炮弹前部的导引头接收从目标反射回的信号,导引炮弹准确飞向攻击的目标,具有很高的命中率。末制导弹药一般由战斗部、制导部和稳定控制部组成。战斗部的作用是毁伤目标。一般由壳体、炸药装药和引信组成,装于弹药的中部。制导部装于弹药的头部,由寻的器、电子组件和微处理器等组成。其作用是获取目标信息,经处理后形成控制量再转送给稳定控制部。稳定控制部装在弹药的尾部,由控制驱动器、电源、控制尾翼等组成。其作用是接到制导部送过来的控制量,由电驱动器带动控制翼或尾翼,修正弹道,使弹药命中目标。俄罗斯"红土地-M"激光末制导炮弹如图2.70所示。

图2.70　俄罗斯"红土地-M"激光末制导炮弹

(4) 炮射导弹:炮射导弹(见图2.71)是具有制导和自推动力能力的炮弹,是一种发射式导弹。炮射导弹的投射部由发射药和火箭发动机组成,首先,由火炮发射赋予导弹一定的初速,当导弹飞离炮口后,火箭发动机工作,继续推动弹丸运动,使导弹不断增速。由于炮射导弹装有制导装置、数据处理装置和其他电子器件,发射时过载不能太大,因此发射导弹的初速比一般炮弹的初速低得多。现有的炮射导弹的制导体制多为激光波束半主动遥控制导,又称激光驾束制导。适合在近距离(一般10km以内)直视条件下使用,常用于地空导弹系统及反坦克武器系统。激光驾束制导是利用激光器发射的激光束引导导弹飞向目标。

图2.71　炮射导弹

3. 手榴弹与枪榴弹

手榴弹是一种用手投掷的小型弹药(见图2.72)。手榴弹是使用较广、用量较大的弹药。它既能杀伤有生目标,又能破坏坦克和装甲车辆。手榴弹具有体积小、重量轻,结构简单、造价低廉,操作简易、使用方便,弹种齐全、用途广泛等特点,在历次战争中发挥过重要作用。作为步兵近距离作战的主要装备之一,手榴弹在现代战争条件下仍具有重要的使用价值。手榴弹的作战距离比较短,兵器还取决于个人的投掷能力。一般来说,一位训练有素的士兵投掷的标准距离约为30m。手榴弹的有效杀伤半径通常为15m。

图 2.72　手榴弹

　　手榴弹一般由弹体、装药和引信组成。弹体用于填装炸药和形成破片。弹体可由金属、玻璃、塑料或其他适当材料制成。弹体材料的选择对手榴弹的杀伤力和有效杀伤距离具有直接影响。装药的类型决定着手榴弹的用途。手榴弹的装药可以是TNT炸药,也可以是其他种类的炸药,还可以是催泪瓦斯、铝热剂(燃烧剂、白磷等)等化学战剂。引信是引爆或点燃装药的一种机械或化学装置。大多数手榴弹采用起爆引信或点火引信,起爆引信在弹体内爆炸以引爆装药,多用于杀伤手榴弹;点火引信则通过高温燃烧引燃化学装药,主要用于化学手榴弹。手榴弹的引信或以撞击或以延时的方式激活。出于安全考虑,现在的杀伤性手榴弹大都使用延时引信。

　　手榴弹种类繁多,用途广泛。每种手榴弹都具有不同的性能,可供士兵以多种方式完成指定的任务。一般来说,按用途手榴弹可分为杀伤手榴弹、反坦克手榴弹、特种手榴弹(包括照明、燃烧、发烟、反暴乱、眩晕等种类)和教练手榴弹。杀伤手榴弹主要靠弹壳与引信组件破片的高速散射杀伤人员,也可用于摧毁或瘫痪装备。这种手榴弹又可区分为进攻杀伤手榴弹和防御杀伤手榴弹。进攻杀伤手榴弹是以爆炸冲击波作为主要的杀伤机理;防御杀伤手榴弹是以破片作为主要的杀伤机理。

　　现代手榴弹不仅可以手投,同时还可以用枪或专用榴弹发射器来发射。枪或榴弹发射器发射的手榴弹称为枪榴弹。

　　用枪发射的枪榴弹就是挂配在枪管前方用枪和枪弹发射的一种超口径弹药(见图2.73),可分为杀伤型和反装甲型。杀伤型枪榴弹一般重200~600g,杀伤半径10~30m,最大射程300~600m;反装甲型枪榴弹一般重500~700g,直射距离50~100m,垂直破甲可达350mm,可穿透1000mm厚的混凝土工事。此外,枪榴弹还可发射破甲、杀伤两用弹、特种弹和教练弹等。枪榴弹一般使用筒式发射器和杆式发射器发射。专用榴弹发射器发射的枪榴弹与榴弹发射器相匹配,一般是筒式发射。

　　枪榴弹和其他炮弹相似,杀伤榴弹的战斗部也采用预制破片弹体,有的还内加钢珠等预制弹丸;反坦克破甲弹也多采用聚能射流,穿透装甲后再行起爆杀伤目标。枪榴弹大都采用机械引信,压电引信和电子引信等。其主要特点是重量轻、体积小,携带使用都比较方便。

4. 地雷

地雷(见图2.74)是一种爆炸性武器,通常布设在地面下或地面上,受目标作用并满足其动作条件时即自行发火,或待目标进入其作用范围时操纵爆炸。地雷主要用于构成地雷场,以阻滞敌人的行动,杀伤敌人有生力量和破坏其技术装备。地雷除具有直接的杀伤、破坏作用外,还具有对敌阻滞、牵制、诱逼、扰乱和精神威胁等作用。

图2.73　枪榴弹

图2.74　地雷

地雷由雷体和引信两大部分组成。雷体包括雷壳和装药两部分。有的地雷没有雷壳;有的地雷还装有保证布雷安全的保险装置,使敌方难以取出地雷的不可取出装置或难以使其失效的反拆装置,以及定时自毁(失效)装置等。其发火原理,通常是利用目标的碾压触碰作用或利用目标产生的物理场(磁、声、振动和红外等)启动引信,也有用绳索、有线电、无线电等操纵爆炸的。

地雷按用途分为防步兵地雷、防坦克地雷和特种地雷;按控制方式分为操纵地雷和非操纵地雷;按抗爆炸冲击波能力分为耐爆地雷和非耐爆地雷;按布设方式分为可撒布地雷和非撒布地雷;按制作方式分为制式地雷和应用地雷等。现代地雷中还有寻的地雷、遥控地雷和人工智能地雷等新品种。地雷在近代和现代战争中都曾发挥过重要作用。

最早的地雷发源于中国。1130年,金军攻打陕州,宋军使用埋设于地面的"火药炮"(即铁壳地雷),给金军以重大杀伤而取胜。

5. 火箭弹

火箭弹(见图2.75)是靠火箭发动机推进的非制导弹药。主要用于杀伤、压制敌方有生力量,破坏工事及武器装备等。

图2.75　火箭弹

火箭弹通常由战斗部、火箭发动机和稳定装置三部分组成。战斗部包括引信、火箭弹壳体、炸药或其他装填物。火箭发动机包括点火系统、推进剂、燃烧室、喷管等。尾翼式火箭弹靠尾翼保持飞行稳定;涡轮式火箭弹靠从倾斜喷管喷出的燃气,使火箭弹绕弹轴高速旋转,产生陀螺效应,保持飞行稳定。

按对目标的毁伤作用分为杀伤、爆破、破甲、碎甲、燃烧等火箭弹；按飞行稳定方式分为尾翼式火箭弹和涡轮式火箭弹。

火箭弹的发射装置，有火箭筒、火箭炮、火箭发射架和火箭发射车等。由于火箭弹带有自推动力装置，其发射装置受力小，故可多管（轨）联装发射。单兵使用的火箭弹轻便、灵活，是有效的近程反坦克武器。

火箭弹是靠火箭发动机推进，其落点散布比较大，一般作为面杀伤武器使用。为了减小落点散布，提高射击精度，现代对远程火箭弹一般都采用简易制导。

6. 导弹

导弹是指依靠自身推进并能控制其飞行弹道，将战斗部导向并毁伤目标的弹药，也称为制导弹药。导弹具有"自动导向"能力，其最大特点就是能"准确"命中目标。现代战争对"精确打击"要求越来越高，导弹的应用越来越广泛。

导弹通常是由推进系统、制导系统、战斗部和弹体结构系统等组成（见图2.76）。推进系统（投射部）主要是为导弹飞行提供推力的整套装置，又称导弹动力装置。它主要是由发动机和推进剂组成。制导系统（导引部）是指导引和控制导弹按选定的导引规律飞向目标的全部装置和软件的总称。它主要由导引头、惯性部件、测量装置、计算装置和执行装置组成。其作用是适时测量导弹相对目标的位置，确定导弹的飞行轨迹，并控制导弹飞行姿态和轨迹，使战斗部能准确命中目标。战斗部一般由壳体、战斗部装药、引信等组成。其作用是毁伤敌方目标。按战斗部装药的性质，可分为常规战斗部、特种战斗部和核战斗部。弹体结构系统是导弹受力和支承构件的总称。其作用是保持导弹的外形，承受运输、发射和飞行中的各种载荷，连接安装导弹战斗部、推进系统、制导系统和其他辅助设备，将弹上所有的系统和组件连成一个整体。

图2.76 导弹的构造

导弹的种类很多，按发射地点与目标位置的关系可分为：从地面发射攻击地面、空中和水面上目标的导弹，分别称为地地、地空、岸舰导弹；从空中发射攻击地面、水面、水下和空中目标的导弹，分别称为空地、空舰、空潜和空空导弹；从水面发射攻击地面、空中、水面目标的导弹，分别称为舰地、舰空和舰舰导弹；从水下发射攻击地面、水面和水下目标的导弹，分别称为潜地、潜舰和潜潜导弹。按攻击目标的类型可分为反坦克导弹、反舰导弹、反潜导弹、反飞机导弹、反导弹导弹、反卫星导弹、反雷达导弹等。按作战任务的性质可分为打击战略目标的战略导弹和打击战役战术目标的战术导弹。按战斗部装药分为装普通炸药的常规导弹和核装药的核导弹。按飞行方式分为弹道导弹和巡航导弹。按搭载平台分为单兵便携导弹、车载导弹、机载导弹、舰载导弹等。还可按射程远近及推进剂的性质等分为不同类型。

战术导弹主要用于压制和破坏战役战术纵深内战役战术目标，也称战役战术导弹，其射程通常在1000km以内,多属近程导弹。它主要用于打击敌方战役战术纵深内的核袭击兵器、集结的部队、坦克、飞机、舰船、雷达、指挥所、机场、港口、铁路枢纽和桥梁等目标。战术导弹成为现代战争中的重要武器之一。

世界著名的导弹如德国的"V-2""霍特"和"罗兰特"等,俄罗斯的"白杨""飞毛腿""日灸""萨姆-2""骄子"和"安泰"等,美国的"战斧式""爱国者""鱼叉""响尾蛇""阿萨特""地狱火""潘兴"和"民兵"等,法国的"飞鱼"和"西北风"等,中国的"东风""巨浪""红旗""海鹰""鹰击""红箭""霹雳"和"闪电"等。美国"爱国者"-3型防空导弹(见图2.77),为全天候多用途地空战术导弹,主要用于对付现代装备的高性能飞机,并能在电子干扰环境下击毁近程导弹,拦截战术弹道导弹和潜射巡航导弹。"爱国者"最大飞行速度为6倍声速,最大射程80km,有效射程15km,采用动能杀伤战斗部,美国国家导弹防御系统试验拦截导弹的成功率约为50%。美国售台的"鱼叉"反舰导弹,为较小型的亚声速导弹,主要用于攻击出水潜艇、驱逐舰、大型战舰、巡逻艇、导弹快艇的商船等水上目标。"鱼叉"反舰导弹的飞行速度为马赫数0.75,最大射程110km,最小射程11km,单发命中率可达95%。

图2.77 "爱国者"-3导弹发射时

7. 炸弹

炸弹是一种填充有爆炸性物质的武器。炸弹主要利用爆炸产生的巨大冲击波、热辐射、破片等对攻击目标造成破坏。炸弹多用于战争、恐怖活动等场合。现在威力最大的爆弹是氢弹。现代威力最强大的常规炸弹是巨型空爆弹。

控制炸弹引爆的装置有定时器、遥控器、传感器、激光等。炸弹按引爆方式不同,可以分为定时炸弹、遥控炸弹、声控炸弹、光控炸弹等。定时炸弹,是按预定时间爆炸的炸弹,其物理结构包括计时器、导线、引爆器及炸药。遥控炸弹,分有线和无线,有线抗干扰性强,无线遥控可远距离引爆。声控炸弹,是炸弹受到震动或接收到一定分贝的声音就引爆。光控炸弹,是炸弹放在密封的空间里,被打开后有光线射入就引爆等。

炸弹按携带方式不同,可以分为航空炸弹、汽车炸弹、邮包炸弹、人体炸弹等。航空炸弹,简称航弹或炸弹,是从航空器上投掷的一种爆炸性武器,是轰炸机、战斗轰炸机、攻击机携带的主要武器之一。作战时,作战飞机将航弹投掷向目标,命中时以冲击波、破片、火焰等各种杀伤效应实现对目标的毁伤。美国B-2A型"幽灵"隐身轰炸机投弹过程如图2.78所示。一枚炸弹,小则几十千克乃至几千克,大则重达若干吨。炸弹不仅可以采用普通装药,还可采用核装药,因此航空炸弹即可用于战术用途,也能胜任战略任务。汽车炸弹,一般指安装于汽车内的炸弹,在受害者不知情的情况下,打开车门或发动汽车后触发安装其中之炸药而引爆;也有利用汽车的普遍性与机动性,隐藏于路边或冲过防护线,接近目标而引爆杀伤。常见于暗杀行动和恐怖袭击。邮包炸弹,指在邮包内藏有炸弹,一般由不法之徒制造,通过邮局或信差派送,用以恐吓及伤害收件人。邮包炸弹有时会由恐怖分子制造。一般邮包炸弹都会被设计成在开启时爆炸,期望严重伤害甚至杀害收件人。邮包炸弹可能有不规则形状。人体炸弹,也称人肉炸弹,是一种极端的军事报复行为,将引爆炸药绑在自己的身上,向对方引爆,与敌人同归于尽。人体炸弹是一种自杀爆炸是以死相拼的终极行为,它的情况比较复杂,大体可分为下列几种类型:舍生取义型(只是为了信仰,与敌人同归于尽)、仇恨报复型(出于刻骨仇恨而走上不归路)、生活所迫型(为生活所迫而舍身)、绝望厌世型(感觉前途渺茫而走极端)等。人体炸弹多为恐怖分子所用。

图 2.78　美国 B-2A 轰炸机投弹过程

航空炸弹通常由弹体、安定器、装药、引信、弹耳等部分组成。按用途分为三类:直接摧毁或杀伤目标的主用炸弹,包括爆破炸弹、杀伤炸弹、燃烧炸弹、穿甲炸弹和核炸弹等;在轰炸和航行过程中起辅助作用的辅助炸弹,如照明炸弹、标志炸弹等;用来完成特定任务的特种炸弹,如发烟炸弹、照相炸弹、宣传炸弹和训练炸弹等。按外形大小和重量分为小型炸弹(50kg 以下)、中型炸弹(一般 100~500kg)和大型炸弹(1000kg 以上)。按有无制导装置分为制导炸弹与非制导炸弹。安装药分为装普通炸药和烟火药的常规炸弹和装特殊装药的非常规炸弹。

单个航空炸弹威力始终有限,把多个航弹捆绑、连接在一起,投掷以后散开,能覆盖面积较大的目标区域,就形成了"集束炸弹"。集束炸弹都被视为"不人道"的武器,国际公约规定禁止使用。子母弹可以看作是有密闭外包装的集束炸弹,天女散花般的子弹特别适合对付面积目标,换装或混装不同的子弹则能对付不同类型的目标。子母弹一般要装遥控装定引信,以根据实际情况确定恰当的抛撒子弹高度。随着高新技术应用于地面防空系统,极大地威胁着飞机自身的安全。作战飞机在防区外准确投掷武器,促进了防区外武器的需求与发展。防区外弹药布撒器(见图 2.79)就是一种在防区外发射的抛撒子弹药的武器装备,从外形上看有的像炸弹,有的像导弹,有自己的水平和垂直稳定弹翼,有些还有自己的动力系统和制导系统,可以配备多种弹头,对付不同的目标,对付较大面积的目标,如机场跑道、工厂、港口、集群目标等。

图 2.79　防区外弹药布撒器

8. 鱼雷

鱼雷是海战中在水中使用的武器。现在的鱼雷,发射后可自己控制航行方向和深度,遇到舰船,只要一接触就可以爆炸。它具有航行速度快、航程远、隐蔽性好、命中率高和破坏性大的特点。它的攻击目标主要是战舰和潜水艇,也可以用于封锁港口和狭窄水道。鱼雷主要用舰船携带,必要时也可以用飞机携带。在港口和狭窄水道两岸,也可以从岸上发射。

鱼雷雷身形状似柱形,头部呈半圆形,以避免航行对阻力太大。它的前部为雷头,装有炸药和引信;中部为雷身,装有导航及控制装置;后部为鱼尾,装有发动机和推进器等动力装置。攻击中的鱼雷如图 2.80 所示。

图 2.80　攻击中的鱼雷

现代鱼雷采用了微型计算机,改进了自导装置的功能,加强了鱼雷外形抗干扰和识别目标的能力。雷的航速已提高到 90~100km/h,航程达 46km。尽管反舰导弹的出现使鱼雷的地位有所下降,但它仍是海军的重要武器,特别是在攻击型潜艇上,鱼雷是最主要的攻击武器。

9. 水雷

水雷是布设在水中的一种爆炸性武器,它可由于舰船碰撞或进入其作用范围而起爆,用于毁伤敌方舰船或阻碍其活动。水雷一般是待在水中,被动地等待目标进入其作用半径后产生爆炸,毁坏目标。水雷具有隐蔽性好、布设简便、造价低廉等特点,按水中的状态区分,有触发水雷、非触发水雷和控制水雷。

一般一枚大型水雷即可炸沉一艘中型军舰或重创一艘大型战舰;水雷可构成对敌较长时间的威胁,有的甚至达几十年;除飞机、水面舰艇、潜艇外,商船、渔轮等都可用来布放水雷。但是,水雷也存在与生俱来的缺点:一是动作被动性,如非触发水雷,要敌舰航行至水雷引信的作用范围内;触发水雷,要敌舰直接碰撞水雷才能引爆。二是受海区水文条件影响大。

目前,各国海军都在运用高新技术,继续提高水雷的机动性和主动攻击能力,重视研制潜布自航水雷、深水反潜水雷、无线电遥控水雷和集装式水雷,注重提高水雷的电子化和微机化,以及水雷的爆炸威力,加紧研制面向 21 世纪的新概念水雷武器,如子母水雷、软体水雷、模块式水雷等。对于水雷的引信,也是各国海军十分关注的,即加速研制重力场、热力场、光场及宇宙线场等新型引信。图 2.81 为俄罗斯新型水雷攻击示意图。

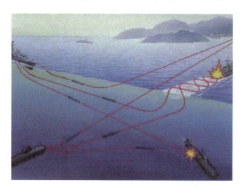

图 2.81 俄罗斯新型水雷攻击示意图

10. 新概念弹药

新概念弹药是一种应用新的毁伤原理,对目标的毁伤效能与传统弹药明显不同的新技术弹药,它的发明与应用对未来战争将产生重大的影响。新概念弹药主要有微波弹、碳纤维弹、光学弹、燃料空气弹、通信干扰弹、视频成像侦察弹、战场评估弹等。

(1) 微波弹。微波弹是通过在炸弹或导弹战斗部上加装微波弹装置和辐射天线的方式构成机载或弹载微波弹。它是利用炸药爆炸压缩磁通的方法,把炸药的能量转换成电能,经过特殊的电磁导结构,将电能转换为电子束流再转换成微波,由天线发射出去,用以破坏敌方的电子设备和杀伤作战人员。微波弹对目标是一种软破坏,干扰或烧毁武器系统的电子元件、计算机系统等。主要包括:磁通量压缩发生器(由初级能源—电池和电容器以及磁场线圈、炸药、金属套管组成);脉冲形成网络——产生电子束流的真空二极管和虚阳极振荡器微波源。

(2) 碳纤维弹。碳纤维弹是在炸弹或导弹战斗部加装碳纤维而构成的一种弹药。碳纤维是一种导电材料,把它撒布在电气设备上可以导致电子器件短路,电子设备不能正常工作,甚至失效。碳纤维一般有两种,即碳条和碳微粒。其基本作用原理是:当碳纤维弹飞至电网或电厂上空,引信引爆战斗部向外抛撒大量的碳条,当碳条搭到电网高压线上,使高压线短路,烧毁电器设备,使电厂不能正常供电。

(3) 光学弹。光学弹是利用爆炸能量产生强闪光或激光,使人眼、光电传感器暂时失明的弹药。它是利用爆炸冲击波加热惰性气体,形成多向、宽带的强光辐射。其核心部件是塑料涂料激光棒或固体涂料激光棒。当炸药爆炸时,塑料涂料激光棒或固体涂料激光棒发出闪光,足以使人眼、光电传感器致盲。

(4) 燃料空气弹。战斗部装药为燃料空气炸药的弹药称为燃料空气弹药。又称云爆弹,或称气浪弹。当燃料空气弹药的战斗部爆炸时,将战斗部内装的燃料(液体、固体、液固混合)向空中抛撒,与空气中的氧气混合形成云雾,再通过第二次引爆,云雾爆轰产生强大的爆轰波和冲击波摧毁目标。目前,又出现了一次引爆的云爆弹。

（5）通信干扰弹。通信干扰弹的外形结构与一般炮弹相似，多为子母弹结构，战斗部内装有多个干扰机子弹。当炮弹飞到目标区上空，母弹解体，抛出的干扰机子弹可通过降落伞悬在空中，也可直接落在地上。子弹一旦从母弹上抛出，立即开始工作，向四周发射不同频率的电磁波，干扰敌方纵深地区内部队的通信联络，也可干扰敌方的雷达，使敌方的通信联络和雷达无法工作，甚至瘫痪。

（6）视频成像侦察弹。视频成像侦察弹是一种靠旋转稳定，打出后不用管的炮弹。基本工作原理是：该弹利用弹丸定向飞行和旋转使其对飞越的地形进行扫描。飞行中，光线通过垂直于旋转轴线的窗口进入弹丸，通过抛物柱面镜聚焦在光电二极管上，其光强的变化经转换和调制后，通过发射机将电信号发出。地面接收机收到电信号后，处理成图像并绘成地形图。

（7）战场评估弹。战场评估弹属子母弹型。弹丸内装有1个无线电控制的翼伞、1台视频摄像机、1台视频发射机以及控制装置和电源。其工作原理是：当弹丸飞到目标区，母弹解体，抛出子弹，电源启动，翼伞张开，飘浮起视频摄像机对目标区进行搜索，并通过发射机将视频图像传送给地面接收机，经处理后进行战场毁伤评估。

2.6　陆战武器的发展方向

伴随着新军事技术革命，兵器王国又将揭开新的一页，兵器技术又要谱写出新的篇章。从20世纪80年代初开始，在世界范围内兴起的一场新技术革命浪潮，正在不断地冲击着兵器领域。军事家们在预测未来战争样式和未来战场需求的同时，已用概括性语言道出了未来战场兵器和战争的基本特征，即战场信息化、兵器智能化和战争综合化。在这短短20年中，用高新技术改进传统兵器已取得瞩目的成就，正在用高新技术研制的全新型兵器更让人惊叹不已。未来陆战武器装备的特点：

（1）主战坦克一直被称作地面战场上突击力量的核心。近年来，用高新技术对坦克火力、防护和机动三大要素的改进取得了长足的进步，诸如采用新型火控、双同稳定、自动装填、滑膛炮、动能弹等技术，不仅能实施行进间射击，提高首发命中的概率。而且通过采用新型装甲、多路传输系统、三防装置，使坦克综合实战能力和生存能力不断提高。

（2）防空兵器已是未来战争胜败的关键。随着空中目标的多样化，空中威胁与日俱增，防空任务越来越重，要求越来越高。建立起反导反直和反固定翼飞机的防空武器体系是地面防空的基本要求。国外20世纪80年代兴起的高炮与防空导弹相结合的弹炮一体化系统，代表着防空武器发展趋势。

（3）压制兵器是战场火力之神。以新型榴弹炮和火箭炮为代表的压制兵器，其纵深攻击火力在不断提高。特别是采用各种形式增程弹、子母弹，不仅打得远，而且打得准。

（4）反坦克兵器是地面防御战中的重点。反坦克兵器已从反车辆、反近程坦克和地面反坦克逐步发展成反集群坦克、反远程坦克和空中反坦克等立体反坦克体系。采用多种兵器打顶装甲、侧装甲和底装甲，哪儿薄弱往哪儿打。

（5）电子战开辟了第四维战场。在信息化战场上关键环节是光电对抗。对抗的核心是干扰与反干扰、侦察与反侦察、目标捕获与反捕获。特别是指挥、控制和通信领域更为重要。围绕光电对抗所产生新技术有激光测距、热成像、夜视技术、隐身技术和伪装技术等。

（6）新概念兵器是设计研制兵器在观念上的飞跃。与传统兵器相比，已有了质的飞跃。如以激光武器、粒子束武器、微波武器为代表的聚能武器；以各种生物和化学战剂组成的生化武器；以及电磁炮、电热炮，自适应引信、弹药、坦克，各种遥控技术在武器上应用发展的遥控兵器，机器人侦察和排雷等在新世纪中必定有新的发展。

预测兵器统未来看到科技强军的重要，展望未来的兵器，可谓任重而道远。陆战武器装备发展主要有以下几个方面：

（1）由重型向轻小型、高度机动灵活发展。数字化战场新的作战特点要求数字化部队能够在瞬间实现由一种作战形式向另一种形式的转变，陆军需要向更高的机动作战能力和中小型化、多功能化的方向发展。

（2）由地面向空中立体化发展。在现代战争中直升机越来越多地用于陆战。未来直升机技术发展方向是采用隐身技术，提高战场生存能力；采用发射后不管的主动寻的弹药技术，提高机动打击能力；采用空空导弹，提高直升机空中自卫能力和全方位、全环境作战能力；采用空中受油技术，提高直升机远程作战能力。

（3）由机械化向数字化发展。在未来陆战战场上，高机动中小型、多功能、高效率部队将是数字化部队的主力；拥有数字化优势的一方将获得较高的战场透明度；实现数字化将有利于缩短作战反应时间；数字化部队在通信速度和准确性方面大大优于非数字化部队，将大大缩短作战反应时间；此外，数字化部队可在更加广阔的战斗空间采取协调一致的行动。

（4）由有人作战武器向无人作战武器发展。科学技术的飞速发展，引发了军事领域一系列重大变革，作为未来战争物质基础的武器装备不断花样翻新，特别是人工智能技术在军事领域的应用，促使武器装备的智能化程度越来越高，无人作战武器平台的发展也成为陆战武器装备一个重要的发展趋势。

由以上发展趋势看出，随着大量高技术武器装备用于陆军部队，21世纪的陆军将是一支全新的部队，未来的陆战也将由单军种作战向陆、海、空、天联合作战发展，在战场上建立起一个包括陆、海、空、天的分布式信息网络，不仅使陆军内部，而且陆军与各军兵种之间实现相关信息的共享，各级指挥员与武器系统，直至单兵之间实现近实时的信息共享，从而实现各军兵种联合作战。

第3章 海战武器装备

3.1 基本概念

蓝色的海洋,占整个地球表面积的70.8%。它自古以来就是人类生存和发展的重要领域,又是作战角逐的重要场所之一。海战是指敌对双方在海洋战场进行的作战,其主要目的是消灭敌方海军兵力,夺取制海权、海上制空权和制电磁权。现代战争强调各军兵种的联合作战,海战通常由海军诸兵种协同进行,有时也可由海军某一兵种单独进行。海战的基本类型是海上进攻战和海上防御战。主要作战样式有海上袭击与反袭击战、潜艇战与反潜战、海上封锁与反封锁战、海上破交战与保交战、水雷战等。

随着科学技术的进步,特别是舰船动力及武器装备的发展,海战经历了桨船、帆船、蒸汽舰、常规动力和核动力几个时代;由使用冷兵器的撞击战和接舷战发展到使用火炮、鱼雷、深水炸弹和导弹武器进行海战;由水面舰艇部队单一兵种作战发展到有潜艇部队和航空兵诸兵种参加的协同作战,以及陆、海、空、天多军种联合作战。

20世纪50年代以来,海军装备了导弹武器,舰艇采用了新型的常规动力和核动力,飞机采用了喷气动力和垂直/短距起落技术,出现了全球海洋卫星监视系统和远距离的探测设备,指挥、操纵和武器控制日益自动化。海战武器装备逐渐形成以航空母舰、潜艇、水面舰艇及其舰载飞机为主体,核力量和常规力量并行发展的格局。反舰/反潜导弹、防空导弹、潜射弹道导弹和对地攻击巡航导弹成为舰艇的主要武器。

海战的主要武器平台是"军舰"。军舰是舰艇的俗称,根据作战使命的不同,分为战斗舰艇和勤务舰船两类,也有分为战斗舰艇、登陆作战舰艇和勤务舰船三类或战斗舰艇、登陆作战舰艇、水雷战舰艇和勤务舰船四类的。每一类中按其基本任务的不同,区分为不同的舰种;在同一舰种中,按其排水量、武器装备和战术技术性能的不同,又区分为不同的舰级和舰型;有的只区分为不同的舰型。

舰艇的大小通常按"标准排水量"划分。舰艇在静止水中船体入水部分所排开水的重量称为排水量,计量单位为吨(t);对水面舰而言,排水量等于舰艇重量,对潜水舰而言,排水量是可调节的,当排水量大于艇重时舰艇上浮,当排水量小于艇重时舰艇下沉。标准排水量包含舰体、机器(航行备战状态)、武装弹药、全额人员、给养和淡水。标准排水量再加上燃油、润滑油、备用锅炉水,以到保证可到达足够的全速或续航力,称为满载排水量。满载排水量再加上装满所有储藏空间的备用燃油、滑油、备用锅炉水,称为最大排水量。

战斗舰艇,分为水面战斗舰艇和潜艇。水面战斗舰艇,标准排水量在500t以上的,通常称为舰;500t以下的,通常称为艇。潜艇,则不论排水量大小,统称为艇。在同一舰种中,按其排水量、武器装备的不同,又区分为不同的舰级。按西方惯例,通常将同一舰级的首舰舰名作为级名,如美国的"尼米兹"级核动力航空母舰、俄罗斯的"卡拉"级导弹巡洋舰等。在同一舰级中,按其外形、构造和战术技术性能的不同,又区分为不同的舰型。

海上的长度单位通常用"海里"(n mile)表示。海里原指地球子午线上纬度1′的长度,由于地球略呈椭球体状,不同纬度处的1′弧度略有差异。在赤道上,1n mile≈1843m;在纬度45°处,1n mile≈1852.2m;在两极,1n mile≈1861.6m。国际水文地理学规定将长度1852m作为标准海里长度,用代号"M"表示。航海上计量短距离的单位有时用"链",1链=0.1n mile。

舰艇(包括其他海船)的速度单位通常用"节"(代号"kn")来表示。1kn=1n mile/h≈1.852km/h。

3.2 水面舰艇

3.2.1 概述

水面舰艇是海上作战的主要武器平台,主要是指具有作战能力、直接参加作战的舰艇。通常分为战斗舰艇和辅助舰船两大类。按其基本任务的不同又可分为不同的舰种,如航空母舰、战列舰、巡洋舰、驱逐舰、护卫舰、鱼雷艇、导弹艇、猎潜艇、布雷舰艇、反水雷舰艇、登陆舰艇等。辅助舰船则不具有直接作战能力,专门担负海上军事物资和技术保障任务,如补给船、侦察船、维修供应船、导弹和卫星跟踪测量船、远洋打捞救生船、潜艇救生船、消磁船、捞雷船、训练船、靶船等。

水面舰艇要求坚固、有足够的结构强度。为增强防护能力,有的船上外壳有装甲或在要害部位有装甲。军舰对抗沉性要求高,同时还要求有较大的机动性和自给能力,采用大功率的动力装置,并设有专门舱存放燃料、淡水、弹药和各种备品。

从历史发展来看,水面舰艇可分为古代战船、近代舰艇、现代舰艇三个时期。

古代战船的发展,包括桨帆战船(见图3.1)和风帆战船(见图3.2)。未装备火炮以前的战船大多为桨帆战船,船体结构为木质,船型较瘦长,吃水较浅,干舷较低,主要靠人力划桨摇橹推进,顺风时辅以风帆。早期装备冷兵器,后期开始装备燃烧性火器。作战方法为撞击战和接舷战。一般只适于在内河、湖泊和近岸海域航行作战。例如,公元前6世纪中期,中国的吴、楚等诸侯国已出现了舟师(海军部队)和战船。当时,吴国舟师中的战船有大翼、中翼、小翼、突冒、楼船、桥船等船种,并有"馀皇"一类的大船,犹如近代海军中的旗舰;还出现了专用的水战器具"钩拒"(也称"钩强")。桨帆战船向风帆战船的过渡,持续了数世纪。风帆战船的船体结构也为木质,吃水较深,干舷较高,首尾翘起。竖有多桅帆,以风帆为主要动力,并辅以桨橹。排水量一般比桨帆战船大,航海性能好,能远离海岸在远洋航行作战。主要武器为前装滑膛炮,作战方法主要是双方战船在几十米至1000m距离上进行炮战,并有时辅以接舷战。中国明代航海家郑和率领庞大船队于1405~1433年七次下西洋,所乘最大的"宝船",长44丈4尺(约137m),宽18丈(约56m),有9桅12帆,装有火铳多门,是当时世界上最大的风帆海船。北欧国家在15世纪初开始出现装有火炮的风帆战船。1488年,英国建成"总督"号四桅战船,装有225门小型火炮;1520年,又建成"大哈里"号风帆战船,排水量达1000t,装有火炮21门,口径为

60~203mm。到19世纪,各国的风帆战船得到进一步发展,最大的风帆战船,排水量接近6000t,装备大、中口径火炮100门以上。在风帆战船发展的同时,适应舰队远洋作战的勤务舰船也得到相应发展,主要有运粮船、水船、军事运输船、通信船、修理船、侦察船等。

图3.1　古代桨帆战船

图3.2　古代风帆战船

19世纪初,风帆战船开始向蒸汽舰船(见图3.3)过渡,逐步形成近代舰艇。1815年美国建成第一艘明轮蒸汽舰(浮动炮台)"德莫洛戈斯"号(后改称"富尔顿"号),排水量2475t,航速不到6kn,装有13.6kg炮32门。1836年,螺旋桨推进器出现后,蒸汽机逐步成为战舰的主动力装置,但初期的蒸汽舰仍装有桅帆作辅助动力。蒸汽舰与风帆战船相比,最大的优点是不受风速、风向和潮流等条件的限制,航速提高数节至十几节。舰炮破坏力的提高,迫使大型舰艇装设舷部和甲板的装甲防护带,遂于19世纪50年代及以后,出现装甲舰和装甲巡洋舰,并逐渐成为舰队的主力。19世纪下半叶,钢铁逐步成为主要造船材料,使船体结构更加坚固耐用,排水量增至万吨以上。同时,水雷和鱼雷陆续装备舰艇。1877年,英国研制出鱼雷艇。1892年,俄国研制成布雷舰。接着各国陆续建造鱼雷艇和布雷舰并用于海战。水雷和鱼雷增强了海军的战斗力,也给军舰带来新的威胁,迫使大型军舰设置水下防雷结构。1893年,英国建成专门对付鱼雷艇的驱逐舰。20世纪初,出现具备一定作战能力的潜艇。俄国开始建造世界上第一批扫雷舰艇。19世纪末、20世纪初,舰艇开始采用蒸汽轮机动力装置;以后又出现柴油机动力装置,使航速进一步提高。在第一次世界大战中,潜艇发挥了重大作用,出现了航空母舰、反潜舰艇;水面舰艇普遍加强反潜武器。战后,各国成批建造战列舰、巡洋舰、驱逐舰、护卫舰、潜艇、航空母舰和其他小型舰艇,勤务舰船也得到相应的发展。由于航空兵的发展,还出现装备大量高射炮的防空巡洋舰。第二次世界大战中,海战从水面、水下扩展到空中,并进行多次大规模登陆作战。航空母舰和潜艇发挥了重要作用,成为海军的重要突击兵力,得到迅速发展。参战各国还建造大批登陆作战舰艇、反水雷舰艇、反潜舰艇,勤务舰船的种类和数量也大幅度增加。水面舰艇还普遍加强防空和反潜武器。各种舰艇都普遍装备雷达、声纳等探测设备,舰载机、舰炮、鱼雷、水雷、无线电等武器装备和蒸汽轮机、柴油机等动力装置的性能得到明显提高,造船材料和工艺也得到相应的发展,大型军舰的排水量增至70000t。

第二次世界大战后,随着舰载武器、动力装置、电子设备、造船材料和工艺的迅速发展,舰艇的发展跨入现代化阶段。20世纪50年代初期,航空母舰开始装备喷气式飞机和

图 3.3　蒸汽舰

机载核武器,采用斜角甲板、新式起飞弹射器、升降机、降落拦阻装置和助降系统。50 年代中期,第一艘核潜艇"鹦鹉螺"号建成服役。50 年代末期,导弹开始装备到大、中型舰艇;反潜舰艇、登陆作战舰艇得到进一步发展。60 年代,出现新型导弹巡洋舰、导弹驱逐舰、导弹护卫舰、战略导弹核潜艇、核动力航空母舰、直升机母舰、两栖攻击舰、猎雷舰、遥控扫雷艇。1967 年第三次中东战争后,许多国家普遍重视发展导弹艇;出现导弹卫星跟踪测量船、卫星通信船、武器和设备试验船等,航行补给船、海洋调查船和电子侦察船在技术上也有新发展;直升机开始普遍装备大、中型水面舰艇;军用快艇开始装备燃气轮机动力装置并采用水翼和气垫技术。70 年代以后,出现搭载垂直/短距起落飞机的航空母舰、多用途航空母舰、通用两栖攻击舰等,导弹已成为战斗舰艇的主要武器;大、中型舰艇普遍搭载直升机,战斗舰艇普遍装有指挥控制自动化系统和火控系统;燃气轮机已为水面舰艇广泛采用;舰艇各系统的自动化程度普遍提高;舰艇隐身技术开始得到应用;模块化造船工艺日趋完善。

美国仍重视大、中型多用途航空母舰的建造,其他国家则重视发展中、小型多用途航空母舰和直升机母舰。核潜艇和常规潜艇继续受到各国的重视,数量将继续增加,并进一步朝低噪声、大潜深方向发展。巡洋舰、驱逐舰等将受到各国的普遍重视,性能上和数量上都将有新的提高。登陆作战舰艇将向大型化、均衡装载方向发展。反水雷舰艇将广泛采用玻璃钢作为船体结构材料,以提高其防雷性能;扫雷方式将逐步趋向遥控化。军用快艇将更多地采用水翼、气垫技术。一些大、中型舰艇将普遍装备中、远程巡航导弹,并广泛采用导弹垂直发射装置。将有更多的小型战斗舰艇装备近程导弹。舰艇将普遍搭载直升机,有的还将搭载垂直/短距起落飞机。中、小型水面舰艇将普遍采用全燃气轮机或柴油机—燃气轮机联合动力装置;采用电力推进装置的水面舰艇将会增多。舰艇的指挥、操纵、通信、导航和武器控制等将实现更高度的自动化,快速反应能力将普遍提高。舰艇隐身技术和新型合成装甲材料的研究倍受重视,将得到使用推广。舰员的居住条件进一步得到改善。舰艇模块化设计和建造方法将继续扩大和推广。

3.2.2　水面舰艇的类型

1. 航空母舰

航空母舰(简称航母),是以舰载机为主要作战武器,并作为舰载机编队海上活动基地的大型军舰。它舰机结合、海空立体、攻防兼备,能遂行多种作战任务,是现代海军水面舰艇中排水量最大、作战能力最强、最具威慑力的舰种,素有"海上巨无霸"之称。现代航空母舰及舰载机是高技术密集的军事系统工程,是一个国家科技、工业、军事与综合国力的象征。

对航空母舰的分类一般有四种方法:一是按排水量可分为大型航空母舰(也称重型航空母舰)、中型航空母舰和小型航空母舰(也称轻型航空母舰)。通常,大型航母排水量在50000t以上,中型航母排水量为30000~50000t,轻型航母排水量在30000t以下;二是按动力装置可分为核动力航空母舰和常规动力航空母舰,核动力航空母舰以核反应堆为动力装置,其续航力高达40万~100万 n mile,而常规动力航空母舰以蒸汽轮机为基本动力装置,其续航力一般在1万 n mile左右;三是按战斗使命可分为攻击航空母舰和反潜航空母舰;四是按用途可分为多用途航空母舰和专用型航空母舰(含攻击型、反潜型、两栖作战型、护航型和训练型航空母舰)。

作为"海上浮动机场",航空母舰上一般搭载有歼击机、攻击机、预警机、侦察机、反潜机、电子干扰机、空中加油机以及直升机等多种飞行器。根据排水量大小和任务不同,各型航空母舰搭载的飞机和直升机数量从十几架到近百架不等。为了对付各种威胁,航空母舰上还分别装备有舰舰导弹、舰空导弹、舰潜导弹、舰炮及水中兵器等,这使得航空母舰的作战控制范围变得异常广阔。依靠航空母舰,一个国家可以在远离国土的地方,不依赖当地的机场施加军事压力和进行作战行动。航空母舰一般不单独活动,它总是由其他舰只陪同,合称为航空母舰编队,又称航空母舰战斗群,一般包括一艘旗舰,2~4艘驱逐舰,2~4艘护卫舰,1~2艘攻击型核潜艇等。整个航空母舰编队可以在航空母舰的整体控制下,对数百千米范围内的敌对目标实施搜索、追踪、锁定和攻击。

航空母舰编队有很强的侦察、预警、防护和攻击能力。以美国的航空母舰编队而言,航空母舰上的E-2C预警机一次可持续巡逻4~6h,4架这种预警机可以保证24h处于空中警戒状态。E-2C预警机在8000~9000m高空巡逻时,能够发现海上240n mile内的中型舰艇、350km内的战斗机、270km内的飞航式导弹及460km内的大型轰炸机,同时还能够跟踪识别300个空中目标,并引导40批战斗机的截击行动。航空母舰编队通过舰载机和舰载防空武器系统构成了以航空母舰为核心的大纵深、多层次、高立体的防空作战体系。美国航空母舰编队一般由F-14、F/A-18战斗机和E-2C预警侦察机组成的远程拦截力量,能够在目标来袭方向上形成一道距航空母舰185~450km、宽约260km的对空截击线,对来袭飞机和导弹进行拦截。若第一道防线被突破,则由护航舰所携带的中、远程导弹系统完成抗击和拦截任务,航空母舰和护卫舰所装备的"海麻雀"防空导弹、"密集阵"火炮和电子战系统还能进行最后的防御。对于来自水下的威胁,航空母舰编队主要使用攻击型核潜艇、反潜直升机以及反潜导弹和反潜鱼雷等兵器,形成多层防御屏障。此外,航空母舰的最大优势是对海上目标的攻击。美国航空母舰的A6E攻击机和F/A-18战斗机,作战半径为950~1000km,使用空对舰导弹对敌水面舰艇进行攻击,同时使用舰载"战斧"导弹对敌舰艇进行攻击,将使敌方舰艇很难靠近航空母舰。

第一个提出航空母舰概念的是一个名叫克雷曼·阿德的法国人,于1909年在他的专著《军事飞行》中描述了飞机与军舰结合这个迷人的梦想,提出了航空母舰的基本概念和建造航空母舰的初步设想。1910年11月,美国人尤金·伊利开始利用一架44.74kW的

"寇蒂斯"双翼飞机进行军舰上的起降实验。人类历史上飞机与军舰的首次结合就这样诞生了,这一壮举为航空母舰和海军航空兵的发展迈出了艰难的第一步。

1917年,英国海军开始建造具有划时代意义的航空母舰"竞技神"号,从而奠定了现代航空母舰的雏形。"竞技神"号是世界上第一艘完全按照航空母舰要求设计建造的军舰,它拥有全通式飞行甲板,封闭式舰首,以及位于右舷的岛式上层建筑。这些都成为日后各国建造航空母舰的标准样式。1922年底,世界上第一艘航空母舰"凤翔"号在日本正式服役,它赶在英国"竞技神"号航空母舰之前建成下水并且服役。1939年,第二次世界大战爆发,最先投入作战的是英国航空母舰。针对德国人强大的潜艇威胁,英国人首先组成了以航空母舰为核心的反潜编队,实行反潜护航,同时派遣航空母舰支持对岸袭击。第二次世界大战结束后,随着航空科技的快速发展,军用飞机喷气化的时代已经到来,航空母舰舰载机也朝着更大、更快、更强的方向发展。20世纪50年代初,随着美国F9F"雄猫",英国"女妖"等喷气战斗机的上舰,航空母舰迎来了喷气时代。喷气机扩展了航空母舰的攻击半径和作战威力,同时也对航空母舰本身提出了更高的要求。航空母舰朝着更大、更重的方向发展,并且应用了很多新技术。1961年,航空母舰发展史上又迎来了一个划时代的里程碑,美国海军"企业"号核动力航空母舰正式服役。它采用8座A2W核反应堆作为推进装置,这使它几乎获得了无限的续航力,再也不用担心补给燃料的问题。同时,舰上取消了常规动力所需的粗大而笨重的进气管道和烟囱,有着较大的甲板空间,可增加舰载机数量并能提高飞机起降时的安全性。

航空母舰是一个国家综合实力的象征。有了航空母舰以后,国家的海上力量将出现立体化、体系化、综合化和信息化的提升,将一个国家的海上作战范围从近海推向中远海。航空母舰是一个大型海上活动机场,可以在更远的海域活动,与此同时带来整个国家的军事力量,特别是海军力量编制体制、指挥体系以及后勤保障的变化,甚至于法规条令、作战理论等一系列变化,从而使国家海空力量出现结构性的调整和变化,所以它带来的意义和影响是非常巨大的。

航空母舰通常采用编队作战,编队中一般有巡洋舰、护卫舰、驱逐舰、核动力攻击潜艇、快速支援舰或者是其他的综合保障舰艇,所以说航空母舰战斗群的反潜能力、反舰能力和防空能力都有好几层,想要突破这严密的防御网绝非易事,因此通常说航空母舰的攻防能力很强。此外,它可以担负多种多样的海上任务,包括非战争军事行动任务。在和平时期,航空母舰通常用于海洋搜救、防海盗、打击恐怖活动等。

但航空母舰本身也存在着一些无法回避的缺点,如自身目标大因而造成雷达反射截面大,电磁信号、红外信号、音频信号等特征非常明显,很容易被对方各种探测设备发现。被发现后的航空母舰将要面对敌人多方向、多批次的袭扰和攻击。除此之外,航空母舰的弹射器、拦阻索、雷达和水下推进器等部件容易被攻击而暂时失去功能;停在飞行甲板上的飞机容易被摧毁,使航空母舰的攻防效能大大下降。这时,航空母舰更容易被连续攻击、重创,甚至被击沉。最后,航空母舰的战斗力受气象变化的影响较大。尽管航空母舰本身可以经受较强的风浪,在12级风浪的海况下也能够航行,但航空母舰上的飞机易受到海浪和气象条件的影响,风、浪、能见度等都会限制飞机起降。美国海军规定,航空母舰必须在风力6级以下才能起降飞机,一旦风力达到8级或海浪达6~7级,大部分飞机便难以起飞,即使有弹射器也受气象条件的严重制约。

目前,世界各国现役航空母舰如表 3.1 所列。美国现役 11 艘在建 1 艘,英国在建 2 艘,印度现役 2 艘在建 1 艘,意大利现役 2 艘,中国现役 1 艘在建 1 艘,法国现役 1 艘,俄罗斯现役 1 艘,西班牙现役 1 艘,巴西现役 1 艘,泰国现役 1 艘等。日本在第二次世界大战中曾有 11 艘航空母舰,现有 4 艘直升机航空母舰。其中美国 11 艘航空母舰全部是核动力航空母舰。最先进的航空母舰为美国"福特"号核动力航空母舰(见图 3.4),舰长 337m,舰宽 77m,满载排水量 112000t,乘员船舰组员 1150 人,飞行大队 600 人,航速大于 30kn,标准 75 架 F-35C 战机等各型飞机舰载机,4 部电磁弹射器,配备有防空和反舰导弹以及密集阵近程防御火炮系统。中国现役"辽宁"舰(见图 3.5)为常规动力航空母舰,在建 001A 型常规动力航空母舰已经下水,不久将会正式入列。

未来航空母舰更加精彩纷呈。探索中的航空母舰有隐身航空母舰、气垫式航空母舰、双体型航空母舰、浮岛航空母舰、潜水航空母舰和微型航空母舰等。

表 3.1 世界各国现役航空母舰

国家	名称	舷号	满载排水量/t	级别	种类	服役时间
美国	"福特"号	CVN-78	112000	福特级	电磁弹射核动力	2017-07-22
	"尼米兹"号	CVN-68	100000	尼米兹级	蒸汽弹射核动力	1975-05-03
	"艾森豪威尔"号	CVN-69	101600			1977-10-18
	"卡尔文森"号	CVN-70	101300			1982-03-13
	"罗斯福"号	CVN-71	104600			1986-10-25
	"林肯"号	CVN-72	104112			1989-11-11
	"华盛顿"号	CVN-73	104200			1992-07-04
	"斯坦尼斯"号	CVN-74	103300			1995-12-09
	"杜鲁门"号	CVN-75	103900			1998-07-25
	"里根"号	CVN-76	101400			2003-07-12
	"布什"号	CVN-77	102000			2009-01-10
意大利	"加富尔"号	550	27100	加富尔级	短距起降常规动力	2008-03-27
	"加里波底"号	551	13850	加里波底级	短距起降常规动力	1985-09-30
中国	"辽宁"号	16	60900	库兹涅佐夫改级	滑跃起飞常规动力	2012-09-25
印度	"维克拉玛蒂亚"号	R33	45000	基辅级航母	滑跃起飞常规动力	2013-11-16
俄罗斯	"库兹涅佐夫"号	063	61390	库兹涅佐夫级	滑跃起飞常规动力	1991-01-21
法国	"戴高乐"号	R91	42500	戴高乐级	蒸汽弹射核动力	2001-05-18
巴西	"圣保罗"号	A12	32800	克莱蒙梭级	蒸汽弹射常规动力	2000-11-15
泰国	"差克里·纳吕贝特"号	CVH-911	11400	阿斯图里亚斯级	短距起降常规动力	1997-08-10

隐身航空母舰主要采取的措施是在外形上避免出现各种长大的垂直平面,消除直角和尖棱角。同时,在舰体表面涂上吸收雷达波的涂料,或者敷上能将吸收到的雷达波波长改变后再反射出去的涂层,造成敌方雷达接收不到回波信号。通过隐身可以使舰艇外表的雷达散射面积降低几十倍、甚至上百倍,使敌方雷达的探测能力大大削弱,可导致敌方

做出错误的判断和决策。

图3.4 美国最新核动力航空母舰"福特"号　　　　图3.5 中国"辽宁号"航空母舰

气垫船由于航行中被气垫全部或部分托离水面,所以其水阻力就比常规船型小得多,能够获得很高的航速。如果能成功制造一种能产生巨大升力以举起同航空母舰吨位相当的气垫船的风扇,那么,未来的航空母舰将会成为一种不受地域、海域限制,不受水雷水中兵器威胁,能够无限制进行迁移的航空兵基地。目前,已有可能建造重达5000t左右的气垫船。今后,几万吨级的航空母舰有可能采用气垫船型。气垫航空母舰的速度可达100kn以上,从而满足了高性能飞机不需要弹射、拦阻装置而达到顺利起降的效果。

双体型航空母舰所采用的结构形式就像两枚并排在水里航行的超大型鱼雷状船体支撑一个海上平台。这种船的浮力取决于两枚"鱼雷"的容积,即全舰的重量通过两根流线形的支柱,由水里的鱼雷支撑船体。浮力由装在像"鱼雷"上的水翼进行调节。飞机起飞和着舰时引起的舰体排水量的变化靠体积小的支柱部分的吃水变化来进行补偿。目前,正在研究利用这种高速船的原理建造耐波性和适航性好的小型航空母舰。在航行时,舰体不会像普通船型那样掀起很大的波浪,使兴波阻力大为下降,从而节约能源,提高航速。并且,由于潜没水里的双体不会受到海面波浪的冲击,因而航行平稳、适航性好。

航空母舰的作用就是担当海上平台,其本身没有什么作战能力。美国海军设想的"浮岛"航空母舰,就是一个巨大的海上机场,由6个独立模块舱组合而成,全长900m,可携带2个或3个舰载机联队,且配置的机型也可由此大型化和多样化,包括陆基飞机的使用,从而提高了整体战斗力。

航空母舰威力巨大,但同时它那硕大的身躯也是敌人的"好靶子",而水下的潜艇则具有极好的隐蔽性,二者的优点有机地结合,形成潜水航空母舰。美军进行了相关试验。这种潜水航空母舰可分为双舰体型和单艇体型。舰体内可载20余架垂直短距起降战斗飞机,前甲板上设有2条跑道,跑道后设2个起吊飞机的升降台,跑道之间有一指挥塔,飞机与指挥塔在平常潜航时收藏在潜水航母腹内,当要启用战斗机时,潜水航空母舰要浮出水面,并可在升降台上用2个吊车同时从舱内吊出飞机,放到2个跑道上同时起飞,每架飞机的起飞时间约为5min,舰尾的阻拦索使飞机能在短距离之内停下来。

为了克服舰载机起降的斜角甲板带来的排水量大、航空母舰体积大、目标明显的弱点,英国宇航公司设计了微型航空母舰。首先为了取消起落架,研制了一种名叫"天钩"的飞机吊放、回收系统。"天钩"实际上是一台起重机,根据"鹞"式飞机垂直起降的特点,能起到捕捉、锁紧、释放等多种功能,从而无需大面积的甲板和飞机跑道,略去了助降和起飞设备,更重要的是缩短了飞机起飞、着舰的时间,提高了战时攻击强度。这种航空母舰排水量仅5800t,在舰的两舷各安装一套"天钩"系统,可装载5架"鹞"式飞机和1架直升机。微型航空母舰就像一个"小精灵",它的出现,必将对海上作战产生重要的影响。

2. 战列舰

战列舰是一种以大口径舰炮为主要武器,具有很强的装甲防护和突击威力,能在远洋作战的高吨位海军作战舰艇,又称战斗舰。在海战中通常是由多艘列成单纵队战列线进行炮战,因而得名。早期的战列舰也曾称为铁甲舰或装甲舰等。战列舰是人类有史以来创造出的最庞大、复杂的武器系统之一。由于这种军舰自19世纪60年代开始发展直至第二次世界大战中末期为止,一直是各主要海权国家的主力舰种之一,因此在过去又曾经一度被称为主力舰,在其极盛时期(20世纪初到第二次世界大战),战列舰是唯一具备远程打击手段的战略武器平台,因此受到各海军强国的重视,但由于近代以来战列舰的战略地位被航空母舰和弹道导弹潜艇所取代再也不是舰队中的主力。

20世纪初,英国建造了"无畏"号战列舰;法国、俄国、德国、意大利、日本、美国等国也相继建造战列舰。20世纪80年代,美国对4艘已退役的"依阿华"级战列舰进行现代化改装,加装各种新型雷达、导弹、防空、电子对抗和指挥控制通信系统,重新编入现役。1989年,美国对"密苏里"号战列舰(见图3.6)、"威斯康星"号等已相继完成改装工程,重新服役,分别部署于太平洋和大西洋,独立进行海上作战,支援登陆和攻击岸上目标等任务。在1991年1月的海湾战争中,美军曾使用其中的"密苏里"和"威斯康星"号战列舰对伊拉克目标进行炮击和发射巡航导弹。但在此后的1993年,美国的4艘战列舰又再次退出现役,最后1艘战列舰已经在1998年退役。

世界上最大的战列舰是日本于第二次世界大战期间下水的"大和"号战列舰(见图3.7)和"武藏"号战列舰,满载排水量为72800t,最高航速为50km/h,舰上装有三联457mm主炮9门,炮弹重达1460kg,还有12门三联装155mm副炮和12门双联装128mm平高两用炮。

图3.6 美国经现代化改造的"密苏里"号战列舰

图3.7 日本"大和"号战列舰

3. 巡洋舰

巡洋舰是一种火力强、用途多,主要在远洋活动的大型水面战舰,具有较强独立作战能力和指挥职能,是海军战斗舰艇的主要舰种。巡洋舰的排水量通常在6000~15000t,最大可达30000t,航速为30~34kn。巡洋舰装备有与其排水量相称的攻防武器系统、探测系统、通信系统和指挥控制系统,具有较高的航速和适航性,能在恶劣气候条件下长时间进行远洋作战。既可充当航空母舰护航编队的护卫兵力,也可单独作为旗舰组成海上机动编队,指挥驱逐舰等攻击敌方水面舰艇、潜艇或岸上目标,进行多种作战。依据作战使命、排水量和火炮口径分为轻型巡洋舰和重型巡洋舰。

巡洋舰具有强大的远洋作战能力,作战功能齐全。世界最著名的现代巡洋舰有三级:美国"提康德罗加"级导弹巡洋舰(见图3.8)、俄罗斯"基洛夫"级核动力巡洋舰以及俄罗斯"光荣"级导弹巡洋舰(见图3.9)。第二次世界大战后美国发展的巡洋舰都具备均衡的防空、反潜、反舰能力,特别是现役的"提康德罗加"级巡洋舰还具有对陆上纵深目标进行远距离精确打击的强大威力。现代巡洋舰不仅武器装载量大,而且成系统配置。例如,俄罗斯的"基洛夫"级核动力巡洋舰按远、中、近三个层次配备厂500多枚舰空导弹;美国"提康德罗加"级巡洋舰广泛应用了卫星和电子计算机技术,装备了多种型号的导弹、鱼雷、舰炮、直升机等,先进武器控制系统将各种武器集合成为分工明确、联系紧密、反应快捷的整体。第二次世界大战后发展的巡洋舰分为蒸汽动力、燃气动力、核动力和联合动力几种形式。除美国的核动力巡洋舰外,后来发展的巡洋舰基本上采取联合动力推进,有蒸燃联合、全燃联合、核燃联合等。动力配置的多样化,特别是核动力的运用,使巡洋舰具备了较强的远洋作战能力,可与航空母舰混合编队,发挥更大的作用。俄罗斯"光荣"级导弹巡洋舰平甲极大型燃气轮机导弹巡洋舰;在舰前甲板上设有1座双联130mm主炮,用于对舰或对地作战;在主炮之后,最引人注目的是16具巨大的圆筒形SS-N-12"沙箱"远程舰舰导弹发射装置,每侧各有8具;在其第一层甲板上安装的是2座AK630型6管30mm近程防空炮和2座并排的RBU6000反潜火箭发射装置;在其后面安装的是1部"椴木棰"和1座"莺鸣"火控雷达,用于分别对前面30mm近防炮和前甲板上的主炮进行控制;在该上层建筑顶部平台后方高高矗立着1座巨大的锥形塔桅,顶端装设的是1部"顶舵"或"顶板"搜索雷达,中间部位装设的是1部"前门"火控雷达,前者主要用于对空对海搜索和跟踪引导舰载直升机,后者用于对SS-N-12舰舰导弹进行跟踪和提供指令制导,此外该塔桅顶端装有敌我识别器,塔桅底部还装设有卫星通信大线;在中部上层建筑前端平台上设有另外2部"椴木棰"火控雷达,用于对舰中部两舷4座30mm近防炮进行控制;在该上层建筑的桅杆(后桅杆)上则设有1部"顶对"对空搜索三坐标雷达,该雷达具有探测183km外2m²目标的能力,在该桅杆两侧还集中设置有各种电子战设备,用于控制诱饵发射系统,实施电子对抗或干扰敌方掠海飞行的导弹;在后部上层建筑之间的甲板上布置有两排圆形盖板,这就是俄罗斯海军引为自豪的SA-N-6"雷声"舰空导弹垂直发射装置,该装置共有8个发射单元,对称排成2列,每列4个,每个发射单元沿圆周布置有8枚导弹,共备弹64枚;该级舰的后部上层建筑主要由直升机库、雷达操纵室、电子战控制室等组成,机库顶部平台上设置的最显著的电子设备就是被西方称为"顶盖"的制导雷达,它主要用于对垂直发射的SA-N-6舰空导弹进行控制,由于采用相控阵体制,1部雷达即可控制多枚导弹打击多个目标;在机库的两侧还设有另一个重要的武器系统,即2座双联SA-N-4"壁虎"全天候近程防空导弹发射装置,共备弹40枚,该系统结构紧凑,发射架平时收在甲板下的发射井内,作战时才利用升降机构升起,它的制导雷达就设在其上方的一个小平台上,称为"汽枪群",用于执行搜索、跟踪和制导任务;在机库两侧还各安装1座五联装533mm鱼雷发射管,它们设置在上甲板之下,平时用舷窗盖盖住,作战时须打开舷窗盖后才能发射鱼雷和反潜导弹。

图3.8 美国"提康德罗加"级导弹巡洋舰

图3.9 俄罗斯"光荣"级导弹巡洋舰

巡洋舰与战列舰几乎同时出现在这个世界,迄今为止已有300多年的历史了。早期的巡洋舰主要用于海上巡逻和护航,而现代巡洋舰主要用于防空、反潜和远程攻击作战。

20世纪90年代以来,世界形势出现了裁军的趋势,巡洋舰面临一次大的考验。人们发现两三万吨的大型巡洋舰和几千吨级的驱逐舰所用武器相差不大,都是导弹、舰炮和直升机,所不同的只是携载数量的多少而已,所以,人们对于是否还有必要继续建造新的巡洋舰提出质疑。美国已于2000年前,将所有的核动力巡洋舰退役,同时停止建造新的巡洋舰。俄罗斯海军只保留"基洛夫"级,其他巡洋舰也已全部退役,而且不会再建造新的巡洋舰。其他国家的巡洋舰已经基本退役完毕,今后也不打算再建造新的巡洋舰。

4. 驱逐舰

驱逐舰是指以导弹、鱼雷、舰炮等为主要武器,具有多种作战能力,以中远海作战为主的中型水面战斗舰艇,是海军舰队编成中突击力较强的舰种。它主要用于攻击潜艇和水面舰船,舰队编队防空,以及护航、侦察、巡逻、警戒、布雷和袭击岸上目标等。由于驱逐舰是现代海军兵力使用最广、数量最多的一种军舰,其功能众多,被人们誉为军用舰艇中的"多面手"。它的排水量一般在2000~10000t之间,有的可达10000t以上,航速为28~38kn。

在现代军舰的大家族中,驱逐舰是仅次于航空母舰、巡洋舰的大型水面作战舰艇,在当今世界舰艇排行榜上位居第三,被各大国海军视为主要作战舰种,是当今世界主要国家海军重点建造和装备的水面作战舰艇。驱逐舰具有续航力大、适航性能好、生存能力强、用途广泛、综合作战能力强等显著特点。现代驱逐舰装备有对海、对空和反潜等多种武器,具有较强的海上作战能力,除可执行舰艇编队和运输船队的反潜和防空等护航任务,以及支持两栖部队作战外,还可担任巡逻、侦察、警戒和封锁海区等作战任务。目前在役的驱逐舰都以导弹为主要武器,因而习惯上称为导弹驱逐舰。现代驱逐舰一般都装载1架或2架直升机,用于远程反潜、反水雷、超视距探测和武器引导以及对海攻击等。现代驱逐舰按排水量可以分为两类:一类是排水量为3000~5000t级的中型驱逐舰;另一类是排水量在5000t以上级的大型驱逐舰。

自1893年英国建造了世界上第一艘驱逐舰以来,至今已有100多年的历史。驱逐舰以其相对于主力战舰价格低廉、作战任务广泛而受到各国海军的重视,发展至今已成为一种无可取代的主力战舰。第一次世界大战以后到20世纪60年代初漫长的40多年中,驱逐舰的唯一动力为蒸汽动力。自20世纪60年起,燃气轮机逐渐成为驱逐舰的主要动力装置。燃气轮机具有比功率高、机动性好、易于自动控制、维修方便的特点,从而提高了驱逐舰的可靠性,改善了舰员的工作环境。第二次世界大战以后的60多年时间内,由于不断有新的武器和电子设备装舰,驱逐舰的使命、任务不断加重,驱逐舰的排水量呈一路上升趋势。美国20世纪50年代建造的第一代导弹驱逐舰满载排水量已达到6000t,现在在役的美、俄、日大型驱逐舰超过或接近9000t。日本正在建造的新型直升机驱逐舰排水量更高达16000t。

在远程探测手段和精确打击武器面前,驱逐舰暴露出生命力脆弱的一面。水面舰艇隐身受到各国的高度重视。舰艇隐身不仅关系到舰艇自身的生命力,而且将增强舰艇对敌攻击的有效突袭能力。未来驱逐舰预计将是高度隐身化的现代化战舰,通过采取船体结构外形设计、船型选择、隐身材料研制和选用以及其他相关的隐身技术。在外观上,在现役舰艇上林立的搜索雷达天线、电子战天线、通信天线等各种传统天线将销声匿迹,各种设备将全部嵌入上层建筑的表面,成为没有凹凸和可动部分的天线。采用红外隐身技术降低该舰的红外辐射强度;采用多种降噪技术,基本避免螺旋桨产生空泡;减弱舰艇尾流,以降低尾流自导武器的发现概率。

导弹垂直发射与常规的发射架发射相比,具有发射率高、反应时间快、可全方位发射、重量轻、所占空间小、便于舰上布置等显著优点,为驱逐舰对付空中饱和攻击创造了必要的条件。目前驱逐舰已进入导弹垂直发射实用阶段,并实现了反舰、防空和反潜等多种用途导弹的共架发射。

随着电子技术的发展,现代驱逐舰装备了各种探测设备(如雷达、水声等)、通信设备、编队级和本舰作战指挥系统以及各种对空、反潜和反舰等武器系统。综合化电子战系统将进一步提高对付反舰导弹的反应速度,在反导和信息战方面起更重要的作用。

世界著名驱逐舰有美国DDG-1000"朱姆沃尔特"级驱逐舰、"伯克"级驱逐舰,中国055型驱逐舰、052D型驱逐舰,俄罗斯"现代"级驱逐舰、"无畏"级驱逐舰,韩国"世宗大王"级驱逐舰,英国45型"勇敢"级驱逐舰,法国和意大利联合研制的"地平线"级驱逐舰,日本"爱宕"级驱逐舰、"高波"级驱逐舰等。

美国DDG-1000"朱姆沃尔特"级驱逐舰(见图3.10),从舰体设计、电机动力、指管通情、网络通信、侦测导航、武器系统等,无一不是超越当代、全新研发的尖端科技结晶,展现了美国海军的科技实力、财力的雄厚以及设计思想上的前瞻。为提高隐身性能,DDG-1000大胆采用了不符合规范的"内倾侧舷"舰船线型设计。DDG-1000满载排水量为14564t,航速为30kn。主炮是2座AGS 155mm 62倍径先进舰炮系统。20×四联装MK-57先进垂直发射器,可装填总装填量80枚的标准区域防空导弹、"海麻雀"ESSM短程防空导弹、战术型战斧巡航导弹、ALAM先进对地导弹、垂直发射反潜火箭等。防空部分,以垂直发射的"海麻雀"ESSM近程防空导弹作为主要的点防御自卫装备,配备2座MK46单管30mm舰炮。DDG-1000拥有2个直升机库,可配备2架MH-60R近海作战直升机,或者由1架MH-60R直升机搭配3架RQ-8A/B型垂直起降战术空中载具的组合。MH-60R可携带空载水雷压制系统,担任水雷对抗任务。除了航空器之外,DDG-1000还设有小艇收容船坞,配置2艘长7m的RHIB硬壳快艇等。

中国055型导弹驱逐舰(见图3.11),主要天线采用共形设计,具有较高的信息化水平及隐身性能,可组织远、中、近三层先期预警防御网,并有较强的防空、反导、反潜、反舰、攻陆和电子战能力。该舰拥有较高的续航力、自持力及适航性,可在除极区外无限航区遂行作战任务。055型首舰已于2017年6月28日下水。标准排水量为11000t,航速为30kn。主炮是H/PJ-38单管130mm70倍径舰炮的改进型,可发射各类弹药包括精确制导弹药。近程防御武器系统主要由H/PJ-11型11管30mm近防炮系统和机库上的HQ-10型近程防空导弹组成。前64和后48总计112单元的垂直发射装置可容纳包括海HQ-9B远程防空导弹、YJ-18A反舰导弹、反潜助飞鱼雷以及对陆攻击巡航导弹等,用于执行防空、反舰、反潜、对陆攻击任务等。反潜系统方面以直-18F为主,反潜鱼雷则是由垂直发射系统兼容的火箭助飞鱼雷和舰载鱼-7鱼雷一道构成从远到近的反潜防线。此外,还装备用于反潜的主被动拖曳声纳和船壳声纳以及反鱼雷诱饵等水声对抗装备。

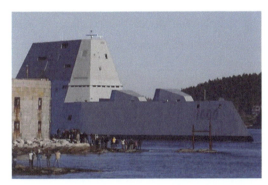
图3.10 美国DDG-1000"朱姆沃尔特"级驱逐舰

图3.11 中国055型导弹驱逐舰

5. 护卫舰

护卫舰是以导弹、火炮、深水炸弹及和反潜鱼雷等为主要武器的轻型水面战斗舰艇,其主要任务是为舰艇编队担负反潜、护航、近海巡逻、警戒、侦察及登陆支援作战等任务。护卫舰和巡洋舰、驱逐舰一样,也是一个传统的海军舰种,是世界各国建造数量最多、分布最广、参战机会最多的一种中型水面舰艇,是以防空反潜为主的多用途军舰。世界各国对护卫舰的称谓也有所不同。大国的护卫舰大型化,在本国称为中小型水面舰艇,但在航空母舰编队中,它却是最小的舰艇。中等国家的护卫舰中型化,在本国称为中型水面舰艇。中小国家,特别是发展中国家的护卫舰小型化,在本国称为小型水面舰艇。

护卫舰按排水量可分为远洋型(大型)护卫舰(排水量在3000t以上),轻型护卫舰(排水量3000t以下)。按作战使命可分为反潜型、防空型和通用(多用途)型护卫舰。

远洋护卫舰除了担负传统的运输船队、机动舰艇编队、两栖船队的护航和与其他兵力协同反潜、保卫海上交通线外,还能担负以下多种任务:与其他战斗舰艇编队协同作战;攻击敌水面舰艇编队和两栖船队;破坏敌方的海上交通线;控制特定的海区,执行长时间的巡逻警戒任务;两栖作战中的火力支持等。

轻型护卫舰主要使命是保卫近海海区。在战时执行以下任务:为船队护航;单独或协同其他作战舰艇和岸基飞机反潜;水面作战,以导弹为主攻击水面舰艇;作为其他轻型海上兵力的指挥舰;对快艇进行封锁。在和平时期执行以下任务:近海和200n mile专属经济区的巡逻、警戒;护渔、护航、保卫海洋开发等。

护卫舰在担负舰艇编队和船队的护航任务中,遭到敌方兵力、兵器的攻击和骚扰是经常发生的。为了确保编队和船队的安全,要求护卫舰应能抢先占领有利的作战阵位,取得战斗的主动权,迫使敌人处在被动挨打的阵位。这就要求护卫舰有较小的尺寸较轻的排水量,航行阻力小的船型,大功率的推进动力,使之具有快速、灵活的特点。因此,护卫舰往往比主力舰(如巡洋舰、驱逐舰等)的尺寸小、重量轻,船形较瘦长,每吨排水量所占的动力装置功率较大。

护卫舰所护送的舰船,从尺度上和排水量上要比护卫舰大几倍、十几倍,甚至二三十倍,自然在耐波性方面护卫舰不如大型舰船好。为了适应伴随舰队和船队远航的要求,护卫舰必须采取了一些能提高耐波性的措施,例如选择耐波性好的船形、增装减摇装置(减摇鳍、减摇水舱)等。

为了顺利地完成护航任务,护卫舰要抢先于敌人发现来袭目标,取得战斗的主动权,就要求其拥有完善的观察器材。现代护卫舰,都装备有先进的雷达和声纳等观察器材,这使舰艇能在距己舰几海里至几百海里外就能发现来袭的水下、水面和空中目标,真正成为舰艇的"顺风耳"和"千里眼"。

对护卫舰来说,要装备性能先进的武器,才能稳、准、狠地战胜敌人。另外,防护设施也是非常必要的,它除了保存自己的直接目的外,也是辅助进攻消灭敌人的一种手段。现代护卫舰的武器除装有火炮、鱼雷、深水炸弹外,还增加了导弹、电子战系统、直升机系统等,防护设施有轻型局部装甲、三防(防核武器、防化学武器、防生物武器)设施等。

现代护卫舰已经是一种能够在远洋机动作战的中型舰艇,护卫舰满载排水量达1500~5000t,航速为20~35kn,续航能力为2000~10000n mile,可以担负护航、反潜警戒、导弹中继制导等任务。部分国家为了满足200n mile的经济区内护渔护航及巡逻警戒的需求,还发展了一种小型护卫舰,排水量在1000t左右;有些拥有较多海外利益的国家还发展了一种具有强大护航力,用于海外领地和远海巡逻的护卫舰,如法国的"花月"级护卫舰。此外,还有一种吨位更小,通常只有几十至几百吨的护卫艇,用于沿海或江河巡逻警戒。

未来护卫舰,将大量采用隐身技术,不断创新武器系统,层出不穷的新船型。隐身化是未来水面舰艇的突出特征,为了降低敌精确制导武器的效能,各国海军越来越重视舰艇的隐身设计。随着隐身技术的日趋成熟,新一代水面舰艇将努力实现全面隐身,通过综合运用各项隐身技术,将舰艇的雷达、红外、声、光、电、磁等物理信号特征控制到最低程度。护卫舰对海攻击的主要武器是舰舰导弹。舰舰导弹的射程已达80~120km。舰上导弹发射装置有箱形、罐形等,为了减轻重量和空间,节省费用和缩短反应时间,未来护卫舰的导弹有向垂直发射方式发展的趋势。对空导弹是对付高速飞机和反舰导弹的主要防空武器,未来护卫舰有可能装备"宙斯盾"之类的先进武器系统。舰炮是护卫舰传统的防御武器,中口径炮还能起支持导弹火力,对付高速攻击艇和对岸轰击等作用。小口径炮的射速高,具有很高的穿透力,用于2km内的应急防御,它将是护卫舰近程防御的主要武器。未来护卫舰将会以更多的空间和重量来布置电子战武器。提高护卫舰的航速和改善耐波性日益显得重要。小水线面双体船是一种半潜型的双体排水型船,由潜入水下的两个下体及前后4根支柱来支撑位于水上宽阔的上体箱形甲板结构,这种船型的兴波水阻力小,有很高的干舷,因而有良好的耐波性和快速性。侧壁式气垫船具有很好的快速性(航速可达60~100kn),传入水下的噪声及其他物理场很低,它在未来大范围反潜战中将发挥很大的威力。未来护卫舰总的发展趋势是在更为先进的平台上改装各种新型导弹,推广使用垂直发射技术,装备多管小口径炮近程反导系统,以增强防空,反导弹能力;同时装备新型直升机,改进声纳装备,提高水声对抗能力;并使模块化设计和建造广泛使用,更多地应用小型化现代武器装备和电子设备,进一步提高战斗效能。

世界著名的护卫舰有美国"佩里"级护卫舰(见图3.12)、中国054A型"江凯"级护卫舰(见图3.13)、中国056"江岛"级护卫舰、俄罗斯20380型"守护"级护卫舰、俄罗斯22350型护卫舰、瑞典"维斯比"级护卫舰、英国"公爵"级护卫舰、荷兰"德泽文省"级护卫舰、德国F-124"萨克森"级护卫舰、挪威"南森"级护卫舰、西班牙F-100级多用途护卫舰、南非"勇猛"级护卫舰、印度海军的"什瓦里克"级护卫舰、澳大利亚海军"安扎克"级护卫舰等。

图3.12　美国"佩里"级护卫舰

图3.13　中国054A型"江凯"级护卫舰

6. 军用快艇

军用快艇是军用高速攻击艇的简称,是舰艇中的"短跑冠军",其又被人们称为小型快速反舰平台,俗称快艇,是海军的一种小型水面战斗舰艇,有"海上轻骑兵"之称。军用快艇的吨位小,排水量通常为数十吨至数百吨;航速高,机动灵活,航行速度为30~45kn,有的可达60kn,续航能力为500~3000n mile;攻击能力强,艇上装有武器,有些快艇还加装20~70mm口径舰炮,吨位较大的快艇还可能包含水雷、深水炸弹等,还装备有多种电子设备,包括通信、作战指挥情报中心、电子战和控制设备等。军用快艇还有建造周期短、造价低和不易被敌人发现等优点,因此被各国海军列为重点发展的武器装备之一。但由于吨位小而航海性能差,续航距离短,自卫能力差,通常只适用于在飞机和舰队掩护下近海作战。

军用快艇种类繁多,形状多样。按航行原理,军用快艇可分为排水型艇、滑行艇、水翼艇和气垫艇等。军用快艇通常突出以某一种武器为主。按其所配备的武器不同,军用快艇可以分为炮艇、鱼雷艇、导弹艇、导弹鱼雷两用艇、猎潜艇等。还有一种比较全面的分类方法,就是既依它们的航行原理也依所携载武器种类进行的分类,如滑行艇装上鱼雷武器称为鱼雷滑行艇(又称滑行鱼雷艇),水翼艇装上导弹称为导弹水翼艇(又称水翼导弹艇),依此类推。当然,战斗在狂风恶浪中的海军官兵习惯仍是依携载的武器进行分类,即将军用快艇分为鱼雷艇、导弹艇、导弹鱼雷艇、猎潜艇等。

1) 炮艇

炮艇是以小口径舰炮为武器的小型高速水面战斗舰艇,主要用于近海作战、海岸巡逻、护航、护渔、警戒、布雷等,又称为巡逻艇、护卫艇。炮艇吨位小,航速高,机动灵活。许多国家不仅配备于军队,而且配备于准军事的海岸巡逻队或警察,用于查缉的日常勤务。艇上装备的主要武器有 20~76mm 单管或双管舰炮 1 座或 2 座,机枪数挺,以及深水炸弹等。

中国清末海军就装备有炮艇。在第一次世界大战中,同盟国海军为对付德国潜艇,保护本国港口、锚地和商船队的安全,首先有英国继之有美国加紧发展巡逻艇,共造 1000 余艘。这些巡逻艇为木质艇体,排水量为 42~75t,航速为 17~19kn,装备有 20~37mm 舰炮 1 座或 2 座,机枪数挺和 6~8 枚深水炸弹等武器。其他海军国家也建造了类似的巡逻艇。

第二次世界大战时,炮艇的排水量为 25~100t,航速约 25kn,武器有 20~57mm 舰炮 1 座或 2 座,机枪数挺,深水炸弹 30 枚。战后,许多国家仍保留有炮艇,艇体结构、动力装置、武器和电子设备等都得到改进。俄罗斯的"牛虻"级炮艇,排水量为 210t,航速为 36kn,装备有 76mm 单管全自动舰炮 1 座,"顿河"Ⅱ导航雷达和炮瞄雷达各 1 部。现代炮艇,排水量有的达到 500t,水翼护卫艇的航速可达到 50kn,装备有速射自动炮、深水炸弹、声纳、雷达、红外探测仪等先进设备。

最新装备服役炮艇是俄罗斯 21630 型"布扬"级"阿斯特拉罕"隐身炮艇(见图 3.14),是俄罗斯海军专门为里海区舰队量身订制的小型舰艇,主要用于保护里海 200n mile 专属经济区及丰富的海底油气资源。"阿斯特拉罕"炮艇,满载排水量约为 520t,艇长 62m,宽 9.6m,吃水 2.04m,最大航速为 28kn。舰首安装一座 A-190 型 100mm 高平两用火炮,最大射程大于 20km,射高 12km,攻击目标最小高度为 3~5000m,射速大于 80r/min,可攻击海面、海岸目标,也可拦截空中低速目标甚至反舰导弹等。上层甲板两舷各布置一座 AK-306 型 6 管 30mm 近防火炮,射速为 1000r/min,对空中目标打击范围为 4000m,对海面和海岸目标的打击范围为 5000m。位于舰尾低一级的甲板上安装 1 座 UMS-73"冰雹"120mm 多管火箭炮发射系统,用于发射无控或末制导火箭,射程超过 10km,可攻击水面目标,也可打击海岸目标。"布扬"级炮艇上还配备有 2 挺 14.5mm 机枪,用于防空或近距离火力支持,也是反恐怖行动的重要武器装备。在 AK-306 型近防火炮之后同层甲板布置一座 4 联装 3M-47"弯曲"近程防空导弹发射系统,可采用依次发射(最多 8 枚)或齐射(每次 2 枚)的方式对同一目标实施攻击,主要用于对付低空飞机和悬停的直升机,也可用于拦截低速来袭的反舰导弹,对空中目标的最大探测距离为 12~15km,对空中目标的最大攻击范围距离为 5000m,最大高度为 3500m。

2) 鱼雷艇

鱼雷艇是以鱼雷为主要武器的小型高速水面战斗舰艇,主要用于近岸海域协同其他兵力作战,在作战中通常应用在近岸海区作战,一般以编队的形式使用鱼雷对敌大、中型水面舰艇实施攻击,也可以担任反潜和布雷等任务。鱼雷艇以体积小速度快而著称于海军水面舰艇之列,它的排水量一般在 100t 以内,而航速可达到 40kn 左右。鱼雷艇在作战中的优点是隐蔽性好,突击性强,机动灵活,往往能出其不意地打击对方大中型水面舰艇。

图 3.14 俄罗斯"布扬"级炮艇

此外,由于鱼雷艇造价低廉、操作简便、维修容易等特点而受到许多国家特别是发展中国家的欢迎。

根据排水量和尺度的不同,现代鱼雷快艇一般可分为大鱼雷艇和小鱼雷艇两大类。大鱼雷艇的排水量在 60~100t 之间,少量排水在 100t 以上,续航距离一般为 600~1000n mile。其海上航行性能好,可以远离基地,能在恶劣的气象条件下进行活动。大型鱼雷快艇上一般设有 2~4 座鱼雷发射管,有的甚至设有 6 座鱼雷发射管,大多数大型鱼雷快艇上还可携带水雷,进行快速布雷。为了防御敌方飞机的袭击,有些快艇还加装 20~76mm 口径舰炮,吨位较大的鱼雷艇还能装备水雷、深水炸弹等。相对于大型鱼雷快艇来说,排水量在 60t 以下、续航距离 300~600n mile 的鱼雷快艇被称为小鱼雷快艇。由于小鱼雷艇艇体小,海上航行性能差,因此,其通常仅装备 2 座鱼雷发射管和用来防空的 1 座或 2 座小口径高射炮或 2~4 门大口径高射机枪。小鱼雷快艇海上航行性能极差,只能在近岸和风浪较小的海区进行战斗活动。

常见的现代鱼雷快艇有滑行艇、半滑行艇和水翼艇三种艇型。艇体采用合金钢、铝合金、木质和混合材料建造。鱼雷快艇除装备威力较大的鱼雷等水中兵器外,还装备有拖曳式声纳和射击指挥系统以及通信、导航、雷达、红外探测仪、微光观察仪等设备。所以,尽管其艇体小、战斗威力却不小,加之其航速高、机动灵活、隐蔽性好,故能出其不意地与敌大中型军舰作战。它既能独立突袭而歼灭敌舰,也可与其他海军舰只协同作战,对敌大中型军舰进行猛烈而有效的袭击。

当然,鱼雷艇与其他军用快艇一样,也存在耐波性差、活动半径小、自卫能力弱的缺点。特别是在现代化观测和作战设备日益发展的情况下,鱼雷艇隐蔽出击的作战优势日益降低,利用鱼雷快艇对敌舰实施鱼雷攻击变得十分困难。因为,现代军舰上的雷达作用距离远,分辨能力高,即使在很远距离的海面,也能发现和搜索到企图实施鱼雷攻击的鱼雷快艇。这样,敌大中型军舰上的舰载飞机和舰炮等舰载兵器能用强大的火力在远距离上阻止鱼雷快艇的接近。与此同时,鱼雷艇还存在鱼雷武器为数较少、命中概率相对较低的缺点。即使得到了攻击的机会,战斗效果也是极其有限的。基于此,一段时间,曾有人提出淘汰鱼雷艇而发展我们后面将要介绍的导弹艇的设想。当然,仍有部分军事家们认为,只要使鱼雷艇艇体隐身化,提高现有鱼雷的射程和射速,增大鱼雷突击威力和命中率,鱼雷艇仍将在未来海战场上占有一席之地。鱼雷艇的发展,采用隐身技术,使鱼雷艇能隐蔽出击;提高鱼雷艇的航海性能;改善鱼雷性能;采用小型化和自动化电子设备,以提高快速反应能力和射击精度;采用轻型舰空导弹或导弹与舰炮结合的武器系统,以提高对空防御能力。

目前约有33个国家和地区拥有500多艘鱼雷艇,而且其中大部分是20世纪50年代至70年代初建造的。典型鱼雷艇有美国"普兰维尤"级鱼雷艇、俄罗斯"图利亚"级鱼雷艇、英国"凶猛"级鱼雷艇、德国"蜻蜓"级鱼雷艇(见图3.15)、日本"pt-11"级鱼雷艇、瑞典"角宿一星"级鱼雷艇、中国"湖州"级(027-2B型)鱼雷快艇(见图3.16)等。

图3.15 德国"蜻蜓"级鱼雷艇

图3.16 中国"湖州"级(027-2B型)鱼雷快艇

3) 导弹艇

导弹艇是以舰舰导弹为主要武器的小型高速水面战斗艇只,是在鱼雷艇的基础上发展起来的,是导弹武器在海上战场应用的产物。早期的导弹艇就是将鱼雷艇上的鱼雷发射管拆去,稍加改装,然后装上导弹发射架而建成的。导弹艇的艇体结构和外形,与鱼雷艇十分相似,其在艇型、总体部置、结构、设备等方面都继承了鱼雷艇的优点。导弹艇与鱼雷艇在外形上的最明显差别,就在于导弹艇指挥台的两侧或后甲板上,昂首挺立着粗大的反舰导弹发射架;发射架与甲板倾斜成10°~60°的斜角,非常醒目。导弹艇已成为海军舰艇力量的重要组成部分,尤其成为中、小海洋国家主要的进攻与防御武器之一。目前,世界上大约有700余艘多种级别的导弹艇服役,主要用于近岸海区作战,在其他兵力协同下,以编队或单艇方式对敌方大、中型水面舰船实施导弹攻击,也可用于执行巡逻、警戒、反潜和布雷等任务。

导弹艇是在导弹武器出现以后才诞生的新型战斗舰艇,发展到现在才30多年的历史。但它的发展速度却很快,这与吸取鱼雷艇近百年来设计、建造、作战的经验分不开。

根据排水量的不同,导弹快艇可分为大、中、小三种类型。大型导弹快艇排水量在200~600t之间,长50~60m,高2m,宽10多米。小型导弹艇的排水量在100t以内,长20~30m,宽5~6m。根据艇型,现代导弹艇一般有滑行艇(尖舭型)、圆舭艇、水翼艇和气垫艇4种。滑行导弹艇一般是尖舭型鱼雷艇的改进型,这种导弹艇的排水量较小,抗风浪性差,航速低且适航性和稳性都不够好。20世纪70年代后建造的导弹艇基本不采用这种艇型了。圆舭型导弹艇是目前各国海军排水量较大的导弹艇普遍采用的艇型。这种导弹艇排水量大,可装载较强的武器装备,有的可装载直升机,但圆舭型导弹艇的航速较低,稳定性和抗风浪性也不够理想。水翼艇是由滑行艇发展而来的一种新艇型,艇体与滑行艇相似,只是艇体下装有呈飞机机翼状的水翼,高速航行时靠水翼产生的升力将艇体抬出水面,因此比滑行艇所受的水阻力要小。水翼导弹艇有航速高(可达50kn)、抗风浪性好等优点,但排水量一般在300t以下。气垫艇是一种利用高于大气压的空气,在船底和水面(或陆地和冰面上)间形成的气垫使船体部分或全部脱离水面的船。

现代导弹艇通常采用集群活动的方式协同作战,即3艘或4艘导弹艇对同一目标进行齐射,从而一举置敌舰船于死地。由于导弹艇上所装载的导弹武器的作战威力可与装有火炮的巡洋舰抗衡,且导弹艇尺度小、排水量小、吃水浅、速度高、机动灵活、隐蔽性好,可以利用沿海岛屿、礁石、港湾甚至海上船只作掩护,可以隐蔽地对敌人的航空母舰、巡洋舰、驱逐舰、护卫舰等大中型军舰实施袭击。加之导弹快艇艇体小,造价低廉,制造、维护保养方便,即使被击沉,所受损失也较小,故有人将其称为"穷国"的"海上拳击手"。

未来随着海战场向近海转移,威力倍增的导弹艇日益受到欢迎。导弹艇体积小、机动快、火力强,能很好地满足近海作战的需要。许多国家正在不断挖掘、发展和完善它的功能,以满足未来近海海战的需要。

20世纪90年代后建造的导弹艇逐渐向多功能发展,未来新型的导弹艇将集多种功能于一身,如反舰、反潜、布雷和隐身等。

通过提高导弹艇的吨位,能有效提高导弹艇的抗风浪冲击性能与续航能力,也可以增加舰载武器的数量,从而扩大活动范围,提高作战能力。21世纪以来,导弹艇向大型化发展的趋势可以说是越来越明显,在新的战场环境下,许多国家和地区大型导弹艇的吨位都超过了500t,有的还迈进了巡逻舰和轻型护卫舰的行列,这些大型导弹艇的续航能力多在500n mile 以上。

导弹艇的火力是它得以生存和发展的一个重要功能。初期的导弹艇除装备反舰导弹外,一般只有小口径舰炮和机枪。现代导弹艇除导弹武器外,导弹艇上还配备有用于防空和自卫的火炮,多半是76mm以下口径的高平两用速射炮,个别的导弹艇也装有鱼雷武器。未来的导弹艇装载的反舰导弹射程将更远、精度将更高、火力将更猛,制导能力也将进一步增强。

以导弹为主要武器的小型高速攻击艇,导弹艇已逐渐发展成为衡量一个国家海军力量强弱的标志之一。典型导弹艇有美国"飞马座"级导弹艇(见图3.17)、俄罗斯"闪电"级导弹艇、俄罗斯"海狮"级气垫导弹艇、以色列"萨尔4.5"级导弹艇、芬兰"哈米纳"级隐身导弹艇、瑞典"维斯比"隐身导弹艇、日本"隼"级导弹艇、中国022隐身导弹艇(见图3.18)等。

图 3.17 美国海军"飞马座"级导弹艇

图 3.18 中国022隐身导弹艇

4）猎潜艇

猎潜艇是装有对潜艇的搜索器材和多种反潜武器,用于在近海和基地附近搜索和攻击敌人潜艇,为运输船(含商船)和军舰担任警戒和执行巡逻任务的军用快艇。猎潜艇具有体积小,机动灵活,较强的攻潜能力,能担负多种战斗任务,造价低、建造周期短等特点。猎潜艇的满载排水量在 500t 以下,航速 24～38kn(水翼猎潜艇可达 50kn 以上),续航力 700～3000n mile,自给力 3～10 昼夜,在 3～5 级海况下能有效地使用武器,5～8 级海况下能安全航行。现代猎潜艇装有性能良好的声纳、雷达,反潜鱼雷发射管 4～12 个,多管火箭式深水炸弹发射装置 2～4 座,20～76mm 舰炮 1～6 座,射击指挥仪和作战指挥自动化系统等,有的还装有舰空导弹。猎潜艇航速较高,搜索和攻击潜艇的能力较强,但适航性较差,续航力和自给力较小,适于在近海以编队形式与潜艇作战。

猎潜艇之所以称为"猎",就像猎人围猎一样,需要有足够的数量。因此,猎潜艇通常以编队的形式执行任务,采用"狼群战术","猎物"主要是潜艇。猎潜艇和潜艇的较量,是在茫茫大海进行的一场无声较量。如果两者相遇,潜艇很难对抗得过猎潜艇。因为猎潜艇航速较快、机动灵活,而常规潜艇的运动速度却慢得多。兵贵神速,猎潜艇往往利用其速度快、机动性强的优势打击常规潜艇。声纳,是猎潜艇发现和追踪"猎物"最重要的"武器"。战斗中,通过声纳发现并锁定潜艇后,猎潜艇枪炮水雷部门就会按照指挥员的命令实施攻击。

猎潜艇是以反潜武器为主要装备的小型水面战斗舰艇,主要用于担任海军基地所属海域内对敌潜艇的防御,搜索和攻击敌人的潜艇,还能担任水面舰艇和运输船舶的护航、防潜警戒和对空防御,担任近距离巡逻,袭击敌中小型水面舰艇,护送和迎接己方潜艇进出港口和基地,在布雷舰艇缺乏的情况下实施布雷等任务。

猎潜艇最早出现于第一次世界大战。最先出现的是英国的猎潜艇,后来其他国家也相继建造。初期的猎潜艇,排水量一般不超过 100t,航速约 10kn,没有声纳等搜索设备,只能使用光学仪器、深水炸弹和舰炮,搜索攻击浮出水面或处于潜望镜状态的潜艇。

第二次世界大战中,潜艇在袭击海上舰船,破坏海上交通线方面曾起到巨大的作用。有矛必有盾,一种进攻性武器的出现,必然会促使另一种防御性武器的发展。因此,迫使人们认真寻求与潜艇斗争的有效方法,积极研究和发展反潜武器,使猎潜艇有了很大的发展。第二次世界大战中,猎潜艇的排水量达到 300t 左右,最大航速 20kn 以上,装备有火箭深水炸弹或刺猬弹、大型深水炸弹发射炮或投掷器等反潜武器和声纳、攻潜指挥仪等设备。

20 世纪 50 年代以后,猎潜艇进入现代化阶段。以自导鱼雷为主要反潜武器;装备有性能优良的舰壳声纳、拖曳声纳和指挥控制自动化系统;采用轻型大功率柴油机—燃气轮机联合动力装置或全燃动力装置,最大航速 40～60kn;船体多采用铝合金材料,在船型上运用水翼技术,其机动性、适航性、搜潜和攻潜能力大为提高。水翼猎潜艇,排水量 230～400t,船体为铝合金材料,采用燃气轮机或柴油机燃气轮机联合动力装置,最大航速 45～60kn,装备行反潜龟雷、舰壳声纳或拖曳声纳以及舰炮等。

目前,随着科学技术突飞猛进的发展,例如,舰载喷气飞机、导弹、直升机等的出现,核动力、燃气轮机动力的运用,雷达、声纳、无线电、指挥控制系统等微电子技术的进步,新船型、新材料的推广等,给猎潜艇的发展带来了深刻的变化。

提高航速和适航性,增强搜索潜艇的能力和反潜武器的威力,是猎潜艇的发展趋势。一些国家正在研制能搭载小型反潜直升机的猎潜艇。

当代海战焦点之一是对潜作战。随着现代潜艇性能的飞速发展,反潜手段也发展迅速。不过,在各类小型舰艇中,猎潜艇数量最少,世界上权有11个国家和地区拥有200多艘猎潜艇,俄罗斯建造的猎潜艇最多。典型猎潜艇有美国"高点"级水翼猎潜艇、俄罗斯"波蒂"级猎潜艇、俄罗斯"蝴蝶"级水翼猎潜艇、俄罗斯"格里莎Ⅰ"级猎潜舰、俄罗斯"格里莎Ⅳ"级猎潜舰、俄罗斯"毒蜘蛛Ⅰ/Ⅱ"级导弹猎潜艇、俄罗斯"蜘蛛"级导弹猎潜艇、加拿大"布拉斯多尔"级水翼猎潜艇、日本"海鸟"级猎潜艇、中国037"海南"级猎潜艇、中国037IS"海青"级猎潜艇(见图3.19)等。

图3.19 中国037IS"海青"级猎潜艇编队

7. 布雷舰艇

水雷是海军重要水中兵器之一。

布雷舰艇,是专门用于基地、港口附近、航道、近岸海区以及江河湖泊布设水雷障碍的水面战斗舰艇。布雷舰艇包括远程布雷舰、基地布雷舰和布雷艇等,有专门设计制造的,也有用其他舰艇或商船改装而成的。布雷舰艇可分为布雷舰和布雷艇。其中,布雷舰排水量为500~6000t,舰速12~30kn,大型布雷舰可携带水雷500~800枚;布雷艇排水量一般在500t以内,航速小于20kn,可携带水雷50枚。布雷舰艇装载水雷较多,布雷定位精度较高,但隐蔽性较差,防御能力较弱,适合在己方兵力掩护下进行防御布雷。

布雷舰艇设有专门的水雷舱、引信舱、升降机、温湿度调节装置和布雷操纵台等。在舰尾甲板上设有2~4条雷轨,实战前,水雷置于雷轨上做准备,在布放时按一定的时间间隔在雷轨上经链条输送机和布雷斜板投布入水。布雷舰艇还装备了较完善的导航设备和测量仪器,以确保水雷雷阵布设的精确位置,舰上还装备有舰炮等少量武器,用来防空自卫。由于布雷舰艇上载有大量的危险设备,因此安全防范工作也就复杂一些,特别重要的是布雷甲板要保持水平,舰的摇摆尤其是纵向摇动幅度要小,从而保持航向和小的回旋半径。总体来说,布雷舰艇优点是装载水雷多,布雷定位精度高,但也有明显的不足之处,主要是防御能力弱,隐蔽性差,适合在己方兵力掩护下进行防御布雷。在作战运用中,一般是在基地、港口附近、航道、近岸海区以及江河湖泊等水域布设水雷、障碍。

布雷舰最早出现在1853年,由俄国人设计建造。在第一次世界大战中,出现了巡洋布雷舰、高速布雷舰、驱逐布雷舰、近海布雷舰、舰队布雷舰和布雷艇等。在这期间,布雷舰艇开始初露锋芒了,参战各国的布雷舰艇与其他舰艇共布设30万枚锚雷,在战争中发挥了重要作用。在第二次世界大战中,布雷舰艇的声威和地位一发不可收拾。战争中,布雷舰艇和其他舰艇及飞机共布设水雷约80万枚。盟国运用布雷舰艇布设的水雷将轴心国的 1316 艘舰艇葬身海底,并炸伤了 540 艘舰船。盟国自身的舰艇也被对方水雷炸毁了 1000 余艘。当时,美国使用布雷舰在日本列岛周边海域大量布设水雷,数量共计达到了 1.2 万余枚,成功地实现了对日本的海上封锁。第二次世界大战以后的历次战争,处处都能看到布雷舰艇显示威风的身影,真可谓是逢战必用,每战必果。纵观布雷舰艇在历次战争中的表现,称它为麻烦的制造者可谓是名副其实。

随着现代海战高技术手段的进一步应用,为了提高布雷的快速性和隐蔽性,一些国家已经开始在巡洋舰、护卫舰、驱逐舰乃至高速巡逻艇上或预先铺设好甲板雷轨,或临时加铺雷轨,以便随时能作为布雷舰使用。另外,一些国家利用潜艇发射布放能自航的水雷,依靠自身动力航行到预定地点成为锚雷或沉底雷。此外,飞机有时也可以用来在海域特别是海峡或海湾等处布雷。因此,世界上许多国家已经不再建造布雷舰了,布雷舰在各国海军舰艇中所占的比例也日益减少。未来海战中,如果从安全、隐蔽、快捷等方面分析,潜艇、航空兵、远程火箭或导弹等装备将会在更多的场合取代布雷舰的使命和任务,在水雷战中发挥重要的作用。但是,毕竟布雷舰有许多优势是其他装备无法替代的,特别是用于布设防御雷障方面,如防潜雷障、抗登陆雷障等。所以,就目前的情况分析,未来较长的一段时期布雷舰这种舰艇不会退出历史舞台,特别是在近海或沿岸的防御战役中,布雷舰仍有其重要的意义。

当今世界各国拥有专用布雷舰艇的海军为数有限,其中最突出的有瑞典、土耳其、芬兰、丹麦、挪威,以及日本、俄罗斯、美国等。瑞典是个沿海国家,比较注重布雷作战,除要求大多数潜艇、水面舰艇都要具有布雷能力外,还先后专门建造了 5 级布雷舰艇("艾尔夫斯堡"级布雷舰、"卡尔斯克鲁纳"级布雷舰、"角宿一星Ⅱ"级布雷舰、"阿克松德"级布雷舰艇、"菲吕松德"级布雷舰),并且拟建的 501 级布雷舰和 1879 级布雷舰。典型布雷舰艇有瑞典"卡尔斯克鲁纳"级布雷舰、苏联的"阿廖莎"级布雷舰、丹麦"法尔斯特岛"级布雷舰艇、日本"早濑"号布雷舰、中国"沃雷"级布雷舰(见图 3.20)等。

图 3.20　中国"沃雷"级布雷舰

8. 反水雷舰艇

反水雷舰艇是专门用于扫除或消灭水雷的舰艇,是反水雷作战的最基本和最有效的兵力,被称为海上的清道夫,主要用于基地、港口附近、近岸海区和航道等水域排除水雷障碍,在雷区开辟航道,以保障己方舰船的航行安全。按照消灭水雷的不同原理和方法,可分为扫雷舰艇和猎雷舰艇。

"扫雷"是最早出现的水雷反制方式,作业时不需要确实探测水域中是否确实有水雷或者是水雷的精确位置,扫雷舰艇仅需航行于需要清扫与确保的水域,并在船身后方拖曳各式除雷用具,包括除雷索或音响/磁性扫雷具等,将遇到的水雷予以摧毁。扫雷舰艇在固定海域/航道上进行过扫雷作业后,理论上就能开出一条安全的航道,但也可能是此处原本根本没有水雷,或者水雷的引信没有与扫雷具产生作用;因此虽然航道经过扫雷次数的作业越多,安全性就越高,但仍不能100%保证此处的水雷已经被消灭殆尽。而"猎雷"则是一种较新出现的水雷清除方式,与扫雷的最大区别就是具有侦测水雷的能力,以各种手段发现水雷,标定其精确位置并完成识别,接着以潜水人员或遥控载具在水雷附近放置炸药,逐个将其引爆。因此,猎雷作业是否成功,与水雷的引爆方式和条件无关,只要被猎雷舰侦测到的水雷都可被猎杀。

扫雷舰艇是利用首部声纳和尾部拖曳扫雷具来探测和消灭水雷的反水雷舰艇。主要担负开辟航道、登陆作战前扫雷以及巡逻、警戒、护航等任务。500t以上称为扫雷舰,500t以下为扫雷艇。其船型与渔船相似,拖力较大,吃水较浅,尾部甲板上有足够大的扫雷作业面积。按其任务和排水量一般把扫雷舰艇划分为舰队扫雷舰、基地扫雷舰、港湾扫雷艇和扫雷母舰四种。舰队扫雷舰,也称大型扫雷舰,排水量600~1000t,航速14~20kn,舰上装有各种扫雷具,可扫除布设在50~100m水深的水雷。基地扫雷舰,又称中型扫雷舰,排水量500~600t,航速10~15kn,可扫除30~50m水深的水雷。港湾扫雷艇也称小型扫雷艇,排水量多在400t以下,航速10~20kn,吃水浅,机动灵活,用于扫除浅水区和狭窄航道内的水雷。艇具合一扫雷艇是一种艇本身就为扫雷具的扫雷艇,排水量一般在100t以上。扫雷母舰,排水量数千吨,包括扫雷供应母舰、舰载扫雷艇母舰和扫雷直升机母舰。

由于水雷种类很多,引爆原理不同,因而扫雷具也是形形色色。在第二次世界大战以前的水雷战中,广泛采用带有雷系的锚雷,是一种触发式水雷。所以早期扫雷舰艇采用接触式扫雷具。按作用方式这种扫雷具可分为截割扫雷具、爆破扫雷具、截割爆破扫雷具和网式扫雷具等。它们的区别是在扫索上装有不同种类的扫雷机件。截割扫雷具是在扫索上装有割刀,用割刀来割断锚雷的雷链、雷索,使锚雷浮出水面,便以处理。爆破扫雷具是在扫索上装有爆破筒,利用爆破筒爆炸威力,炸断雷索、雷链或直接炸毁雷体,清除锚雷、护雷具和漂雷。截割爆破扫雷具是在扫索上同时装有割刀与爆破筒,既能用割刀来割断锚雷的雷链、雷索,使锚雷浮出水面,又能利用爆破筒爆炸威力,炸断雷索、雷链或直接炸毁雷体,清除锚雷、护雷具和漂雷。它兼有截割扫雷具和爆破扫雷具的优点。网式扫雷具工作原理类似渔网,用以网住漂雷和断索浮雷,将其拖到指定地区处理。浮出水面的雷体用小口径炮或炸药包将其摧毁。对各种沉底水雷和非触发水雷,可采用非接触扫雷方式扫除,主要利用非接触扫雷具产生的声音、磁场等,来诱发引信引爆水雷。

扫雷舰艇上装有探雷设备或导航设备和各种扫雷具。扫雷舰艇在执行扫雷任务中,对敌人布设的各种触发锚雷,一般采用接触扫雷方式,由扫雷舰艇拖带接触扫雷具在布雷海区航行。扫雷具通过展开器在水中伸展到一定的宽度,并由定深器控制在一定的水深上。当扫雷具上的割刀碰到水中锚雷雷索时,由扫雷具向前运动的力将雷索割断。这样,水雷就自动漂浮到水面,再由扫雷舰艇使用爆破筒或舰炮将水雷引爆。非接触扫雷主要利用扫雷舰艇上的非接触扫雷具产生的声音、磁场等,扫雷舰艇拖带非接触扫雷具航行,并使扫雷具处于工作状态,当扫雷具产生的物理反应与水雷引信种类一致时,就可以引爆水雷。

进行扫雷作业的舰艇一般具有下列几个特点:一是扫雷艇本身的物理场,如磁场、声场和压力场均较小。通常采用无磁性或低磁性材料建造,并装有消磁装置。舰上装有各种降低杂音装置,以免引爆音响水雷,而且舰体比较坚固,具有较强的抗冲击能力。二是舰艇上要有足够空间和甲板面积,以安装和收放各种扫雷具,安置各种绞车、吊杆等设备,便于进行扫雷作业。三是扫雷舰艇应具有较大的拖力,主机功率保证舰艇航速外,还要提供足够功率拖曳扫雷具。四是扫雷舰艇要有较好的机动性和海上续航性能。通常采用可调螺旋桨,以适应不同工况;设置有舭龙骨、防摇鳍、防摇水舱,以适于在波浪中航行;要有精确的定位设备,以保证准确进入雷区,防止漏扫。

扫雷舰艇自20世纪初问世以来,在战争中得到广泛使用。20世纪70年代以后,一些国家相继研制出了玻璃钢船体结构的扫雷舰艇、艇和扫雷具融为一体的遥控扫雷艇、气垫扫雷艇等,大大提高了排扫高灵敏度水雷的安全性。随着水雷技术的发展,水雷引信逐渐趋向智能化和多样化。

猎雷舰艇是先测定水雷位置再进行排除的反水雷舰艇。它是更先进、更可靠的反水雷舰艇。猎雷舰艇都拥有精密的导航定位系统、鉴别度高的侦雷声纳等装备,配备精良的遥控猎雷载具。500t以上的为猎雷舰,500t以下为猎雷艇。这种舰艇的特点是装备有探雷声纳,可对200~500m距离内、布深100m左右的沉底雷进行控测、定位和标雷工作。猎雷舰艇通过声纳探测、发现水下的水雷,再把灭雷具或遥控潜水机器人放入水中,由猎雷舰艇将灭雷具遥控引导到水雷附近;然后由灭雷具对水雷进行近距离、直观形象地鉴别,当灭雷具确认水雷后,就将敷设炸药的爆破筒轻轻地放置在水雷旁边,尔后自动上浮返回到猎雷舰艇身边;待灭雷具收回后,猎雷舰艇通过遥控的方式引爆爆破筒,炸毁消灭水雷。这种反水雷方式完全克服了扫雷的盲目性和被动性,且安全性、可靠性较好,能清除各种类型的水雷。但由于它是以单个水雷为作业对象的,扫雷速度较慢,效率较低,难以适应战时大范围的反水雷作战,因此不适用于敌前扫雷和导航扫雷,只适合应用于战后或在己方控制的海区、港口和航道实施扫雷。

典型反水雷舰艇有美国"复仇者"级猎雷舰、"敏捷"级远洋扫雷舰、海军"鹗"级猎雷艇,俄罗斯"娜佳"级远洋扫雷舰、"索尼亚"级近岸扫雷舰、"安德廖沙"级扫雷艇,德国"弗兰肯索"级猎雷艇、"哈默尔恩"级扫雷艇,法国"纳尔维克"级远洋扫雷舰、"女妖"级猎雷舰,澳大利亚反水雷舰艇,法国、荷兰、比利时三国联合研制的"三伙伴"猎雷艇,英国"亨特"级扫/猎雷舰、"桑当"级猎雷艇,意大利"勒里希"级猎雷艇,日本"高见"级扫/猎雷舰、"初岛"级扫/猎雷舰,中国804型扫/猎雷艇、"沃池"级的扫雷舰等。

美国"鹗"级海岸猎雷艇(见图3.21),是世界上最大的猎雷艇,由特殊材料制成,能抵御水下爆炸的冲击,其任务主要是保护大陆沿岸海域。"鹗"级扫雷艇采用玻璃钢与木质结合艇体,在近海浅水区域作业,可扫除各种沉底雷和漂雷。最大排水量804t,最大航速10kn。灭雷具装有低亮度TV摄像机和高分辨率声纳,并且具有投送三种爆炸装置的能力,以便清除各种类型的水雷。当布放时,扫雷具将通过连接电缆由发射舰上的命令控制,以至多6kn的速度布放。当声纳探测和识别到疑似水雷的物体后,灭雷具机动靠近可疑水雷,进行全面识别后,利用三种爆炸装置攻击水雷。

9. 两栖战舰艇

两栖战舰艇,也称为登陆作战舰艇,是指专门用来输送登陆兵、登陆工具、战斗车辆、

图 3.21 美国"鹗"级猎雷艇

武器装备和物资,实施由舰到岸或由岸到岸的登陆作战的舰艇。两栖战舰艇由于输送方式的不同可分为两大类:一类是舰艇自身能直接在无码头的滩头抢滩登陆,一般就称为登陆舰艇;另一类是舰艇本身没有抢滩登陆的特性,而是通过舰艇的运输工具,如直升机、小型登陆艇、气垫艇等作为换乘器具,这类舰多为大型两栖舰。

两栖作战是人类最古老的作战方式之一。登陆作战舰艇是为了适应两栖作战而诞生的舰船。在专用的登陆作战舰艇出现之前,登陆作战主要靠大型民用运输船来实施的。中世纪,十字军曾使用一种设有"大门"的平底运输船,当船抵上滩头时,就打开"大门",骑士们一拥而下,直冲岸滩。这应该是古老的"登陆舰艇",是现代登陆舰的雏形。在 20 世纪初,由于世界海军突飞猛进地发展,传统的舰船已不能满足大规模登陆作战的需要,为适应日趋激烈的战争需要,各国开始转向研制专门运输登陆人员、装备和物资上岸的登陆舰船。1915 年,英国首先制造了舰艏有登陆桥的"比特尔"号舰船,该舰航速 5kn,一次可运送 500 多名人员登陆。1916 年,俄国黑海舰队曾使用"埃尔皮迪福尔"号船只,这是一艘平底货船,吃水较浅,排水量 1000~1300t,较适合登陆抢滩,被船史学家们称为现代登陆舰的前身。1938 年,登陆舰艇的发展已初具规模,不仅种类多而且数量大,舰艇的战术性能也得到了较大的提高,出现了步兵登陆艇、坦克登陆艇和火力支持艇等登陆舰艇。第二次世界大战期间,因为大规模两栖作战的需要,登陆舰艇得到了飞速发展,出现了船坞登陆舰、坦克登陆舰、两栖战运输舰以及两栖战指挥舰等。在整个战争期间,登陆舰艇不仅种类增多,数量更是大得惊人。第二次世界大战后,登陆舰艇日趋完善,逐渐形成了有自身特色的构造;备有供登陆人员和技术兵器上下舰船的专用装置、通信工具、航海仪器和武器系统等。舰上有供人员使用的居住舱和生活舱。一艘现代登陆舰通常能运送一个或几个分队的人员及装备器材,航速可达到 20~25kn,续航力最高可达 10000n mile。轮式和履带式装备、武器可通过跳板直接开上登陆舰。坦克、装甲输送车、火炮、导弹发射装置和其他技术装备器材均放在登陆舰舱中。登陆舰艇还配备有火炮、大口径机枪以及对地和对空导弹等。根据战场情况、地理环境和航海条件的不同,登陆舰艇可进行换乘。换乘后,能航行的装备则抢滩上陆,其他物资装备由登陆工具或直升机运送上岸。

两栖战舰艇主要包括登陆艇、登陆舰、两栖运输舰、两栖攻击舰和两栖指挥舰等。除两栖指挥舰以外,其余两栖战舰艇实质上都是运输舰艇,设计时主要考虑运输、装载和两栖能力,攻击和防御能力是次要的。登陆舰艇通常都具有岸滩直接登陆能力,船首肥钝,吃水浅,船底平坦,船体较宽,船首有首门和吊桥,是用于较小规模登队作战的主要舰种。

1）登陆艇

登陆艇是专门用来为输送登陆兵及其武器装备,补给品登陆的一种小型两栖舰艇。登陆艇可以运送登陆兵及其武器装备在岸滩直接登陆。可在由岸到岸登陆中,输送登陆兵、车辆、坦克和物资直接登陆;或在由舰到岸登陆中,作为换乘工具。登陆艇的航速多在12kn以下。艇首设有与艇同宽的艏门兼跳板。装载舱为敞开式。装备有机枪或小口径舰炮。吃水浅,机动灵活,可深入到登陆舰不能到达的浅水区和岸滩登陆;但续航力小,航速低,耐波性差,活动范围受到限制。

早先的登陆艇速度慢,易于受到敌人攻击。20世纪70年代,出现气垫登陆艇,具有较高的航速和独特的两栖性,是理想的登陆工具。气垫登陆艇主要是利用船上的大功率风机,产生高于大气压的空气压入艇底,从而与水面或地面之间形成气垫,将艇体全部或大部托出水面而高速航行的船只。气垫登陆艇航速大大提高,增强了作战中的生存能力。气垫登陆艇通过性能好,可以越过障碍将人员、武器和物资直接运送上岸,中间不需要换乘,而且也不会引爆敌方布设在海面的各种水雷。目前,大多数气垫登陆艇都已达100多吨,每次可装载几十吨物资和400~500名士兵。

按主要装载对象分为人员登陆艇、车辆登陆艇和坦克登陆艇等。按排水量和装载能力分为小型、中型和大型登陆艇。小型登陆艇,满载排水量10~20t,续航力约100n mile,能装载登陆兵30余名或物资3t左右。中型登陆艇,满载排水量50~100t,续航力100~200n mile,能装载坦克1辆或登陆兵200名或物资数十吨。大型登陆艇,满载排水量200~500t,续航力约1000n mile,能装载坦克3~5辆或登陆兵数百名,或物资100~300t。

世界各国都装备大量登陆艇,各国典型登陆艇有美国LCAC大型气垫登陆艇、俄罗斯"野牛"级大型气垫登陆艇和"贼鸥"级大型气垫登陆艇(见图3.22)、英国LCVP Mk5高速登陆艇、荷兰LCU登陆艇、中国726A型气垫登陆艇等。俄罗斯海军的气垫登陆艇,首推"贼鸥"级,它是目前世界上最大的气垫登陆艇,排水量和装载量都远远大于美国海军目前广泛使用的LCAC气垫登陆艇。主要任务是执行快速攻击和战斗部队的海上运送,可以运送特种突击部队和战斗物资在敌对方控制区域海滩登陆,也提供火力支持给军队用于在海滩上的军事行动,还能布设水雷。满载排水量535t。艇体为方形浮筒结构,上部结构被两个纵向隔壁分成三个功能区。中间功能区用于装甲车辆登陆,使用滑行轨道和装卸工作坡道。"贼鸥"级登陆艇的后部安装3台推进风扇,可倒转,采用直立支架固定在艇体后部。高温燃气轮机发电机提供动力驱动气垫鼓风机和推进风扇。该级艇的最大航速达到60kn,最大运载负荷130t,可装载3辆中型坦克,如T-80B型坦克,或8辆BMP-2型步兵战车,或10辆BTR-70型装甲人员输送车,或360名全副武装的两栖登陆部队。

图3.22 俄罗斯"贼鸥"级气垫登陆艇

2) 登陆舰

登陆舰是能将运载的登陆作战人员、武器装备等在无靠岸设施的滩头阵地直接抢滩登陆的舰种,它是由岸到岸登陆方式使用的主要装备。最典型的两栖登陆舰有坦克登陆舰和船坞登陆舰。其中,坦克登陆舰是以运送坦克等装甲战斗车辆为主的登陆舰艇,它能够依靠自身力量登上和退下岸滩,也就是说它能垂直地冲到无码头设施的岸滩上并保持稳定。当登陆装备及部队登陆后,在无外力的作用下可从岸滩上退下来。它包括大型和中型两种:大型登陆舰装载排水量为2000~10000t,续航能力一般在3000n mile以上;中型坦克登陆舰满载排水量为600~1000t,续航力一般在1000n mile以上。船坞登陆舰内设有一个或两个巨大的坞室,吃水浅,在艉或艏部有一活动水闸,水闸打开,艉(艏)部分沉入海水中,装载的登陆艇或两栖车辆可从坞室驶出,可以直接抢滩。坞舱相对较大,车辆舱相对较小,强调单波次的出动量。现代坞式登陆舰一般满载排水量一般在万吨左右,航速30~40km/h,可装载大型登陆艇3艘或中型登陆艇10~20艘,或两栖艇40~50艘,同时可载登陆兵数百名。船坞登陆舰具有登陆和运输两种功能,是混合使用由舰到岸和由岸别岸登陆方式的两栖战舰。有的还设有直升机平台,载运直升机数架,可实施机降登陆作战。它本身通常不抢滩,通常由其内部携带的预先补给完毕的登陆艇抢滩。

著名的登陆舰有美国"惠德贝岛"级船坞登陆舰、"圣·安东尼奥"级船坞登陆舰(见图3.23)、"新港"级坦克登陆舰,俄罗斯"蟾蜍"级坦克登陆舰,法国"闪电"级船坞登陆舰,英国"无恐"级船坞登陆舰、"兰斯洛特"爵士级坦克登陆舰,中国071级船坞登陆舰、072A坦克登陆舰等。美国"圣·安东尼奥"级船坞登陆舰,具有较好的隐身性能,是美国海军在未来20年内主要的两栖作战舰艇。满载排水量25300t,满载吃水7.0m,最大航速22kn,可搭载陆战队员700~750人、2艘LCAC气垫登陆艇、2架CH-53E或4架AH/UH-1S舰载机。舰载武器有3座MK15"密集阵"火炮、MK41型导弹垂直发射系统、"海麻雀"改进型导弹发射系统或2座RAM对空导弹发射系统、1架CH-46E"海上骑士"和1架CH53"海上种马"直升机,或2架垂直短距起降飞机。

图3.23 美国"圣·安东尼奥"级船坞登陆舰

3) 两栖运输舰

两栖运输舰,也称登陆运输舰,是指运输两栖登陆作战人员、作战物资和技术装备的舰船。因为没有抢滩能力,它本身不承担抢滩登陆任务,只能运送登陆部队、装备、物资等到敌岸附近的换乘区,然后由自身携带的换乘工具携载人员、物资、装备等抢滩登陆。两

103

栖运输舰的快速性、耐波性、装载量、续航力等均优于登陆舰,用于远程、大规模由舰到岸登陆作战。两栖运输舰在战时一般由商船紧急改装而成的,也有专门设计建造的。排水量通常在10000t左右。速度一般为20kn左右。它的运输量很大,一次能运送千余名全副武装的登陆兵,而后由登陆艇和直升机将舰上登陆兵和物资运送上陆。

两栖运输舰中典型的是两栖船坞运输舰,注重登陆车辆/物资和人员的装载量,强调总出动量,一般来说设有相对较小坞舱和相对较大车辆甲板、人员舱和装载舱,而相应的就减少了坞舱的容积,登陆工具装载数量较少。运输舰就是通过坞舱内搭载的登陆舰艇转运装备,不直接抢滩参与作战。用于运载登陆兵、物资和登陆艇或两栖装甲车辆等登陆工具,实施由舰到岸登陆。坞舱长度比船坞登陆舰坞舱短,约占1/3舰长,一船可装载大型登陆艇3艘或中型登陆艇10~20艘或两栖车辆40~50辆。坞舱有固定的顶甲板(主甲板),也可作直升机的飞行甲板。装有压载系统和货物搬运系统。压载系统包括压载水舱、压载泵或空气压缩泵,用来调节舰的吃水,使坞舱进水或排水,以便登陆工具的装卸或进出。货物搬运系统主要由垂直运送机、桥式行车和斜坡板等构成,能迅速将各种装载从存放位置移动到坞舱和上甲板,而后装到登陆艇和直升机上运送上岸。两栖运输舰是20世纪60年代,在"均衡装载"理论指导下建造的一种舰种。两栖船坞运输舰的满载排水量一般为数千吨至2万多吨,最大航速20多节。在两栖登陆作战中,两栖船坞运输舰扮演着十分重要的角色,承担了由海上向陆地运送作战部队和装备的任务。舰上搭载的登陆艇和直升机可以实现"平面登陆"和"垂直登陆"相结合的立体化运送,快速完成由舰向岸的人员和物资运送,为两栖作战提供支持。两栖船坞运输舰还能够在必要的时候代替指挥舰,进行小范围的两栖作战指挥。

作为现代两栖作战的主要运载平台之一,两栖船坞运输舰运载能力全面,能够运送作战人员以及包括装甲车辆、气垫登陆艇、机械化登陆艇和直升机在内的多种武器装备。两栖船坞运输舰可以成建制地运送部队和装备,独立执行两栖作战任务,从兵力组成和统一指挥等角度上看都有利于提高两栖作战的效率。两栖船坞运输舰生存能力强,在作战时两栖船坞运输舰不直接靠岸,而是通过气垫登陆艇、机械化登陆艇和直升机等更小型的运载工具,在视距范围内向岸运送部队和装备,有效减小了敌岸上火力摧毁运输舰的危险。此外,两栖船坞运输舰还配备了一定数量的防空、反导和反潜武备,自我防卫能力优于普通的军事运输平台。两栖船坞运输舰在设计时强调"一舰多用,平战结合"。除了运送部队和装备外,还作为临时的医疗救助和维修平台,必要时甚至承担指挥舰的任务。在和平时期还可以转为民用,用于抢险救灾和人道主义救援,多方向地发挥效用。

濒海地区是未来战争的争夺焦点,两栖船坞运输舰将成为未来濒海作战的主要兵力投送平台。未来的两栖船坞运输舰除了继续改善航速、航程、运载量和自我防护能力外,还在技术发展上加强隐身性能,提高隐蔽性和生存能力、达成两栖作战的突然性,应用综合电力推进系统,提高自动化程度,充分节约人力,提高作战效率,应用模块化技术,可根据海上运输和装载、直升机运载能力及船舶速度等功能的不同需求,选择搭配合适的模块,形成相应的作战能力。

目前,美、英、法、俄等主要军事强国都拥有性能先进的两栖船坞运输舰,荷兰、西班牙和日本等舰船工业发达的国家也具备研制两栖船坞运输舰的能力。大多数国家的两栖船坞运输舰于20世纪建造。著名的两栖运输舰有美国"哈珀斯费里"级、"奥斯汀"级,俄罗斯"伊万·罗戈夫"级,英国"海神之子"级,意大利"圣乔治奥"级,日本"大隅"级等。英国"海神之子"级两栖船坞运输舰(见图3.24)是英国为适应新的作战环境需要而研制的最新船坞运输舰,主要任务是配合两栖攻击直升机母舰进行登陆攻击,为登陆部队提供车辆和登陆艇支持。在总体布置上,上层建筑集中布置在舰的中前部,主要设置指挥控制舱和医疗救护舱。上层建筑之后是飞行甲板,飞行甲板之下是陆战队员住舱,陆战队员住舱之下是船坞,船坞之前设有车辆甲板。该级舰满载排水量19560t,航速20kn。由于飞行甲板宽敞和舱容较大,舰上可装载8艘登陆艇、67辆支援车、3架直升机和300~700名陆战队员。装备2座"守门员"近程武器系统,装配有先进的作战数据自动处理系统和其他指控设备,以及医疗设施。首次使用的数字化两栖指控系统,可实现两栖舰与岸上部队、其它特遣部队舰船以及本土的大范围通信联系彼此协同作战的要求,体现了"均衡装载"和"一舰多用"的设计思想。

图3.24 英国"海神之子"级两栖船坞运输舰

4) 两栖攻击舰

两栖攻击舰是输送兵员登陆的舰种,主要用于搭载直升机输送登陆兵及其武器装备,飞越敌方防御阵地,在其后降落并投入战斗,实施垂直登陆,以提高登陆作战的突然性、快速性和机动性。这样可避开敌反登陆作战的防御重点,并加快登陆速度。两栖攻击舰实际上是一种直升机母舰,它是在高性能直升机出现之后,在"垂直登陆"理论指导下,于20世纪50年代起发展的一种舰种。开始由美、英两国用第二次世界大战时期的航空母舰改装而成。后来,美国专门设计建造了一艘直升机可在甲板上起飞和降落的两栖攻击舰。1976年美国人又将两栖船坞运输舰与直升机母舰合二为一,建成新型通用两栖攻击舰,其满载排水量为39300t,最大航速24kn,可乘载42架直升机,集两栖攻击舰、两栖运输舰、两栖货船性能于一身,创造了现代两栖攻击舰的基本模式。两栖攻击舰的特点是设有像轻型舰空母舰那样的直通甲板,在搭载登陆艇的同时,可大量搭载直升机和垂直短距起降飞机,可同时起降7架或8架直升机。

两栖攻击舰分攻击型两栖直升机母舰和通用两栖攻击舰两大类。攻击型两栖直升机母舰又称直升机登陆运输舰或直升机母舰,它的排水量都在万吨以上,设有高干舷和岛式上层建筑以及飞行甲板,可运载20余架直升机或短距垂直起降战斗机,它的最大优点就是可以利用直升机输送登陆兵、车辆或物资进行快速垂直登陆,在敌纵深地带开辟登陆场。通用两栖攻击舰是一种更先进,更大的登陆舰艇,出现于20世纪70年代,它实际是集坞式登陆舰、两栖攻击舰和运输船于一身的大型综合性登陆作战舰只,它既有飞行甲板,又有坞室,还有货舱。以往运送一个加强陆战营进行登陆作战,一般需要坞式登陆舰、两栖攻击舰和两栖运输船只5艘,而通用两栖攻击舰只需一艘就可部代替它们。

著名的两栖攻击舰是美国"黄蜂"级和"塔拉瓦"级,英国"海洋"级,法国"西北风"级,西班牙"胡安·卡洛斯一世"级,澳大利亚"堪培拉"级,日本"云出"级、"向日"级韩国"独岛"级等。美国"黄蜂"级两栖攻击舰(见图3.25),是美国海军正在建造的新一级多用途两栖攻击舰,该级舰的主要任务是支持登陆作战,其次是执行制海任务。该舰是美国海军专为搭载 AV-SB 鹞式垂直/短距起降飞机和新型 LCAC 气垫登陆艇而设计的。该级舰集直升机攻击舰、两栖攻击舰、船坞登陆舰、两栖运输舰、医院船等多种功能于一身,是名副其实的两栖作战多面手。黄蜂级舰满载排水量 40500t,飞行甲板长 250m,宽 32.3m,最大航速 22kn,续航力 9500n mile,舰员 1077 人。该级舰是目前世界上两栖舰艇中吨位最大、搭载直升机最多的舰艇。其机库可存放 28 架 CH-46E 直升机,飞行甲板上可停放 14 架 CH-46E 或 9 架 CH-53E 直升机。舰尾部机库甲板下面坞舱,可运载 12 艘 LCM6 机械化登陆艇或 3 艘 LCAC 气垫登陆艇。坞舱前面车辆舱可装载坦克、车辆约 200 辆。"黄蜂"级舰携载登陆部队及其装备物资的能力也是很强的,其典型的登陆部队搭载能力为 74 名登陆人员、5 辆 Ml 型坦克、25 辆轻型装甲车、8 门 M198 榴弹炮、68 辆卡车、1 辆燃料车及其他类型车辆。该级舰还有较齐全的仅次于医院船的医疗设施,舰上有 600 张病床及多个手术室、诊室等。

图 3.25 美国"黄蜂"级两栖攻击舰

5) 两栖指挥舰

两栖指挥舰,也称为登陆指挥舰或者是两栖旗舰,是指专门用于在登陆作战中对整个登陆编队实施统一指挥的舰只,舰上有完善的通信与指挥设备,是海上作战指挥的中枢,舰队中的"大哥大"。这种舰只开始通常以其他舰兼任,但随着登陆作战规模的不断扩大,通信设备越来越多,对指挥的要求也越来越高,在 20 世纪 60 年代末至 70 年代初,诞生了专门担负两栖作战指挥任务、用来供指挥员指挥的两栖舰艇。一般是利用两栖登陆舰改造而成。舰上通常装备有大量的电子侦察通信设备和战术数据处理系统,从而保证了登陆作战中的指挥、通信畅通。

美国"蓝岭"级两栖指挥舰就是杰出代表,如图 3.26 所示。美国"蓝岭"级两栖指挥舰的首舰"蓝岭"号,作为西太平洋上最强大的海上力量的美国第7舰队的旗舰,满载排水量18400t,航速23kn,续航力为13000n mile,续航时间800h,自给力29天,可装载700名武装人员、3艘人员登陆艇、2艘车辆人员登陆艇、1架UH-2"海妖"式多用途直升机、2座MK25八联装舰空导弹发射架、4门MK33双管76mm火炮、2门MK15六管20mm"火神"密集阵防空火炮、舰空导弹16枚、2部MK115导弹发射控制系统、8部雷达、70部发信机、100多部接收机和各种终端设备、4具MK36六管干扰火箭发射器,以及SLQ-25鱼雷诱饵、SLQ32(V)3电子战系统、海军战术数据系统、两栖指挥信息系统、海军情报处理系统、多种卫星通信设备。

图3.26 美国"蓝岭"级两栖指挥舰

3.3 潜　　艇

3.3.1 概述

潜艇,它又称潜水艇,是一种能潜入水下活动和作战的舰艇。它利用调节压载水舱的水来改变浮力,从而既可在水面又可在水下航行。它主要用于攻击敌方水面舰船和潜艇,袭击敌沿岸主要设施和岸上的重要目标,破坏敌海上交通线,也可用于布雷、侦察等。

与水面舰艇相比,潜艇具有隐藏性好、机动灵活、自给力与续航力较大、突袭力较强的特点。它能很好地隐蔽自己,出其不意地攻击敌方舰船。

潜艇最大的特点当然是隐蔽性好,这是其他任何兵器都无法比拟的,即使当今出现的隐身战舰,也无法与潜艇的隐蔽性相较量。潜艇活动在水下,深不见底的海水当然成了潜艇的天然屏障,装备各种探索器材的飞机、军舰、卫星常常对它无能为力,就是专门用于探测潜艇的武器——声纳,一旦离潜艇较远,或者潜艇潜入水中很深,由于其作用距离的限制,也常常无法搜寻到在其周围游弋的潜艇。特别是现代潜艇能在较远距离上发射鱼雷、导弹,它自身装备的声纳发现敌方舰艇后,远远躲开,而在较远距离上向敌发射武器。常常出现这样的现象,某一军舰被敌方潜艇发射的武器击中,仍不知敌方潜艇所在的方向,更不用说发现敌方潜艇了。同时,现代潜艇的噪声越来越小,美国和俄罗斯甚至发生过水下潜艇相撞的惨剧,而这之前,双方竟都未能发现对方的潜艇。

潜艇的另一个特点是有较强的突击威力。按照所载武器的不同,潜艇一般分为鱼雷潜艇、导弹潜艇（又分攻击型导弹潜艇和弹道导弹潜艇）。现代鱼雷潜艇一般装有4~8个鱼雷发射管，假若一艘潜艇上的鱼雷发射管内的鱼雷同时发射，并且都命中目标的话，那么，迄今为止的任何种类的水面军舰及水下潜艇都将被击沉、击毁。而且，鱼雷潜艇上除发射管内存有待发的鱼雷外，大多还可携带6~16枚备用鱼雷，在鱼雷发射管内的鱼雷发射之后，还可重新装填，可多次进行水下攻击。现代攻击型导弹潜艇一般可携带3~16枚导弹，可攻击数十甚至数千海里之外的目标，而这些导弹，有的一弹多头，有的还是核弹药，所以，一艘导弹潜艇的作战威力，其当量至少也在10000tTNT当量以上，有些达百万吨甚至千万吨TNT当量，其爆炸威力甚至可与一个核武库或核导弹发射基地相比较，难怪有人把导弹潜艇称为水下核武库或水下核导弹发射基地。

现代常规潜艇的水下续航力尽管无法与"航程无限"的核潜艇相媲美，然而，科学技术的日新月异已使现代常规潜艇的续航力达到惊人的程度，一些性能先进的常规动力潜艇的续航力已近3万海里，而且，据军事科学家预测，随着超导电磁动力装置的问世，未来的常规动力潜艇的续航力将成比例地增加，其发展前景极其喜人。

当前，常规动力潜艇一次性带足给养，一般可在水下航行30~60天，然而，就是这些自给力仅30~60天的潜艇，在其航行史上曾创造过水下航行超100天的纪录。有专家指出，随着空气处理技术和高营养食品的不断问世，常规动力潜艇的自给力将不断增强，从而使得常规动力潜艇远离基地、港口、补给船而独立作战的能力进一步提高。

与其他军用舰艇相比，潜艇诞生的历史并不遥远，发展至今，也不过一个多世纪，而且，其发展道路极其曲折，一度发展缓慢，直到第一次世界大战结束，才开始出现潜艇蓬勃发展的势头。在第一次世界大战之前，由于传统的"大舰巨炮"主义主宰海军界，不少海军将领轻视水下航行的潜艇在海战中的作用。他们认为，海战的胜败主要取决于大型战舰"厚甲板""大口径火炮"的面对面的较量，而潜艇在海战舞台上是没有什么地位的，充其量只不过用作为防御敌国军舰的进攻。然而，第一次世界大战开始后，潜艇在海战舞台上一出现便显示出令人刮目的优势，其灵活机动的作战能力使一艘艘庞大的水面作战舰船沉入深海。战争告诉人们，潜艇是一种神出鬼没的奇兵，潜艇是一种有效的海战武器。第二次世界大战中，潜艇更是令人瞩目，显示出极其强大的作战威力。在整个第二次世界大战期间，小小的潜艇竟击沉了300余艘大、中型水面舰艇和5000余艘运输船只，为所属国家的海上争斗做出了贡献。在大西洋海战中，英、美国海军为了对付德国海军神出鬼没的潜艇，竟出动了2000多艘猎潜舰艇和数千架飞机，投入这场反潜斗争的人员总数达几百万人。如果与德国海军投入的潜艇及人员数量相比较，英、美海军每对付一艘德国海军的潜艇，就要动用25艘猎潜舰艇和100多架飞机；每对付一个德国海军潜艇人员，就需要派出100多个反潜人员。然而，尽管如此，德国海军潜艇部队还是取得了人们难以相信的战绩。

随着科学技术的发展和反潜作战能力的不断提高，潜艇的战术技术性能将进一步提高。潜艇将进一步发展艇体"隐身""降噪"技术，提高隐蔽性；研制高强度耐压材料，增大潜艇下潜深度；发展核动力潜艇大功率核反应堆，提高水下航速，延长堆芯使用寿命，提高在航时间；常规动力潜艇主要增大电池容量，研制性能良好的氢氧燃料电池、钠硫电池和超导电机，以提高水下机动性；装备高效能的综合声纳、拖曳声纳和水声对抗设备，增大水下探测距离和提高水声对抗能力；提高导弹的射程、命中精度、打击威力，增加分导多弹头等抗反导能力;提高鱼雷的航速、航程和航深,并使其实现智能化;进一步提高驾驶、探测、武器和动力等系统以及其他设备的操纵自动化水平。

隐蔽性是潜艇最大的特点。在现在侦察探测技术飞速发展的今天,潜艇的隐蔽性能受到了越来越大的挑战,为此,世界各国将采取多种措施,提高潜艇的隐身性能。如采用低频、高压环境下的高性能消声瓦,进一步降低潜艇的回转特性,控制噪声的传播;通过改进动力装置,控制机械噪声,改进螺旋桨设计或采用喷水推进装置,改进潜艇的外形设计,降低水动力噪声;通过改进推进方式、壳体采用新材料等措施,进一步消除潜艇航行的尾迹。

在未来,热离子反应堆将取代现代的压力反应堆。热离子单元将反应堆热量直接转化为电能,无需热轮机、减速齿轮等大型转动设备,大大降低推进设备所用的空间,使得安静、更小、更快的核潜艇成为可能。从长远来看,燃料电池将是未来的发展方向,而且未来的常规潜艇将采用AIP系统作为主动力。特别是超导磁流体的研究成功将会带来潜艇动力的一次新的革命。它使潜艇完全摆脱了传统的螺旋桨推进的方式,从根本上改变了潜艇推进的概念。

潜艇携带的武器种类将更多、威力更大。潜艇上的弹道导弹数量将由16枚增加到24枚左右,分导式弹头将由9个增加到17个,并且威力也将提升1倍。攻击型潜艇除装备传统的反潜鱼雷和水雷外,还将装备射程为110~160km的远程反潜导弹、110~500km的反舰导弹、射程为2500km的对地攻击导弹等。

潜艇的探测能力更强。声纳是现代潜艇水下探测的主要手段,在未来也是一种非常有效的手段。随着潜艇降噪技术的不断发展、未来潜艇噪声将很低,潜艇反射强度也大大降低,使得声纳探测更加困难。为此,未来潜艇声纳除进一步提高传感器的灵敏度外,还可能产生新一代的低频主动声纳、环境噪声反射声纳、双站声纳等声纳设备,以进一步提高水声探测能力。另外,非声纳探测设备,如磁探测、热探测、尾迹探测、流体内部扰动探测、生物发光探测技术、激光探测技术也将应用于未来潜艇。从以上的分析可以看出,未来潜艇将是一种体积小、潜深大、航速高、可长期下潜、更加安静、作战能力更强的高性能、多用途主战装备。

3.3.2 潜艇的类型

潜艇分类方法很多。依据其动力装置的不同,可分为常规动力替艇和核动力潜艇(简称为核潜艇),这是最常见的分类法。依据其所装备的武器不同分为鱼雷潜艇和导弹潜艇。一般来说,以鱼雷为主要武器的称为鱼雷潜艇,以导弹为主要武器的称为导弹潜艇。依据其所担负任务和战斗使命的不同,分为攻击潜艇、弹道导弹潜艇(战略导弹潜艇)和特种潜艇。同时按动力和任务分类,可分为常规战略潜艇、常规攻击型潜艇、常规特种潜艇、战略核潜艇、攻击型核潜艇和特种核潜艇。由于其中某些潜艇说得多,有些说得少,因此人们逐渐形成了一些简称。其中,特种核潜艇几乎没有,因此常规特种潜艇也简称为特种潜艇;常规战略潜艇很少,只有几个早期的试验型号,因此战略核潜艇简称为战略潜艇;常规攻击型潜艇和攻击型核潜艇分别被简称为常规潜艇和攻击型潜艇。按排水量不同,常规动力潜艇分为大型潜艇(2000t以上)、中型潜艇(600~2000t)、小型潜艇(100~600t)和袖珍潜艇(100t以下),核动力潜艇一般在3000t以上。按艇体结构不同,分为双壳潜艇、个半壳潜艇和单壳潜艇。

1. 常规动力潜艇和核动力潜艇

1）常规动力潜艇

常规动力潜艇是一种采用柴油机—蓄电池动力、能在水下隐蔽活动和战斗的潜艇。当潜艇在水面航行时用柴油机作主机推进,并发电给蓄电池充电;当航行在水下时用蓄电池驱动电动机推进。这种潜艇潜行速度慢,续航力低且耗费大。为了提高常规动力潜艇的续航力,各国都在研制柴电潜艇新型混合推进系统,即当潜艇在水下航行时,用燃料电池或闭路循环柴油机系统等作辅助推进,以提高潜艇的水下续航力。

常规动力潜艇的主要任务是攻击水面舰船和潜艇,也可实施水下布雷、侦察等任务。常规潜艇以鱼雷、导弹成为其主要反舰、反潜武器,早期还装备火炮。潜艇发展的一个重要趋向是探索潜水航母的发展,希望以作战半径大、机动性能好、飞行速度快和可水上弹射起飞、水面降落的水上飞机为主要攻击武器,以隐蔽性能好、可水下潜航的潜艇为运载平台,发展一种大威力进攻型装备。

常规动力潜艇的特点是隐蔽性好、机动性强、突击威力大。它可以不依赖其他兵种的支持,长期在海上活动,进行独立作战,具有很大的威慑性。但常规潜艇也存在航速低、通气管航行状态充电时易暴露自己、自卫能力差、在水下长期埋伏很困难等缺点。两次世界大战后,各国海军均把发展潜艇放在重要地位。由于常规潜艇具有噪声小、价格低、建造周期短、可以在浅海区域活动的特点,更适于沿海作战,因而受到中小国家的欢迎。到目前为止,世界上已有 40 多个国家拥有常规潜艇,总数量为 440 多艘。就战术技术性能而言,俄罗斯"海基洛"级、俄罗斯"拉达级"、日本"亲潮级"、德国 214 级、瑞典"哥德兰"级、中国"元级"等,都是当今世界先进的现役常规动力潜艇。德国 214 级潜艇装备 AIP 系统,下潜深度大于 400m,装备 8 具 533mm 鱼雷发射管,可发射 STN "阿特拉斯"鱼雷和反舰导弹,鱼雷与反舰导弹装载总数为 16 枚。中国"元"级 039B 型潜艇(见图 3.27)是一种大型 AIP 潜艇,具备水下作战能力强、噪声低、探测设备齐全等优点。该型潜艇拥有水上 15kn 的航行速度,水下 8000n mile/18kn 的巡航速度和 22kn 的最高航速;最大下潜深度 300m,水上排水量为 2300t,水下排水量为 3600t;装备 6 具 533mm 鱼雷发射管,发射"鱼"-5

图 3.27　中国 039B 型常规动力潜艇

型声导反潜鱼雷或"鱼"-6型声导反潜鱼雷,具备发射"鹰击"-82潜射反舰导弹和"鹰击"-18超声速潜射反舰导弹的能力。

2）核动力潜艇

核动力潜艇是以核反应堆为动力来源的潜艇,简称核潜艇。核动力潜艇,利用艇上反应堆中核燃料原子核裂变提供热能,通过蒸汽轮机将热能转换成动能,带动推进器推动航行。核动力潜艇具有续航力大、航速快、吨位大等优点。现代核潜艇由于各种性能先进设备的加装,武器种类和数量的增多,相应地要求潜艇的吨位增加。同时,为了提高潜艇的隐蔽性,在潜艇的外表面覆盖一层较厚的反主动声纳探测的吸声材料,以及减振座、减振器、消声器、阻尼层的安装。也相应地增大了潜艇的吨位。核弹在核潜艇上的配置,使核潜艇在现代战争中具有非常重要的战略意义,成为一支水下威慑力量。目前,全世界公开宣称拥有核潜艇的国家分别为美国、俄罗斯、中国、英国、法国、印度。其中,美国和俄罗斯拥有的核潜艇最多。

核潜艇在军事战争中,因为其强大的续航性备受关注。在一些国家的军事思想中,核潜艇是应对核动力航空母舰的最有力武器。作为战略打击力量,核潜艇可以装备带核弹头的弹道导弹或巡航导弹。核潜艇是一国潜艇中的战略力量,弹道导弹核潜艇(也称战略核潜艇)为当前军事理念中军事核能"三位一体"中海基核力量的主要实现形式。目前世界上最大的潜艇是俄罗斯的"台风"级战略导弹核潜艇(见图3.28),达29000t。核潜艇不仅具有很大的续航力,而且在水下有很高的航速,最快可达40多节。

图3.28 俄罗斯"台风"级核潜艇

2. 攻击潜艇与战略导弹潜艇

按照不同作战任务,潜艇分为攻击潜艇与战略核潜艇。

1）攻击潜艇

攻击潜艇,是以鱼雷和战术导弹为主要武器的潜艇,其主要任务是袭击敌人的各种水面舰船和水下潜艇,破坏敌人海上交通线,攻击敌人的港口、基地或岸上目标,进行侦察和巡逻、布放水雷、输送物资和人员等,尤其是摧毁敌方发射弹道导弹之前的弹道导弹核潜艇,为己方弹道导弹核潜艇护航。这些潜艇执行的任务、实施攻击作战行动的范围以及所发挥的作用往往都属于战术性的。因此,攻击潜艇也被称为战术潜艇。攻击型潜艇的动力装置又有核动力和常规动力两种。常规动力攻击型潜艇又简称为常规潜艇;核动力攻击型潜艇又称为攻击核潜艇,有时简称为攻击潜艇。攻击潜艇的主要武器是鱼雷、水雷和反舰、反潜导弹,有的还有防空导弹、无人驾驶平台(自航飞机、自航潜艇)、蛙人运送舱等。攻击型潜艇一般在6000t以下。

随着潜艇的发展,反潜作战开始受到人们的重视。在第二次世界大战期间,有数量可观的潜艇是敌人潜艇击沉的。于是专门从事反潜作战的反潜潜艇便在第二次世界大战后开始受到青睐。反潜潜艇也属于攻击型潜艇范畴,但反潜潜艇具有一般攻击型潜艇所不具备的特点。其主要特点是水声侦听能力强、水下航速高、机动性好、自身噪声低、艇上装备反潜鱼雷或反潜导弹等。自20世纪80年代以来,随着潜艇技术的不断发展与提高,具有单一反潜功能的潜艇逐渐被兼有反舰/反潜功能或具有多功能的攻击潜艇所代替。

著名的攻击潜艇有美国"海狼"级攻击核潜艇、"洛杉矶"级攻击核潜艇、"小鲨鱼"级攻击核潜艇、"弗吉尼亚"级潜艇攻击核潜艇,俄罗斯"基洛"级常规攻击潜艇、"北德文斯克"级攻击核潜艇、"阿库拉"级攻击型核潜艇,英国"机敏"级攻击核潜艇、"支持者"级常规攻击潜艇,法国"阿戈斯塔"常规攻击潜艇,法国"梭子鱼"级攻击核潜艇,德国212级潜艇常规攻击潜艇、214级常规攻击潜艇、中国039A型常规攻击潜艇、商级093攻击型核潜艇、汉级091型攻击核潜艇等。美国"海狼"级攻击核潜艇(见图3.29),是世界最好的攻击核潜艇之一,可执行反潜、反舰、对陆、布雷、护航等多种任务,被世人誉为"21世纪的核潜艇"。"海狼"级水上排水量7460t,水下排水量9150t,水下最大航速35kn,最大潜度600m,"海狼"级首部安装有8具660mm发射管;这8具发射管具有快速发射能力,所有导弹、鱼雷都从这8具发射管中发射。"海狼"级共可携载50枚各型导弹和鱼雷,包括"战斧"巡航导弹、"捕鲸叉"反舰导弹、MK48-5(ADCAP)重型鱼雷等。"海狼"级的第一使命是反潜,降低噪声对它来说至关重要,"海狼"级的噪声达到了低于海洋背景噪声,使它成为真正的"安静型"潜艇。中国093G攻击型核潜艇,满载排水量为7200t,潜航速度为20kn,最大水下航速为30kn,噪声水平110~120dB,增加了垂直的发射装置,使得它能够全方位的进行导弹发射,装备新型"鹰击"-18反舰导弹和巡航导弹,6具533mm鱼雷发射管,可以发射国产"鱼"-6大型热动力线导反潜/反舰多用途鱼雷、"鹰击"-83潜射反舰导弹、水雷等,大大提高了打击威力,加强了水下威慑力。

图3.29 美国"海狼"级攻击核潜艇

2)战略导弹潜艇

战略导弹潜艇,也称弹道导弹核潜艇,简称战略潜艇,是以战略弹道导弹为主要武器的核潜艇,专门用于执行战略任务的,主要打击敌方陆地战重要略目标(城市、军事基地、交通枢纽等)。图3.30为战略弹道导弹核潜艇水下发射示意图。战略潜艇的目标是在不被敌方发现的状态下,在接到命令后发射潜射弹道导弹,攻击并摧毁敌方的战略目标。战略潜艇归海军建制和指挥,但战略性调防、部署和导弹发射的批准权限在国家最高指挥当局。战略潜艇与陆基弹道导弹和战略轰炸机一起构成国家三位一体的战略核力量。战略潜艇平时主要游弋于水下,对敌实施战略核威慑;战时,作为高生存力的核反击力量,负责摧毁敌岸基战略目标,政治经济高度集中的大中城市,主要交通枢纽和通信设施,大型军事基地和港口等重要目标。艇上携带的主要攻击武器是潜地中远程弹道导弹和洲际导弹,大部分是核弹头,导弹存放在呈垂直状态的导弹发射筒中。为了自卫,战略潜艇一般都装备有鱼雷、防空导弹等自卫武器。战略潜艇是发射战略导弹的水下平台,当一个国家的陆基战略导弹发射基地遭到敌人的打击受到破坏时,战略潜艇仍能保持一支核打击力量。它不仅具有局部地区的攻击能力,而且还具有彻底摧毁远距离的敌人重要军事设施和战略要地的能力,以及具有战略核打击威慑能力,是一种全球性的战略武器系统,是提高国家地位、保证国家安全的有力武器。目前,世界上在役的战略潜艇的动力装置全部都是核动力,而在早期也有采用常规动力的。

图3.30 战略弹道导弹核潜艇水下发射示意图

战略导弹潜艇作为一种海基核力量备受各有核国家青睐,除了其优异的生存能力外,其机动性好,可以利用航程几乎不受限制特点,自由、方便地进出世界各大洋;具有较强的隐蔽性,核潜艇不必像常规潜艇那样定期浮出海面,达成有效的掩护,发起隐蔽、突然的攻击,甚至可以前出到敌国领土附近海区,出敌不意;其火力强大,是世界上集成度最高的核武器系统。

战略潜艇具有隐蔽性好、生存力强和攻击威力大等特点,它一次下潜,可连续在水下航行几个月不用上浮,可以悄悄地接近敌人的领海或近海海域,也可以在较远的海域进行巡逻,如果携载导弹的射程达到10000km以上,则可以全球攻击。也就是说,待在自己国家的港口内或水下就能把核导弹发射到任何敌对国家,既能攻击别人,又可保证自己的安全。

战略潜艇的排水量一般为6000~30000t,水下续航能力相对无限(相对而言)。战略潜艇的艇身大,在水面抗风浪、海涌的能力强,比较平稳,而且上浮破冰能力强,例如,俄罗斯"台风"级战略潜艇可在北极破冰3m而浮出水面。

目前,世界上共有180余艘战略导弹潜艇,俄罗斯最多,其次是美国,英国、法国、中国也有。著名的战略导弹潜艇有美国"俄亥俄"级、"拉斐特"级、"伊桑·艾伦"级、"乔治·华盛顿"级,俄罗斯"北风"级、"台风"级、"德尔塔"级、"扬基"级、"旅馆H"级,英国"前卫"级、"决心"级,法国"凯旋"级、"不屈"级、"可畏"级,中国092型("夏"级)、094型("晋"级)等。美国"俄亥俄"级弹道导弹核潜艇(见图3.31)是世界最先进的战略潜艇,它构成了美国海基战略核威慑的主力。其水上排水量16600t,水下排水量18750t,最大潜深300m,最大航速25kn,自给力70天,装1座S8G压水反应堆,2台蒸汽轮机。装备了AN/BQQ5声纳等十余部水声、电子设备,尤其是凭借着极低频通信系统,它在水下300m处也可收到岸台信号,装载24枚"三叉戟Ⅱ"弹道导弹,射程12000km,携带14枚分导弹头,一种为10万t当量W76-MK4型,另一种为47.5万t当量W76-MK5型,圆偏差概率为90m,艇首4座533mm鱼雷发射装置可发射MK-48鱼雷。中国094型战略导弹核潜艇(见图3.32),水下排水量10000t,水下速度26kn,搭载16枚巨浪2乙型潜射弹道导弹,射程达10000~12000km,噪声水平与欧美核潜艇相当。

图3.31　美国"俄亥俄"级战略导弹核潜艇　　图3.32　中国094型战略导弹核潜艇

3) 特种潜艇

特种潜艇是指专门从事某种专项任务或辅助作战任务的潜艇。曾经有过的特种潜艇有雷达预警潜艇、运输/输送潜艇、布雷潜艇、加油潜艇、舰炮潜艇、携带飞机的潜艇、袖珍潜艇、自杀潜艇、试验潜艇、靶标潜艇、深潜研究潜艇及救生潜艇、观光旅游潜艇等。

军用潜艇按照潜艇大小分类为大型(排水量在2000t以上)、中型(排水量在600~2000t)、小型(排水量在100~600t)和袖珍(排水量在100t以下)潜艇。袖珍潜艇又称微型潜艇,是潜艇中的最小的一种潜艇,小的只有几吨。

袖珍潜艇出现于第一次世界大战期间。1918年11月11日,意大利的袖珍潜艇曾将停泊在波拉海军基地的奥地利海军的"维里布奇·乌尼基思"号战列舰击沉。第一次世界大战后,意大利发展了名为"凯旋车"微型潜艇,艇长6.7m,排水量1.5t,双人操纵,头部是一个可装卸的雷头,内装炸药272kg。1941年12月18日,意大利的一艘大型潜艇携带3艘"凯旋车"微型潜艇,在夜幕掩护下悄悄地来到了亚历山大港附近,卸下了微型潜艇。3艘"凯旋车"微型潜艇潜入了港内,分别把雷头固定在3艘英国军舰的底部。"勇敢"号战列舰等3艘英国军舰被意大利的微型潜艇所击沉。意大利微型潜艇的袭击改变了地中海地区的军事形势,创造了海战史奇迹。第二次世界大战期间,美国海军也曾利用袖珍潜艇重创过日本海军的"高雄"号巡洋舰。战后一些国家仍然十分重视袖珍潜艇的研制工作,目前,美国、俄罗斯、英国、德国、意大利、日本、伊朗及朝鲜等国都建造了性能出色的袖珍潜艇。

朝鲜Yono级潜艇,水面排水量为76t,潜水排水量为90t,水面速度为10kn,水下为4kn,装备530mm的鱼雷管,用于发射鱼雷,除两名驾驶员外还可以携带6名或7名潜水员。伊朗海军在2010年5月的军演中,就动用袖珍潜艇等"奇门暗器"演练"水下特攻战"。伊朗"鲸鱼"号属于近岸活动的轻型潜艇,吨位在270~300t之间,最大水下航速10kn,水上最大航速5kn,操作人员编制为5人。这种潜艇里可搭载20名突击队员,携带机枪、RPG-7型防空火箭筒等轻武器和照相、侦察器材。"鲸鱼"号潜艇还有两个小型鱼雷发射器,具备发射鱼雷和导弹的能力,而且"鲸鱼"号也能秘密潜入水下布设水雷。伊朗建造的排水量20t的"游泳者"袖珍潜艇只带2枚水雷。伊朗的潜艇编队目前拥有11艘120t级的"卡迪尔"级潜艇(见图3.33),为隐身潜艇,不易被声纳探测,该潜艇能容纳2名船员和3名潜水员,可以发射鱼雷,主要用于运送突击队员、布雷以及侦察任务。

图3.33 伊朗"卡迪尔"级潜艇

3. 新概念潜艇

从目前潜艇技术发展的情况来看,潜艇在未来将会在隐身性能、武器、动力性能等方面有所突破。为了寻求潜艇在某方面性能的突破,或整体性能的提高,人们提出了许多的新概念潜艇,它们当中,有的已经处于研究试验阶段,而有些还仅仅是想法而已。

1)神奇的仿生潜艇

皮动潜艇,也称仿生潜艇,是整个潜艇艇体酷似动物皮肤的潜艇。萌生建造皮动潜艇设想的是美国密执安大学的两位学生。他们在研究鳐鱼和电鳗时发现,鱼类潜游是用带子似的尾巴做有规律的运动,将周围的水拨开,利用水的回流而推动身体前进。根据鱼类在水中潜游的原理,他们作了这样一个设想:能不能建造一种酷似鱼类的潜艇,用活动的"尾巴"做有规律的摆动,从而推动潜艇前进。这一设想很快得到了军界的肯定。现代潜艇水下隐蔽性日渐丧失的主要原因源于潜艇的噪声和潜艇艇体对声纳等搜索器材发出的声波产生的回波,这对于各类以合金钢为艇体、以机械或核动力装置为推进动力的潜艇来说,是无法避免的。而一旦建成皮动潜艇,由于其外表由许多个环节组成,能不停地摆动,没有推进器、垂直舵和水平舵,仅靠全身的"皮"做有规律的摆动而推进,很难产生噪声,也不可能产生固定不变的声回波,因此很难被敌发现。美国海军不愿公开皮动潜艇的具体研制情况,外国军事科学家有不少估计。估计之一认为,皮动潜艇的"皮"与耐压壳之间有一个充气空间,它全身分成17对磁性环节,每对环节由内环和外环组成,内环是电磁铁,附在耐压壳体上,外环是永久磁铁,附在弹性皮的里层,外环分成4个均等的象限,当内环通入电流时,产生的电磁场吸引外环的永久磁铁,因而吸引弹性皮外壳有规律地轮换通人电流,皮外壳就能一伸一缩,弹性皮好像沿着艇身长度方向移动,进而使潜艇向前"游动"。

2) 无人潜艇

作战中最大限度地减少己方人员的伤亡,是指挥员考虑的重要问题之一。为了达到减少人员伤亡的目的,越来越多的无人战斗装备逐渐问世,并有可能成为未来战场的重要力量。而在诸多的无人战斗装备中,无人潜艇倍受瞩目。无人潜艇,是一种不需要驾驶,靠遥控或自动控制在水下航行并能执行危险而复杂的作战任务的潜水器。它可携带多种武器,能在水下长期潜伏,既可进行情报搜索、扫雷等辅助性任务,又可执行对敌舰攻击的任务。它具有隐蔽性好、攻击性强、控制范围广等特点,具有极强的军事价值。设计中的无人潜艇是由母舰潜艇来释放和回收的。一艘母舰潜艇可释放若干艘无人潜艇,从而形成以母舰为中心,各个无人潜艇为节点的作战网络。数个无人潜艇通过各自艇上的水下声纳、水面光学和水面电磁波探头等传感器搜集情况,并将搜集的情报通过高效率的通信手段汇集到母舰上,便于指挥员做出正确的判断。若对敌舰进行攻击,无人潜艇便会启动艇上的敌我识别系统,发现并跟踪敌舰,用自身携带的武器攻击敌舰。由此可见,无人潜艇不但能拓宽现有潜艇的作战空间,使潜艇的控制范围成倍扩展,而且可以使其为有人潜艇提供信息,使其远离危险水域,进而有效地减少人员的伤亡。当然,要真正的研制出无人潜艇,还有很长一段路要走,一些关键性的技术还要进一步的探索,如无人潜艇的通信技术、潜艇的储能技术等。但随着科技的不断发展,困难将被克服,无人潜艇终将从图纸上驶入海洋。

3) 超导潜艇

与现役的常规潜艇与核潜艇相比,超导潜艇具有结构简单、推力大、航速高、无噪声、无污染、造价低等优点,因此普遍被军事专家所看好。早在20世纪70年代,美国、俄罗斯、英国等国就开展了超导技术在海军舰艇方面的应用研究,随着超导新材料的出现,实际应用也成为可能。超导磁流体推进装置是根据电磁原理设计的。在潜艇上安装电磁铁,通电后,海水中就会有磁力线,同时产生方向与磁力线垂直的电流,在磁场与电流的互相作用下,由于潜艇与海水之间产生大小相等、方向相反的反作用力,潜艇将获得向前运动的推力,推力的大小与磁场强度与电流大小的乘积成正比。磁流体推进技术已在一些国家获得应用,但目前它的磁场还不能满足潜艇的要求。而超导技术正是解决这一问题的关键。随着超导技术的不断完善,动力先进、隐形性好、攻击力强的小型高速超导潜艇将成为未来海战兵器中的一颗耀眼的新星。

4) 航空母舰式潜艇

航空母舰式潜艇是一种能够搭载飞机的潜艇,它是由号称"海上巨无霸"的航空母舰和"水下幽灵"的潜艇通过"优势杂交"而成的,具有一般航空母舰所具有的强大的攻击能力,也具有一般潜艇所具有的高度隐蔽能力。它既可以被称为航空母舰式潜艇,也可被称为潜水航空母舰。目前,美、英等国均对这种航母式潜艇的可行性进行了大量论证和一些关键性试验。为了适应水下航行的需要和搭载飞机的要求,未来航空母舰式潜艇的排水量在10000t左右,舰载机上要为垂直、短距起降飞机,数量在30架左右。目前,英国的"天钩"系统是较理想的用于航空母舰式潜艇的特殊起重机,它具有捕捉、锁紧、释放等多种功能。相信在不久的将来,这种神奇的武器能出现在一些军队的武器库中,成为未来海战中的一支重要的力量。

5)武器带潜艇

目前,现代攻击型核潜艇已经有了良好的隐身能力和强大的自持能力,能够按照作战需要,在任何时间到达任何海域,但是,由于其携带的武器载荷十分有限,通常不能独立完成现代海战的各项要求,如实施对地攻击等,必须与水面舰艇和空中力量协同作战,导致作战的隐蔽性大打折扣。美国海军成立了一个"未来研究小组",研究如何使潜艇的作战能力发生革命性的提高。在增加潜艇武器载荷方面,他们提出了令人耳目一新的"武器带"潜艇的方案。这种"武器带"潜艇,就是在潜艇的上面安装"武器带",它类似于机枪上使用的子弹带,将导弹或鱼雷事先装在潜艇外壁的传送带上,该传送带与舱内相连,并通过自动传输系统送入武器发射系统。这种"武器带"潜艇巧妙地解决了潜艇携带武器不足的问题,已经被潜艇部队所批准,并进行深入的研究。与此同时,"未来研究小组"还提出了另一个方案,就是让潜艇拖曳一个大型模块化、潜水式武器载荷舱。该舱具有以下功能:安装大量的武器发射系统,能够储存和发射数百枚巡航导弹或弹道导弹;安装传感器网络系统,可收集和处理信息,并与母艇保持通信联络;布置"海豹"突击队员和其他特种作战部队居住空间;设立为无人潜水器添加燃料的补给站。当攻击型核潜艇到达作战海域后,该舱将被安置在适当的海底位置,成为一个可随时控制的武器发射场。

3.4 勤务舰船

3.4.1 概述

勤务舰船,又称辅助舰船、军辅船,是担负战斗保障、后勤保障和技术保障任务的舰船的统称。其主要任务是为战斗舰艇提供各种战勤保障和技术服务,排水量几十吨至数万吨不等,航速30kn以下。船上配备有与其用途相适应的各种设备及自卫武器,虽不直接参加战斗,却是海军中一支不可缺少的重要力量。

勤务舰船包括侦察船、海道测量船、运输舰、补给舰、训练舰、防险救生舰、医院船、工程船、海洋调查船、试验船、维修供应舰、消磁船、破冰船、布设舰船、基地勤务船等。船体多为钢质结构,排水型,其动力装置多为蒸汽轮机或柴油机。

勤务舰船在历次海战和日常活动中,曾发挥重要作用。其发展受到各国海军的重视。1920—1945年的25年间,美国、英国、法国、德国、意大利、日本等国海军勤务舰船的总排水量从$1.65×10^6$t发展到$1.776×10^7$t,增加9.7倍,同战斗舰艇的比例从0.3∶1提高到1∶1。1982年,在马岛战争中,英国勤务舰船同战斗舰艇的比例达到1.8∶1。

20世纪60年代以来,随着现代科学技术的发展和有关国家海洋战略和海军建设方针的变化,勤务舰船的新船种不断出现,美国、俄罗斯、英国、法国、中国等国家改装或新建了航天跟踪测量船、回收打捞船、综合补给船等,排水量均在万吨以上。截至1987年,美国两洋舰队勤务舰船总吨位为 $8.6\times10^5 t$;俄罗斯海军勤务舰船总吨位为 $1.73\times10^6 t$;中国海军也拥有多种勤务舰船,初步构成海上勤务保障体系,可在中远海为海上编队实施综合保障。为适应海上作业的需要,勤务舰船的性能也在不断改进。如美国的"鸽子"级潜艇救生船和"海斯"号海洋考察船采用稳性好的双体船型;美国最新的声纳监视船和日本的海军潜水作业船,满载排水量都在3300t以上,已成功地采用半潜小水线面双体船型;德国的训练舰采用燃气轮机;俄罗斯有的破冰船采用核动力装置;普遍采用可调螺距螺旋桨、侧推装置、减摇鳍、减摇水舱及空调装置;装备有先进的导航雷达、经纬仪、惯性导航、计算机和卫星终端等设备,有的还配载有直升机。

民用船舶,是海军勤务舰船一支庞大的后备力量。在第二次世界大战中,美国、英国、日本等国征用和改装的民用船舶总排水量超过 $5.0\times10^6 t$。平时,在建造民用船舶时,注意平战结合、军民结合;战时,一旦需要征用即可加以改装,这将是未来海战中迅速扩大勤务舰船船队的重要途径。

3.4.2 勤务舰船的类型

1. 补给舰

补给舰,又称补给船,是用以向航空母舰战斗编队或舰船供应正常执勤所需的燃油、航空燃油、弹药、食品、备件等各种补给品的舰船。图3.34为补给舰正在给战舰补给燃料。补给舰的基本使命是在海上为航行中的战斗舰艇补充各种消耗品,从而延长其航程和自持力,扩大其活动范围和作战半径,使舰队能在远离基地处活动。补给舰是勤务舰船中最大和最重要的一种。美国海军一般给每个航空母舰战斗编队配一艘综合补给船舰。

著名的补给舰有美国"萨克拉门托"级、"威奇塔"级、"供应"级,法国"迪朗斯河"级,英国"维多利亚堡"级,德国"柏林"级,加拿大"保护者"号,韩国天池级,日本"十和田"级、"摩周"级,中国"福池级"903A型等。美国"供应"级补给舰(见图3.35),左右两舷有6个横向干货补给站,5个横向燃油补给站,为接受油船、军火船、军需船的再补给,船上备有1个横向干货接受站,3个双软管横向燃油接受站,可装载156000桶燃油、75.7m^3淡水、1800t弹药、400t冷冻化食品、250t普通货物等。"供应"级满载排水量48800t,航速25kn,续航力6000n mile。"供应"级战备2座MK15型20mm"密集阵"近程武器系统,2座MK88型25mm炮,4挺12.7mm机枪,1座GMLSMK29八联北约"海麻雀"舰对空导弹发射装置,具有较强自卫能力,还配置多种电子探测设备,以防敌方的空中袭击。中国903A型综合补给舰,标准排水量23000t,航速19kn,续航力10000n mile。1个固态物资补给站,2个液态物资补给站,可供燃油10500t,淡水250t,干货弹药680t。配备4座双联装37mm口径快炮和2架直升机。

2. 侦察船

侦察船是一种装有多种先进的侦察器材和通信设备、专门在海上从事侦察活动的舰船,被称为浮动情报站。现代侦察手段主要是电子技术,侦察船一般是指电子侦察船。电子侦察船是能对敌方舰载雷达、机载雷达、海岸雷达、通信和声纳设备的技术参数、战术运用、部署情况等实施电子技术侦察的特种辅助船。电子侦察船,装备有各种频段的无线电接收机、雷达接收机、终端解调和记录设备、信号分析仪器及接收天线等,有的还装备有电子干扰设备。能接收并记录无线电通信、雷达和武器控制系统等电子设备所发射的电磁波信号,查明这些电子设备的技术参数和战术性能,获取对方的无线电通信和雷达配系等军事情报。这种长期在海上执行侦察任务的电子侦察船,一般续航力较大,超过10000n mile,自持力为2~3个月甚至更长时间,其排水量一般为500t以上,大型的达4000t左右,航速20kn以下,能较长时间在海洋上对港岸目标或海上舰船实施电子侦察。但其侦察活动受海洋水文气象条件影响较大,自卫能力弱,战时易遭海空袭击(故有的电子侦察船重要部位和设备装有自毁装置)。为了隐蔽,电子侦察船多伪装成拖网渔船、海洋调查船、科学考察船或商船等,在敌方领海附近和公海上游弋,有时为了获取重要情报,长时间跟踪尾随敌舰。

图 3.34　补给舰正在给战舰补给燃料

图 3.35　美国"供应"级补给舰

美军"探路者级"海上侦察船"鲍迪奇"号(见图 3.36)伪装成"远洋勘测船",长年在全世界海洋四处游荡,船上载有 28 个"老百姓"和 27 位"科学家",其主要职责是完成美国海军下达的对世界范围内海洋进行声纳、生物、物理和地理情报搜集与侦察的特别任务,向美军提供大量有关世界海洋环境的重要情报,以便完善美国海军水面和水下战争的技能,提高侦察敌方水下舰船的能力。这些远洋勘测船已经把部分热点地区的海岸线摸得跟"自家的后花园"一样,一旦需要,美国海军的作战船只将沿着它们绘出的航线长驱直入!

图 3.36　美军"鲍迪奇"号侦察船

美国海洋侦察船担负的任务,就是负责为美国海军太平洋舰队和大西洋舰队司令提供反潜战支持。海洋侦察船的能耐就在于"会偷听"。它靠船只拖着的水下窃听传感器来捕捉水下的声波情报,一旦逮着可疑的声波后,船上携带的电子系统就能对其进行分析判断。这套系统的能力据说能根据潜艇的噪声区分出是哪国哪种型号的潜艇。

美国"卫士"号测量船,实际上是偷窥别国远程导弹发射成癖的导弹射程测量船,只要有某国家进行远程导弹发射实验,准能在导弹弹头溅落的附近海域看到这位不请自到的"神秘客"。这艘如同闻到鱼腥味的馋猫一样的"神秘客"便是挂属美国军事海运司令部战略系统部门名下的导弹射程测量船,实际上是美国海军专门搜集他国导弹发射情报数据的侦察船。"卫士号"导弹射程侦察船满载排水量可达24761t,航速可达14kn,标准人员配备为45名文职人员、15名"科学家"和141名情报官,堪称名副其实的海上"情报城"。

"海耶斯"号是美军唯一的一艘专用声波研究船,具体任务就是运输、部署和回收各种各样的声波捕捉相控阵系统,从而搜集不明国籍的潜艇以及美国海军自己潜艇的噪声情报,提高美国海军识别别国潜艇的能力,减少美国海军潜艇的噪声。

中国"开阳星"号侦察船,能够对一定范围内各种目标实施全天候、不间断侦察,接收并记录无线电通信、雷达和武器控制系统等电子设备所发射的电磁波信号,查明这些电子设备的技术参数和战术性能,获取对方的无线电通信和雷达配系等军事情报。

3. 维修供应船

维修供应船,是海上供应基地,可以与战斗舰艇一起活动,不断及时地向战斗舰艇提供维修和补给服务,以免战斗舰艇经常往返岸上基地去进行维修和补给,因此维修供应船有时又被称为"母舰""供应舰"。图3.37为维修供应船正在作业。

图3.37 维修供应船正在作业

美国"黄石"级维修供应船是世界先进的水面舰艇维修供应船,是20世纪70年代后期设计建造的驱逐舰维修供应船,主要用来支援几型装有最先进的导弹、反潜系统和电子系统的核动力导弹巡洋舰、大型导弹驱逐舰和新型导弹护卫舰。同时也用来支援其他巡洋舰、驱逐舰、护卫舰及新型导弹艇和巡逻艇等小型作战舰艇。要求能同时为6艘靠帮的导弹驱逐舰提供服务,承担这些舰艇的中修任务,包括船体、动力装置、武器及其他设备修理,并为靠帮修理的舰艇提供弹药、食品、日用品等补给。"黄石"级船上有4台起重机,用来吊运导弹、鱼雷、大型天线、小艇等重型装备。船上设多个车间,可进行多种设备的维护修理工作。船上带有大量的备件、食品和日用品,满载排水量20224t,航速20kn,装备2座MK67型20mm火炮和2座MK14型40mm火炮,以及雷达和通信等电子设备,具有一定的自卫能力。

4. 测量船

测量船是对航天器及运载火箭进行跟踪测量和控制的专用船,它是航天测控网的海上机动测量站,可以根据航天器及运载火箭的飞行轨道和测控要求配置在适当海域位置。其任务是,在航天控制中心的指挥下跟踪测量航天器的运行轨迹,接收遥测信息,发送遥控指令,与航天员通信以及营救返回溅落在海上的航天员;还可用来跟踪测量试验弹道导弹的飞行轨迹,接收弹头遥测信息,测量弹头海上落点坐标、打捞数据舱等。测量船是20世纪60年代产生的新舰种,世界上仅美国、法国、中国和俄罗斯拥有。

目前,在距地球数百千米外的太空中运行着上千个人造航天器,这些航天器犹如人们放入太空中的"风筝",而控制这些航天器的"无形之手",就是航天测控。航天测控由各种各样的测控平台组成,直接对航天器(包括运载火箭)实施跟踪测量和控制,使航天器能够按照人们的要求运行和工作。

随着航空航天事业的发展,后续航空航天试验任务频度加大,型号种类复杂,轨道类型增多,对航空航天远洋测量船队的测控通信支持能力提出了更高的要求。航空航天远洋测量船,不仅能够完成对导弹、卫星及其他航天飞行器的海上跟踪测控任务,还能与任务中心进行实时通信和数据交换,为提供有力的海上测控支持服务。

美国是发展航天测量船最早的国家,先后有过23艘这种船,主要有"范登堡将军"号、"阿诺德将军"号、"红石"号、"瓦特镇"号、"靶场哨兵"号、"观察岛"号等。在美国已有的测量船中,以满载排水量为24710t的"红石"号设备最齐全,满载排水量为17015t的"观察岛"号最新。

俄罗斯先后发展了约30艘航天测量船,主要有"科马洛夫"级、"宇航员尤里·加加林"号、"涅德林元帅"级和"卡普斯塔"级,其中"宇航员尤里·加加林"号是世界上最大的测量船,满载排水量53500t。

法国于1968年用油船改装了1艘航天测量船"享利·普安卡勒"号,以后于1992年新建了1艘2万多吨的测量船"蒙日"号,其主要任务是跟踪和测量导弹。"蒙日"号船上设施尤其是测量系统齐全,其中雷达数量较多,仅导弹跟踪雷达就有6部,说明该船具有较强的跟踪能力。此外,该船有14部遥测天线、光电跟踪装置、激光脉冲雷达(LIDAR)等,并设有减摇水舱。

我国有分布于太平洋、大西洋和印度洋的多艘测量船,著名的有"远望"号测量船。"远望"7号测量船(见图3.38),是由中国自主设计研制、具有国际先进水平的大型航天远洋测量船,发现目标及时、捕获跟踪稳定、数据录取完整、信息处理交换正确,及时发送相关技术参数和数据信息。满载排水量27000t,最高航速不小于18kn,续航能力不小于18000n mile,自持力100天,可抗12级台风。

5. 打捞救生船

打捞救生船是多用途的新型船舶,主要使命是在导弹试验时,测量弹头落点,打捞数据舱,在宇宙飞船试验时,打捞宇航员座舱。平时援救失事潜艇和深水救生,并兼援救遇难的水面舰艇。

图 3.38　中国"远望"7 号航天远洋测量船

打捞船,用来打捞水下沉船、沉物及水面漂浮物的专用船只。吃力浅,航速快,耐波性良好,定位准确。分为内河打捞船和海洋打捞船。前者排水量一般为 20~200t,只配备吊杆、绞车及简易潜水设备;后者配备大型起吊设备,以及潜水、压缩空气、水下电焊、水下切割等设备。

美国"卫兵"级打捞船(见图 3.39),是美国海军的一种军用辅助船,专门用于执行海上打捞救助作业,其任务是沉船打捞、舰艇修理、救生救助、潜水作业等。"卫兵"级打捞船,满载排水量 2880t,航速 14kn,续航力 8000n mile。为了自卫,该型打捞船上装备有 2 座口径为 20mm 舰炮,还装有导航雷达和对海搜索雷达各 1 部。为了方便海上打捞作业,在该型打捞船艏部甲板上装有 1 台起吊力 150t 起重机,尾部甲板上装有 1 台起吊力 20t 起重机。

图 3.39　美国海军"卫兵"级打捞船

救生船是装有专门设备,用于防险救生和水下作业的勤务船只,主要是营救失事舰艇,尤其是潜艇的艇员。救生船可分为援潜救生船、救生拖船、消防船、潜水工作船和打捞船。援潜救生船用于援救失事而沉在海底的潜艇。救生拖船用来援救进水或起火的舰船,拖带搁浅和丧失航行能力的舰船。消防船用于扑灭舰船和岸边设施的火灾以及水面的油火。潜水工作船为修补舰船体的破损、消除螺旋桨和船上的附着物,搜寻和打捞沉没物品等水下作业提供保障。打捞船用于打捞沉没的潜艇、水面舰艇和其他船只。援潜救生分干救和湿救两种。干救时在救生船上放下圆筒形救生钟,救生钟上有专门与潜艇应急逃口相配合的舱口,对准位置后,把舱口盖打开,潜艇中人员即可进入救生钟内,再吊到救生船上,这种救生方法较安全,但对口是关键,如果潜艇在海底侧斜的太厉害,就无法对口。湿救是在无法用干救的情况下,潜艇艇员穿好救生服,离开潜艇,在有压力的海水中进入救生船上放下的潜水钟内,到达救生船后立即送入加压舱进行治疗。

深潜救生潜艇(又称深潜器)是一种人工操纵的水下航行器,有耐压壳体、动力装置、操纵系统和电子设备等。在救生潜艇的底部,设有专门用于与失事潜艇出入舱口对接的舱口,可将人员由失事潜艇安全地接到救生艇中。在实施救援时,由装备有深潜救生艇投放回收装置及所需的各种救生设备的大型救生舰艇、水面船或大型运输机将这种深潜救生艇运至现场。

美国"鸽子"级深潜救生潜艇,水下排水量 38t,工作深度 1525m,水下最大航速 3.9kn,续航力 7~8h,可施救人员 24 名。俄罗斯"印第安"型救援潜艇,水下排水量 4800t,在指挥台围壳后面搭载两艘深潜救生艇,每艘可容纳 12~15 名艇员。日本深潜救生艇可容纳 12 人。瑞典"沃尔夫"深潜救生艇可容纳 25 人。英国 LR7 深潜救生艇(见图 3.40),最长作业时间 12h,正常援潜深度可达 475m,最大作业深度 550m,与失事潜艇救生舱对接后,可直接将艇员送至水面,每次可运送 18 名艇员。澳大利亚 REMORA 深潜救生艇,一次可援救 6 名艇员,最大作业深度 500m。我国救生钟,一次可营救 6~8 名艇员。

图 3.40　英国 LR7 深潜救生艇

6. 消磁船

消磁船,是对舰船进行磁性检测、消磁处理的特种船只。

因地球有两极磁场,舰艇长期被地球磁场磁化,本身形成一个微弱的磁场。磁性水雷是水雷中最常见的一种,磁性水雷利用微弱的磁场感应而引爆,消磁主要是为了避免引爆水雷。图 3.41 为消磁船正在为战舰消磁作业。舰艇消磁技术为各国海军必须掌握和常用的一项防水中武器伤害的技术,主要用于预防磁性水雷伤害。利用绕组或线圈,通入直流电,使绕组产生一个与舰艇磁场大小相等、方向相反的磁场,从而抵消舰艇磁场。

使用消磁船进行消磁作业时,对消磁场地有较为严格的要求:水深足够、海底平坦、海流较小、风力不大,且周围海域无大量的磁性物质;一般情况下,还要在这种消磁场内设置若干个浮筒,以保证被消磁舰艇进入消磁场地后,能够定位于主磁方向。被消磁舰驶入消磁场地,按照南北磁航向误差不超过 3°的原则用缆绳固定。消磁工程师根据舰艇的型号、吨位、铁磁物质的分布和测得的磁场大小,确定采用的消磁方式、绕缆的匝数以及点位,并在计算机终端上键入脉冲电流长度、强度等参数。官兵按照确定的点位进行绕缆,将一道道电缆缠满钢铁战舰的全身。绕缆工序完成后,即开始对被消磁舰反复通电、测量、调整,直到磁场参数达到要求。一艘舰艇整个消磁过程通常要反复通电 20 次左右。

图 3.41　消磁船正在为战舰消磁

水面舰艇经过消磁处理后处于低磁状态,因而大大减少了遭受磁性水雷的威胁,提高了它们进出基地、港口以及海区活动的安全性。潜艇通过消磁处理后,就可有效地防止反潜机的磁性探测、增加了隐蔽性、像"海狼"一样深潜海底。

俄罗斯 130 型"贝尔扎"级消磁船,载排水量 2051t,人员编制 50 名水手。

3.5　舰载武器装备

3.5.1　概述

各种舰艇仅仅是实施武器发射和投放的水中平台,而舰载武器才是决定海战效能的关键因素。舰载武器通常包括固定安装的舰载火炮武器、舰载火箭炮武器、鱼雷、水雷、舰载导弹和舰载机等,其中既有非制导的瞄准式武器,也有制导武器。近年来的局部战争中,各种精确制导弹药已经成为海战中火力打击的主角。

3.5.2　舰载武器的类型

1. 舰载火炮武器

舰载火炮武器,简称舰炮,是装备在舰艇上用于射击水面、空中和岸上目标的火炮,是以水面舰艇为载体的传统海军武器,曾经是海军舰艇主要的攻击武器。舰炮具有发射率高、抗干扰强、射击准备时间短、作战持续时间长等特点,既可用于射击海上和岸上目标,还可用于拦截飞机、导弹等来袭的空中目标。

舰炮按口径,分为大口径舰炮(152～406mm)、中口径舰炮(76～130mm)和小口径舰炮(20～57mm);按炮管数,分为单管舰炮和多管(联装、转管)舰炮;按封闭程度,分为全封闭式舰炮和非封闭式舰炮;按自动化程度,分为全自动舰炮、半自动舰炮和非自动舰炮;按射击功能,分为平射舰炮和平高两个舰炮。

舰炮主要由发射系统、瞄准传动系统、炮架、供弹系统和炮弹构成。发射系统,包括炮射、炮闩、装填机和反后坐装置,用于发射弹丸和重复装填炮弹。舰炮通常采用加农炮,炮身长度为40倍口径以上。瞄准传动系统用于使舰炮旋回和俯仰,实施瞄准。炮架包括摇架、旋回架和基座,用以支撑炮身,并保证炮身旋回和俯仰。供弹系统,包括扬弹机和弹鼓等,用于将弹药输送到发射系统。舰炮使用的炮弹,有穿甲弹、爆破弹、杀伤弹、空炸榴弹和特种弹。全封闭式舰炮,外部装有用钢铁、轻金属或玻璃钢制成的全封闭防护装置,具有防水、防气浪和防核尘能力;非封闭式舰炮,仅有防盾或护板。

舰炮出现于14世纪,初期是用青铜或铁铸成的滑膛炮。19世纪中叶,有了线膛炮,采用无烟火药和高能炸药,增大射程,提高射击精确度和毁伤威力。随后出现大口径、有防护装甲的炮塔炮。美国海军MK45Mod4式127mm火炮射程达到116.5km。飞机出现以后,又出现了平高两用舰炮,迄第二次世界大战前,舰炮是水面舰艇的主要攻击武器。第二次世界大战以来,飞机和导弹迅速发展,大口径舰炮的作用有所降低。但是,现代舰艇的中小口径舰炮,反应快速、发射率高,与导弹武器配合,可遂行对空防御、对水面舰艇作战、拦截掠海导弹和对岸火力支持等多种任务。随着电子技术、计算机技术、激光技术、新材料的广泛应用,形成由搜索雷达、跟踪雷达、光电跟踪仪、指挥仪等火控系统和舰炮组成的舰炮武器系统。制导炮弹的发明,脱壳穿甲弹、预制破片弹、近炸引信等的出现,又使舰炮武器系统兼有精确制导、覆盖面大和持续发射等优点,成为舰艇末端防御的主要手段之一。现代舰炮多数为中、小口径全封闭全自动舰炮。中口径舰炮最大射程12~28km,单管发射率为45~90r/min,有的达120r/min;小口径舰炮最大射程为3~14km,多管发射率可达3000~4000r/min。舰炮普遍与火控系统连接使用,采用脱壳穿甲弹、近炸引信预制破片弹、末段制导炮弹和火箭增程弹。舰炮发展趋势是进一步缩短反应时,提高射击精度和对目标毁伤效果。据报道,美国MK45 MOD4式62倍口径127mm新型舰炮(见图3.42),使用子母弹弹丸和改进型发射装药,可将海上火力支援范围从24km提高到39km,可全天候昼夜执行火力支援任务;还可以配用增程制导弹药(ERGM)和发射装药,具有超视距作战能力,射程超过了111km。目前,西方海军舰炮口径有增大的趋势,提出新型155mm口径舰炮作为下一代主力装备的设想,如德国将PZH2000 155mm自行榴弹炮改装作为军舰舰炮。

图3.42 美国MK45 MOD4式62倍口径127mm

小口径舰炮,根据舰炮所完成任务的不同,又分两种类型:一种是近程反导舰炮,也称为近程防御武器系统。这类舰炮主要执行在距舰3000~300m内拦截来袭反舰导弹的任务;另一种是小口径高射炮,主要用于抗击低空和超低空来袭的飞机,并具有一定的反导能力,也可用于射击海上或岸上目标。

典型大口径舰炮有美国406mm舰炮、203mm舰炮、155mm舰炮等。目前装备的中口径舰艇主要有俄罗斯AK-130型舰炮、俄罗斯100mm双联装舰炮、美国MK45系列127mm单管舰炮、美国MK37型76mm双联装舰炮、意大利"奥托"127mm和76mm单管舰炮、英国MK8型114mm单管舰炮、法国100mm单管紧凑型舰炮、中国130mm舰炮等。在小口径舰炮中,俄罗斯和瑞典装备57mm舰炮,意大利和瑞典装备40mm舰炮和35mm舰炮,法国装备30mm舰炮。在小口径防空反导系统方面,主要有美国的"密集阵"、俄罗斯AK-630舰炮、意大利的"达多"、荷兰的"守门员"、西班牙的"梅罗卡"、意大利、英国和瑞典合研的"海上卫士"、中国730和1130近防系统等。中国1130近防系统(见图3.43)是世界射速最高的自动炮系统,理论射速可达10000r/min。

图3.43 中国1130近程防空系统

2. 舰载火箭炮

舰载火箭炮,是装备在舰艇上用于射击水面和岸上目标的火箭发射装置,主要发射无控火箭弹。火箭炮本身受力小,结构简单,重量轻。火箭炮通常采用多发联装和发射弹径较大的火箭弹,是一种齐射武器,它的发射速度快,火力猛,突袭性好,能在短时间内提供大面积密集火力。舰载火箭炮主要用作登陆作战中压制和毁伤敌海岸炮兵,打击敌滩头目标,消除登陆障碍,也可以用作对敌海上集群目标(炮艇、鱼雷艇、导弹艇、勤务舰船等)进行大面积火力覆盖射击;实施海上机动战术布雷,封锁敌海上舰群、大型作战编队和运输船队等;发射远程深水炸弹,扩大反潜范围;施放干扰弹,防御来袭反舰导弹;发射子母弹拦截空中目标等。

最早投入使用的舰载火箭炮是美国海军在第二次世界大战冲绳岛战役中在LSM火力支持船上采用轨道发射器的火箭炮,其只是一个固定的轨道,不能旋转,也不能调节俯仰。发射的时候必须将船开到一个合适的距离上,并将船头指向目标。在20世纪70年代后,世界各国相继基于本国陆用型火箭炮的基础上发展了多个型号的舰载火箭炮。美国开发舰载多管火箭炮系统,俄罗斯、意大利、中国将多个型号陆用型火箭炮搬上了舰,图3.44为中国护卫舰装备的122mm舰载火箭炮。

3. 鱼雷

鱼雷是一种具备自我行走能力,在接近水面或者是水面以下航行,用以攻击水面或者

图 3.44　中国护卫舰装备的 122mm 舰载火箭炮

是水底目标的一种武器。它具有航行速度快、航程远、隐蔽性好、命中率高和破坏性大的特点,可以说是"水中导弹"。它的攻击目标主要是战舰和潜水艇,也可以用于封锁港口和狭窄水道。鱼雷主要用舰船携带,必要时也可用飞机携带。在港口和狭窄水道两岸,也可从岸上发射。鱼雷在水中航行的速度为 70~90km/h。

鱼雷雷身形状似柱形,头部呈半圆形,以避免航行对阻力太大。现代鱼雷的构造还包括寻标头(用以侦测和追踪目标)、雷头(装有炸药和引信等)、雷身(装有导航及控制装置)、动力装置(内燃机、电池动力等)、推进器(螺旋桨等)。

鱼雷按携载平台和攻击对象分为反舰(舰舰、潜舰、空舰)鱼雷和反潜(舰潜、潜潜、空潜)鱼雷。按制导方式分为自控(程序控制)鱼雷、自导鱼雷、线导鱼雷和复合制导鱼雷。按推进动力分为热动力(燃气、喷气)鱼雷、电动力鱼雷和火箭助飞鱼雷。按装药分为常规装药鱼雷和核装药鱼雷。根据不同的需要,鱼雷分为大、中、小三种类型。直径为 533mm 以上的为大型鱼雷;直径为 400~450mm 的为中型鱼雷;直径为 324mm 以下的为小型鱼雷。为完成不同的使命,有时将鱼雷一般按轻、重两个系列发展。轻型鱼雷直径一般小于 400mm,重型鱼雷直径一般大于 500mm。轻型鱼雷适合于水面舰艇、直升机空投及火箭助飞发射,其主要任务是反潜,也兼顾反舰。重型鱼雷适合于舰、艇管装发射,其航程远,爆炸威力大,用途广泛。

鱼雷的前身是一种诞生于 19 世纪初的"撑杆雷",撑杆雷用一根长杆固定在小艇艇艏,海战时小艇冲向敌舰,用撑杆雷撞击爆炸敌舰。1866 年,英国工程师罗伯特·怀特黑德成功地研制出第一枚鱼雷。该鱼雷用压缩空气发动机带动单螺旋桨推进,通过液压阀操纵鱼雷尾部的水平舵板控制鱼雷的艇行深度。由于其外形很像鱼,特别是像那种专爱攻击水下大型动物的电鳗,因此人们将这种新兵器命名为鱼雷。1887 年,俄国舰艇发射鱼雷将土耳其通信船击沉,是海战史上第一次用鱼雷击沉敌舰船。1899 年,奥匈帝国将陀螺仪安装在鱼雷上,用它来控制鱼雷定向直航,制成世界上第一枚控制向的鱼雷。1904 年,美国用热力发动机代替压缩空气发动机,使鱼雷的航速和航程大大提高。第一次世界大战开始时,鱼雷已被公认为是仅次于火炮的舰艇主要武器。1938 年,德国首先在潜舰上装备了无航迹电动鱼雷,克服了热力鱼雷易被发现的缺点。1943 年,德国研制出被动式声自导鱼雷,提高了命中率。20 世纪 50 年代中期,美国制成主动式声自导鱼雷(又称反潜鱼雷),可在水中三维空间搜索,攻击潜航的潜艇。1960 年,美国研制出火箭助飞鱼雷(又称反潜导弹)。

现代鱼雷采用了微型计算机,改进了自导装置的功能,加强了鱼雷外形抗干扰和识别目标的能力。雷的航速已提高到 90～100km/h,航程达 46km。尽管由于反舰导弹的出现,使鱼雷的地位有所下降,但它仍是海军的重要武器,特别是在攻击型潜艇上,鱼雷是最主要的攻击武器。

世界上装备和使用鱼雷的国家很多,但能够研制和生产鱼雷的国家却屈指可数,只有美国、俄罗斯、英国、法国、德国、意大利、日本、瑞典、中国等,其中美国的鱼雷研制水平一直居世界领先地位,而俄罗斯在与美国的激烈竞争中,其鱼雷发展独树一帜,是唯一可与美国分庭抗礼的鱼雷生产大户。

重型鱼雷俄罗斯胜美一筹。俄罗斯 65 型重型鱼雷,装药量达 900kg,居世界鱼雷之首,航速为 50kn 时,航程可达 50km,航速为 30kn 时,航程可达 100km,最大航行深度 1000m,主要攻击对象是航空母舰和大型水面战舰。目前,俄罗斯的"阿库拉"级、"奥斯卡"级、V-2/3 级攻击潜艇以及"台风"级弹道导弹潜艇均携带有 65 型鱼雷。俄罗斯 DST-96 重型鱼雷,最大发射深度为 1000m,探测距离达 20km,战斗部采用碰炸或近炸引信,鱼雷可在水下 2～3m 冲至舰艇龙骨 1/3～2/3 处爆炸,从而对舰艇造成致命一击,主要用于摧毁美国大型航空母舰。

轻型鱼雷尽管没有重型鱼雷威力大,但是由于携载平台多样,机动灵活。轻型鱼雷美、俄势均力敌,美制轻型鱼雷航程更远,航深也略胜一筹,但是俄制轻型鱼雷速度高于美制鱼雷,更具有袭击的突然性。美国 MK50 型鱼雷(见图 3.45),自适应能力强,智能化程度高,其制导系统采用声自导平面基阵,具有目标识别能力和水声对抗能力,尤其是浅水性能好,有极强的抗混响和抗干扰能力,航速可达 60kn 时,航程 18km,航深 900m,是当今世界最先进的轻型鱼雷之一,也是美国海军的主力鱼雷之一。俄罗斯 A3 型反潜鱼雷,鱼雷头护罩由 5 个 2mm 的金属片组成,易于散开,雷尾装有空中弹道稳定器,航速为 70kn 时,航程为 3.4km,航深 600m。

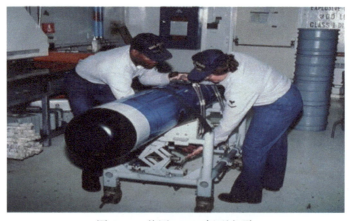

图 3.45　美国 MK50 轻型鱼雷

中国海军已先后装备了自制的热动力导引鱼雷、潜对潜/潜对舰电动声导鱼雷、空投反潜鱼雷、火箭助推鱼雷、潜对潜线导反潜鱼雷等。

21 世纪反潜、反舰形势更加严峻,常规潜艇将以水下 20～25kn 速度,核潜艇将以

40kn 速度,在水深 400~1000m 处采用"隐身"及先进的水下对抗技术参与作战,航空母舰等大型水面舰艇将以 25~35kn 的航速,装备十分完善的反导手段,并具有强大的对海、对空及反潜火力。由于鱼雷具有隐蔽性、大的水下爆炸威力和自导寻的的精确制导,因此在水下的作战地位越来越高,它不仅是未来海战有效的反潜武器,而且也是打击水面舰船和航空母舰、破坏岸基设施的重要手段。因此世界各国都非常重视鱼雷武器的发展,并根据未来海战的需求和各自的战术思想,结合本国的特点,选择不同的技术道路发展鱼雷武器,使鱼雷更轻便,进一步提高命中率、爆炸力和捕捉目标的能力。

4. 水雷

水雷是一种放置于水中的针对舰艇或潜艇的爆炸性武器,具有隐蔽性好、布防简便、造价低廉等特点。水雷可由舰船碰撞或进入其作用范围而起爆,用于毁伤敌方舰船或阻碍其活动。水雷是预先施放于水中,被动地等待目标进入其作用半径,由舰艇靠近或接触而引发,产生爆炸,毁坏目标,这一点类似于地雷。水雷在进攻中可以封锁敌方港口或航道,限制敌方舰艇的行动,在防御中则可以保护本方航道和舰艇,为其开辟安全区。

一般一枚大型水雷即可炸沉一艘中型军舰或重创一艘大型战舰;水雷可构成对敌较长时间的威胁,有的甚至达几十年。但是,水雷也存在与生俱来的缺点:一是动作被动性,如非触发水雷,要敌舰航行至水雷引信的作用范围内;触发水雷,要敌舰直接碰撞水雷才能引爆。二是受海区水文条件影响大。

水雷的施放方式多种多样,可以由专门的布雷艇施放,也可以由飞机、潜艇等施放,甚至可以在本方控制的港口内手工施放。其造价可以十分便宜,但现在也有造价达到上百万美元的水雷,这种水雷多装备有复杂的传感器,其战斗部往往是小型导弹或鱼雷。

目前,按布雷工具不同,可分为舰布水雷、空投水雷和潜布水雷。按在水中所处的位置不同,可分为系留雷(锚雷)、漂浮雷、沉底雷。系留雷(见图 3.46)是在水雷下方加上长索与重物,施放之后长索与躺在海底的重物保持连接,让水雷能够保持一定的深度与位置,不会受到潮流的变化而移动。漂浮雷是浮在水面上,没有任何系留的水雷,施放之后漂浮雷会随着潮流而移动,不受到人为的控制。沉底雷是直接躺在水底,依靠自身的重量与地面的接触来维持部署的位置。按照水雷的发火方式,可分为触发水雷、非触发水雷和控制水雷。触发水雷大多属于锚雷和漂浮雷。非触发水雷又可分为音响沉底雷、磁性沉底雷、水压沉底雷、音响锚雷、磁性系留雷、光和雷达作引信的漂雷,以及各种联合引信的沉底雷等。

图 3.46 典型系留雷

磁性水雷是一种非触发引信水雷,可感应用一定距离内通过的舰船所形成的磁场。音响水雷也是一种非触发水雷,能够感应一定距离内舰船发动机和螺旋桨发出的噪声,从而引爆水雷。根据流体力学原理,液体在流速的地主压力小,流速小的地方压力大,静止液体比流动液体压力大。水压水雷顶部的水压感受器可以感受到舰船航行时所产生的水压变化,以引爆水雷。自导水雷实际上是一种锚泊的声自导鱼雷,其目标探测识别和控制系统可对水下目标进行探测、定位、识别,一旦确定攻击目标,鱼雷便自行发射出去,进行搜索和攻击。遥控水雷由控制台和遥控水雷组成,一个控制台可遥控多枚水雷,控制台可安放在岸台、飞机、潜艇或水面舰艇上,遥控水雷由控制台用预先设定的水声信号或低频无线电信号启动。多传感器的沉底水雷是具有预编程序、微机控制、多路传感器的现代沉底雷,可由飞机、水面舰船和潜艇布放,主要用来打击水面舰艇和潜艇。现代布雷方式以潜艇布雷最为隐蔽。自航水雷是布雷潜艇可在距离预定布雷水域10km以外,将水雷从潜艇的鱼雷管中发射出去,利用水雷自身的动力装置航行一段距离后,到达预定水域。主动攻击水雷可探测和识别潜艇或水面舰艇,推算出目标的航向和航速,建立相应的截击弹道,然后发射火箭助飞鱼雷,主动攻击目标。

目前,各国海军都在运用高新技术,继续提高水雷的机动性和主动攻击能力,重视研制潜布自航水雷、深水反潜水雷、无线电遥控水雷和集装式水雷,注重提高水雷的电子化和微机化,以及水雷的爆炸威力,加紧研制面向21世纪的新概念水雷武器,如子母水雷、软体水雷、模块式水雷等。对于水雷的引信,也是各国海军十分关注的,即加速研制重力场、热力场、光场及宇宙线场等新型引信。

5. 深水炸弹

深水炸弹,简称深弹,是一种在水下一定深度爆炸的、专门用于攻击潜艇的水中武器,通常装有定深引信和触发引信。深弹是最早出现的反潜兵器,直到第二次世界大战结束后,它在反潜战中一直是主要反潜兵器。深弹还有突破雷阵、开辟航道、扫清登陆滩头等用途。深弹价格低廉、使用方便、装药填充系数高,能在浅水使用,通常以齐射(投散)布覆盖方式攻潜。

深弹可以由水面舰艇或飞机携带,以专门发射装置或投放装置发射。由飞机和直升机投放的称为航空深弹(图3.47),由水面舰艇投放的称为舰用深弹。按发射方式不同,航空深弹又可分为发射式航空深弹和投放式航空深弹;舰用深弹也可分为投放式深弹、管式深弹和火箭深弹。航空深弹主要由弹体、稳定器、引信和炸药等组成;弹体包括弹头、弹身、尾锥和降落伞等;稳定器主要用于保持深弹在空中和水下弹道的稳定。航空深弹的装药量比舰用深弹要大,尾部装有尾翼,可保证其在空中和水中运动的稳定。舰用深弹主要由弹头和弹尾两部分构成。弹头内装炸药和引信;弹尾有发射部分和稳定装置。舰用投放式深弹安装药量多少可分为大、中、小型:装药量在100kg以上的为大型;装药量为50~100kg的为中型;装药量在50kg以下的为小型。投放式深弹一般无弹尾,只有弹头部分,使用定时引信或定深引信。管式发射即深弹直接从炮膛中发射。火箭深弹,是利用火箭发动机产生的推力发射的深弹,使用定时引信、触发引信、定时—触发联合引信和非触发引信等。发射药发射的深弹发射时,发射炮的后坐力较大,发射效率低,射程受到限制,因而逐渐被淘汰;火箭式深弹发射时无后坐力,射程较大,可多发快速齐射。目前,各国海军深水炸弹一般总重为70~350kg,装药量28~200 kg,弹径203~375 mm,破坏半径达8~

23m,射程数十米到数千米,可在300m左右水深使用。

图 3.47 反潜机投掷深水炸弹

在小型深弹上加装简易自导装置的自导深弹是近年来发展最快的水中兵器,造价6万美元以下的自导深弹是效费比最高的廉价反潜武器,最具有广阔应用前景。深弹作为中、近海反潜补充武器,将会在加大投掷距离,减轻发射装置的重量,简化操作,开发新的投掷工具,采用未制导装置提高对潜杀伤率,改进控制系统,多用途(除攻潜外的其他功能,如拦截鱼雷、水声对抗和电子战等)等方面得到改进。

6. 舰载导弹

舰载导弹是指由舰艇携带的制导武器,主要包括舰舰导弹、舰空导弹和舰地导弹。

1) 舰舰导弹

舰舰导弹是指从水面舰船和潜艇发射,主要用于攻击出水潜艇、驱逐舰、大型战舰、巡逻艇和商船等水上目标的导弹武器系统,如图 3.48 所示。也可攻击海上设施,沿岸和岛礁目标,是舰艇主要攻击武器之一。

图 3.48 舰舰导弹正从舰艇上发射升空

舰舰导弹与舰艇上的导弹射击控制系统、探测跟踪设备、水平稳定和发射装置等构成舰舰导弹武器系统。射程多为 40~50km,有的可达数百千米;通常采用复合制导;飞行速度多为高亚声速,少数为超声速。同舰炮相比,射程远,命中率高,威力大;但连续作战能力差。通常由弹体、战斗部、动力装置、制导系统和电源等构成。战斗部,有聚能破甲型、半穿甲型和爆破型,可采用普通装药或核装药,装有触发引信或近炸引信、指令引信等;动力装置,多采用火箭发动机或涡轮喷气发动机;制导系统,多为惯性、自控加雷达或红外末制导。舰舰导弹发射时,由固体火箭助推器助飞,爬高升空后,靠主发动机的动力继续飞行。飞行弹道分初始段(发射段)、自控段和自导段。在自控段由自动驾驶仪(或惯导系统)和无线电高度表控制,按预定弹道飞行,巡航高度为数米至数百米;在自导段由末制导装置和自动驾驶仪(或惯导系统)、无线电高度表控制导向目标。

舰舰导弹将向中远程、隐身、精确制导、微电子化、智能化方向发展;缩短反应时间,提高导弹速度、制导精度和机动性、隐蔽性,增强抗干扰和突防能力。

2) 舰空导弹

舰空导弹,是从舰艇发射攻击空中目标的导弹(见图3.49),是舰艇的主要防空武器。它与舰艇上的指挥控制、探测跟踪、水平稳定、发射系统等构成舰空导弹武器系统。按其射程分为远程舰空导弹、中程舰空导弹、近程舰空导弹;按射高分为高空舰空导弹、中空舰空导弹、低空舰空导弹;按作战使用分为舰艇编队防空导弹和单舰艇防空导弹。舰空导弹的最大射程约100km,最大射高约20km,飞行速度为数倍声速。其动力装置多为固体火箭发动机,也有用冲压喷气发动机的。制导方式一般采用遥控制导或寻的制导,有的采用复合制导。战斗部多采用普通装药,由近炸或触发组合式引信起爆。

图 3.49 舰载防空导弹正在发射

未来海上编队要想生存,不可能指望通过一两型武器来完成防空作战任务,必须依靠有效的由不同兵力、不同武器形成的对空防御体系。在防御体系中,舰载防空导弹武器系统的主要使命是:实现距编队100km以内有效的局部空域控制,拦截进入该空域的威胁目标,与航空兵力、电子战装备、舰炮共同完成对空防御和水面舰艇编队防区的空域控制任务。

舰载防空导弹武器系统应有三个空域的层次构成。远程舰空导弹武器系统,其作战高度25~18000m,主要拦截中高空、中远程各种飞机目标,兼顾对低空目标的拦截,能有效地对100km以内的空域实施控制,属制空型武器;中程舰空导弹武器系统,其射程45km以内,作战高度5~15000m,主要拦截中低空、中近程飞机目标,兼顾对反舰导弹目标的拦截,属主战型武器;近程和末段防御的舰空导弹武器系统,射程10km以内,作战高度4~6000m,主要拦截低空、超低空、近程飞机和掠海反舰导弹目标,属点防御型和自卫型武器。

3）舰地导弹

舰地导弹是指从水面舰船和潜艇发射,主要用于攻击地面目标的导弹,也可攻击海上设施,是舰艇主要攻击武器之一。图3.50为美国驱逐舰发射"战斧"舰对地巡航导弹。潜地导弹由潜艇在水下发射攻击地面固定目标的战略导弹,隐蔽性、机动性好,生存能力强,便于实施核突击,主要用于袭击敌方政治和经济中心、交通枢纽、重要军事设施等战略目标。战略核武器的重要组成部分。舰地导弹与舰艇上的导弹射击控制系统、探测跟踪设备、水平稳定和发射装置等构成舰地导弹武器系统。

图3.50 美国驱逐舰发射"战斧"舰对地巡航导弹

舰地导弹通常采用复合制导;飞行速度多为高亚声速,少数为超声速。同舰炮相比,射程远,命中率高,威力大,但连续作战能力差。通常由弹体、战斗部、动力装置、制导系统和电源等构成。著名"战斧"舰对地式巡航导弹,部署在美国海军的攻击型潜艇和水面舰船上,由4个舱段组成,具有较强的生存能力和攻击能力,会改变高度及速度,进行高速攻击。

7. 舰载机

舰载机,是以航空母舰或其他军舰为基地的海军飞机,用于攻击空中、水面、水下和地面目标,并遂行预警、侦察、巡逻、护航、电子对抗、导弹引导、布雷、扫雷、补给、救护和垂直登陆等任务。图3.51为中国歼-15舰载机从"辽宁"号航空母舰上滑跃起飞。舰载机是海军航空兵的主要作战手段之一,是在海洋战场上夺取和保持制空权、制海权的重要力量。

军舰甲板长度有限,一般舰载飞机必须借助母舰上的弹射器起飞。起飞时,飞机上的挂钩与弹射器相连,飞机在自身发动机推力和弹射力联合作用下,只滑跑几十米就能脱钩飞离甲板。降落时,飞机尾部的着陆钩与起落架同时放下,着陆钩钩住横置于甲板上的拦阻索,而拦阻索两端与缓冲器相连。在拦阻索的掣动作用下滑跑很短的距离就要停止。甲板末端还有备用拦阻网,防止飞机不断晃动,舰载飞机的起落和飞行条件比陆上飞机恶劣。因此舰载飞机应有良好的起飞性能、较低的着陆速度、良好的低速操纵性。驾驶舱的

图 3.51　中国歼-15 舰载机从"辽宁"号航空母舰上滑跃起飞

视野开阔,在母舰和飞机上还装有特殊的导航设备,便于驾驶员对准甲板跑道。为了少占甲板面积和便于在舰上机库内存放,多数舰载飞机的机翼在停放时可以向上折叠,有的垂尾和机头也可以折转。此外,海水和潮湿的环境容易使飞机机体、发动机和机载设备严重腐蚀,飞机要有较好的防腐蚀措施。

舰载机的形状和结构与普通的飞机基本相同,主要特点是:重心较低、机翼可以折叠,便于在舰艇上存放和搬运,机体结构坚固,艉部下方有一个拦阻钩,用于在飞机着舰时可钩住舰上甲板的拦阻索使飞机强行停住。舰载机不执行作战任务时,可存放在船舱机库或飞行甲板上;执行任务时,由船舱升降机提升进入甲板跑道。它可借助舰艇的续航力,到远离本国领土的远洋机动作战。舰载机是现代海战中重要的突击力量,一般航空母舰可搭载数十至百架舰载机。通常是多机种同时搭载,以形成综合作战能力。

舰载机按使命分为歼击机、强击机(攻击机)、反潜机、预警机、侦察机、电子对抗飞机、无人机等。按起落原理分为普通舰载机、舰载垂直/短距起落飞机和舰载直升机。舰载机能适应海洋环境,普通舰载机一般在 6 级风、4~5 级浪的海况下,仍能在航空母舰上起落。舰载机能远在母舰舰炮和战术导弹射程以外进行活动;借助母舰的续航力,可远离本国领土,进入各海洋活动。舰载歼击机多兼有攻击水面、地面目标的能力,舰载强击机(攻击机)多兼有空战能力,以充分发挥有限数量舰载机的最大效能。美国海军 2017 年 7 月 22 日号服役的福特级航空母舰配备 75 架各型飞机,包括 F-35C"闪电"Ⅱ战斗机、F/A-18E/F"超级大黄蜂"式战斗攻击机、EA-18G"咆哮者"型电子作战机、E-2D"鹰眼"早期预警机、MH-60R/S"骑士鹰"式多用途直升机、联合无人空战系统(J-UCAS)等。

3.6　海战武器装备的发展方向

未来高技术海战将具备如下特点:
(1) 作战距离越来越远,打击精度越来越高。
(2) 高技术武器装备必将主宰未来海战。
(3) 对海上舰艇编队的主要威胁来自空中,海空协同是未来海战的基本特征。
(4) 电子战系统对取得未来海战的胜利将具有重大作用。
(5) 后勤保障规模大,组织复杂。

随着光电技术、生物计算机等先进信息技术、新材料、新能源等高技术的进一步发展,海军武器装备将向灵巧化、小型化方向发展,可能出现能在水下、水面、陆地、空中作战的多栖作战平台,海军武器装备和作战的样式将产生质的变化。从未来发展来看,海军武器装备的信息化、隐身化、通用化、智能化程度将大大提高,打击兵器的精确打击能力还将进一步增强。

(1) 发展多用途高性能的海上作战平台。由于海上作战平台要在恶劣的海洋环境中执行任务并夺取作战胜利,因此必须有一个先进可靠的平台,具有良好的适航性、高度的机动性、极大的隐蔽性、多用途的适应性等。多用途驱护舰是水面战斗舰艇发展的重点,水面舰艇的排水量将普遍有所增大,作战平台向隐身化、自动化和智能化方向发展。

(2) 舰载机的综合作战效能进一步提高。舰载机具有高机动性、超低空突防和电子战能力,以便适应21世纪海战的需要。不仅可有效地实施电子战,而且还可以使飞机的起飞、出航、搜索空中目标、发射导弹和返航降落全过程实现自动化。新型复合材料改变机身外形,以实现隐身和提高生存能力。

(3) 舰载武器向精确化和多样化方向发展。发展高精度、抗干扰、超视距打击能力的舰载武器系统。各种导弹将与自动化程度高的火炮、精确制导鱼雷、智能化水雷、灵巧炸弹结合,组成以舰艇为基地的空中、水面、水下多层次打击火网。突出发展远程精确打击武器和反导作战的高性能防御武器,同时发展用于近海浅水环境作战的反潜武器。

(4) 电子信息系统向综合一体化方向发展。信息优势是信息化战争和数字化战场条件下的作战基础,是夺取全面军事优势的根本保障。信息技术的发展将逐步改变海军的作战方式,海军装备的发展会更加注重利用信息技术实现各种武器装备的综合集成,最终实现从"平台为中心"向"网络为中心"的转变。

(5) 发展多种海上无人作战平台。智能化的无人作战平台,如水下无人作战平台、舰载无人机等,通过搭载不同的任务模块,执行各种任务,具有智能化程度高、适应性强、隐蔽性好、效费比高等特点,可独自或协同在高威胁海区执行任务,减少载人平台和人员的危险性,对于提高海军作战能力具有倍增器的作用。因此,海军无人平台的发展备受世界各国海军的青睐。

第4章 空战武器装备

4.1 空战的基本概念

一般将敌对双方围绕天空战场进行的作战称为空中战争,有时也简称空战。空中战争主要包括敌对双方飞机在空中进行的战斗,以及敌对双方空中与地面之间进行的战斗。前者称为空中格斗,或称为狭义上的空战。后者又分空袭战和反空袭战(也称为防空作战)。

空战按参战兵力分为单机空战和编队空战;按飞行高度分为低空空战、中空空战和高空空战;按作战时间分为昼间空战和夜间空战;按气象条件分为简单气象条件下的空战和复杂气象条件下的空战;按攻击距离分为近距空战和中、远距空战等。歼击机是消灭敌机和其他航空器的主要手段,歼击机空战通常包括搜索、接敌、攻击和退出战斗等阶段。未来战争中,近距离空中格斗仍是歼击机空战的主要样式之一,但随着歼击机火控系统作用距离的增大和空空导弹性能的改进,使用中、远距空空导弹攻击,将成为重要的空战样式。

空袭,是指陆、海、空军使用航空器和远程打击武器对地面部队、舰艇、指挥控制通信中心、政治经济中心、交通枢纽和其他军事目标实施的轰炸和打击行动,利用空袭手段摧毁、破坏对方的重要目标以及战备设施,削弱其军事实力和战争潜力,对赢得战争胜利起着举足轻重的作用。飞机是执行空袭任务的主要作战平台。1911年11月1日,意大利飞行员朱里奥·加沃蒂中尉从飞机上向土耳其军队投掷了4枚炸弹,开创了人类战争空袭的先河。第一次世界大战期间出现了轰炸机,交战双方广泛地使用轰炸机进行轰炸活动。第二次世界大战后,轰炸机技术发展很快,先后出现了高亚声速喷气式重型轰炸机、超声速中程战略轰炸机、超声速变后掠翼战略轰炸机以及隐身轰炸机。除轰炸机外,攻击机、战斗轰炸机、多用途战斗机、直升机和无人机都可以执行空袭任务。远程精确打击是空袭突击的重要方式。可采用的武器主要有地地弹道导弹、巡航导弹、空地导弹、精确制导炸弹等。随着精确制导技术、推进技术、信息技术、弹头与引信技术的发展,远程打击武器可以按预定的时间、精确地对预定的目标实施致使打击。空袭已成为高技术战争的主要作战样式。现代战争空袭具有:突然袭击,先发制人;精确打击,提高效能;电子压制,贯穿全程;远程奔袭,立体打击等特点。现代战争中的空袭主要类型:"点穴式"空袭、超视距空袭、"电子"空袭、"外科手术"式空袭。空袭一般可分为常规空袭与非常规空袭。非常规空袭主要指使用核武器、化学武器、生物武器等大规模杀伤和破坏性武器的空袭。除此之外都属常规空袭。

反空袭,又称防空,是指为对抗来自空中的敌飞行器(如各种飞机、导弹等)而采取的各种措施和行动的统称。这包含着主动防空和被动防空两种含义。所谓主动防空就是用防空兵器抗击或消灭来袭之敌,使其空袭行动不能得逞;被动防御指加固、分散、隐蔽等措施,使己方的装备、人员、重要的军事及民用设施免遭敌空袭或在空袭中遭破坏。按任务划分,主动防空又分为国土防空、野战防空和海上防空。国土防空是保卫国家领土、领空和重要目标安全的防空。国土防空的主要作战对象是敌人的轰炸机、战斗轰炸机、对地攻击机、巡航导弹以及弹道导弹等。野战防空是保卫野战部队及战役纵深军事设施免遭敌空袭所采取的战斗行动和措施。野战防空的主要作战对象是敌武装直升机、对地攻击机和空袭战术导弹等。海上防空是海军为抗击敌人空袭,掩护海岸上和驻泊点的海军兵力及岸上目标免遭空袭而采取的措施和战斗行动,其任务包括对空中敌人进行侦察,消灭来袭的各型飞机及直升机、掠海飞行的反舰导弹等。承担防空任务的系统统称为防空系统。一个典型的防空系统通常由防空预警、指挥、控制、通信和计算机(C^4I)系统以及拦截武器两大部分组成。根据拦截武器不同,有高炮防空系统、导弹防空系统和弹炮结合防空系统。

4.2 军用飞机

4.2.1 概述

20世纪初,人类发明了飞机,实现了飞上蓝天的梦想。飞机指具有机翼和一具或多具发动机,靠自身动力能在大气中飞行的重于空气的航空器。飞机具有两个最基本的特征:一是它自身的密度比空气大,并且由动力驱动前进;二是飞机有固定的机翼,机翼提供升力使飞机翱翔于天空。不具备以上特征者不能称为飞机,这两条缺一不可。例如,如果飞行器的密度小于空气,那它就是气球或飞艇;如果飞行器没有动力装置、只能在空中滑翔,则它被称为滑翔机;飞行器的机翼如果不固定,靠机翼旋转产生升力,就是直升机或旋翼机。因此飞机的精确定义就是:飞机是有动力驱动的有固定机翼的而且重于空气的航空器。飞机问世不久,便以其特有的优势被应用于战争。

军用飞机,是直接参加战斗、保障战斗行动和军事训练的飞机的总称,是航空兵的主要技术装备。飞机最早用于战争主要是遂行侦察和通信任务,偶尔也用于轰炸地面目标和攻击空中目标。最早的空战源于交战双方的侦察机飞行员狭路相逢的拔"枪"相向。第一次世界大战期间,出现了主要用于空战的战斗机,专门用于突击地面目标的轰炸机以及用于直接支援地面作战部队的攻击机。第二次世界大战期间,俯冲轰炸机和鱼雷轰炸机得到了广泛运用,远程轰炸机,执行电子干扰或侦察任务的电子对抗飞机,在空中进行监测、搜索、引导、协调、指挥的空中预警机等也开始现身。第二次世界大战后期,喷气式飞机发展很快。20世纪60年代,超声速战斗机层出不穷,亚声速的轰炸机也比比皆是,运输机大都开始采用喷气式发动机,最高逃逸速度能够达到3倍声速的高空侦察机让当时的各种战斗机、截击机望而兴叹。20世纪70年代,飞机的发展开始走向一机多用的路子,如战斗机具有很强的对地攻击能力,战斗轰炸机可以空中格斗。到了20世纪80年代,军用飞机的电子设备性能、操纵性和载重能力等方面有了飞跃式发展。20世纪90年代,隐身技术日趋成熟。进入21世纪,随着科学技术的迅猛发展,军用飞机向一体化、综合化、信息化方向发展,其技术性能大为改善,作战性能也有了新的突破。预警机、武装直升机、空中加油机、无人机、电子战飞机等军用飞机的综合性能也有了不同程度的改进和提高,特别是在最近的几场局部战争中的使用日益广泛,并逐渐由幕后走向前台,发挥的作用显著增强。

历经百年的发展,集现代高科技为一身的军用飞机,已经成为军队战斗力水平的重要标志,并推动着作战样式的不断变革。军用飞机主要包括歼击机、轰炸机、歼击轰炸机、攻击机、反潜巡逻机、武装直升机、侦察机、预警机、电子对抗飞机、炮兵侦察校射飞机、水上飞机、军用运输机、空中加油机和教练机等。飞机大量用于作战,使战争由平面发展到立体空间,对战略战术和军队组成等产生了重大影响。

4.2.2 军用飞机的类型以及在空战中的作用

1. 战斗机

战斗机是用于在空中消灭敌机和其他飞航式空袭兵器的军用飞机,又称歼击机,第二次世界大战前曾称为驱逐机,是航空兵进行空中格斗的主要机种,也是世界各国航空武器发展的重点。它的主要任务是与敌方战斗机进行空战,夺取制空权;拦截和攻击敌空袭轰炸机、攻击机和导弹;掩护实施空中进攻作战的轰炸机及其他保障飞机;必要时还可携带一定数量的对地攻击武器,对地(海)面目标进行打击。专门执行要地防空用的战斗机又称为截击机。在夺取制空权和国土防空中,战斗机一马当先,冲锋陷阵,发挥着重要作用,被人们称为"灵巧的格斗能手"。其特点是速度快、机动性好、火力强、机动灵活、能攻能防,适合于空战,是各国空军军用飞机中装备数量最多、应用最广、发展最快的主力机种。经过改型,现代战斗机还可成为具有对地面目标实施攻击能力的多用机种。因而,最先进的航空科学技术一般都首先应用在战斗机上,它集中体现了高技术航空武器装备的基本特征。早期的战斗机是在飞机上安装机枪来进行空中战斗的;现代,多装有 20mm 以上的航空机关炮,还可携带多枚雷达制导的中距拦射导弹和红外线制导的近距格斗导弹和炸弹或命中率很高的激光制导炸弹,以及其他对地面目标攻击武器。战斗机最大飞行时速达 3000km,最大飞行高度 20km,最大航程不带副油箱 2000km,带油箱时可达 5000km。机上还带有先进的电子对抗设备。

第二次世界大战后的战斗机进入喷气式,通常将其发展过程分为五代。第一代是指 20 世纪 50 年代服役的,在亚声速范围内飞行的战斗机,机翼多为后掠翼,采用追尾战术,以机炮为主攻击武器和电子设备比较简单,以美国的 F-86 和 F-100,俄罗斯的"米格"-15 和"米格"-19 等为代表。第二代战斗机是 20 世纪 60 年代服役的超声速战机,多采用小展弦比薄翼型、三角翼或后掠翼,动力装置以带加力的涡轮喷气发动机为主,采用高空高速拦截作战,武器为航炮和第二代空空导弹,并装备具有拦射能力的火控系统,装有第二代机载雷达,以美国的 F-4 以及俄罗斯的"米格"-21 等为代表。第三代战斗机是 20 世纪 70 年代开始服役的,现在仍在服役,各方面性能都较前一代有一定提高,远程拦截与攻击,以导弹为主攻击武器,以"米格"-23、F-111 等为代表。第四代战斗机,一般采用边条翼、近距耦合鸭翼等先进气动布局,大多采用电传操纵系统和主动控制技术,动力装置一般采用涡轮风扇发动机,战斗机不仅用于空战,同时也开始兼顾对地攻击,是高空高速与低空机动相结合,以导弹为主攻击武器,美国的 F-15、F-16、F-18,俄罗斯的"苏"-27 和"米格"-29 以及中国歼-10 等都是第四代战斗机的典型代表。目前,战斗机已经发展到了第五代,其技术战术指标是根据现代高技术局部战争的实战经验提出的。现代战争已经由过去的单一兵器的对抗转变为海、陆、空军三位一体全方位的较量,而其中最重要的则是制空权的争夺。由于通信手段和电子雷达、预警设备的发展,使现代战争的战场空前扩大,因此为了适应这一变化,飞机的作战半径也应该相应增加,为此对第五代战斗机提出了超声速巡航的要求;而为了应对敌方强大的电子雷达系统和防空导弹的威胁,飞机具有隐身能力也是必不可少的;隐身无疑提高了飞机的生存率,为了保证生存下来的飞机的出勤率,于是对飞机也提出了短距起落和可靠性的要求。综合起来,往往要求第四代战斗机具有下列战术技术性能:发动机在不开加力时具有超声速巡航的能力;良好的隐身性能;高敏捷性和机动性,特别是过失速机动能力;短距起落性能;目视格斗、超视距攻击和对地攻击的能力;高可靠性和维护性;兼有战斗和突防能力,使它的进攻范围空前扩大,能打击战争中全纵深的目标。第五代先进战斗机的代表机型有美国的F-22和F-35,俄罗斯的T-50,中国的歼-20和歼-31等。

由于战斗机的研制费用越来越高,已经没有哪个国家有足够的财力能够再像以前一样分开研制用于空战的歼击机和用于对地攻击的攻击机,而是将两者合而为一,将战斗机设计成一机多能或者一机多型,这样不仅可以同时满足飞机的空战和对地攻击要求,而且极大削减了飞机的研制费用和研制周期,而且由于不同功能的飞机有相同的机体结构和配件,也降低了飞机的维护成本。但从第一架飞机的诞生发展到现在的第四代飞机,飞机设计的各个部门,无论是飞机发动机、火控系统,还是飞机的总体设计,都已经达到了各自技术的巅峰,要想在各自的局部领域内取得技术上的突破,使得飞机的性能得以提高,不但是耗资巨大,投入利益比很小,而且是极其困难的。鉴于这种情况,世界各国的飞机设计大师们不得不暂时舍弃技术上的突破,转而寻求另一种创新——设计思想的改变。于是,基于飞行/推进/火控一体化的飞机设计方法就应运而生了,这就是飞机一体化设计技术,其中就包括目前最先进的气动控制技术——推力矢量技术。

当前世界先进战斗机有美国F-22"猛禽"、F-35"闪电"、F-16E/F"战隼"、F/A-18E/F"超级大黄蜂",俄罗斯T-50、苏-35S"侧卫"、"米格"-29KUB、"米格"-31BM,欧洲EF2000"台风",法国"幻影"2000-5,法国"阵风",瑞典JAS-39C"鹰狮",日本F-2,中国歼-20、歼-31和歼-11B等。美国F-22"猛禽"重型隐身战斗机(见图4.1),是当前世界最先进战斗机之一,机上装备1门20mm M61A2"火神"6管转管炮,射速6000r/min,配弹480发,6枚AIM-120C先进中距空空导弹和2枚AIM-9X"响尾蛇"空空导弹或AIM-132空空导弹,2枚GBU-32JDAM攻击弹药或2枚风偏修正弹药布撒器或8枚GBU-39小直径炸弹或AGM-88辐射反雷达导弹,最大有效载重11340kg,极速为马赫数2.25,巡航速度为马赫数1.82,最大俯冲速度为马赫数2.5,最大升限18000m,作战半径2177km。中国歼-20重型隐身战斗机(见图4.2),机上装备1门30mm GSh-301单管航炮,射速1800r/min,侧弹仓可各携带1枚导弹,主弹舱拥有6个挂架,还有外挂点,可携带远程空对空导弹"霹雳"-21、中程空对空导弹"霹雳"-12D或"霹雳"-15、近程空对空导弹"霹雳"-10、精确制导滑翔炸弹"雷石"-6,最大飞行速度为马赫数2.5,巡航速度为马赫数1.8,实用升限20000m,航程5000km,作战半径2000km。

2. 攻击机

攻击机主要用于从低空、超低空突击敌战术和浅近战役纵深内的小型目标,直接支援地面部队(水面舰艇部队)作战的飞机,旧称冲击机,国外也称为"近距空中支援飞机"或

"直接空中支援飞机"。俄罗斯、中国等国家称攻击机为强击机,所谓"强击",是指飞机能够不畏敌人的地面炮火强行实施攻击。攻击机包括的范围比强击机更宽一些,有些战斗轰炸机也被称为攻击机。攻击机用于直接支援地面部队作战,摧毁敌方战役战术纵深内的防御工事、坦克、地面雷达、炮兵阵地、前线机场和交通枢纽等重要军事目标。攻击机具有良好的低空操纵性、安定性和良好的搜索地面小目标能力,可配备品种较多的对地攻击武器,具有较强的对地攻击火力。为提高生存力,一般在其要害部位有装甲防护。攻击机是航空兵对陆军、海军实施近距航空火力支援的主要机种。

图 4.1　美国 F-22"猛禽"重型隐身战斗机

图 4.2　中国歼 20 重型隐身战斗机

攻击机的特点是,有良好的低空和超低空稳定性和操纵性;良好的下视界,便于搜索地面小型隐蔽目标;有威力强大的对地攻击武器,除机炮和炸弹外,还包括制导炸弹、反坦克集束炸弹和空地导弹等;飞机要害部位都有装甲保护,以提高飞机在地面炮火攻击下的生存力;起飞着陆性能优良,能在靠近前线的简易机场起降,以便扩大飞机支援作战的范围。现代攻击机有亚声速的,也有超声速的,正常载弹量可达 3t,机上装有红外观察仪或微光电视等光电搜索瞄准设备和激光测距、火控系统等;有的新型攻击机已具有垂直和短距离起落能力。目前,在国外,空中战役战术纵深攻击任务,一般都用战斗轰炸机;而实施近距空中支援攻击任务,则用攻击机。

攻击机,可配备种类较多的对地攻击武器,如大口径航空火箭、空地导弹、空舰导弹、航空炸弹等。为了提高生存能力,一般在其要害部位还有装甲防护。

20 世纪 50 年代以前的攻击机一般称为第一代,其中最为有名的是美国的 A-4 舰载攻击机(绰号"空中之鹰"),能对地面目标进行战术攻击和常规轰炸。20 世纪 50 年代末、60 年代初,攻击机家族迈进了第二代,其代表机型是美国的 A-6"入侵者"双座双发全天候高亚声速重型舰载攻击机。与 A-4 攻击机相比,A-6 在续航能力、全天候作战和自动化程度方面,特别是在攻击火力方面要高出一个档次。在第三代攻击机中,俄罗斯的"苏"-25(绰号"蛙足")亚声速近距支援攻击机是其典型代表,其特点是火力强、防护性能好。该机座舱保护装甲是用厚 24mm 的钛合金钢板焊接而成的,可抗住直接命中的 20mm 口径炮弹或 30°角命中的 30mm 口径炮弹。机身左侧安装 1 门 30mm 双管航炮,向下偏转射击,这在攻击机家族中是不多见的。机翼下共有 10 个挂架,可携带各种空对地导弹、火箭弹、集束炸弹等,也可带 2 枚 AA-2 或 AA-8 空空导弹,总载弹量为 4.4t。第三代攻击机中,美国的 A-10"雷电",英国、德国、意大利联合研制的"狂风",英国、法国联合研制的"美洲虎"和法国研制的"超军旗"也属佼佼者。

现代攻击机的飞行速度并不快,时速一般为700~1000km,它更强调超低空突防和攻击能力。它们一般都装备有机关炮和火箭弹,可挂载精确制导炸弹和空地导弹,具备夜间攻击能力和一定的电子对抗能力。随着技术的发展和战场环境的不断变化,在未来的空中战场上,单一用途的攻击机的地位将会有所下降,多用途的战斗轰炸机发展势头强劲,第四代战斗机也多为多用途机,不仅有较强的空战能力,同时具有强大的对地攻击能力。武装直升机在陆空协同、直接火力支援以及反应迅速方面超过了攻击机。现代发展迅猛的无人攻击机有取代有人攻击机的趋势。

世界除多用途机外,专用对地攻击的攻击机中,著名的几种是美国的 A-7"海盗"、A-10"雷电",俄罗斯的"苏"-25"蛙足"、"苏"-39,英国、德国、意大利三国联合研制的"狂风"IDS,英国、法国合作研制的"美洲虎",英国"鹞"式、中国强-5等。美国的A-10"雷电"(见图4.3),装备一门30mmGAU-8/A 7管速射炮,备弹1350发,可击穿较厚的装甲,主要用于攻击坦克和装甲车辆,11个挂架可挂武器包括普通炸弹、集束炸弹、AGM-65"幼畜"空地导弹、AIM-9E/J"响尾蛇"空空导弹和火箭发射架等,最大外挂载荷7250kg,作战飞行速度713km/h,巡航速度623m/h,实用升限大于10000m,作战半径463km,转场航程4850km。

图4.3 美国A-10"雷电"强击机

3. 轰炸机

轰炸机是一种专门用于向地面、水面、地下、水下目标投掷大量弹药的飞机,它具有突击力强、航程远、载弹量大等特点,是航空兵实施空中突击的主要机种。现代轰炸机装备的武器系统包括机载武器如各种炸弹、航弹、空地导弹、巡航导弹、鱼雷、航空机关炮等,可在敌防空火力圈外实施轰炸突击。机上装备先进有电子系统,具有低空突防能力。机上装备先进的火力控制系统,以保证轰炸机具有全天候轰炸能力和很高的命中精度。轰炸机的电子设备包括自动驾驶仪、地形跟踪雷达、领航设备、电子干扰系统和全向警戒雷达等,用以保障其远程飞行和低空突防。现代轰炸机还装有受油设备,可进行空中加油。

轰炸机按遂行任务范围分为战略轰炸机和战术轰炸机。战略轰炸机一般是指用来执行战略任务的中、远程轰炸机,主要用于攻击的是敌方城市和工厂等战略目标,以消灭敌方的作战能力。它是战略核力量的重要组成部分,是大当量核武器的主要运载工具之一。它既能带核弹,也能带常规炸弹;既可以近距离投放核炸弹,又可远距离发射巡航导弹;既可做战略进攻武器使用,在必要时也遂行战术轰炸任务,支援陆、海军作战。战术轰炸机一般是指用来执行战术任务的体型较小的轰炸机,主要用于攻击武装部队和辎重。

按载弹量分重型(10t以上)、中型(5~10t)和轻型(3~5t)轰炸机;按航程分为近程(3000km以下)、中程(3000~8000km)和远程(8000km以上)轰炸机,中近程轰炸机一般装有4~8台发动机。轰炸机大致可以分为三代,第一代轰炸机是喷气式轰炸机,第二代轰炸机是超声速轰炸机,第三代轰炸机是"隐身"轰炸机。

在飞机用于军事后不久,人们就开始用飞机轰炸地面目标的试验。1913年2月25日,俄国人伊格尔·西科尔斯基设计了世界上第一架专用轰炸机首飞成功。1914年12月,俄国组建了世界第一支重型轰机部队。第一次世界大战期间,轰炸机得到迅速发展和广泛使用。第二次世界大战,轰炸机有了新发展,装有4台发动机的重型轰炸机是轰炸机发展到新水平的标志。现代高亚声速轰炸机多采用大展弦比的后掠翼,以保证飞机有较高的巡航速度和升阻比。上单翼布局形式可使机翼仅从机身上部穿过,这样,在飞机重心附近的机身内可以用来放置炸弹。炸弹舱的底部有可在空中开启的舱门。由于炸弹布置在重心附近,空中投弹以后,重心不会有很大变化,便于保持飞机的平衡。喷气轰炸机载油量大,除机翼内放置部分燃油外,机身内炸弹舱的前后也对称地布置有许多油箱。飞机上装有完善的通信导航设备、轰炸瞄准装置和电子干扰设备等,以保证飞机准确飞抵预定目标区域,完成轰炸任务。通常飞机上除正、副驾驶员外,还有轰炸领航员、报务员、射击员等。为抵御敌方截击机的攻击,20世纪50年代以前设计的轰炸机上普遍装有旋转炮塔。60年代以后,由于空空导弹的发展,炮塔自卫已失去意义。现代轰炸机多靠改善低空突防性能、采用隐身技术来提高自卫能力。有各种制导武器日益完善,目标的空防能力大为提高,所以战术轰炸的任务更多地由歼击轰炸机来完成。自卫能力差的轻型轰炸机已不再发展。随着歼击轰炸机航程和载弹能力的提高,甚至中型轰炸机的任务也可由它来完成。自从出现中、远程导弹后,战略打击力量的重点已转移到导弹上来,战略轰炸机的地位明显下降。远程超声速轰炸机易于分散隐蔽,不易受敌方核导弹摧毁,同时使用灵活,便于打击机动目标,已成为弹道导弹的重要补充打击力量。

著名轰炸机有美国B-2"幽灵"隐身轰炸机、B-52"同温层堡垒"重型轰炸机、B-1B"枪骑兵"战略轰炸机、B-29"超级堡垒"轰炸机,俄罗斯图-160战略轰炸机、图-95M战略轰炸机、图-22M中程战术轰炸机、"伊尔"-28轻型轰炸机,英国"堪培拉"轻型轰炸机、"火神"中程战略轰炸机、法国"幻影"战略轰炸机、中国H-6K轰炸机等。目前世界最先进轰炸机当属美国B-2隐身轰炸机(见图4.4),兼有高低空突防能力,能执行核及常规轰炸的双重任务。B-2轰炸机的综合作战效能高,利用自身能隐身的特点,在执行作战任务时通常不需要护航和压制对方防空系统的支援飞机。B-2轰炸机能携带16枚AGM-129型巡航导弹,也可携带80枚MK82型或16枚MK84型普通炸弹或36枚CBU-87型集束炸弹,使用新型的TSSM远程攻击弹药时携弹量为16枚。当使核武器时,可携带16枚B63型核炸弹。B-2轰炸机的最大起飞质量168.5t,进场速度259km/h,实用升限15240m,航程大于18530km,每次执行任务的空中飞行时间一般不少于10h,美国空军称其具有"全球到达"和"全球摧毁"能力。B-52轰炸机的雷达反射截面为1000m^2,"米格"-29为25m^2,而B-2只有不到0.1m^2,仅仅相当于天空中的一只飞鸟的雷达反射截面,这就使一般雷达很难发现它。中国H-6K战略轰炸机(见图4.5),具备强大的精确战术打击能力和远程奔袭、大区域巡逻防区外攻击能力,以及战略打击能力,航程9000km,最大作战半径将近3500km,最大载弹量15t,可一次发射108枚炸弹,用于对各类远程目标进行打击,机身弹舱内挂点和机翼下6个外挂点以供挂载大型远程巡航导弹,使其具备了远程战略打击能力,也可挂载20颗500kg级卫星制导导弹或激光制导炸弹,用于对海上和陆地目标进行精确打击,具备强大的精确战术打击能力。

图4.4　美国的B-2隐身轰炸机

图4.5　中国H-6K战略轰炸机

4. 歼击轰炸机

歼击轰炸机,又称战斗轰炸机或者战斗攻击机,主要用于突击敌战役战术纵深内的地面、水面目标,并具有空战能力的飞机。

歼击轰炸机能携带普通炸弹、制导航空炸弹(激光或电视制导)、反坦克子母弹和战术空地导弹,有的能携带核航空炸弹,并装有火控系统,具有较强的攻击地面、水面目标的能力。它还可带空空导弹用以自卫,投掉外挂武器后可用于空袭作战。在战区内,歼击轰炸机主要以低空大速度飞行,并依靠电子干扰手段进行突击。为使飞机具有较强的低空抗颠簸能力,其翼载荷较大。为保障低空飞行安全,有些飞机装有由防撞雷达和自动驾驶仪等交联组成的地形跟随系统。飞行中,防撞雷达可及时发现前方障碍物,并由计算装置控制自动驾驶仪,把飞机拉起,基本保持预定的离地高度。为保障在夜间和复杂气象条件下能准确地飞到目标上空,并发现目标,机上装有惯性导航系统或多普勒导航系统、微光夜视仪、红外观察仪、多功能火控雷达等设备。微光夜视仪可供在暗夜看到地面上20~30km远的中型目标。红外观察仪可供在夜间看到地面上20km远的与背景温度差别较大、设有伪装的目标,如发电厂、坦克群和车队等。多功能火控雷达用于对空作战。随着机载电子设备的不断改进和现代格斗导弹的广泛使用,歼击轰炸机的空战能力有了很大提高。歼击轰炸机与歼击机、攻击机的差别日益缩小。

歼击轰炸机是一种兼有歼击机与轻型轰炸机特点的作战飞机。它的主要特点是:比起普通轰炸机它的飞行速度比较快,一般为马赫数1.5~2.3,这赋予了它良好的高速突防能力,使其在战场上有较强的生存概率;有先进的火控设备,这提高了它的打击精度;比轰炸机对机场的要求更低,1500m的跑道就可以使用;机动性能比轰炸机高得多,与普通歼击机差不多,可以硬碰硬的对抗截击机。尽管歼击轰炸机比起轰炸机有这么多的优点,但是它的载弹量要低一些,作战效能要差一些,因此不能完全取代轰炸机,可是因为它有歼击机的功能,所以被各国军队大量装备。

20世纪40年代末,美国首先使用"战斗轰炸机"这一名称。20世纪50年代末,苏联空军开始装备歼击轰炸机。早期的这类飞机,也是用歼击机改制的,如苏-7,后来专门设计歼击轰炸机,如F-111。由于歼击轰炸机的发展,轻型轰炸机已逐步被淘汰。随着机载电子设备的不断改进和现代格斗导弹的广泛使用,歼击轰炸机的空战能力有了很大提高。歼击轰炸机与歼击机、攻击机的差别日益缩小。因此,美国和西欧一些国家已逐渐把现代歼击机、攻击机和歼击轰炸机统称为"战术战斗机"。

现代著名歼击轰炸机有美国F-111、美国F-117、美国F-15E、俄罗斯苏-34、俄罗斯米-27K、俄罗斯苏-30MKK、中国歼轰-7"飞豹"等。"黑色幽灵"——美国F-117"夜鹰"隐身战斗轰炸机(见图4.6),采用了独特的多面体外形和各种吸波材料和表面涂料,使得具有很好隐身效果,雷达反射面积仅为 0.01m²;机身内的两个武器舱提供了2300kg的酬载能力,一般是携带成对的GBU-10、GBU-12或GBU-27激光制导炸弹,也能携挂2枚风偏修正弹药散布器、2枚联合直接攻击弹药或GPS和惯性导航系统导引的远距遥攻炸弹,还可装AGM-65空地导弹和AGM-88反辐射导弹,也可以携带AIM-9空空导弹,理论上,F-117A几乎能携带任何美国空军军械库内的武器,包含B61核弹;最大飞行速度为马赫数0.92,实用升限14000m,航程1720km,一般在7600m高度接近目标,为保证精度,实施攻击时下降到1000m以下的高度。中国JH-7A歼击轰炸机(见图4.7),是双发串列双座超声速中型歼击轰炸机,装备1门23-3型航炮,备弹200发,最大载弹量5000kg,翼下4个外挂点可挂载C-801K/803空舰导弹或KD-88型中程空地导弹,50~250kg炸弹,火箭发射器等,翼尖2个外挂点可挂"霹雳"-5或"霹雳"-8/9近距格斗空空导弹等;具备发射YJ-91反辐射导弹和电子干扰的能力,执行伴随掩护任务;最大飞行速度为马赫数1.70,巡航速度900km/h,实用升限15500m,航程4500km,作战半径1650km。

图4.6 美国F-117"夜鹰"隐身战斗轰炸机　　图4.7 中国JH-7A歼击轰炸机

5. 反潜机

反潜机,是一种载有搜索和攻击潜艇用的装备和武器,用于搜索、标定和攻击潜艇的军用飞机。反潜机已经成为近代反潜作战非常重要的一环。反潜机一般具有低空性能好、快速机动、续航时间长等特点,能在短时间内对宽阔水域进行反潜作战。它能在短时间内居高临下地进行大面积搜索,并可以十分方便地向海中发射或投掷反潜炸弹和导弹,甚至鱼雷。反潜机有从陆地机场操作,也有自水面船舰起降执行任务,因此反潜机大致可以分为水上反潜飞机、岸基反潜飞机、舰载反潜机等。岸基反潜机的基地在陆地;水上反潜飞机能在水上起降;舰载反潜机的主要任务是随航空母舰执行机动反潜任务,包括对潜艇实行搜索、监视、定位和攻击。

自1914年潜艇问世以来,各国相继用飞艇和水上飞机对付潜艇。当时仅靠目视和望远镜搜索,对潜艇威胁不大。第一次世界大战末期英国开始用岸基飞机反潜,并采用原始的声纳系统。第二次世界大战期间,英、美使用声纳浮标、机载雷达和探照灯搜索,用鱼雷、深水炸弹和水雷攻击潜艇,获得较好效果。20世纪50年代以后,开始使用反潜直升机和吊放声纳系统。核潜艇的出现,对反潜系统提出了更高的要求。反潜机一般总重在50t以上,可在几百米高度上以300~400km/h的速度进行巡逻,续航时间在10h以上。舰载反潜机总重约20t,以航空母舰为基地,承担舰队区域反潜任务,飞行速度为高亚声速。反潜直升机通常载于普通舰船上,能提高舰船自身的反潜能力。反潜水上飞机能停泊在水面上,悬放声纳,由于船身阻力大,航程短,只能在近海执行反潜任务。

一般来说,现代反潜机的主要装备有两部分:一是探测设备与航空综合电子系统;二是武器装备。反潜机的探测设备与航空综合电子系统主要包括反潜搜索雷达、声纳浮标、吊放式声纳、磁导探测仪、激光探测仪、前视红外探测器、电子干扰设备及照明系统,以及各种导航、通信及武器控制系统等。声纳浮标下位系统,能把水中潜艇发出的噪声变成无线电信号,自动送回飞机从而确定潜艇的位置。反潜机使用的武器装备主要包括反潜导弹、反潜鱼雷、普通炸弹、深水炸弹、水雷和火箭等。武器控制系统可以自动操作,也可以人工操纵。鱼雷是现代最有效的反潜武器装备,备受各国海军重视。反潜导弹是反潜武器装备中威力最大、精度最高、射速最快的一种。

初期的反潜机多半利用其他担任海面巡逻或者是轰炸任务的机种兼任,后来利用各型轰炸机或者是水上飞机改装后担任反潜任务。为适应现代潜艇技术的飞速发展,世界各国都对现代反潜机的发展给予高度重视,纷纷研制专用反潜机。

目前,世界上共有25个国家拥有近800架岸基反潜巡逻机,著名反潜机有美国P-3C、美国P-8A、俄罗斯"伊尔"-38、俄罗斯图-142、俄罗斯别-200、法国"大西洋"、英国"猎迷"、日本P-1、中国运8-GX6等。美国波音P-8A"海神"反潜机(见图4.8)以波音737为基础,在主机舱内有5个以上的工作站,并装有两个自动翻转式浮标投放器可投放100个以上预载声纳浮标;4~6个机翼外挂点可挂载AGM-84鱼叉导弹、AGM-84K SLAM远程对地攻击导弹、AGM-65"小牛"导弹和无控火箭,内置武器舱内还可挂载MK54反潜鱼雷、15000kg各式炸弹和水雷;最大航程不小于8000km,飞行速度约为900km/h。

图4.8 美国波音P-8A"海神"反潜机

6. 侦察机

侦察机,是专门从事航空侦察搜集军事情报的军用飞机,它是现代战争中的主要侦察工具之一。由于军事情报是军队、国家进行战争和保证国防安全的必要保障,而且通过侦察机进行军事情报搜集,具有许多明显的优点,使飞机问世之后不久,就被赋予搜集军事情报的任务,在客观上成为第一种军用飞机就是侦察机。航空侦察活动一般包括有人驾驶和无人驾驶的固定翼飞机、直升机以及自动空飘气球等。

侦察机出现于第一次世界大战期间,最初用于目视战地侦察和炮兵校正,后来发展成为进行战术侦察的主要手段,并配合轰炸的需要实施战略照相侦察。第二次世界大战中的侦察机广泛配备专用的航摄仪并开始装备雷达和电子侦察设备。20世纪50年代,侦察飞行高度、速度和续航时间都有显著提高,出现了专门设计的战略侦察机。60年代,无人驾驶侦察机广泛投入使用。100多年来,侦察机作为重要的军用飞机机种之一,始终备受各国重视,与在它以后诞生的其他重要军用机种一样,随着科学技术、特别是航空科技的发展而发展。侦察机所遂行的航空侦察,以其活动距离远、覆盖范围广、可靠性高和实时性强等优点,一直是战争,特别是现代高技术局部战争实施战场军事侦察的主要手段。未来战争将是联合作战、体系对抗、远程攻击、精确打击,从而对有关战场乃至整个敌国、联盟的信息具有极大的依赖性,对信息搜集的广泛性、准确性和时效性提出了更高的要求,只有对战场正面和全纵深乃至敌国和联盟的全境实施全天候、不间断地侦察和监视,才能满足作战的需要,发现、挫败敌人突然袭击或机动作战的企图,适时调整作战计划和部署,将突击力量或防御力量投送到最适当的位置。因此,作为搜集军事情报的重要平台和工具——侦察机,在未来战争中的作用依然无可替代,其发展也将继续受到各国的重视。

侦察机是专门用于从空中获取情报的军用飞机。侦察机一般不携带武器,主要依靠其高速性能和加装电子对抗装备来提高其生存能力,通常装有航空照相机、前视或侧视雷达和电视、红外线侦察设备,有的还装有实时情报处理设备和传递装置。侦察设备装在机舱内或外挂的吊舱内。侦察机可进行目视侦察、成像侦察和电子侦察。侦察机按遂行任务性质的不同分为战略侦察机和战术侦察机。战略侦察机一般具有航程远和高空、高速飞行性能,在和平与战时都要用,用以获取战略情报,侦察区域一般为敌方防区之外,多是专门设计的专用侦察机,载有复杂的航摄仪和电子侦察设备,能从高空深入对方国土,对军事和工业中心、核设施、导弹试验和发射基地、防空系统等战略目标实施侦察。典型的战略侦察机有美国的U-2和SR-71。SR-71战略侦察机配有高分辨率的航摄仪和图像雷达,能探测无线电通信和雷达波特征的电子侦察设备,能窥视边界对方一侧纵深达数百千米的侧视雷达,执行任务时可在24000m高度以3倍声速的速度穿越对方领空,每小时对$1.5\times10^5 km^2$的面积实施侦察。战术侦察机具有低空、高速飞行性能,一般用于作战侦察,用以获取战役战术情报,侦察区域一般要穿越敌方防区,通常用歼击机改装而成,机上一般不带军械,但加装了航摄仪和图像雷达,能对战线的对方一侧300～500km纵深范围内的兵力部署、地形地貌实施低空、中空或高空侦察。典型的战术侦察机美国的RF-4C和俄罗斯的米格-25P。俄罗斯的米格-25P能以2.8倍声速的速度在27000m高空进行战术侦察。

目前,美国拥有世界上品种和数量最多的侦察机。著名侦察机有美国U-2"黑色幽灵"高空侦察机、美国SR-71"黑鸟"式侦察机(世界最快、最大的侦察机)、美国EP-3电子侦察机、俄罗斯苏-24战术侦察机、俄罗斯M-55高空侦察机、俄罗斯安-30B侦察机、德国"旋风"式侦察机、英国"猎迷"电子侦察机、中国运8GX-8电子侦察机等。美国U-2侦察机(见图4.9)是20世纪50年代世界上最先进的侦察机,质量仅7t左右,时速约800km,巡航高度达22700m以上,配有8台自动高倍相机和电子侦察等系统,所用的胶卷达3500m长,能把宽200km、长5000km范围内的景物拍下并冲印成4000张照片,且清晰度很高。随着科技发展,美国对U-2侦察机不断改进,形成U-2序列侦察机,虽然U-2至今已经服役将近半个世纪,仍不失为世界先进侦察机。U-2机上装有8台全自动可昼夜拍摄的光学与红外航空照相机和4部电子侦察设备。在24400m高空拍摄时,从所拍照片上可分别区分出步行与骑车人。机上的电子设备可自动记录地面雷达的工作频率、脉冲宽度与频率和天线转动周期,继而算出雷达型号和地面位置。飞机表面涂有吸波材料,可以更有效地躲避雷达的跟踪。新一代的U-2S将成为美国在21世纪的"高空之眼"。

图4.9 美国U-2侦察机

7. 预警机

预警机又称空中指挥预警飞机,是装备有远距搜索雷达、数据处理、敌我识别以及通信导航、指挥控制、电子对抗等完善的电子设备的作战支援飞机,是集侦察、指挥、通信与控制于一体的信息情报中枢。其主要任务是搜索、监视、跟踪以及识别空中和海上目标,并通过先进的数字化信息网络保证战场上信息资源的共享,并为精确制导武器实时、连续地提供上千千米以外目标的精确制导信息。未来战争讲究体系与体系的对抗,作战时要把情报侦察系统、指挥控制系统、作战平台通过信息技术构筑无缝隙的作战整体,未来的飞机将不是单独的作战平台而是系统中的一个作战单元,而连接这个大系统需要专门的以信息传递为主的装备,而且这种装备的作用越来越重要。预警机可以说就是集侦察、指挥、通信与控制于一体的信息中心,是战场信息战中至关重要的机种,它对空战的胜负起到举足轻重的作用。大多数预警机有一个显著的特征,就是机背上背有一个大"蘑菇",那是预警雷达的天线罩。

预警机是第二次世界大战后发展起来的一个特殊机种,自诞生之日起,就在几场高技术局部战争中大显身手,屡建奇功,深受各国青睐。第二次世界大战期间雷达的迅速发展,使之能有效地探测远距离目标。但是,雷达波是直线传播的,而地球表面却是弯曲的,这就限制了地面雷达的探测范围。要想让雷达探测得更远,必须增高雷达距离地面的位置。因此,雷达便被架设在高山上。第二次世界大战后期,为了及时发现利用舰载雷达盲区接近舰队的敌机,试验将警戒雷达装在飞机上,利用飞机的飞行高度,缩小雷达盲区,扩大探测距离,于是便把当时最先进的雷达搬上了小型飞机,改装成世界上第一架空中预警机。20世纪50年代,美国将新型雷达安装在小型运输机上,改装预警机。70年代以后,美国、英国、苏联先后研制的新一代预警机都安装了性能更好的脉冲多普勒雷达,并装有敌我识别、情报处理和电子对抗等设备,不仅可以及时发现和监视低空入侵目标,还可以指挥己方战斗机进行拦截和攻击,自我保护能力也有了不小的提高。

虽然预警机进入战争领域的历史并不长,但是由于它能够有效降低敌机低空空防概率,集指挥、情报、通信和控制等系统功能于一身,成为军事领域的新宠。预警机实际上是把预警雷达及相应的数据处理设备搬到高空,以克服地面预警雷达的盲区,从而有效地扩大整个空间的预警范围。机上一般包括雷达探测系统、敌我识别系统、电子侦察和通信侦察系统、导航系统、数据处理系统、通信系统、显示和控制系统等。

为了适应未来战争的需要,世界各军事强国在加强、完善预警机方面都不遗余力:不断提高现役预警机的性能,延长服役期;研制性能适中、价格便宜的小型预警机;相控阵雷达是预警机发展的主要方向。

世界著名预警机为美国E-2"鹰眼"预警机、美国E-3"望楼"预警机、俄罗斯A-50"中坚"预警机、澳大利亚"楔尾"预警机、以色列"费尔康"707预警机、以色列G550预警机、日本E-767预警机、瑞典"爱立眼"预警机、英国"猎迷"预警机、印度ASP预警机、中国KJ-2000预警机等。美国E-2"鹰眼"预警机(见图4.10)是美国舰载预警机,用于舰队防空和空战导引指挥,但也适用于执行陆基空中预警任务;在机身背部的支架上有雷达天线罩;机上装备的主要设备包括APS-145雷达、电子对抗、通信、数据显示与控制台等分系统,由QL-77/ASQ中央处理机控制接合为一个整体;全辐射孔径控制天线,抗干扰能力强;电子对抗设备为AN/ALR73被动探测系统,能通过对比装在飞机头、尾,平尾两端的4组天线的接收信号精确地测定辐射源,通信系统包括ARQ-34高频数据链、ARC-158超高频数据链、ARC-51A超高频通信电台,装有3台AN/APA-172数据显示与控制台,其主显示器能显示目标的平面位置、速度向量与其他数据;最大起飞总重23850kg,最大巡航速度626km/h,实用升限9100m,执勤续航时间6h;可以监测$2.5\times10^7 km^2$的空域,$3.9\times10^5 km^2$海面,以便发现飞机、导弹、舰船和固定目标;对不同目标的发现距离,高空轰炸机为741km、低空轰炸机为463km、舰船为360km、低空战斗机为408km;低空巡航导弹为269km;具有可同时自动跟踪250个目标,并指挥控制45个以上空中截击任务的能力。中国KJ-2000预警机(见图4.11)是战略空中预警指挥飞机,主要用于担负空中巡逻警戒、监视、识别、跟踪空中和海上目标,指挥引导中方战机和地面防空武器系统作战等任务,也能配合陆海军协同作战;三面电子扫描相控阵列雷达,通过电子扫描来提供360°的覆盖,可完成多目标搜索、监视、跟踪,最多可以跟踪60~100个目标的同时,引导了十几个作战单位进行全天候的作战行动;最大通信距离2000km,最大航程5500km,最大速度850km/h;配备包括导弹来袭告警系统、红外诱饵和干扰物自动发射器等自备防护系统。

8. 电子对抗飞机

电子对抗飞机又称电子战飞机,是专门用于对敌方雷达、无线电通信设备和电子制导系统等实施电子侦察、电子干扰或攻击的军用飞机。电子对抗飞机的任务主要是通过告警、施放电子干扰、对敌地面搜索雷达和制导雷达进行反辐射攻击等方式,敌方空防体系失效,掩护己方航空兵部队顺利遂行截击、轰炸等作战任务。可以说,电子对抗飞行是战斗机、攻击机、轰炸机等主战飞机的"保护神"。

图 4.10　美国 E-2"鹰眼"预警机

图 4.11　中国 KJ-2000 预警机

电子对抗飞机通常用都利用轰炸机、战略运输机、重型攻击机和战斗轰炸机的机体加装电子干扰设备改装而成。专用电子战飞机是指专门设计,专门遂行电子战任务,不带或少带其他攻击武器的特种飞机。按照所执行的任务,电子对抗飞机一般可分为电子侦察机、电子干扰机和反雷达飞机(也称反辐射攻击飞机)。随着科学技术的进步与发展,出现多用途电子对抗飞机和无人驾驶电子对抗飞机。

随着信息时代的到来,信息战已成为未来战争的主要形态。能否夺取制信息权将直接决定着战争的胜败。因此,在未来的信息化战争中,电子战飞机在战争舞台上仍将扮演主要角色。鉴于此,目前世界各国都在不遗余力地发展高性能的电子战飞机。专用电子战飞机的主要发展方向:提高机载电子战系统的性能和综合化程度;研制新型隐身电子战飞机、大功率通信干扰飞机;发展电子战无人机,如侦察/干扰无人机、反辐射无人机等。

电子侦察飞机,装有多频段、多功能、多用途电子侦察和监视设备,通过对电磁信号的侦收、识别、定位、分析和录取,获取有关情报,主要用于飞临敌国边境附近或内陆上空,对敌电磁辐射源进行监视、截获、识别、分析、定位和记录,获取有关敌方雷达、通信、武器特征信息,以及电力线和汽车行驶时发出的电磁辐射等情报,供事后分析或实时将数据传送给己方指挥中心和作战部队,为实施电子对抗和其他作战行动提供依据。电子侦察飞机所用的机种有有人驾驶飞机、无人机、直升机等。

电子干扰飞机,装备多频段、大功率雷达和通信噪声干扰机、雷达告警系统、欺骗式干扰和箔条/红外无源干扰物投放器等,主要用以对敌方防空体系内的警戒引导雷达、目标指示雷达、制导雷达、炮瞄雷达和陆空指挥通信设备等实施电子战支援干扰,压制敌防空系统,以掩护攻击机群实施突防和攻击。电子战支援干扰方式分为远距支援干扰、近距支援干扰和随队支援干扰。远距支援干扰,由多架电子干扰飞机组成多个编队,在中空距敌目标 100~120km 的安全阵位上,实施多方位、大纵深、宽正面的电子干扰,压制敌防空雷达网、战略战术通信网和防空火力网中的制导与瞄准系统,掩护攻击机群隐蔽突入敌目标区上空执行任务和安全返航。近距支援干扰,以 3 架或 4 架电子干扰飞机伴随攻击机群飞临敌目标区附近,此后脱离编队,在距目标区较近的前沿上空做中空或低空盘旋,施放中功率噪声干扰、欺骗干扰,以及箔条干扰,掩护攻击机群突袭敌方目标,空袭完成后伴随攻击机群返航。随队支援干扰,干扰飞机与攻击机群混合编队突入敌目标区上空,干扰飞机沿航线在编队内施放噪声干扰、欺骗干扰和箔条干扰,压制敌防空火力网的电子系统,掩护攻击机群实施空袭。

反雷达飞机是一种压制敌防空火力的"硬杀伤"电子战飞机,装有告警引导接收系统、反雷达导弹和其他制导武器,主要任务是用反辐射导弹直接摧毁敌地面雷达和杀伤操作人员。反雷达飞机如美国的机上载有AN/APR-38/47雷达告警接收机/电子战支援系统和"哈姆"高速反辐射导弹、集束炸弹和空空导弹,还有自卫用的有源干扰吊舱和无源干扰物投放器。

著名的专用电子对抗飞机,如美国的EF-111电子对抗飞机、EC-130电子对抗飞机、EA-6B电子干扰机、F-4G反雷达飞机,俄罗斯"图"-154电子战飞机、"安"-12PP电子战飞机、"雅克"-28PP电子干扰机、"图"-19电子侦察干扰机、"伊尔"-20电子侦察机,中国运8GX11电子战飞机等。美国的EF-111电子对抗飞机(见图4.12)是在F-111A战斗轰炸机基础上改装成的专用电子战飞机,主要用于实施远距干扰、护航及近距支援干扰。机上装有战术杂波干扰系统、欺骗式干扰系统、无源干扰物投放装置及雷达报警设备。最大平飞速度可达马赫数2.2,最大转场航程可达10000km,作战半径可达2100km。EF-111可以执行近距空中支援任务,当攻击机对敌方的装甲部队发起攻击时,EF-111伴随着攻击机一起飞行,对敌方的炮瞄雷达和防空导弹的制导系统施放干扰,攻击机就可以放心大胆地对敌装甲部队进行攻击。EF-111能执行远距干扰任务,EF-111自身并不携带攻击武器,必要时它可以在敌方武器射程之外执行干扰任务,几架EF-111A一起施放干扰,形成一个电子屏障,掩护自己的攻击机的飞行路线和机动方式。EF-111还能执行随队干扰任务,伴随自己的攻击机,突入敌人的空中防线,抵达重要目标区。在飞行中它可沿飞行路线连续干扰敌方防空网中的电子设备,使这些设备效能降低甚至完全失效。

图4.12 美国EF-111电子对抗飞机

9. 军用运输机

军用运输机是专门运送军事人员、武器装备和其他军用物资的军用飞机。军用运输机具有较大的载重量和续航能力,能实施空运、空降、空投,保障地面部队从空中实施快速机动;它有较完善的通信、领航设备,能在昼夜复杂气象条件下飞行。有些军用运输机还装有自卫武器。空中运输在整个军事运输系统中具有较高的战略地位,空运和海运、陆运一起组成完整的军事运输系统。现代军用运输机的巡航速度一般可达 800~900km/h,是陆上运输速度的 15 倍,是海上运输速度的 25 倍,其航程已达数千千米,经空中加油后,可实施全球性运输。所以,军用运输机尤其是大型军用运输机的装备数量、技术水平和运载效能已成为衡量一个国家国防实力的重要标志。

军用运输机要求具有能在复杂气候条件下飞行和在比较简易的机场上起降的能力。它有较为完善的通信、领航设备,能够在昼、夜和复杂气象条件下飞行。有的还装有用于自卫的武器和电子干扰设备。军用运输机能够运载人员和军用物资,保障部队从空中实施快速机动,是现代战争中提高军队快速反应能力的重要运输工具,是连接前方和后方的空中桥梁。

军用运输机由机体、动力装置、起落装置、操纵系统、通信设备和领航设备等组成。机身舱门宽敞,分前开式、后开式和侧开式。装有前开式和后开式舱门的运输机,在舱门处设有货桥,与飞机底板相接,底板上有滚动装置,机舱内有起吊装置;舱门、货桥和起吊装置由液压或电动机构操纵,便于快速装卸大型装备和物资。机翼一般采用上单翼布局,机翼前、后缘装有高效增升装置,以改善起落性能。动力装置多数为 2~4 台涡轮风扇或涡轮螺旋桨大功率发动机,有的在主起落架舱内或尾部装有辅助动力装置,用于在地面起动发动机。起落架多采用多轮式,装中、低压轮胎。有的起落架装有升降机构,用以调节机舱底板的离地高度,便于在野战条件下进行装卸。

在第二次世界大战前和期间,军事空运任务都是由临时借用或改装的轰炸机和民用运输机来完成的,但它们往往不能适应军事空运的实际要求。在第二次世界大战之后,德国容克公司首先于 1919 年制造出世界上第一架专门设计的全金属军用运输机。在第二次世界大战中,军用运输机在运送兵员、物资和空投伞兵、装备等方面发挥了作用。20 世纪 50 年代末,开始出现了喷气式军用运输机。

近年来发生的几场局部战争中,以大型军用运输机为主的支援保障飞机首当其冲,动用规模接近主战飞机,在整个作战过程和体系对抗中地位十分显著。可以说大规模应用军用运输机直接提高了整个部队的机动和快速反应能力,加强了对战争进程的控制能力,增强了部队持续作战的能力。军用运输机是现代战争中一种重要的机动方式和手段,具有机动性强、速度快、航程远、不受地理条件限制的特点,在争取时间、超越障碍、远距运送等方面所具有的优越性,是陆上、海上运输工具无法比拟的,因此,各国空军都十分重视军用运输机的研制与发展,不断加强空运力量的建设,采取研制生产新型运输机、改进改装老式运输机等一系列措施,以提高空运能力。

今后,军用运输机将综合利用高效增升装置、反推装置和推力换向等技术,进一步改进起落性能。战略运输机在气动布局方面将有新的突破。

军用运输机按运输能力分为战略运输机和战术运输机。战略运输机是指主要承担远距离(一般是洲际间的)、大量兵员和大型武器装备运输任务,实施全球快速机动的军用运输机。战略运输机具有输送速度快、输送距离远、机动性强、输送量大等特点。起飞质量一般在 150t 以上,载质量超过 40t,正常装载航程超过 4000km,能空降、空投和快速装卸,主要是在远离作战地区的大中型机场起降,必要时也可在野战机场起降。例如,美国 C-5 可运载质量 120t,C-17 可运载质量 77t,C-141 可运载质量 40t,俄罗斯安-225 可运载质量 250t,安-124 可运载质量 150t,伊尔-76 可运载质量 40t 等。战术运输机是指主要在战役战术范围内承担近距离运输兵员及物资任务的军用运输机。战术运输机一般是中小型飞机,起飞质量60~80t,载重量20t左右,可运送100多名士兵;航程3000~4000km;大多安装涡桨发动机,巡航速度通常为500~700km/h。战术运输机主要用于在前线战区从事近距离军事调动、后勤补给、空降伞兵、空投军用物资和运送伤员,其特点是载重量较小,主要在前线的中、小型机场起降,有较好的短距起降能力。有的战术运输机具有短距起落性能,能在简易机场起落。例如,C-130可运载质量20t,俄罗斯"安"-12可运载质量20t,中国Y-8可运载质量20t。

在现代战争中军用运输机是提高部队机动性,加强应变能力的重要运输工具。世界各国正在使用的军用运输机有6000多架,其中大型运输机约550架,中型运输机约2000架。著名军用运输机有美国C-130"大力神"、C-5"银河"、C-141"运输星"、C-17"环球霸王",俄罗斯"伊尔"-76"耿直"、"安"-12"幼狐"、"安"-225"梦幻"、"安"-124"鲁斯兰",欧洲A400M,中国运-8、运-20等。美国C-130"大力神"运输机(见图4.13)在世界军用运输机中占有重要地位。外形设计非常合理几乎成为军用运输机的典范。航程3520km、实用升限10060m、最高速度620km/h,飞送距离4000km,可载92名士兵或64名伞兵或74名担架伤员或加油车、155mm口径重炮及牵引车等重型设备,载重20t,能在简易机场起降。中国"鲲鹏"运-20运输机(见图4.14),是多用途运输机,可在复杂气象条件下,执行各种物资和人员的长距离航空运输任务。航程大于7800km、实用升限13000m、最高速度920km/h,载重超过66t,可将装甲车、坦克甚至武装直升机等武器装备迅速部署到"一线战场"。拥有高延伸性、高可靠性和安全性,可在复杂气象条件下,执行各种物资和人员的长距离航空运输任务。

图4.13 美国C-130"大力神"运输机

图4.14 中国"鲲鹏"运20运输机

10. 空中加油机

空中加油机是给飞行中的飞机及直升机补加燃料的飞机。多由大型运输机或战略轰炸机改装而成,少数由歼击机加装加油系统,改装成同型"伙伴"加油机。其作用可使受油机增大航程,延长续航时间,增加有效载重,以提高航空兵的远程作战能力。

空中加油系统包括空中加油机的加油装置和受油机的受油装置。加油装置分为"加油平台"和"加油吊舱"两种。"加油平台"通常装在机身尾部,"加油吊舱"通常悬挂在机翼下面。由飞行员或加油员操作。储油箱分别组装在机身、机翼内。受油机上安装的受油装置,通常由接油器(即受油机伸出的探头)、导管和防溢流自封装置组成。接油器的进油口是进油单向活门。进油单向活门由伺服机构打开,或者由固定在接油器上的定位销及止动器械相互作用打开。接油器插入加油机放出的给油器后,用皮碗、压入的液体密封物或充气密封物密封。此外,其他管路与地面压力加油系统共用。

空中加油是一个复杂的过程,加油程序一般有会合、对接、加油和解散4个阶段。空中加油两机会合时,受油机均应比加油机高度低60m。

空中加油技术出现于1923年。20世纪40年代中期,英国研制出插头锥套式加油设备;到了40年代后期,美国研制出伸缩管式加油设备;80年代初,美国研制了新型空中加油机,伸缩管主管长8m多,套管长6m多,套管伸出后,伸缩管的最大长度超过14m;总载油量$1.61×10^5$kg,飞行半径3540km,可输油90700kg。在20世纪60—80年代的几次局部战争中,美国、英国等国的空军都使用过空中加油机。经过70多年的研究和实践,空中加油技术日益成熟和完善,应用范围也越来越广泛。空中加油机已从活塞式飞机发展到涡轮螺旋桨飞机,继而发展为喷气式飞机;加油机供油量从数千升增加到十几万升。受油机遍及歼击机、攻击机、轰炸机、预警机、巡逻机、运输机、侦察机和直升机等诸多机种。未来空中加油技术发展的重点是,克服机翼振动、阵风和空气涡流对输油管稳定性的影响;完善计算机控制技术及摄像监控显示技术。空中加油机的发展趋势是,发展大型加油机和运输加油两用型飞机;用最新技术改进完善现有加油机,实现更新换代;提高加油机的自动化程度和生存能力;注重新型加油机的研制与技术储备。

目前,能生产加油机的国家为美国、英国、俄罗斯、法国、中国5国,世界上拥有空中加油机的国家有20余个,共装备10余种型号的加油机1000余架,装有受油装置的飞机11000多架。主要空中加油机有美国KC-135、KC-10、KA-6D、KC-767,俄罗斯"伊尔"-78,英国VC-10,欧洲A310MRTT、A330MRTT,中国HY-6等。欧洲A330MRTT空中加油机(见图4.15)是当今完成空中加油任务最经济高效的平台。A330MRTT是欧洲空中客车公司在A330-200民用飞机基础上研制的。A330MRTT携油量大,机翼内油箱的最大载油量达到了111t,具备充足的空中加油能力,还能够实现更远的航程、更长的续航时间,可以在飞行4000km期间,为6架战斗机空中加油,并运输43t货物。A330MRTT采用三点加油模式,左右机翼下各配置一套为战斗机加油的软式锥形套管,在后机身下还设一套为大型飞机加油的硬式伸缩套管,可执行加油任务时间可长达2h。A330MRTT加油机燃油携载未占用客货舱,机舱可用空间大,在无空中加油任务时,能执行多种运输任务或其他勤务。中国HY-6(见图4.16)能同时为2架歼-8、歼-10等战斗机进行空中加油,载油37t,输油18.5t,约够6架歼-8空中加油使用。

图4.15　欧洲A330MRTT空中加油机

图4.16　中国HY-6空中加油机

4.3 军用直升机

4.3.1 概述

1. 军用直升机的基本概念

直升机是依靠发动机带动旋翼产生升力和推进力,可垂直起降,向前、后、左、右飞行,空中悬停和原地回转的航空器。应用于军事目的的直升机称为军用直升机。武装直升机是装有武器、为执行作战任务而研制的直升机。武装直升机是军用直升机中的一种。在军用直升机行列中,武装直升机是一种名副其实的攻击性武器装备,因此也可称为攻击直升机。它的问世使军用直升机从战场后勤的二线走到战斗前沿。武装直升机是陆战航空兵的主要武器装备。

直升机主要由机体和升力(含旋翼和尾桨)、动力、传动三大系统以及机载飞行设备等组成。旋翼一般由涡轮轴发动机或活塞式发动机通过由传动轴及减速器等组成的机械传动系统来驱动,也可由桨尖喷气产生的反作用力来驱动。

直升机的突出特点是可以做低空(离地面数米)、低速(从悬停开始)和机头方向不变的机动飞行,特别是可在小面积场地垂直起降。由于这些特点使其具有广阔的用途及发展前景。在民用方面应用于短途运输、医疗救护、救灾救生、紧急营救、吊装设备、地质勘探、护林灭火、空中摄影等。海上油井与基地间的人员及物资运输是民用的一个重要方面。

按用途不同,直升机可以分成军用直升机和民用直升机。军用直升机是指应用于军事目的的直升机。军用直升机已广泛应用于对地攻击、机降登陆、武器运送、后勤支援、战场救护、侦察巡逻、指挥控制、通信联络、反潜扫雷、电子对抗等。

军用直升机的主要性能特点:一是反应灵活,机动性好;二是能贴地飞行,隐蔽性好,生存力强;三是机载武器的杀伤威力大。但是,振动和噪声水平较高、维护检修工作量较大、使用成本较高,速度较低,航程较短。

2. 军用直升机的地位与作用

由于军用直升机具有独特的性能,在近年来的一些局部战争中发挥日益重要的作用,越来越受到各国的重视。

在现代战争中,军用直升机主要可遂行以下的一些任务:一是攻击坦克,军用直升机是一种非常有效的反坦克和装甲目标的武器;二是支援登陆作战;三是掩护机降,军用直升机是掩护运输机和运输直升机进行机降的主要火力支援武器;四是火力支援,军用直升机能有效地给予地面部队行动实施火力支援,为地面部队进攻开辟了通道;五是直升机空战,未来战争中直升机间的空战似乎是一个必不可免的趋势。军用直升机还可遂行侦察、空中指挥电子战和其他作战任务,因而被称为"战场上的多面手"。军用直升机在未来的高技术战争中将会发挥日益重要的作用。

作为一种武器装备,军用直升机实质上是一种超低空火力平台,其强大火力与特殊机动能力的有机结合,最适应现代战争"主动、纵深、灵敏、协调"的作战原则,可有效地对各种地面目标和超低空目标实施精确打击,使之成为继火炮、坦克、飞机和导弹之后又一种重要的常规武器,在现代战争中具有不可取代的地位与作用。

军用直升机可携带多种武器,攻击多种目标。现代军用直升机可携带反坦克导弹航炮、火箭、机枪、空空导弹、火箭弹以及炸弹、地雷、鱼雷、水雷等武器。这些武器具有不同形式、口径、射程和威力。携带上不同武器,现代军用直升机可用以攻击地面、水面和空中的点状或面状目标,软目标或硬目标,包括坦克、装甲车辆、雷达站、炮兵阵地、通信枢纽、前沿哨所、简易工事、滩头阵地、水面舰船、水下潜艇、地面有生力量以及低空飞行目标等。可以说凡是敌方目标,只要是火力能奏效的都可以攻击。

军用直升机载弹量大,攻击火力强。现代军用直升机不仅携带武器种类多,而且载弹量大。就单机而言,起飞重量大的直升机载弹量更大。对成建制的军用直升机部队来说,其攻击火力更是令人不容低估。如俄军1个摩托化师建制的24架"米"-24,一次出动就可发射3072枚火箭弹、96枚反坦克导弹、36000发机枪弹。

军用直升机不受地形限制,机动性好。直升机特有的飞行特点是可在野外未经任何准备的场地起降,能在空中稳定悬停,不受地形、地物限制,可敏捷地改变航线、飞行高度、速度和姿态,因此可在战区的任一指定地点迅速集中或展开,可选择有利的地点或状态,对敌进行攻击或作机动规避,这是任何其他地面和空中的武器装备无法比拟的。固定翼飞机虽然飞行高度、速度、重量等远远超过直升机,但起降要依赖机场;而机场建设的周期长、费用高,在现代战争中,机场是攻击的首要目标之一,必然使其使用受到很大限制;其飞行高度高、速度快,但与地面低速目标的速度差大、发现率低,攻击时受到的限制较多。而地面的坦克、装甲车、汽车或水面的舰船则不仅速度无法与直升机相比,且受地形、地物、水域的限制大,更无法与直升机相比。

军用直升机隐蔽性好,突袭性强。在现代立体战争中,军用直升机多在150m以下空间活动,固定翼飞机一般都活动在200m以上高度。基于提高攻击的突然性和自身生存力的需要,军用直升机从战场前沿基地出航时高度往往在100m以下,而在临近战区(离战场前沿数十千米)则采用贴地飞行,即利用地形在离地10m以下的高度(通常为3~5m)隐蔽机动,发现目标后突然发起攻击。这样的接敌方式难以被雷达、红外、光学系统和目视等侦察手段发现和跟踪,往往会使敌方猝不及防。现代先进军用直升机装有夜视、夜瞄装置,更可以在夜幕和其他能见度极低的条件下迅速接近和攻击目标,更增加了攻击的突然性。

军用直升机视野开阔,具有良好的侦察能。军用直升机在云层高度低(60m以下)、水平能见度差(小于400m)等条件下都可进行有效的作战活动。而地面观察人员因受地形、地物等影响,通常难以捕获2500m以外的目标。直升机可在不同的高度、方位观察,装备有优良的电子、光学侦察设备的直升机更可在昼、夜间发现和攻击数千米远的目标。可在作战前沿己方一侧或隐蔽进入敌方一侧,通过巧妙地侦察,获得第一手且范围广泛的战场信息,并及时报告指挥部门及地面部队。这对于战斗指挥和战况的发展,显然具有重要作用。

军用直升机反应迅速,能在需要的时间对关键的目标从各个方向实施反复攻击,军用直升机相对地面各种武器具有时间上的快速性和空间上飞越地面障碍的高度机动性,可以快速集中、机动和在指定地点作战,巧妙地活动于整个战场;可使用不同武器,对前沿和纵深内的各种目标,从各个方向和角度上反复实施攻击。军用直升机充分利用靠近前沿的加油装弹点及时补给,对敌实施持续的空中火力攻击,这样往往可收到良好的作战效果。即使在战斗发展过程中,遇到不利情况时,军用直升机也可随时迅速后撤。

军用直升机便于与诸军兵种密切协同作战。现代战争是诸军兵种的协同作战。人们不可能苛求军用直升机单独去打赢一场战争,甚至是一场战斗,它往往要同各种作战力量协同作战。现代立体战争,是指所谓"空、天、地、海一体化的战争"。固定翼作战飞机的飞行高度不能太低(200m 以上),而直升机的飞行特点,正好填补了这个"时、空"间隙——飞行速度为 0~300km/h,高度为 0~150m。利用其良好的侦察和通信能力,军用直升机与己方地面和空中部队保持密切联系,而对瞬息万变的战场情况,最有利于通过实施快速及时的空中火力机动,改变战场力量对比,形成火力优势,有力地配合其他军兵种战斗,直接影响战役、战斗的进程和结局。当然,军用直升机在战术使用上也有一定的局限性。主要有:相对固定翼飞机而言,其作战半径较短,一般为 100~200km;对战区前沿补给(加油、挂弹)和战场维修(抢修和备件供应)要求高;购置和使用费用较高,空地勤人员要经过专门训练等。

现代军用直升机所具有的上述特点,使得其经受了多次规模不等的局部战争考验,在战争中显示出其巨大优势,发挥了重要作用,被人们称为"超低空的空中杀手""树梢高度的威慑力量"。其用途主要包括下述几方面:

(1)反坦克及装甲目标。军用直升机攻击的此类目标主要包括:各种主战坦克及其他用途的坦克;各种装甲车辆包括步兵战车、装甲输送车、侦察指挥车;具有装甲保护的自行压制兵器和自行反坦克兵器等。在现代战争中坦克仍然是陆军作战的主要装备之一。现代战场上坦克及各种装甲车辆大幅度增加,导致了硬目标、半硬目标的数量剧增。这样便使反坦克、反装甲成了地面战斗的主要内容,极大地关系到地面战斗的胜败。多次现代局部战争充分证明军用直升机是反坦克和装甲目标最有效的装备之一。各国的武装力量中,都把军用直升机列为反坦克火力配系的要素之一。在近、中、远距离的反坦克火力配系中,军用直升机主要承担 4000m 以外的远程攻击任务。其作战半径一般为 100km,因而可在远离前沿的纵深地带进行反坦克及装甲目标战斗。特别是在机动作战条件下,对敌纵深内运动的机械化师、装甲师来说,打掉其硬目标,就在很大程度上剥夺了其战斗力。

(2)近距离火力支援。在现代合成作战中,军用直升机可利用携带的多种武器,对地面部队作战实施有效的近距离火力支援,攻击地面敌方有生力量、防御工事和阵地、各种武器装备和军事设施,直接支援己方部队夺取战斗胜利。军用直升机的战术使用特点使其在近距离火力支援中能发挥重要作用。

(3)为运输和战勤直升机实施安全护卫。军用直升机的重要使命之一,就是对己方的运输直升机和其他各种战斗勤务直升机实施空中掩护,以对付来自空中和地面对己方运输和战勤直升机构成的威胁,使其顺利遂行任务。担任护航任务的军用直升机,不但能够伴随被掩护的直升机编队共同行动,而且具有较强的与敌低空飞机、直升机、地面武器作战的能力。现代立体战场错综复杂,敌我边界犬牙交错、模糊不清,空地敌情瞬息万变,深入战区甚至纵深,执行机动运输、侦察、通信联络、指挥、校射、电子对抗和救护等不同任务的各类直升机,完成任务的重要前提就是军用直升机的保护。

(4)争夺超低空制空权。攻击敌方超低空飞行的军用直升机、强击机和其他具有作战能力的飞行物,夺取超低空(一般为 150m 以下)制空权,是现代军用直升机又一重要使命。现代立体战场上,武装型等各类直升机及低速飞机在超低空频繁活动,使超低空空域成为新的战场,作战双方无不围绕超低空制空权而展开激烈斗争。针对军用直升机的战术飞行特点,对付军用直升机最有效的武器装备还是军用直升机,争夺超低空制空权是现代战场上军用直升机责无旁贷的重任。

(5)攻击海上目标。在现代作战中,舰载或岸基军用直升机担负的重要使命是:攻击敌方水面舰艇、潜艇以及其他海上目标;攻击临近海面飞行的敌方直升机及其他飞行物,夺取超低空制空权;配合舰艇编队登陆或海岸防御部队,攻击敌方滩头阵地或登陆艇波,遂行火力支援任务。

4.3.2 军用直升机的种类

从古代漫长的构想,到广泛投入使用,直升机技术也获得了长足的进步。目前,全世界大约有4万多架直升机用于各个领域,主要还是应用于军事领域。直升机也因技术与应用的不同,被划分成各种类型。直升机分类如表4.1所列。

表4.1 直升机的类型

按用途	军用直升机	武装直升机	攻击直升机	按结构形式	单旋翼直升机	常规尾桨型直升机
			空战直升机			涵道尾桨型直升机
			反潜直升机			无尾桨型直升机
		军用运输直升机	轻型		双旋翼直升机	双旋翼纵列式布置
			中型			双旋翼横列式布置
			重型			双旋翼交叉式布置
		战斗勤务直升机	侦察直升机			双旋翼共轴布置
			通信直升机	按最大起飞质量	超轻型直升机	
			指挥直升机		小型直升机	
			电子对抗直升机		轻型直升机	
			预警直升机		中型直升机	
			中继制导直升机		大型直升机	
			营救直升机		重型直升机	
			布雷与扫雷直升机		超重型直升机	
			救护直升机	按发动机数量	单发直升机	
			校射直升机		双发直升机	
			教练直升机		多发直升机	
		多用途直升机		按起降场特点	陆用直升机	
	民用直升机				舰载直升机	
按隐形能力	隐身直升机				水陆两栖直升机	
	准隐身直升机			按发展阶段	第一代	活塞式发动机、简易的仪表
	非隐身直升机				第二代	第一代涡轴发动机、电子设备
按发动机类型	活塞动力直升机				第三代	第二代涡轴发动机、飞控系统
	涡轮轴动力直升机				第四代	第三代涡轴发动机、导航系统
按座位数还可将直升机分为分单座、双座、三座、四座、六座、八座及以上						

1. 武装直升机

武装直升机机上有武器系统,主要用于攻击地面、水面(或水下)及空中目标。现代武装直升机机载武器系统通常包括反坦克(装甲)导弹、反舰导弹、空空导弹、航炮、火箭及机枪等。按不同的作战任务,可有多种武器配挂方式。由于飞行质量、性能、使用、主要执行的任务等多方面的要求或限制,武装直升机又可分为攻击直升机、空战直升机、反潜直升机等。

1) 攻击直升机

攻击直升机,主要执行对地面、水面目标的攻击任务。也可携带空空导弹或航炮,具有对空攻击或自卫的能力,但其主要使命是配合地面部队作战,用于消灭敌方装甲等各种软硬目标,为地面部队提供直接和精确的近距离空中火力支援,这是现代武装直升机的主要用途。主要武器为机关炮和机枪、火箭以及精密制导导弹。很多攻击直升机也可以装备对空导弹,但主要用于自卫。

典型攻击直升机有美国AH-1"眼镜蛇"攻击直升机、AH-64D"阿帕奇"攻击直升机(见图4.17),俄罗斯"米"-28攻击直升机、"卡"-50攻击直升机,欧洲"虎"攻击直升机,中国Z-9武装直升机、Z-10攻击直升机(见图4.18)等。美国售台AH-64D"阿帕奇"武装直升机,旋翼直径14.63m,机长17.76m,最大起飞质量9525kg,飞行时速最高可达363km,可贴地飞行。纵列式座舱;配备一门30mm机炮,可携带16枚"海尔法"型导弹和76枚70mm火箭弹。该直升机电子系统较先进,装有目标截获/标识系统和夜视系统等,可在白天或黑夜为飞行员提供目标图像以利于识别和攻击,在各种速度和高度条件下都具有夜视能力。此外,具有较高的生存能力,据说旋翼桨叶被12.7mm枪弹击中后,可继续执行任务;机身表面的任何部位被23mm炮弹击中后,仍可保证继续飞行30min;前后座舱均有装甲,可抵御23mm炮弹的攻击;两台发动机的关键部位都有装甲保护,即使一台发动机损坏,另一台仍可继续工作。

图4.17 美国AH-64D"阿帕奇"攻击直升机

图4.18 中国Z-10攻击直升机

2) 空战直升机

空战直升机也可称为"歼击直升机",主要用于对付空中目标敌方直升机、低空飞行的固定翼飞机或其他飞行器,争夺超低空(通常是高度150m以下)制空权,也可为己方运输、战勤直升机护航。一般的武装直升机都具有一定的空战能力,空战直升机的主要任务是进行空战,为其他直升机护航和提供火力支援,兼有其他用途。

法国HAP"虎"直升机(见图4.19)是德、法共同研制的一种专用武装直升机,主要用于给陆军护航和火力支援型。机装一门30mmGIAT-30781自动炮,带有150~450发炮弹。两侧短翼装 4 枚"密史脱拉风"红外制导空空导弹和 2 个分别装 22 枚 68mmSMEB 火箭弹的火箭发射器。"密史脱拉风"导弹也可换装 12 枚火箭弹的火箭弹发射器,使火箭弹总数达到 68 枚,座舱顶部装有电视,前视红外仪、激光测距仪和直射光探设备。

图 4.19　法国 HAP"虎"护航直升机

美国 AH-1T"海眼镜蛇"直升机是美国研制的一种专用武装直升机,主要用于给运输直升机护航和火力支援。机载武器有 1 门 3 管 20mm 火炮,装 6 段式短翼,短翼下 4 个悬挂点可挂不同武器,包括 70mm 火箭发射器,2 个油气爆炸武器,2 个曳光弹投放器,或 2 个机枪吊舱。最多可挂 2 枚"响尾蛇"导弹、8 枚"陶"式导弹、8 枚"海尔法"式导弹。机载设备包括无线电罗盘、应答机、战术导航系统、雷达信标等。

俄罗斯"米"-35M 直升机,是"米"-24"雌鹿"直升机出口改进型,具有很强的空战能力。机载武器有双管 23mm 航炮,"针"-B 型空空导弹,拥有与敌低空飞行战斗机及武装直升机进行空战的能力。"米"-35M 可挂 16 枚更为先进的 9M120 导弹,其串联式战斗部威力强大,不单能攻击空中目标,也可攻击地面目标。机上加装了全昼夜多通道光电观察瞄准系统,有很强的夜间观察和搜索能力。

3) 反潜直升机

反潜直升机装有搜索和探测潜艇的设备及鱼雷、深水炸弹等武器,主要执行反潜作战任务,用于搜索和攻击敌潜艇的武装直升机。反潜直升机分岸基和舰载两种,主要用于岸基近距离反潜和海上编队外围反潜。其飞行速度多为 200~300km/h,作战半径 100~250km,起飞质量 4~13t。能携载航空反潜鱼雷、深水炸弹、导弹、水雷和火箭等武器。装有反潜雷达、吊放式声纳或声纳浮标、磁控仪、红外探测仪、废气探测仪、核心辐射探测仪、光电设备和侧视雷达等搜索设备,能在短时间内搜索较大面积的海域,准确测定潜艇位置。搜索潜艇的效率和灵活性,均优于舰艇。但其续航时间短,受气象条件的影响较大。

岸基反潜直升机以海岸机场作为基地,舰载反潜直升机通常以航空母舰等大型舰只作为基地,舰载反潜直升机的旋翼和尾梁大多可折叠,便于在载舰机库内停放。

著名反潜直升机有美国 SH-60B"海鹰"、SH-2"海妖"和 SH-2G"超海妖"、SH-3"海王",俄罗斯卡-27A"蜗牛"、卡-25 A"激素",英国和意大利联合研制的 EH101"灰背隼",英国和法国联合研制的"山猫",法国、德国、意大利和荷兰四国研制的 NH90,法国 AS565F"黑豹"、SA321G"超黄蜂",中国直-9C、直-18F 等。中国直-9C 反潜直升机(见

图4.20),装备KLC-1型X波段水面搜索雷达、605型投吊式声纳、12具被动声纳浮标、4具主动声纳浮标、1具海水温度浮标和1具海洋环境浮标及1部无线电接收器,在10km范围以120km/h速度飞行时接收声纳浮标信号。执行反潜任务时,直-9C可挂载2枚采用主动/被动音响引导、最大射程9.5km的324mmET52反潜鱼雷或"鱼"-7反潜鱼雷执行反潜任务。

图4.20 中国直-9C反潜直升机

2. 军用运输直升机

直升机在军事上的运用首先是作战保障,而最主要的保障乃是从空中运输开始。随着作战需要由运送一般少量特殊物资转向运送较多物资,从运送物资到运送作战人员,甚至到现在能运送诸多的重装备和大批作战人员。

军用运输直升机具有如下主要的使用特点:它不受地面条件限制,能准确地将作战人员、军用物资和武器运送到预定地点;能快速有效地完成战场机动任务;可与地面部队密切协同,有利于战斗任务的完成;运输直升机的有效载荷谱较宽,轻型设备或少量人员的运输可使用小型或轻型运输直升机,中型设备或一个作战小分队的运输可使用中型或大型运输直升机,而大型设备或大量作战队员的运输可使用重型运输直升机;运输方式隐蔽,便于保存自己;部分军用运输直升机有一定的自卫能力,能发起突袭并保护自己等。

陆、海、空兵力投送能力是快速反应部队能否快速部署的关键。当前国内外军队普遍认识到其投送能力与其战略要求不相适应。外军为使其快速反应部队具备快速机动、快速部署和较强的突击能力,十分重视装备军用运输直升机。军用运输直升机的主要军事用途有机降部队、运送武器弹药等作战物资、后勤支援运输、医疗救护运输、搜索救援运输、要人运输等。军用运输直升机主要用于执行部队机动、空降作战、运送武器装备和物资器材等任务。现代战场上,军用运输直升机不仅用于运输各类军用装备、武器弹药、运载各型坦克、装甲,运送中程导弹,空运防化部队实施消毒,紧急战略空降和机降等;也可用作战地医院及手术室,对伤员紧急救护;还可施放电子干扰,用于电子对抗等。最重要的是运输直升机没有地形限制,能进行垂直补给,是现代化战争中不可或缺的机动力量,在军事上应用十分广泛。

根据运载能力的大小,军用运输直升机一般分为轻型、中型、重型三类。最大起飞质量不大于5t的军用运输直升机为轻型,最大起飞质量大于20t的军用运输直升机为重型,介于轻型与重型之间的为中型。由于中轻型运输直升机,体积小、重量轻、操作简便、运动灵活、研制周期短、价格低廉,世界各国装备最多,但是重型运输直升机具有良好的飞行性能和巨大的运输能力,作用巨大独特,在运输直升机中担负着重要角色,是运输直升机家族的中坚力量。目前只有美、俄拥有成熟的重型运输直升机核心制造技术,具有代表性的重型运输直升机主要有美国CH-47"支奴干"系列、CH-53系列和V-22系列,美国CH-53E"海种马"最大起飞质量33.34t(可以吊运一架F-15战斗机,如图4.21所示)、V-22"鱼鹰"最大起飞质量27.44t、MH-47E/G最大起飞质量24.5t、XH-17最大起飞质量22.68t、CH-54最大起飞质量21.32t,俄罗斯"米"-26系列,如米V-12直升机最大起飞质量为105t、米-26最大起飞质量56t(相当于美国C-130"大力神"运输机的起飞质量)、米-6"吊钩"最大起飞质量44t、米-10"哈克"最大起飞质量38t,欧洲直升机公司研制中的重型运输直升机HTH最大起飞质量可高达40t。著名中轻型运输直升机有美国SH-3"海王"最大起飞质量8.5t、CH-46"海上骑士"最大起飞质量10.4t、UH-60"黑鹰"最大起飞质量10t,俄罗斯米-17/171最大起飞质量13t、米-38最大起飞质量14.2t、米-8最大起飞质量11.1t、卡-29最大起飞质量12.5t,英国EH101"灰背隼"HC.3最大起飞质量14.6t、"山猫"Mk8最大起飞质量4.5t,法国、德国、意大利、荷兰联合研制的NH90-TTH最大起飞质量8.5t,中国AC313最大起飞质量13.8t等。

图4.21 美国CH-53E正在吊运一架F-15

3. 战斗勤务直升机

战斗勤务直升机简称"战勤直升机",是用于执行各种特定作战勤务的军用直升机的统称。按专门执行侦察、通信、指挥、电子对抗、校射、救护、营救、布雷、扫雷、中继制导和教练等不同任务的需要,直升机自己备有完成特定使命的机载任务设备,成为某种专用的战勤直升机。

战斗勤务直升机通常有侦察直升机、通信直升机、指挥直升机、电子对抗直升机、校射直升机、预警直升机、中继制导直升机、营救直升机、布雷与扫雷直升机、救护直升机、教练直升机等。

侦察直升机,装备专用侦察设备,担任近距离或者是接近战场地区的情报与资料搜集,执行空中侦察获取情报任务。由于直升机可以悬停在敌方探测不到的地方进行情报与资料搜集,侦察直升机现时仍是主要的情报与资料搜集的军用机种之一。由于战场复杂性,往往侦察直升机应具备一定的防护能力和攻击能力。将侦察专用,兼有一定的空战或对地攻击能力,但武器载荷不大,最大起飞质量6t以下的侦察直升机称为武装侦察直升机。通常武装侦察直升机为双人机组或具有一定载员能力的直升机。例如,日本OH-1侦察直升机(见图4.22),专用装备三坐标光电观察、侦察和目标指示系统;该系统由两部分组成,右侧是FLIR热像仪,左侧是激光测距仪和热像仪;该系统提供的情报能减轻飞行员和操纵员驾驶直升机、搜索目标、全天候和全昼夜识别和引导武器的工作量;此外,还能确保操纵员进行机载自卫武器的瞄准;该机主要用于侦察敌方地面目标情况,将获取的信息传给AH-1等日本武装直升机和地面指挥机关,发起攻击。除侦察用途外,OH-1也能胜任一定的对地攻击和空战任务。著名的侦察直升机有美国OH-58A、OH-58D、OH-6、ARH-70A,俄罗斯"安萨特"-2RT,法国AS355M2,日本OH-1,中国直-11W等。侦察直升机具有分辨力高的显示搜索系统;自身尺寸小,暴露性低,具有夜视能力,能在战斗接触线不远处执行任务;具有可靠的防御敌机的武器;具有隐身能力。世界各国非常重视侦察直升机的发展。

图 4.22 日本 OH-1 侦察直升机

通信直升机,装有专用通信设备,用于传输信息、数据,接送通信联络人员或在空中担负无线电中继通信任务的直升机。例如,我国直-9通信直升机,主要装备有大功率电台和中继设备,可以作为空中移动的转信台,完成指挥联络工作,并且可以在地面指定区域开设应信通信枢纽。增装TKR-123甚高频电台、150型短波单边带电台、WL-9无线电罗盘、BG0.6无线电高度表、GPST 610应答机等无线电设备。可以用作空中移动转信平台,在地面指定区域快速机动开设应急通信枢纽,必要时可运输人员、急件和器材。

指挥直升机,装有专用供作战指挥、观察、通信等设备,用于实施空中指挥(主要是对己方直升机进行指挥)。指挥直升机的重要作用在多次局部战争中所证实。俄罗斯在10年之久的阿富汗战争中,用米-8直升机改装成空中指挥机,在20~40架直升机小组进行机降登陆作战时,战斗指挥所小组就设在指挥直升机内,对机降直升机实施有效的控制、指挥,保证战斗任务的完成。在越南战争中,美国也在直升机上加装通信、导航、雷达等设备,对作战直升机及对战场救护的直升机进行指挥与控制,充分显示出指挥直升机的重要作用。同时,外军十分重视包括直升机在内的具有预警、指挥为一体的空中指挥系统的发展。从20世纪50年代开始,以美国为代表的发达国家,投入了大量资金和人力,发展并建立了技术先进、设备完善的国家战略指挥系统和各军兵种战术指挥系统。资料显示,外军目前虽然还没有专门型号的指挥直升机,但却十分重视空中指挥系统的发展与应用,正在不断研制集预警、指挥、控制于的高度自动化的"空中指挥所"。指挥直升机利用直升机特有的飞行特性,成为机动的"空中指挥所"。

电子对抗直升机,装备电子对抗设备,执行电子对抗任务。通常由通用运输直升机改装而成。机上装有偶极天线阵、电子干扰设备等,以截获、监控和干扰敌方的战场通信。如美国的EH-60C电子对抗型直升机就是在UH-60A"黑鹰"直升机基础上加装了迅速定位的ⅡB电子干扰设备AN/APN-209雷达高度表,AN/APR-39雷达告警接收机及AN/ALQ-144红外干扰器等,以截获、监控和干扰敌方的战场通信。俄罗斯的米-8PP(电子对抗型)直升机在机身两侧的矩形容器内装电子战设备和6个"十"字形偶极天线阵,尾梁下面没有装多普勒雷达。

预警直升机,装备空中预警设备,执行空中预警任务。用直升机担负空中预警任务,比固定翼预警机机动性更好,使用范围更广。尤其是可利用现有直升机和海上监视雷达改装成空中预警机,投资少、见效快,研制改装周期短,紧急情况下短期内便可投入实战使用。预警直升机借助舰载,能够弥补其航程有限的不足,可扩大预警活动范围。一些由巡洋舰,甚至驱逐舰组成的小型海上编队均可配备使用,这是固定翼预警机无能为力的。例如,俄罗斯在由卡-27反潜直升机上加装预警雷达系统而改装成的卡-31预警直升机(见图4.23),机身下装有旋转雷达天线,该天线不使用时可水平折叠收藏贴在机身下,使用时向下转动90°进入垂直位置,然后以6r/min的速度作360°旋转。该雷达系统可对直升机飞行高度以下的空中目标和水面目标进行探测,并将有关数据进行计算后自动传输到指挥中心。雷达对空中战斗机大小的目标,最大警戒半径为100～150km,对水面舰船目标的最大警戒半径为250km,最多可同时跟踪20个目标。雷达探测到的目标数据也可直接传输给载舰的指挥中心进行处理。直升机万一出现故障需要迫降时,飞行员可手动收起天线或用爆炸的方法抛弃天线。英国对"海王"直升机进行改装,以携带"搜水"雷达,作为空中预警直升机,命名为"海王"AEW MK2。在机身右侧装有直径1.8m的雷达天线整流罩,雷达天线装置为可旋转式,直升机在起飞和着陆时天线罩收起,使用时天线向下偏转90°,雷达即可进行360°搜索扫描。与其他空中预警系统相比,由于"海王"预警直升机整个雷达系统及其装置相当简单,价格便宜,对于没有常规航空母舰和没有陆基预警机的国家来说,能够达到既可快速部署预警能力,又廉价好用的效果。

图4.23 俄罗斯卡-31预警直升机

中继制导直升机,携带导弹制导设备,能不间断地将目标信息传输给飞行中的导弹,修正其飞行轨迹,并导引导弹命中目标。地球曲率的存在,对雷达是一个先天的限制,雷达无法探测到水天线以下的目标,从雷达天线到水天线之间的距离就是雷达视距。雷达视距与雷达天线的高度呈正比。"欲穷千里目,更上一层楼",当雷达天线高度为1km,其对海面目标的探测距离大约是130km。但是对于舰载雷达来说,受舰艇桅杆强度及舰艇重心影响,位置越高,雷达天线的重量和尺寸就要越小,而雷达探测距离又与天线尺寸呈正比。直升机可以在数千米的高空进行探测作业,因此其对水面目标的探测距离急剧增加。例如,SH-70B"海鹰"直升机配备的AN/APS-125雷达对于中型水面舰艇可以提供200km左右的探测距离,可以支持200km以内的反舰作战,大大提高反舰导弹的射程和威力。中继制导直升机形成超视距作战平台,通过数据链将目标信息传递给载舰或直接导引导弹命中目标。

营救直升机,也称搜索救援直升机,装有搜索设备、救援设备(如救生绞车、急救医疗设备等)和精确定位设备,用于在陆地、水面搜索和救援遇险人员(如对紧急跳伞着陆飞行人员的寻找和救生)。有的还用于航天营救和回收任务。搜索救援是战勤直升机擅长的绝活。这类直升机通常以陆上机场或载舰为基地,用于昼夜间复杂气象条件下自主执行陆地和海上搜索营救任务,可以在机上对被营救人员进行简单的医疗救护。直-9搜救直升机是我军主要搜救装备,机上装备了全球卫星定位系统、自主导航系统等设备,可实施海上、陆地搜救任务。

布雷与扫雷直升机,装有布雷或扫雷设施,实施布雷、扫雷作业。加装布雷具后,对某水域、港湾或河道实施布雷或陆地区域布雷。直升机布雷具有速度快、机动性好、能远距离布雷,且不受气候条件的限制的特点;而对于清扫水雷场来说直升机比水面舰船更有优势,具有速度快、安全性好、能借助空运手段快速部署到遥远的海域等特点。但扫雷直升机及其扫雷设备非常昂贵,目前使用这一扫雷手段的国家仍然不多,主要有美国、俄罗斯和法国,大部分国家的海军买不起足够数量的扫雷直升机。在直升机扫雷的研究与使用方面,美国处于领先地位。布雷与扫雷直升机一般由通用直升机或多用途直升机改装而成,主要是改进直升机的导航和飞行控制系统,以提高布雷、扫雷能力。美国海军正式投入使用的扫雷直升机都不是专门设计的,而是由其他直升机改装而成的,有RH-3A"海王"、RH-53D"海种马"和MH-53E"海龙"三种。RH-3A由SH-3A改装而来,RH-53D在CH-53基础上加装扫雷工具改成,"海龙"由CH-53E"海种马"多用途直升机改进而来。图4.24为美国海军MH-53E扫雷直升机正在进行扫雷作业。

图4.24 美国海军MH-53E扫雷直升机进行扫雷作业

救护直升机，备有简易急救设备，由随机医护人员作应急医疗处置，将伤员和病员从战区或病区送到医院或指定地点。这类直升机通常是在现有运输直升机上，通过加装或换装一定急救设备(如可快速拆装、救生绞车等)，配备可进行较全面地检测诊断设备和多种手术设备。能在救护现场作手术治疗的大型救护直升机被称为"空中医院"。

校射直升机，配备专用空中校射设备，用于为炮兵指示目标和校正射击，又称为炮兵校正直升机、炮兵侦察校射直升机等。校射直升机通常是用通用直升机或多用途直升机加装观察仪器、航空照相机和电子侦察设备而构成。炮兵对地面观察所难以观察的目标进行射击时，使用校射直升机指示目标和校正射击。炮兵最初用于从空中指示目标和校正射击的工具是观察气球，后来一些国家多使用轻型飞机作为炮兵校射飞机，现在一些国家开始使用直升机作为炮兵校射机，如美军使用OH-6A直升机，俄军使用米-2直升机。小型无人驾驶机的出现，已经成为炮兵校正射击的工具之一。

教练直升机，具有双座、双操纵系统，专用于飞行员的训练。在这种直升机上通常是进行驾驶术训练，而战术飞行训练，应在武装直升机、运输直升机或各种战勤直升机上进行。各类直升机均可用于训练，尤其是高级驾驶术和战术训练，但这些直升机不被称为专用的教练直升机。

4. 多用途直升机

提高战场侦察能力、电子干扰能力、通信能力、搜救能力，不但是军事指挥员在战争中一直追求的目标，更是各国军火制造公司苦苦探索的目标。目前，各种侦察手段、各种电子斗争装备、各种通信设备，以及战场搜寻、救护装备应有尽有，且形成系统。但是人们还在不懈地将眼光盯在具有特殊功能的直升机上，不断探索、研制和发展各种用途的直升机。

多用途直升机是指同一型直升机，通过换装不同的设备而可执行不同军事任务，可以"一机多用"的直升机。执行的军事任务不相同，直升机配载的装备也不同，多用途直升机可以根据不同军事任务，灵活配载不同的装备。先选定一个合适的吨位级研究一种以运输为主的通用直升机，之后在它的基础上改装和发展各种用途的直升机，这种"一机多型"的发展模式是多用途直升机，也是一般直升机的典型发展模式。由于多用途直升机用途广泛，且维修和保养方便，因此世界上许多国家都大力发展多用途直升机。如UH-60"黑鹰"直升机、"贝尔"206直升机、V-22直升机、"海王"直升机、"小羚羊"直升机、"山猫"直升机、卡-27直升机、直-8直升机、直-9直升机等都是得到广泛使用的多用途直升机。

UH-60"黑鹰"直升机是美国一种多用途直升机(见图4.25)。开始制造UH-60A，起名为"黑鹰"。"黑鹰"及各类变型直升机自1979年投放市场以来，目前已售出约3000架，在全球30多个国家(地区)都拥有用户。美国陆军自己也装备有1600余架。UH-60及其改型被广泛装备于美军各支部队。用于战斗人员运送、物资运输、后勤补给、突防、反潜反舰、火力支援、搜救、伤员救护、特种部队机降以及后勤支援。美军按照用途不同又将"黑鹰"分成C、E、H、M、S、U、V七大类，这仅仅是"黑鹰"国内型号，出口到世界其他国家的"黑鹰"又各有不同的型号。在其国内型号中，UH-60系列是最早服役也是用途最广的一类，U即通用，这类"黑鹰"有UH-60A、UH-60C、UH-60G、UH-60L、UH-60M、UH-60P、UH-60Q、UH-60X八种；CH-60是货运型"黑鹰"，专门执行货运任务，其中C代表货物,这类"黑鹰"有 CH-60S;EH-60 是特殊电子战"黑鹰",E 即电子战,共有 EH-60A、EH-60B、EH-60C、EH-60L 四种;HH-60 是搜索和救援型"黑鹰",共有 HH-60A、HH-60D、HH-60E、HH-60G、HH-60H、HH-60J 六种;MH-60 是多用途"黑鹰",主要用于执行特战任务,共有 MH-60A、MH-60G、MH-60K、MH-60L、MH-60S 五种;SH-60 是反潜型"黑鹰"(又称"海鹰"),共有 SH-60B、SH-60F、SH-60R 三种;VH-60 是政要人员专用运输机,共有 VH-60A、VH-60N 两种型号。以色列国防军型号"猫头鹰",日本自卫队型号 UH-60J 和 UH-60JA,日本海上自卫队型号 SH-60J、SH-60K,西班牙海军型号 HS.23,中国台湾海军型号 S-70C(M)-1、S-70C(M)-2。

图 4.25　美国"黑鹰"多用途直升机

4.4　空 袭 武 器

4.4.1　概述

各种军用飞机仅仅是实施空中作战的空中平台,而武器才是决定空中作战效能的关键因素。空袭武器包括机载武器和远程精确制导武器。机载武器通常包括固定安装的航炮和挂载的导弹、火箭和其他弹药等,主要有空空导弹、空地导弹、空舰导弹、反辐射导弹、航空火箭、航空炸弹等,其中既有非制导的瞄准式武器,也有制导武器。近年来的局部战争中,各种精确制导弹药已经成为空中火力打击的主角。远程精确制导武器包括弹道导弹和巡航导弹,将在第 5 章火箭军武器装备中介绍。

4.4.2　空袭武器装备

1. 航炮

航炮,是航空机关炮的简称,是安装在飞机上的口径在 20mm 以上的自动射击武器,既用于空中格斗作战,也用于对地面目标的攻击。因此,它的发展及战术应用受到各国的重视。

至今航炮虽只有不足百年的历史,但有一段曲折的经历,即在导弹出现时,航炮的作用和地位曾被大大削弱,这种情况直至 20 世纪 60 年代后期,逐渐得到改变。目前,航炮作为飞机空战和攻击地面目标的重要武器在现代战争中仍发挥着应有的作用,是各种作战飞机必不可少的武器装备之一。

由于飞机上安装条件的关系,航炮受到尺寸、重量、后坐力等方面的限制,因而口径比较小,种类也不多,口径只有20mm、23mm、25mm、27mm、30mm等。航炮可安装在不同机种上,如战斗机、攻击机、截击机、直升机等,可以吊舱方式安装,也能用炮架装在飞机内。

飞机的飞行速度快,跟踪瞄准时间短,只有高射速的航炮才能满足作战要求。但为了适应不同的作战需要,避免不必要的弹药消耗,又要求航空炮的射速快慢可调。为此,采取控制电机或液压马达转速等措施来调节火炮射速。

由于航炮受安装条件的限制,一般后坐力小,只用简易的缓冲装置,不需要复杂的反后坐装置,因此,体积小,质量轻。通常航空炮质量只有100kg左右。在飞机上作战,要求航炮故障率低,作用可靠,使用寿命长。一般地,航炮两次故障之间平均射弹数达到数千发乃至上万发。

目前,20~30mm 航炮已广泛装备各种现代作战飞机,使用最普遍的是转管炮和转膛炮。

为了适应未来作战的需要,各国仍在不断发展和改进航炮技术。对未来的空空和空地战斗来说,20mm口径火炮的威力明显不足。近年来,美、英、法等国新研制的航炮口径都在25mm以上。随着航炮威力的提高,初速和射速不断增大,减小后坐力成了航炮的重要问题。传统的缓冲装置已不能满足要求,现多采用浮动原理以及特殊的新型缓冲装置,如高吸能缓冲器、液压后坐控制器等,可使航炮的后坐力减到最小。为解决身管烧蚀和磨损的问题,在航炮及其炮弹上采取了多种技术措施,如身管采用内膛镀铬,弹带改用耐高温的塑料弹带,炮弹采用低烧蚀火药。另外,还在研究陶瓷内衬及复合材料身管。为减轻重量,一些国家研究采用复合材料的航炮。为适应未来需要,世界各国都在研究新结构和新原理的高性能航炮。

著名航炮有美国M61A1"火神"6管20mm航炮、GAU-8/A"复仇者"7管30mm航炮、GAU-12/A"平衡者"5管25mm航炮(见图4.26),英国"阿登"25mm航炮、"阿登"30mm航炮,俄罗斯AM-23式23mm航炮、ГШ-23式23mm双管联动航炮、ГШ-301式30mm航炮,德国"毛瑟"30mm航炮,法国德发554式30mm,中国23-2、23-3、30-1等。

图 4.26 美国 F-35 装备的 GAU-12 型 25mm 航炮

2. 航空炸弹

航空炸弹,简称为航弹,俗称炸弹,它是从航空器上投掷的一种爆炸性武器,是轰炸机和战斗轰炸机,攻击机携带的主要武器之一。主要用于消灭敌方的有生力量,摧毁军事设施,交通枢纽以及其他军事或非军事目标。航空炸弹常被戏称为"铁疙瘩",一方面指航弹外壳通常由铸铁铸钢制成;另一方面恐怕是指普通自由落体炸弹与如今铺天盖地的精确打击武器相比,颇让人有一种呆板迟滞的感觉。世界各国轰炸机、战斗机等作战飞机都装备了航空炸弹。

航空炸弹种类繁多,品种齐全,很难用简单的分类方法全部包容。就常用的航弹而言,一般可以按下述五种方法进行分类。

根据炸弹的用途可以分为两种:一是直接杀伤和破坏目标的炸弹,如爆破、杀伤、穿甲、燃烧、反坦克、反雷达、反跑道炸弹,以及燃料空气炸弹、化学炸弹、生物炸弹、核航弹等;二是特种用途炸弹,如航空照明炸弹、标志炸弹、照相炸弹、烟幕炸弹、宣传炸弹和训练炸弹等。

根据控制方式也可以分为两种:一是无控炸弹,或非制导炸弹,即载机投放炸弹后,航弹按自由抛体弹道降落,其弹道无法变动;二是可控炸弹,或称制导炸弹,即炸弹投放后,可以利用激光、电视、红外、毫米波等制导方式不断修正弹道,使之精确导向目标,这类炸弹也称为灵巧炸弹。制导炸弹是在普通航弹的基础上增加制导装置而成的,增大了起稳定性的尾翼翼面,一般没有动力装置,只依靠惯性和重力作用滑翔。制导炸弹的装药多,可以对地面大型目标实施有效攻击。虽然它的射程较近,机动能力有限,但结构简单造价低,降低对地精确打击武器的成本,充分利用现有常规航空炸弹的库存。

根据炸弹运动速度的变化,又可以分成两种:一是非减速炸弹,即普通炸弹,弹体上没有设置任何减速装置,投放后按自由落体弹道降落;二是减速炸弹,它主要分低阻弹和减速弹两种。低阻弹是适应超声速飞机的高速飞行,用于减小所挂航弹的空气阻力而专门设计的一种炸弹,也是用途最广、用量最大的一种炸弹。一般炸弹弹长与弹径的比例为 4~5∶1,而这种炸弹则可达 7~8∶1,因此弹体修长,线型美观,气动性能良好。减速弹是适应现代战争条件下载机低空或超低空突防、采用水平和俯冲方式投弹而发展起来的,主要目的是避免自己投的炸弹因落地过快而炸伤自己。这类炸弹多通过在弹体上加装尼龙式、机械式或布—机械联合式降落伞而达到减速的目的。有的炸弹还配有减速—加速装置,即飞机低空投弹后,航弹降落伞自动打开进行低速降落,待预定时间到达之后(即飞机已飞离危险区),弹尾火箭点火,烧断降落伞并同时加速,以增加穿甲冲击力。

根据炸弹装药,还可分为常规装药炸弹、燃料空气炸弹、核航弹、化学炸弹、生物炸弹(细菌弹)等。

根据炸弹重量,通常我们称质量在 50kg 以下的航弹为小型航弹,100~500kg 为中型航弹,500kg 以上的为大型航弹。

航空炸弹有一种称为集束炸弹,是把许多小型炸弹装在一起或者连续投掷,又称子母炸弹,用于攻击集群目标。炸弹在预定高度自动打开,释放多枚子炸弹。集束炸弹如果投放操作不当或炸弹着陆点松软,一些子炸弹可能不会爆炸,给当地居民带来潜在危害。集束炸弹属于国际禁止使用的炸弹。

在结构上,航弹一般包括弹体、弹翼、引信、装药等。航弹还可以加装制导装置、升力翼面、减速装置等实现特定功能的附加部件。一般来说，航弹弹体通为两头尖锐的流线形圆柱体，尾部一般有各式各样的尾翼。作战时，作战飞机将航弹投掷向目标，命中时以冲击波、破片、火焰等各种杀伤效应实现对目标的毁伤。威力最大的两种航空炸弹当属被称为"炸弹之母"的美国GBU-43/B大型燃料空气炸弹（见图4.27）和被称为"炸弹之父"的俄罗斯真空炸弹。

图4.27 美国GBU-43/B大型燃料空气炸弹及其爆炸情景

3. 航空火箭弹

航空火箭弹，简称航空火箭，是从悬挂在机身或机翼下面的发射器发射的以火箭发动机为动力的非制导武器。航空火箭弹不仅是各种作战飞机、武装直升机等军用航空器对地攻击的重要武器，而且可通过拦射等方式遂行空中格斗的作战任务。与航空机炮相比，航空火箭弹的口径大、威力大。造价昂贵的机载导弹和体积庞大的航空炸弹相比，航空火箭弹具有得天独厚的优势：一是威力大，可齐射和连射，能在短时间内发射大量弹药压制地面目标；二是成本低，可以采用多种战斗部，配以不同的引信，适合攻击地面多种目标；三是结构简单，不怕无线电干扰。其最大的缺点是散布较大，命中精度较低，比较适合攻击面目标，对点目标的攻击效果较差。航空火箭弹在现代进攻作战中仍可发挥很大的作用，装备陆、海、空军各型作战飞机，诸如F-16、"米格"-29等第四代先进战机和"阿帕奇"直升机、米-26直升机等武装直升机都选配了航空火箭弹，成为令对手恐惧的"钢铁火龙"。典型的是"阿帕奇"武装直升机上装备"海蛇怪"70mm火箭弹，每个挂点可挂一个19管火箭发射巢，最多可挂4个发射巢，共76枚火箭弹。图4.28为美国地勤人员正在给"阿帕奇"挂装火箭弹。

图4.28 美国地勤人员正在给"阿帕奇"挂装火箭弹

4. 空空导弹

空空导弹,是由载机从空中发射打击空中目标的导弹,是歼击机的主要武器之一,也用作歼击轰炸机、攻击机、直升机的空战武器。此外,从理论上讲它也可以作为加油机、预警机等军用飞机的自卫武器。空空导弹由制导装置、战斗部、引信、动力装置、弹体与弹翼等组成。它与机载火力控制、发射装置和测试设备等构成空空导弹武器系统。与其他导弹相比,具有反应快、机动性能好、尺寸小、重量轻、使用灵活方便等特点。与航空机关炮相较,具有射程远、命中精度高、威力大的优点。

空空导弹分为近距格斗导弹、中距拦射导弹和远距拦射导弹。近距格斗导弹多采用红外寻的制导,能够自动寻的,具有发射后不管和很高的机动能力,使用操作简单,成本比较低廉等特点,因而得到广泛的应用,射程一般为几百米至20km。中距拦射导弹多采用半主动雷达寻的制导,也有采取主动雷达末制导的,具有全天候、全方向作战能力。射程一般约为数十千米到上百千米。远距拦射导弹射程可达到上百千米甚至数百千米。为了增加射程,拦射空空导弹的尺寸和体积都比较大,当然重量也比红外空空导弹重得多。

空空导弹发展至今,可以分为四代。第一代空空导弹攻击能力比较差,仅比航炮略胜一筹。第二代空空导弹只能在后半球或者迎头拦截小机动目标。第三代空空导弹能够实现全向攻击,虽然它的攻击区扩展到前半球,但是前向攻击距离仅2~3km,实战使用意义不大,而侧向攻击能力有很大提高。第三代红外制导空空导弹主要用于战斗机的空战格斗。20世纪90年代,红外空空导弹(俗称"三代半")的改进型相继被开发出来,采用扫描探测技术或红外多元探测技术,数字处理技术、激光主动近炸引信或无线电主动引信,实现了对目标的全向攻击,同时具有抗红外干扰的能力。21世纪初第四代空空导弹开始陆续投入使用,由于采用了红外成像探测、发射后截获和推力矢量控制等方面的技术,因而具有良好的跟踪性能、较高的抗干扰能力、很高的机动性和灵巧的发射方式,攻击区域有很大扩展,具有对付第四代战斗机的格斗能力。

世界著名的空空导弹有美国AIM-9X"响尾蛇"、AIM-7"麻雀"、AIM-120E"阿姆拉姆"(图4.29为美国F-22发射AIM 120空空导弹),俄罗斯"杨树""蝰蛇"、R-73"箭手",欧洲"流星",英国ASRAAM,法国的"马特拉""米卡",以色列"怪蛇",中国"霹雳"系列导弹等。

图4.29 美国F-22发射AIM 120空空导弹

5. 空地导弹

空地导弹,是由载机从空中发射打击地面目标的导弹,是航空兵进行空中突击的主要武器。它与飞行器上的探测跟踪、制导、发射系统以及保障设备等构成空地导弹武器系统。由弹体、战斗部、动力装置、制导装置等组成。弹体的气动外形多为正常式。动力装置可采用固体火箭发动机、涡轮喷气发动机或涡轮风扇喷气发动机等。其制导方式有自主式制导、遥控制导、寻的制导和复合制导。按其作战使用分,有战略空地导弹和战术空地导弹;按专门用途分,有空地反舰导弹、空地反雷达导弹、空地反坦克导弹、空地反潜导弹以及空地多用途导弹等。此外,还可按射程、飞行轨迹等分类。

战略空地导弹是一种专门为战略轰炸机等作远距离突防而研制的一种进攻性武器,主要用于攻击政治中心、经济中心、军事指挥中心、工业基地和交通枢纽等重要战略目标。多采用自主式或复合式制导,命中精度高,最大射程可达 2000km 以上,弹重在 10t 以内,速度可达 3 倍声速以上,通常采用核战斗部作为战略核威慑力量,部分改为常规型用于局部战争。现役和研制中的战略空地导弹均为空射巡航导弹,主要为美国和俄罗斯所拥有。从 20 世纪 50 年代至今,战略空地导弹已发展了四代。著名战略空地导弹有美国"大猎犬"AGM-28、"恶徒"KHGAM-63、"近程攻击导弹"AGM-69a、"空射巡航导弹"AGM-86B、"先进巡航导弹"AGM-129A,俄罗斯 AS-5、AS-5(KSR-5)空射巡航导弹、AS-15(KH-55)、AS-16、KH-101,英国"蓝剑",中国 K/AKD-63B 空射巡航导弹和"鹰击"系列导弹等。

战术空地导弹是装备歼击轰炸机、强击机、歼击机、武装直升机、反潜巡逻机等机种,用以攻击雷达、桥梁、机场、坦克、车辆及舰船等战术目标。动力装置一般采用固体火箭发动机,制导方式多采用无线电指令、红外、激光或雷达寻的等。射程大多在 100km 以内,弹重数十至数百千克,通常采用常规战斗部。多用途的战术空地导弹能攻击多种目标。著名战术空地导弹有著名战术空地导弹有美国"小牛"AGM-65(图 4.30 美国 F-20 发射"小牛"AGM-65 空地导弹)、"小斗犬"AGM-12A、"斯拉姆"AGM-84,俄罗斯 AS-8、AS-10、AS-14、AS-18,法国 AS.30,中国 CM802AKG 等。

机载反坦克导弹大多是把地面的反坦克导弹装备到武装直升机和某些轻型飞机上,载机相应地加装瞄准、悬挂和发射装置,能机动灵活地对坦克等装甲目标进行攻击,弹重数十千克,最大射程数千米。主要有美国的"陶""狱火",德国和法国合制"霍特",中国 AKD-10 等。

图 4.30　美国 F-20 发射"小牛"AGM-65 空地导弹

反雷达导弹,也称反辐射导弹,是利用敌方雷达的电磁辐射进行导引,用以攻击地空导弹制导雷达和高射炮瞄准雷达及其载体的导弹,是地空导弹大家族中的重要一员,在现代信息化战争中具有重要地位。在电子对抗中,它是对雷达硬杀伤最有效的武器。现役的空地反辐射导弹,通常用于攻击选定的目标。发射前要对目标进行侦察,测定其坐标和辐射参数。发射后,导引头不断接收目标的电磁信号并形成控制信号,传给执行机构,使导弹自动导向目标。在攻击过程中,如被攻击的雷达关机,导弹的记忆装置能继续控制导弹飞向目标。当今世界上数一数二的反辐射导弹当数美国"高速反雷达导弹"AGM-88"哈姆"反辐射导弹。著名反辐射导弹还有美国"百舌鸟"AGM-45A/B,俄罗斯 AS-9、AS-11,法国和英国合制"战槌"AS.37,法国"阿玛特",中国 CM102、LD-10 等。

空地导弹最初是航空火箭与航空制导炸弹相结合而诞生的。1940 年,德国在普通炸弹的基础上,研制了世界第一枚装有弹翼、尾翼、指令传输线和制导装置的空地导弹。20 世纪 50 年代后,空地导弹有了迅速发展,在此后的多次局部战争中,空地导弹取得显著战线。空地导弹将主要朝着增大射程和速度,进一步提高抗干扰,全天候突防和攻击多目标的能力以及一弹多用的方向发展。

6. 空舰导弹

空舰导弹,是指由飞行器上发射,从空中发射攻击水面(下)舰船的导弹。也可用于攻击地面目标,是海军航空兵的主要攻击武器之一。它与反舰(潜)鱼雷相比,具有速度快、射程远等优点。在历次战争中多次使用,战果显著。实践证明,空地导弹与其他攻击武器配合使用,能提高突击效果。它与飞行器上的探测跟踪、制导、发射系统等构成空舰导弹武器系统。通常由弹体、弹翼、战斗部、制导系统、动力装置等构成。战斗部有普通装药或核装药。制导系统,常用寻的制导或复合制导,多数为复合制导,其中以惯性加末段主动雷达制导较普遍。动力装置,有液体火箭发动机、固体火箭发动机、涡轮喷气发动机或冲压喷气发动机。速度多为跨声速或超声速,射程一般为数十千米,最大可达数百千米,可在被攻击舰船的防空武器射程以外发射。有的空舰导弹可与舰舰导弹、岸舰导弹通用。典型空舰导弹有美国"鱼叉"AGM-84a,俄罗斯 X-65CE、SA-14,法国"飞鱼"AM-39(图 4.31 为"飞鱼"AM-39 型空舰导弹发射场景),英国"海鸥",德国"鸬鹚"AS.34,意大利"玛特",瑞典"罗伯特"RB4,挪威"企鹅",日本 ASM-1、ASM-3,中国 X-31 等。

图 4.31 "飞鱼"AM-39 型空舰导弹发射

20 世纪 80 年代服役的空舰导弹,飞行速度多为亚声速,射程数十至数百千米。飞行多采用低弹道,初始段多为下滑飞行,中段转入超低空平飞,末段高度可降至 10m 以下掠海面飞行接近目标,可取得隐蔽突然袭击的效果。空舰导弹的发展,主要是采用隐身技术,改进制导系统,增强抗干扰能力,进一步增大射程和速度,提高捕捉目标和全方位机动。

4.5 反空袭武器

4.5.1 概述

防空是现代反空袭作战的主要作战样式之一,其依托各平台传感器提供实时态势感知信息并具备抗击各种空袭目标和对抗各种电磁手段的能力,从而全面准确地掌握战场态势,以赢得现代化战争的主动权。

防空作战共需三类信息,分别为预警信息、战术指挥信息以及制导控制信息。预警信息由各种预警系统来获取,现阶段预警系统主要包括天基侦察预警系统、预警机和地基、海基预警雷达系统。来袭空中目标的预警信息经统一处理后形成空情态势图,传至战区防空指挥控制中心,以便尽快实施决策,转移将被打击的军事装备,使火力单元进入临战状态。及时准确的预警信息是防空的最重要信息之一。战术指挥信息是战术防空指控中心和火力单元指控中心用于目标识别、威胁判断以及目标分配和火力分配所需的信息。目标指示雷达组网可形成战术指挥控制信息网。制导控制信息是空中目标坐标信息以及相对运动参数信息,控制火力单元向预定的空中目标发射导弹,制导控制信息的准确性可有效评估防空系统的效能。

防空面临着各种空中目标威胁,其需要来自雷达等各种传感器的预警信息指挥信息以及制导控制信息。近年来的局部战争中,各种远程精确制导弹药已经成为空中火力打击的主角,国内外针对各类空中远程精确制导弹药威胁发展了各种不同规模的防空系统,将在第5章火箭军武器装备中介绍。

4.5.2 反空袭武器系统

1. 高射炮系统

高射炮系统,是高射炮及其用以保证炮火命中空中目标的配套技术装备的总称。高射炮系统主要对付空战来袭目标,必须机动灵活,能快速进行360°回转,高低射界-5°~90°,弹丸初速大,飞行速度快,弹道平直,射高一般为2~4km,一般是能自动射击的自动炮,射速一般为1000~4000r/min,有的可高达10000r/min。目前,反导已经成为高射炮系统的主要任务。为了有效对付高速飞行的导弹这样的小目标,高射炮主要采取在极短的瞬间射出大量弹丸覆盖一定空间,形成一定火力网进行拦截的方式,因此高射炮射速快,射击精度高,多数配有火控系统,能自动跟踪和瞄准目标。高射炮系统能在全天候条件下连续测定目标坐标,计算射击诸元,使火炮自动瞄准和射击。高射炮系统具有独特的抗低空、抗饱和、抗干扰和反导作战能力,能有效抗击攻击机、轰炸机、武装直升机等低空进袭的空中目标,利用密集火力网也可用于末端防御,在低空、近程拦截来袭巡航导弹和其他战术导弹等空中目标。

高射炮系统按配制一般分为要地防空(城防)高射炮系统、野战高射炮系统和舰载高射炮系统。要地防空高射炮系统一般直接借用野战高射炮系统,一般不予区分,并简称高射炮系统。舰载高射炮系统不仅防空袭,而且还兼顾防鱼雷等来自水面和水中的袭击,一般称为舰载近程高射炮防御武器系统。

现代舰载近程高射炮防御武器系统主要利用高射速形成密集弹幕拦截高速运动小目标。典型舰载近程高射炮防御武器系统有美国"密集阵"、美国和荷兰"守门员"、俄罗斯AK-630、中国730和1130等多管舰载近防炮系统。最为人熟知的一种现代舰载近程高射炮防御武器系统是美国"密集阵"近防武器系统(见图4.32),采用搜索雷达、跟踪雷达和火炮三位一体的结构,其全部作战功能由高速计算机控制自动完成,不需人工操作,反应速度极快。火炮为M16A1型20mm6管加特林机炮,射程1.6km,射速4500r/min,最大有效射程1850m,最小有效射程约460m,发射脱壳穿甲弹(APDS)、贫铀穿甲弹、钨芯穿甲弹等。

图4.32 美国"密集阵"近程防御武器系统

高射炮系统一般分为自行高射炮系统和牵引高射炮系统。自行高射炮系统由装于同一车体内的炮瞄雷达、光电跟踪和测距装置、火控计算机以及火炮构成。牵引高射炮系统一般由炮瞄雷达、高炮射击指挥仪、电源机组和多门高射炮构成。

高射炮按口径分为小口径、中口径和大口径高射炮。口径小于60mm的为小口径高射炮,60~100mm的为中口径高射炮,超过100mm的为大口径高射炮。小口径高射炮有的弹丸配用触发引信,靠直接命中毁伤目标;有的配用近炸引信,靠弹丸破片毁伤目标。大、中口径高射炮的弹丸配用时间引信和近炸引信,靠弹丸破片毁伤目标。20世纪60年代以后,有些国家用地空导弹逐步取代了大、中口径高射炮。但由于地空导弹在低空存在射击死区,因此小口径高射炮仍获得发展。

在对空作战中,高射炮系统的炮瞄雷达根据目标指示雷达提供的目标信息,搜索、识别和跟踪目标,测量出目标现在坐标(目标的斜距离、方位角和高低角),并将其不断地传给高炮射击指挥仪。指挥仪根据目标现在坐标和有关参数决定对目标射击的提前点位置,算出射击诸元(提前方位角、射角和引信值),并将其不断地传送给火炮随动装置。随动装置根据射角和方位角诸元驱动火炮,使炮身处于发射位置,以便进行射击。大、中口径高射炮的随动装置还控制引信测合机装定引信分划,使引信适时起爆弹丸毁伤目标。

第一次世界大战中,使用了光学测距机、听音机、探照灯等配合高射炮对空作战。20世纪30年代,采用机械模拟式指挥仪计算射击诸元,用电缆同时向各炮传送射击诸元,缩短了传送时间,提高了射击精度。第二次世界大战期间,以炮瞄雷达、机电指挥仪和火炮组成的高射炮系统能在全天候条件下测定目标坐标,并提高了精度。火炮上增加了随动装置,能自动瞄准,消除了人工操作的误差,提高了瞄准速度。20世纪60年代以来,出现了自行高射炮系统,有的系统采用了红外、电视跟踪和激光测距,配合雷达对目标实施观测,并配用多功能的数字式火控计算机,使求取射击诸元的速度和精度进一步提高,抗干扰能力进一步增强,反应时间进一步缩短。随着现代空袭兵器的飞速发展,结合近期世界局部战争的特点,近年来一些军事强国加紧了对新概念高射炮的研制,且不断有新技术、新成果、新产品问世,并呈现出全新的发展趋势。

著名高射炮系统有美国M167A2"火神"20mm 6管自行高射炮系统、M247"约克中士"40mm自行高射炮系统,俄罗斯ZSU-23-4式23mm自行高射炮系统、"通古斯卡"自行高射炮系统,瑞士"厄利空"35mm双管牵引高射炮系统、35/1000式35mm高炮系统,德国"猎豹"35mm双管自行高射炮系统(见图4.33),法国AMX30式30mm自行高射炮系统,英国"神枪手"35mm双管自行高射炮系统,意大利"奥托"76mm自行高射炮系统,意大利"奥托"四管25mm自行高炮,日本87式35mm自行高射炮系统,中国87式25mm双管牵引高射炮系统、95式25mm四管自行高射炮系统、PGZ-07式双管35mm自行高炮(见图4.34)、PGZ-09式转膛35mm自行高炮等。德国"猎豹"35mm双管自行高射炮系统,是当今世界上战术技术性能最优越,结构最复杂,造价也最高的高射炮系统之一,主要用来跟进掩护装甲部队,也可射击地面目标。该高射炮系统机动性强,可在各种地形上高速行驶,火控系统包括雷达、光电和光学三套装置,适应在各种干扰下持续作战,具有三防能力。该高射炮系统有效射程4000m,有效射高3000m,战斗全重46.3t,越野速度40km/h,系统反应时间6~8s。

图4.33 德国"猎豹"35mm双管自行高射炮系统

图4.34 中国PGZ-07式35mm自行高炮

2. 防空导弹

防空导弹是指由地面或舰艇发射、拦截空中目标的导弹,西方也称为面空导弹。防空导弹主要用来拦截包括攻击机、轰炸机、武装直升机、巡航导弹和战术弹道导弹在内的多种空中目标。防空导弹种类和型号很多,其设备构成差异很大,但都具有不可缺少的功能设备,从而实现搜索指挥、目标识别、目标跟踪、导弹发射、导弹制导和杀伤目标等功能。

从 20 世纪 40 年代初德国开始,世界上的防空导弹已研制了三代,目前还在发展第四代。第一代防空导弹是 20 世纪 50 年代研制的,用于国土防空和海上防空,以攻击高空侦察机和轰炸机为主。导弹大多采用无线电指令制导技术,制导方式单一,抗干扰能力差,只能对付单个低速空中目标。主发动机是液体火箭发动机或冲压喷气发动机,导弹体积大,系统复杂,机动性差。第二代于 20 世纪 60 年代开始研制,70 年代服役,主要用于野战防空、海上近程防空或要地防空。导弹多数采用单级固体火箭推进,采用微波、激光、红外或光电复合制导技术,火控雷达为脉冲多普勒搜索雷达或单脉冲跟踪雷达,以光电跟踪设备为辅,系统结构相对简化,导弹小而轻便,反应时间较短(10s 左右),并有一定的抗干扰能力。第三代于 20 世纪 70 年代研制,80 年代开始服役。导弹采用性能更好的固体火箭发动机和高比冲推进剂,以及大规模、超大规模集成电路等微型电子器件,导弹的体积小、重量更轻,可靠性更高,机动性更好。中高空、中远程防空导弹的火控系统采用多功能相控阵雷达和计算机信息处理设备,能同时引导多枚导弹攻击多个目标,具有较强的抗干扰能力,不仅能反飞机,也有一定的反战术弹道导弹的能力。低空近程防空导弹的火控系统,有的采用雷达、红外、光学等多元探测系统,有的采用相控阵雷达,具有多目标作战能力。便携式防空导弹多采用红外导引头、红外成像导引头或红外/紫外双模导引头,发射后能自主攻击目标,抗干扰性能好。第四代是目前正在研制,中远程防空导弹都具有反战术弹道导弹的能力;在空气动力方面采用了无翼式布局和攻角技术;推进系统采用高能推进剂;弹上制导系统和姿态控制系统采用数字控制技术;武器系统采用了相控阵制导雷达,能同时对付多个目标;同时采用多种抗干扰技术,提高了系统的抗干扰能力,并强调了系统的可靠性、可用性和可维护性等。近程和便携式防空导弹的主要技术采用被动红外制导方式,提高抗干扰能力;采用近炸和触发双重引信,提高对目标摧毁能力;增加射程和快速反应能力,提高拦截巡航导弹能力。

防空导弹按作战用途分主要有国土防空、野战防空和海上防空导弹三类。按射程主要可以分为中长程防空导弹、短程防空导弹以及近程防空导弹。在中长程面防空导弹中,还有一类是专门或者是设计上兼具对付弹道导弹的系统,又可以称为反弹道导弹,以发射载具分地空导弹和舰空导弹。

地空导弹,是指从陆地上发射,用来拦截飞机、导弹等空中目标的导弹武器,是现代防空武器系统中的一个重要组成部分。其作战火力单元一般由导弹、发射装置、搜索探测设备、制导设备、指挥控制设备和技术保障设备等组成。由于作战任务、战斗性能、使用原则和所用技术等方面的不同,地空导弹系统的具体组成和构造差别很大,简单的可由单兵携带,有的可装在一辆单车上,复杂的至少需要几辆、甚至十几或几十辆车装载。导弹是整个地空导弹武器系统的核心,一般由弹体、弹上制导装备、战斗部和动力装置等组成。

地空导弹种类繁多,各国分类方法和标准也不尽相同,按最大射程可分为远程、中程、近程和短程,一般最大射程在 100km 以上的称为远程,20~100km 之间的称为中程,10~20km 的称为近程,10km 以内的称为短程;按射高分为高空、中空、低空和超低空四类;按地面机动性分为固定、半固定、机动式三种,其中机动式又分为自行式、牵引式和便携式地空导弹等。

射程在 40km 以上,射高在 20km 以上的地空导弹,称为中高空中远程地空导弹。这类导弹中,射程最远的是俄罗斯 AS-5 导弹,射程 250km;射高最大的是俄罗斯 AS-2 导弹,射高 34km;单发命中率最高的是美国"爱国者"导弹,单发命中率 90%以上;弹体最长的是俄罗斯 AS-5 导弹,弹长 16.5m;发射质量最大的也是俄罗斯 AS-5 导弹,重 10000kg;飞行速度最大的是俄罗斯 AS-12,最大速度马赫数 5~6;战斗部最重的是美国"奈基"Ⅱ导弹,战斗部重 545kg。中国 HQ-9B 远程地空导弹,最大射程可达 200km,最大射高 18000m。图 4.35 为中国 HQ-9B 远程地空导弹营发射现场。

图 4.35 中国 HQ-9B 地空导弹发射现场

射程为 15~40km,射高为 6~20km 的导弹,称为中低空中近程地空导弹。这类导弹中,射程最大的是美国的"改霍克",射程 40km;射高最大的也是"改霍克"导弹,射高 18km;弹体最长的是俄罗斯 SA-3,弹长 5.95m;发射质量最大的也是俄罗斯 SA-3,重 925kg;飞行速度最大的是俄罗斯 SA-11,最大速度马赫数 2.9;战斗部最重的是俄罗斯 SA-1,战斗部重 3.84kg。

射程在 15km 以下,射高在 6km 以下的导弹,称为低空近程地空导弹。这类导弹中,射程最远的是瑞士"天空卫士-麻雀",最大射程 13km;射程最小的是俄罗斯 SA-9,射程 0.2km;射高最大的是俄罗斯 SA-9,射高 6km;射高最小的是英国的"长剑",射高 0.01km;弹长最长的是瑞士"防空卫士-麻雀",弹长 3.66m;发射质量最大的也是瑞士"防空卫士-座雀",重 204kg;飞行速度最大的是意大利"靛",最大速度马赫数 2.5;战斗部质量最大的是俄罗斯 SA-8,重 50kg。

早在第二次世界大战时期,纳粹德国为了对付盟国飞机的袭击,研制了"瀑布""龙胆""蝴蝶"及"莱茵之女"等地空导弹。战后以来,地空导弹的发展主要还是美、苏垄断,它们的技术水平基本代表了地空导弹的最高水平。从 20 世纪 60 年代以来,中国、英国、法国、德国、意大利、瑞士、瑞典等近 10 个国家已能程度不同地研制和生产地空导弹。目前,世界上已有 40 多个型号服役,各型地空导弹的生产量已超过 40 万枚,有 30 多个国家通过不同的方式购买并装备了这种武器。战后地空导弹的发展主要可分为四代。第一代地空导弹是战后至 20 世纪 50 年代末期研制的导弹,其主要代表型为美国的"波马克"和"奈基"Ⅰ、Ⅱ型导弹,俄罗斯的 SA-1 和 SA-2,一般射程可达 50km 左右,个别达 140km,射高也能达 30km 左右,因而对飞机形成了一定的威胁。第二代地空导弹是 20 世纪 50 年代末至 60 年代末发展的导弹,最有代表性的型号有:在中高空中近程地空导弹方面,有美国"霍克"和俄罗斯 SA-3、SA-6 等;在低空近程导弹方面,有美国的"小榭树""红眼",俄罗斯的 SA-7 等。中高空中远程导弹也有重大发展,俄罗斯研制成功 SA-4、SA-5 两型导弹。此间英国还发展了一型中高中远程地空导弹"警犬"Ⅱ,射程 84km,射高 0.5~27km。第三代地空导弹是 20 世纪 60 年代末至 70 年代末发展的导弹,其主要代表型有:

美国"毒刺",俄罗斯SA-8、SA-9,英国"山猫""轻剑""吹管",法国"响尾蛇",法国和德国合研"罗兰特"及瑞典RBS-70等。第四代地空导弹是20世纪70年代末以后发展的导弹,其代表型有美国"爱国者""改霍克""罗兰特",俄罗斯SA-12、SA-13,美国和瑞士联合研制"阿达茨",法国"西北风",英国"轻剑"2000、"星光",德国"罗兰特",法国"夏安",日本81式,意大利"防空卫士",中国"红旗""红缨"等。美国"爱国者"PAC-3(见图4.36),是具有反导能力的中高空地空导弹武器,采用毫米波主动寻的末制导、姿控直接力/气动力复合控制、碰撞杀伤增强技术,具有对付射程为1000km战术弹道导弹的能力。最大拦截高度20km,最小拦截高度300m,最大拦截距离50km,最小拦截距离500m,最大飞行速度马赫数5。

图4.36 美国"爱国者"PAC-3地空导弹

舰空导弹,从舰艇发射攻击空中目标的导弹,是舰艇主要防空武器。它与舰艇上的指挥控制、探测跟踪、水平稳定、发射系统等构成舰空导弹武器系统。舰空导弹的最大射程达100km以上,最大射高20km以上,飞行速度为数倍声速。其动力装置多为固体火箭发动机,也有用冲压喷气发动机的。制导方式一般采用遥控制导或寻的制导,有的采用复合制导。战斗部多采用普通装药,由近炸或触发组合式引信起爆。

舰空导弹主要发展趋势是:采用垂直发射、复合制导、抗干扰技术和智能技术等,使舰空导弹武器系统成为快速反应、高发射率、高速机动、高杀伤力和自动寻的精密制导与多种防空武器联合作战的系统。

按射程分为远程舰空导弹、中程舰空导弹、近程舰空导弹;按射高分为高空舰空导弹、中空舰空导弹、低空舰空导弹和超低空舰空导弹;按作战使用分为舰艇编队防空导弹和单舰艇防空导弹。

著名舰空导弹有美国"黄铜骑士""小猎犬""鞑靼人""标准""海麻雀""海上小槲树""拉姆",俄罗斯SA-N-1"果阿"、SA-N-6"雷声"、SA-N-7"牛虻""格布卡""施基利"-1、"里夫"-M,英国"海蛇""海狼""海猫""海标枪",法国"海响尾蛇""萨德拉尔",意大利"信天翁""紫菀""蝮蛇(阿斯派德)",中国"海红旗""巨浪"等。美国"拉姆"近程舰空导弹(见图4.37),弹长2.8m,弹径0.127m,弹重73.5kg,战斗部重11.3kg,速度为马赫数1.5~2,作战拦截距离为9.3km,作战拦截高度12km,单发拦截概率为84.6%。"拉姆"采用红外和红外成像导引头,除了抗干扰方面的考虑外,很大原因是为了对付超声速反舰导弹的突防,拦截面更宽,除了亚声速反舰导弹,还有超声速反舰导弹。

图 4.37　美国"拉姆"近程舰空导弹

3. 弹炮结合防空武器系统

弹炮结合防空系统,是由防空导弹和高射炮相结合构成的低空近程防空武器系统。综合了防空导弹射击精度高、单发杀伤概率大、射程较远的优点和高射炮快速机动、持续射击、抗干扰能力强、成本低的优点,是抗击低空、超低空目标的有效武器。

弹炮结合防空武器系统分为两类:一类通常称为"软结合",是将防空导弹、高射炮及其火控设备分开配置,实行统一作战指挥和情报保障的防空武器系统;另一类通常称为"硬结合",是将防空空导弹、高射炮及其火控设备与车体融为一体的整体式防空武器系统。

弹炮结合防空武器系统按配制一般分为陆基弹炮结合防空武器系统和舰载弹炮结合防空武器系统。陆基弹炮结合防空武器系统又可细分为要地防空(城防)弹炮结合防空武器系统和野战弹炮结合防空武器系统。由于要地防空弹炮结合防空武器系统一般直接借用野战弹炮结合防空武器系统,或者采用"软结合"系统,因此陆基弹炮结合防空武器系统一般不予区分,并简称弹炮结合防空武器系统。舰载高射炮系统不仅防空袭,而且还兼顾防鱼雷等来自水面和水中的袭击,一般称为舰载近程防御武器系统。

现代舰载近程防御武器系统主要包括近程舰空导弹、小口径高射速多管自动炮和火控子系统。典型舰载近程防御武器系统有俄罗斯"卡什坦"弹炮结合近防系统(见图4.38),是一种将大威力火炮、多用途导弹和一体式雷达—光电火控系统集成在一个炮塔上的防空系统,主要用于防御精确制导武器、飞机和直升机的空袭,也能攻击海上小型目标。"卡什坦"采用模块化结构设计,体积小,重量轻,可配装在多种舰艇上,还可以作为陆基防御武器。根据舰艇排水量和作战任务的不同,指挥模块和作战模块可灵活地组成多种配置形式。"卡什坦"系统将2门30mm 6管舰炮与8枚SA-N-11导弹安装在同一基座上,两者同时回旋、俯仰、接收同一火控系统的控制信息,统一分配目标。"卡什坦"系统配备SA-N-11防空导弹,战斗部重9kg,射程为1.5~10km,有效射程8km,最大射高6km。弹药基数为32枚,发射器上8枚。2门30mm 6管舰炮射速高达10000r/min,有效射程为0.5~1.5km,最大射程可达4km,最大射高3km,弹药基数1000发。这种弹炮一体化的设计,将防空导弹和小口径速射炮在不同距离拦截来袭导弹的优势发挥得淋漓尽致,不仅提高了武器系统的利用率,而且提高了武器系统的综合作战能力和快速反应能力。

正因为弹炮结合的武器系统具有鲜明的优势,国际上一些武器系统专家认为发展"弹炮合一"的舰载近程防御武器系统是21世纪的必然趋势。这种弹炮结合舰载近程防御武器系统还有美国"拉姆"综合防御系统("拉姆"导弹与"密集阵"系统结合)、"密集阵"综合防御系统("密集阵"系统与"毒刺"导弹结合),法国"萨摩斯"近程防御系统(4枚"西北风"导弹与"复仇者"30mm7管转管炮结合)等。

图 4.38　俄罗斯"卡什坦"弹炮结合近防系统

陆基弹炮结合防空武器系统中,导弹通常为联装的低空近程导弹,射程一般为4~8km;高射炮通常为多管小口径高射炮或防空火箭炮,射程一般为2~3km。具有全天候作战能力。整个系统反应时间不超过9s。自行式弹炮结合防空武器系统能实施行进间射击。新型弹炮结合防空武器系统多数选用了分别独立攻击目标的导弹和高射炮,导弹一般为"发射后不管"类型,能在短时间内同时攻击多个目标。采用抗电子干扰能力较强的光电火控系统,主要有光学瞄准具、电视/红外跟踪仪和激光测距机等。弹炮结合防空武器系统将向抗击多种、多个目标和反导弹方向发展,具备抗击巡航导弹的能力、较强的抗电子干扰能力和机动性。

著名陆基弹炮结合防空武器系统有俄罗斯"通古斯卡"弹炮结合自行防空系统(见图4.39),该系统可在静止或行进间攻击目标,在打击较远的目标时使用导弹,并使用火炮打击抵近目标。整个系统的设计目标是打击固定翼飞机、直升机和空袭导弹,同时也可消灭地面目标。"通古斯卡"载有8枚SA-19"格里森"地空导弹,弹重40kg,战斗部重9kg,最大速度为900m/s,可打击最大飞行速度为500m/s的运动目标,打击地面目标的射程为15~6000m,打击空中目标的射程为15~10000m。"通古斯卡"装备2门双管30mm防空自动炮,最大射速为5000r/min,有效射程4000m,有效射高3000m。"通古斯卡"装备目标截获雷达和目标跟踪雷达各一门,还装备光学瞄准具、数字计算系统、倾角测量系统和导弹设备,搜索雷达作用距离18km,跟踪雷达作用距离13km。系统全重34t,最大公路行驶速度65km/h。这种弹炮结合防空武器系统还有俄罗斯"铠甲"-C1弹炮合一自行防空系统(履带式和车载式),"铠甲"载有12枚射程为20km的9M335地空导弹和2门30mm口径2A72高炮,可同时发现并跟踪20个目标,能够自动选择使用导弹或者高炮来摧毁目标,既可在固定状态下,也可在行进中对其中4个目标实施打击。"铠甲"除用于拦截巡航导弹、反雷达辐射导弹、制导炸弹、各种有人和无人驾驶战机外,还可打击地面和水中轻装甲目标以及有生力量。中国PGZ-04A25mm弹炮综合防空系统(见图4.40),采用了全履带装甲车底盘,底盘上安装了一种新型的由一人操作的电控炮塔,炮塔上安装了 4 门 25mm 高炮和 4 枚发射后不用管的"前卫"-2 地空导弹。在炮塔下部的两侧装有 4 个电控前射烟雾榴弹发射器,用于进行自我伪装和保护。炮塔的顶部安装了一个多普勒脉冲搜索雷达,雷达的最大搜索半径为 11km。弹炮结合防空武器系统还有美国"运动衫"-25、意大利"西达姆"等。

图 4.39　俄罗斯"通古斯卡"弹炮结合自行防空系统　图 4.40　中国 PGZ-04A25mm 弹炮综合防空系统

4.6　空战武器装备的发展方向

随着航天、航空技术的发展,空袭兵器性能发生了质的飞跃,各种高性能的战略战斗轰炸机,以及空中侦察机、电子战飞机、空中加油机等投入使用,使空袭命中精度和远程作战能力空前提高,空袭在现代战争中的地位越来越突出。目前,作战飞机已经发展到第四代,正向第五代发展,其中远程战略轰炸机经空中加油后可作全球飞行。机载武器,也由第二次世界大战时的普通航炮、炸弹,发展到以各种精确制导导弹、炸弹为主的时代,各种战略导弹、潜射导弹射程更远,命中精度更高,与战略轰炸机构成了三位一体的战略进攻力量。此外,战略巡航导弹和正在研制的多种航空兵器,都有全球范围的机动能力……空袭兵器的飞速发展,使空袭作为一种独立的战争样式,出现在战争舞台。未来战争,来自空中的威胁越来越大,防空袭作为一项战略防护措施,在现代战争中越来越显示出不可替代的作用。

1. 空袭武器发展趋势

(1) 空袭武器由单一飞机发展为多种武器。为了空袭武器,不仅有高性能固定翼战机,还有武装直升机以及无人攻击机等。所携带的武器由普通炸弹发展到精确制导炸弹、防区外发射导弹、空射巡航导弹等多种类型的精确制导武器。在弹头方面出现了可攻击坚固装甲目标的贫铀弹、可攻击地下加固目标的钻地弹、可精确攻击地面多个目标的灵巧子弹药,以及攻击电力设施战略目标的石墨炸弹等特种武器。

(2) 空袭时间由白天发展到全天候。先进的红外夜视器材和导航星全球定位系统大量用于实战,空袭发起的首攻从白天转向夜间。特别是大量采用卫星导航定位技术之后,飞机及其机载武器对目标的定位能力大为提高,阴云密布、雨雪天气的不良气候不再是阻挡空袭行动的一道屏障了。

(3) 空袭空间由战区作战发展到全球打击。随着飞机和导弹总体技术、推进技术、航空电子技术、材料技术等的发展及其在空袭武器上的广泛应用,空袭武器的飞行距离越来越远。现代战机都具有空中加油能力,因此具有洲际打击能力。今后,随着技术等的进一步发展,还将可能出现跨越大气层飞行的空间战斗机、无人作战飞机,可对地球上任何指定目标实施精确打击。

(4) 空袭方式由狂轰滥炸发展成精确打击。技术和装备的发展使得轰炸模式从"地毯式"的狂轰滥炸发展成为"点穴式"的精确打击。空袭武器除了远程隐身轰炸机、弹道导弹、巡航导弹、防区外导弹以外,还可能出现空天飞机、空天面打击系统,无人作战飞机也将能够携带小型精确制导弹药。在将来,远程隐身轰炸机携带一个无人攻击机机群对地面集群目标分别发射精确制导弹药实施精确打击,而周围无辜建筑无一损失的情景不足为奇了。

2. 防空武器发展趋势

(1) 防空武器形成完整的体系。不同种类、不同类型的防空武器搭配使用,构成了远、中、近程,高、中、低全空域覆盖的防空火力网,这个火力网在指挥信息系统的协调、指挥下,能有效对付各种类型的空袭武器。战斗机承担 100km 以远的超远距离拦截任务。远、中、近距离的防空作战任务主要由中高空、中远程防空导弹,低空近程防空导弹,便携式防空导弹,一体化的弹炮结合防空武器系统以及防空高射炮等承担。

(2) 扩大防空系统的防御区域。未来的防空系统所对付的目标不仅是各型飞机,也包括各种战术地地弹道导弹和巡航导弹。在防空和反导的组织管理上实现一体化,在指挥控制和预警系统的发展上实现一体化,防空和反导武器一体化。

(3) 重点发展反弹道导弹和反巡航导弹的防空武器系统。防空武器发展比较成熟,而反导,尤其是反弹道导弹和巡航导弹武器将是防空武器系统的研制重点。

(4) 高炮系统在防空中仍将发挥重要作用。随着新一代防空导弹系统性能的不断提高,高炮在防空拦截武器中的地位有一定程度的下降。但它与低空近程防空导弹紧密配合,形成一体化的弹炮结合防空系统的趋势仍在发展。与防空导弹系统比较,高炮具有反应快、机动灵活、抗干扰能力强、成本低等优势。在近距离防空中它仍然是不可缺少的武器。特别是对于发展中国家而言,未来相当长时间内,高炮仍然是它们的主要防空武器。

(5) 建设一体化的防空武器系统。由于使用任何一种防空力量或防空兵器单独作战都难以完成任务和取得胜利,因此,要加强防空 C^4I 的建设,力求做到联合作战,统一指挥,才能最大限度地发挥整体作战效能。现代战争中,具有电子战功能的 C^4I 系统是夺取空袭与反空袭作战胜利的重要因素,建设一体化的防空 C^4I/电子战系统是提高防空作战效能的关键,也是防空系统发展的必然趋势。

第5章 火箭军武器装备

5.1 概 述

强军是强国的一个重要战略支撑,改革是强军的重要手段。随着国防和军队改革深入推进,2015年12月31日,中国人民解放军陆军领导机构、中国人民解放军火箭军、中国人民解放军战略支援部队成立大会在八一大楼隆重举行,标志着我军领导体制和结构改革取得重大进展。新成立的火箭军前身是中国人民解放军"第二炮兵部队"(中国导弹部队),简称"二炮"。20世纪冷战时期,我国受到以美国为首的西方国家围堵,在50年代决定发展自身的战略核力量,开始了战略导弹的研究和部队的组建工作,1959年组建第一支地地导弹部队。1966年7月1日,正式成立中国战略导弹部队,这支部队由时任总理周恩来命名为"第二炮兵","二炮"是一支由中央军委直接领导指挥的战略性独立兵种。军委主席习近平给火箭军的训词是:火箭军是我国战略威慑的核心力量,是我国大国地位的战略支撑,是维护国家安全的重要基石。火箭军全体官兵要把握火箭军的职能定位和使命任务,按照核常兼备、全域慑战的战略要求,增强可信可靠的核威慑和核反击能力,加强中远程精确打击力量建设,增强战略制衡能力,努力建设一支强大的现代化火箭军。

据2013年的中国国防白皮书介绍,"二炮"是中国战略威慑的核心力量,主要担负遏制他国对中国使用核武器、遂核反击和常规导弹精确打击任务,下辖导弹基地、训练基地、专业保障部队、院校和科研机构等,由核导弹部队、常规导弹部队、作战保障部队等组成。按照精干有效的原则,"二炮"加快推进信息化转型,依靠科技进步推动武器装备自主创新,利用成熟技术有重点、有选择改进现有装备,提高导弹武器的安全性、可靠性、有效性,完善核常兼备的力量体系,增强快速反应、有效突防、精确打击、综合毁伤和生存防护能力,战略威慑与核反击、常规精确打击能力稳步提升。目前,装备"东风"系列多种型号的地地战略导弹、战役战术常规导弹和"长剑"巡航导弹,具有全天候发射能力。

火箭军看似只是改了一个名字,实际上透露出许多重要信息。第二炮兵更名为火箭军后将从过去的兵种提升为继陆、海、空后的第四个军种,军种一般都包括若干个兵种和专业兵,编制、装备、战斗力都将极大提升,特别是这支部队将是一支"核常兼备"的部队,肩负核威慑和常规作战两大任务,未来将有可能要直接参加军事战斗,将全面提升中国军队联合作战能力。

本章主要介绍火箭军武器装备,包括"东风"系列导弹武器和"长剑"巡航导弹,同时也介绍美国、俄罗斯、日本、韩国等国装备的战略导弹武器以及反导武器系统。

5.2 弹道导弹

弹道导弹是从地面、海面或水下发射,打击地面固定目标的地地导弹,其飞行轨迹一般事先经过严格计算,由火箭发动机送至预定高度并达到预定速度后,发动机关机。导弹由于惯性作用沿弹道曲线飞向目标,其大部分弹道处于稀薄大气层或外大气层。弹道导弹的弹道特征如图 5.1 所示。

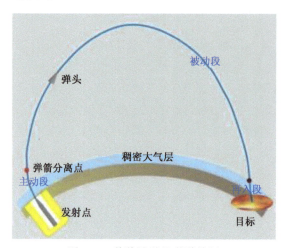

图 5.1 弹道导弹的弹道特征

这种导弹的整个弹道分为主动段和被动段。主动段弹道是导弹在火箭发动机推力和制导系统作用下,从发射点起到火箭发动机关机时的飞行轨迹;被动段弹道是导弹从火箭发动机关机点到弹头爆炸点,按照在主动段终点获得的给定速度和弹道倾角做惯性飞行的轨迹,反舰弹道导弹的弹道特征如图 5.2 所示。弹道导弹是实现远程精确打击的首选和主导武器之一,一般作为战略武器使用,洲际弹道导弹发射示意图如图 5.3 所示。

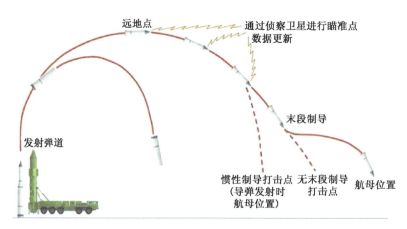

图 5.2 反舰弹道导弹的弹道特征

弹道导弹沿着一条预定的弹道飞行,攻击地面固定目标。弹道导弹通常采用垂直发

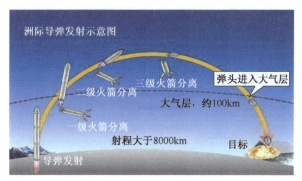

图 5.3　洲际弹道导弹发射示意图

射方式,使导弹平稳起飞上升,能缩短在大气层中飞行的距离,以最少的能量损失克服作用于导弹上的空气阻力和地心引力。弹道导弹大部分弹道处于稀薄大气层或外大气层内,采用火箭发动机,不依赖大气层中的氧气助燃。弹道导弹的火箭发动机推力大,能串联、并联使用,可将较重的弹头投向较远的距离。弹道导弹飞行姿态的修正,用改变推力方向的方法实现。弹道导弹的弹体各级之间、弹头与弹体之间的连接通常采取分离式结构,当火箭发动机完成推进任务时,即行抛掉,最后只有弹头飞向目标。弹道导弹的弹头再入大气层时,产生强烈的气动加热,因而需要采取防热措施。弹道导弹无弹翼,没有或者只有很小的尾翼,起飞质量和体积大。为提高突防和打击多个目标的能力,战略弹道导弹可携带多弹头(集束式多弹头或分导式多弹头)和突防装置;有的弹道导弹弹头还带有末制导系统,用于机动飞行,准确攻击目标。

弹道导弹的主要特点:弹体庞大(起飞质量可达 220t)、速度快(高空飞行速度可达马赫数 13~14,再入大气层后行速度也可达到马赫数 6~7 以上)、射程远(洲际弹道导弹射程可达 16000km)、精度高(11400km 射程的误差仅为 120m)、打击威力大(最大 TNT 当量可达 2.5×10^7t)。

弹道导弹按作战应用分为战略弹道导弹、战役弹道导弹和战术弹道导弹;按发射点与目标位置分为地地弹道导弹和潜地弹道导弹;按射程分为洲际、远程、中程和近程弹道导弹;按使用推进剂分为液体推进剂和固体推进剂弹道导弹;按结构分为单级和多级弹道导弹;按发射方式分为地下井发射、地面机动发射和水下机动发射等。一般而言,射程超过 8000km 的称为洲际导弹,射程大于 5000km 的称为远程导弹;射程在 1000km 以上,5000km 以下的称为中程导弹。目前,洲际导弹的最大射程约为 16700km,足以攻击地球上任何目标。

远程弹道导弹主要是实现战略进攻,常采用地下井发射(见图 5.4)。这种固定的地下井发射系统易于隐蔽,而且可以做得足够坚固,在一定程度上能够抗原子袭击。它的一切发射准备工作都可自动、半自动化地在地下进行,动作敏捷,有的只需 1min 就可发射出去,容易完成突然袭击任务。但是,固定地下井发射基地有其固有的弱点,即当被敌方发现之后,它就将一直处于敌方战略导弹的监视之下了。为解决此问题,除了把地下井发射基地做得可以完全抗原子袭击或加强基地的对空防御之外,现在可以实现远程弹道导弹的机动发射,既可在陆地上实现铁道机动发射和公路机动发射,也可在海洋中实现潜艇机动发射。中远程弹道导弹的发射方式较为多样化,根据战略作战的方案,可以采用地下井发射，也可以采用地面机动发射系统，还可以由核潜艇进行发射。对于这类导弹，近年来有往机动发射系统发展的趋势。由于核潜艇可以很隐蔽地潜伏在敌方海岸附近，因此从核潜艇上发射中远程导弹甚至中程导弹，可以起到远程导弹的战略效果，这是又一种很有效的机动发射方式。中程弹道导弹一般都采用机动发射方式（包括陆上和海上），也有少数采用地下发射或半固定基地发射（即作战时将导弹运至备好的基地上进行发射）。

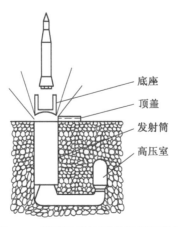

图 5.4 弹道导弹地下井发射示意图

世界著名弹道导弹有美国"和平卫士"MGM-118A 战略弹道导弹（见图 5.5）、"三叉戟"2-D5 潜射弹道导弹、"侏儒"战略弹道导弹、"民兵"Ⅲ弹道导弹、"潘兴"Ⅱ战术弹道导弹、"布劳克"MGM—140 战术导弹、"北极星"UGM-27C 潜射弹道导弹、"海神 C-3"潜射弹道导弹，俄罗斯"白杨-M"SS-27 战略弹道导弹（见图 5.6）、"轻舟"RSM-54 潜射弹道导弹、"圆锤"SS-N-30 潜射弹道导弹，中国 DF-5B 洲际弹道导弹（见图 5.7）、DF-15B 近程战术弹道导弹（见图 5.8）、DF-16 中程弹道导弹（见图 5.9）、DF-21D 反舰弹道导弹（见图 5.10）、DF-26 中程弹道导弹（见图 5.11）、DF-31AG 洲际弹道导弹（见图 5.12）、DF-41 洲际弹道导弹（见图 5.13）、JL-2 潜射弹道导弹（见图 5.14）等。一般认为美国的"和平卫士"洲际弹道导弹是最先进的弹道导弹，可装载 10 枚当量分别为 4.75×10^5t 的 W-87 型核弹头，其圆周公算偏差值在 100m 以内，可说是现今最精确有效的弹头，有足够的能力摧毁任何强化工事目标，包括特别强化的陆基洲际弹道导弹掩体及首长的防护掩体。"和平卫士"最大射程 11100km，起飞质量 87750kg，发射方式为地下井冷发射或地面机动发射。据报道，中国 DF-41 弹道导弹，是目前中国军方对外公布的战略核导弹系统中的最先进系统之一。采用三级固体运载火箭作为动力，最大射程可达约 14000km，精度 100~200m。采用公路机动平台、铁路机动平台、加固地井发射三种方式部署，其中公路机动平台为集储存—运输—发射一体化三用拖车，导弹置于拖车的弹舱内，在运输状态下呈封闭状态，发射前舱门开启，导弹通过液压装置起竖发射，同时具有一定的越野性能。DF-41 采用多弹头独立重返大气层载具（MIRV）技术，从而实现了运载火箭及分弹头自适应变轨。该技术让每个分弹头都有独立的飞行弹道，可调整轨迹攻击不同目标。DF-41 可携带分导核弹头，可视情况携带 3 枚、6 枚、10 枚，分弹头在飞行末段可攻击不同目标，能大幅降低反导系统的效能。DF-41 火箭发动机末端采用可变的燃气舵可以使得弹道导弹进行机动变轨，改变之前导弹基本上沿着不变的飞行弹道轨道，从而有效突破敌方防御系统的拦截。

图 5.5　美国"和平卫士"弹道导弹

图 5.6　俄罗斯"白杨-M"弹道导弹

图 5.7　中国 DF-5B 洲际弹道导弹

图 5.8　中国 DF-15B 近程战术弹道导弹

图 5.9　中国 DF-16 中程弹道导弹

图 5.10　中国 DF-21D 反舰弹道导弹

图 5.11　中国 DF-26 中程弹道导弹

图 5.12　中国 DF-31AG 洲际弹道导弹

图 5.13　中国 DF-41 洲际弹道导弹

图 5.14　中国 JL-2 潜射弹道导弹

弹道导弹按射程、弹头数、动力系统和作战应用的分类如图 5.15 所示。

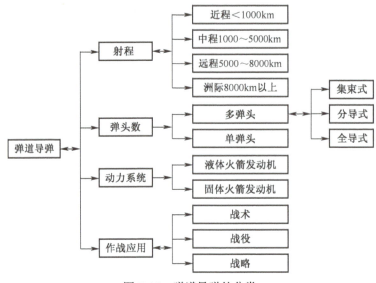

图 5.15　弹道导弹的分类

5.3　巡　航　导　弹

巡航导弹,旧称飞航式导弹,是一种主要以巡航状态在稠密大气层内飞行的导弹。巡航状态指的是导弹在火箭助推器加速后,主发动机的推力与阻力平衡,弹翼的升力与重力平衡,以近于恒速、等高度飞行的状态。在这种状态下,单位航程的耗油量最少。其飞行弹道通常由起飞爬升段、巡航(水平飞行)段和俯冲段组成。图 5.16 为一种反舰巡航导弹的典型弹道示意图,分为助推爬升段、平飞段、捕捉到目标后的攻击段。

巡航导弹可从地面、空中、水面或水下发射(部分潜艇也可发射),攻击固定目标或活动目标。既可作为战术武器,也可作为战略武器。巡航导弹主要由弹体、制导系统、动力装置和战斗部组成。弹体包括壳体和弹翼等,通常用铝合金或复合材料制成。弹翼有固定式和折叠式,为便于储存和发射,折叠式弹翼在导弹发射前呈折叠状态,发射后,主翼和

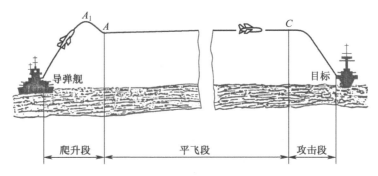

图 5.16　巡航导弹的典型弹道示意图

尾翼相继展开。制导系统常采用惯性、遥控、主动寻的制导或复合制导。远程巡航导弹一般采用惯性—地形匹配制导系统,利用地形匹配制导修正惯性制导的误差。使用卫星导航系统比惯性导航系统更精密一些。我国的"北斗"导航系统,定位、测速和授时服务,定位精度 10m,测速精度 0.2m/s,授时精度 10ns。动力装置包括主发动机和助推器,主发动机多采用小型涡轮风扇发动机或涡轮喷气发动机,也有采用冲压式喷气发动机或火箭发动机的。战斗部为普通装药或核装,多安装在导弹前段或中段。

第二次世界大战末期,德国首先研制成功 V-1 巡航导弹,用于袭击英国、荷兰和比利时。战后,美国和苏联等国家都发展了巡航导弹。美国首先研制了"斗牛士""鲨蛇"等地地巡航导弹,随后又研制"天狮星"舰载巡航导弹、"大猎犬"机载巡航导弹等十几种型号的巡航导弹。这些巡航导弹体积大,飞行速度慢,机动性差,易被对方拦截,多数在 20 世纪 50 年代末被淘汰。苏联的巡航导弹基本上是与弹道导弹同时研制的,在初期主要研制机载和舰载战术巡航导弹。

1967 年 10 月 21 日,埃及使用"蚊子"级导弹艇及苏制舰载 SS-N-2"冥河"巡航导弹,击沉以色列"埃拉特"号驱逐舰,开创了用巡航导弹击沉军舰的先例。继美、苏两国之后,中国、法国、英国、意大利等国也都研制了巡航导弹。20 世纪 70 年代,美国研制新一代的巡航导弹,采用惯性—地形匹配制导系统、效率高的小型涡轮风扇发动机、威力大的小型核弹头和微型电子计算机等新技术成果,先后研制成功 AGM-86B 机载巡航导弹和 BGM-109"战斧"舰载巡航导弹(见图 5.17)。后者还改制成机载型和车载型。其中,车载陆基"战斧"巡航导弹采用了运输—起竖—发射三用车,平时可在基地隐蔽,战时进行机动发射。苏联也研制了 SS-N-12 舰载巡航导弹和 AS-6 机载巡航导弹,还研制了新型 SS-NX-21 潜射巡航导弹、SSC-X-4 等陆基巡航导弹,并对现役型号的导弹进行了技术改进。

现代巡航导弹在 20 世纪 70 年代得到广泛的发展。不少国家已将战术巡航导弹装备部队,用于实战。在 1982 年马尔维纳斯群岛(福克兰群岛)战争中,阿根廷使用法国研制的"飞鱼"机载巡航导弹,击沉英国的"谢菲尔德"号导弹驱逐舰。美、苏两国的战略巡航导弹也装备了部队。其中,美国的陆基"战斧"战略巡航导弹,还部署在一些西欧国家。现代巡航导弹与 20 世纪 50 年代研制的巡航导弹相比,其主要特点是:体积小,重量轻,便于隐蔽和机动发射;命中精度高,可打击导弹发射井一类的坚固目标,提高了毁伤目标的效能;导弹的雷达波有效反射面小,可在低空机动飞行,对方不易发现和拦截,提高了突防

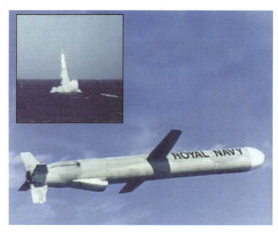

图 5.17 美国"战斧"巡航导弹

能力;既能在地面、空中发射,也能在水面、水下发射,攻击活动的和固定的各种点目标和面目标,是一种比较理想的多用途进攻性武器。展望新型巡航导弹发展,特别是远程和洲际巡航导弹,一些国家正在研制高性能和高推重比的发动机,以提高导弹的飞行速度和增大射程;选择性能好的结构材料和吸收材料,以减轻导弹的重量,减小雷达波有效反射面,进一步提高导弹的突防能力;发展新的制导系统,使导弹可自行搜索、识别和攻击目标。

20 世纪 70 年代后,诞生了以美国的"战斧"式为代表的高性能新型巡航导弹,其特点是体积小,重量轻,雷达波有效反射面小,可超低空机动飞行,不易被发现和拦截,既能在地面、空中发射,又可从水面、水下发射,命中精度高,既能核装药又可常规装药。1991 年的海湾战争中,美国向伊拉克的重要目标发射了数百枚"战斧"式巡航导弹,大都准确击中了目标。巡航导弹是长距离的发射后不管型武器,它可以自己找到目标。与其他所有的炮兵部队相同的是,巡航导弹没有任何的近距离攻击或防御力,只能进行远程轰炸。现代军事武器中最有效率的武器之一应该就是巡航导弹。AGM-86 和"战斧"型巡航导弹都可以在几百英里外发射,以超低空飞行来避免雷达和其他侦测设施,然后以无比的精确度击中战略目标。它们也可以用短程攻击的方式摧毁诸如舰船之类的战术目标。在此功能下,一枚价值 100 万美元的巡航导弹可用来摧毁或重创一艘价值 8000 万美元的战舰。此种多功能武器可以由空中、海上,或是陆地上发射,而且丝毫不影响其效率。它是依靠喷气发动机的推力和弹翼的气动升力,主要以巡航状态在大气层内飞行的导弹,曾被称为飞航式导弹。它可从地面、水面或水下发射,攻击地面、水面固定目标或移动目标。

巡航导弹主要由弹体、推进系统、制导系统和战斗部组成,图 5.18 为美国"战斧"式巡航导弹结构示意图。弹体外型与飞机相似,它包括壳体、弹翼和稳定面、操纵面等。弹翼包括主翼和尾翼,有固定式和折叠式。为使导弹便于储存和发射,采用折叠式弹翼。推进系统包括助推器和主发动机。制导系统常采用惯性、星光、遥控、寻的、图像匹配等制导方式,并多以其中两种或两种以上方式组成复合制导。攻击固定目标的巡航导弹通常采用惯性—地形匹配制导。攻击活动目标的巡航导弹多采用惯性—寻的制导。战斗部有常规战斗部,也有核战斗部。战略巡航导弹多携带威力大的核战斗部。战术巡航导弹多携带常规战斗部,也可携带核战斗部。

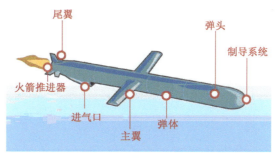

图 5.18　美国"战斧"式巡航导弹结构示意图

现代巡航导弹体积小,重量轻,弹翼可折叠,便于各种机动平台发射,因而提高了武器系统的机动性和生存能力。例如,海军攻击型核潜艇可垂直携载 12 枚,并可抵近敌沿海发射,因而可打击其纵深 1300~2500km 的重要军政目标。巡航导弹在巡航段,红外辐射特性不明显,加之它实行飞行高度控制,利用地形地物进行隐蔽飞行和绕道飞行,从而实施巡航段拦截也将十分困难,突防能力强。例如,巡航导弹在海面飞行高度 7~15m,平坦陆地为 50m 以下,山区和丘陵地带为 100m 以下,基本是随地形的起伏而不断改变飞行高度,而这一高度又都在对方雷达盲区之内,所以也很难被对方发现,极易造成攻击的突然性。巡航导弹命中精度高,可有效攻击目标。例如,射程 2500~3000km 的巡航导弹,命中误差不大于 60m,精度好的可达 10~30m,基本具有打点状硬目标的能力。巡航导弹射程远,攻击突然性大。例如,"战斧"巡航导弹射程最远达 2500km,最近为 450km,均在敌方火力网外发射,因此发射平台很难被对方发现。但是,巡航导弹由于飞行时间长,飞行速度慢,飞行高度低,航线由程序设定,无机动自由,容易受到干扰;其飞行高度又恰好在非制导常规兵器火力网之内,所以很易遭非制导常规兵器的拦击。

巡航导弹作为一种远程精确制导的高技术空袭武器装备,已成为以"非接触精确打击"为主要特点的新作战思想的重要支柱,在高技术局部战争和军事冲突中发挥了重要的威慑和杀伤作用。预计未来 10 年内,巡航导弹将大量装备和使用,这使巡航导弹防御技术变得越来越重要。在未来军事斗争准备中,巡航导弹与反巡航导弹斗争必将更加激烈复杂,必须深入研究巡航导弹的性能及作战运用,切实做好反巡航导弹的准备。

巡航导弹按作战使用可分为战略巡航导弹和战术巡航导弹;按载体平台不同可分为车载、机载、舰(潜)载巡航导弹;按射程分近、中、远程巡航导弹;按飞行速度分亚声速、超声速、高超声速巡航导弹;按隐身性能分为隐身与非隐身巡航导弹;按发射位置和目标位置的不同可分为地地、舰(潜)地、空地、舰舰和岸舰巡航导弹。著名的巡航导弹如美国"战斧"巡航导弹。

巡航导弹问世于第二次世界大战,到 20 世纪末,巡航导弹在设计思想上采用了模式化多用途设计原理,使同一种导弹靠更换某些部件或分系统就可以执行战略和战术双重任务。随着高新技术的发展,未来巡航导弹除了进一步增加射程、提高命中精度、缩短任务规划时间、增强攻击目标选择能力以外,提高突防能力便成为其重要的发展方向。

著名的巡航导弹有美国"战斧"BGM-109、"阿尔克姆"AGM-86C、"驭波者"X-51A,俄罗斯新型 Kh-555、"萨姆"SA-15、"冥河"P-15,俄罗斯和印度合研"布拉莫斯",英国"暴风影子""蓝钢",法国和英国合研"斯卡普 EG",德国"金牛座"KEPD350,中国 CJ-

10、CX-1等。

美国"战斧"巡航导弹是一种全天候从敌方防御火力圈外投射的纵深打击武器,可以从水面作战舰艇或潜艇上发射,攻击舰艇或陆上目标,主要用于对严密设防区域的目标实施精确攻击。"战斧"飞行速度快,在航行中采用惯性制导加地形匹配或卫星全球定位修正制导,可以自动调整高度和速度进行高速攻击。"战斧"是一种高生存能力武器,它的截面积很小,表层有吸收雷达波的涂层具有隐身飞行性能,涡轮风扇发动机释放出的热量很少,再加上它是低空飞行,雷达探测和红外线探测都很难发现。"战斧"最大时速891km,最大高度30km,巡航高度海上为7~15m,陆上平坦地区为60m以下,山地为150m,具有很强的低空突防能力,射程600n mile(1140km),1000磅级弹头命中精确度10m(后经改进精确度为1m)。"战斧"是美国军械库中最有威力的"防空区外发射"导弹。图5.19为美国从"新泽西"号战列舰发射"战斧"巡航导弹。

俄罗斯新型Kh-555巡航导弹(见图5.20),保持了Kh-55的传统外形结构,其所使用的R95-300涡轮风扇发动机吊装在弹体后部的下方。弹长7.45m,弹径514mm,最大发射质量2.2t、飞行速度500~1200km/h,可在50~10000m的高度飞行,射程3000~3500km,弹头可携带子母弹。

图5.19 美国从"新泽西"号战列舰发射"战斧"巡航导弹　　图5.20 俄新型Kh-555巡航导弹

中国CJ-10巡航导弹(见图5.21),是一款远程巡航导弹,射程远,性能优越,依靠先进的传感器来寻找、识别并定位目标,通过通信系统向指挥部发送定位信息,能够打击有价值的地面目标,CJ-10导弹主要针对陆基航空力量以及后勤、通信等固定地面目标实施打击,当与弹道导弹或飞机配合使用时,打击效果更好,有效射程在1500~2500km之间。

图5.21 中国CJ-10巡航导弹

2014年珠海航展上,中国航天科技集团公司展示出一款外贸型超声速反舰巡航导弹CX-1巡航导弹(见图5.22)。据美刊称,中国的新型CX-1超声速反舰巡航导弹有两种型号:CX-1A舰载系统和CX-1B道路机动陆基系统。拥有40~280km射程的这款导弹,可以搭载260kg的战斗部。能够打击敌海面护卫舰、驱逐舰、巡洋舰等各型水面舰艇,同时具备对地打击能力。反舰作战时只需命中一枚就足以击沉或重创一艘大型舰艇。作为一款远程超声速导弹,可选择多种弹道发动攻击,既可在17km高空以马赫数3的速度巡航,也能在低空10m以下的高度以马赫数2.3的速度突袭,图5.23为CX-1超声速巡航导弹弹道示意图。超声速反舰导弹速度快,降低了对手的反应时间;巡航导弹弹道灵活,增加了拦截难度。CX-1导弹武器系统具有如下特点:突防能力强,可采用多种弹道形式,末段采用低空掠海飞行攻击舰船,进一步提高突防效能;毁伤效果好,战斗部质量大、命中速度高,对于舰船目标具有极大的杀伤力;反应速度快,采用无依托阵地发射,自动化程度高,作战反应时间短,导弹飞行速度快,可实现对敌快速打击和撤离;作战使用灵活,可实现舰载或车载发射、使用平台多样,可换装不同战斗部、采用不同飞行弹道、以多种方式进行对地或反舰作战;火力覆盖范围宽,通过弹道机动可实现对40~280km范围内的目标打击,火力覆盖范围宽。

图5.22 中国CX-1超声速巡航导弹

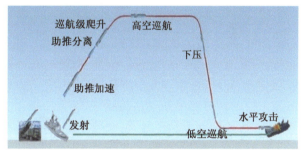
图5.23 中国CX-1巡航导弹弹道示意图

5.4 反 导 系 统

1. 美国战略防御计划

美国战略防御计划,是反弹道导弹防御系统之战略防御计划的简称,也称"星球大战计划"(SDI),该计划是以各种手段攻击敌方的外太空的洲际战略导弹和外太空航天器,以防止敌对国家对美国及其盟国发动的核打击,图5.24为"星球大战"示意图。其技术手段包括在外太空和地面部署高能定向武器(如微波、激光、高能粒子束、电磁动能武器等)或常规打击武器,在敌方战略导弹来袭的各个阶段进行多层次的拦截。美国的许多盟国,包括英国、意大利、西德、以色列、日本等,也在美国的要求下不同程度地参与了这项计划。

"星球大战计划"是一个以宇宙空间为主要基地,由全球监视、预警与识别系统、拦截系统以及指挥、控制和通信系统组成的多层次太空防御计划。在武器装备的研制方面,它是一个由定向能武器、动能武器、各种雷达和传感器、微电子和计算机设备等高技术组成的耗资巨大、结构复杂的武器系统。在高技术方面,它是一个包括火箭技术、航天技术、高

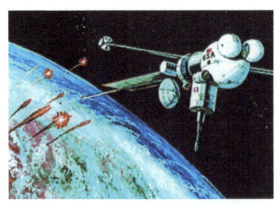
图 5.24　美国"星球大战"示意图

能激光技术、微电子技术、计算机技术等在内组成的高技术群。美国政府为此组织一大批著名的科学家、高级工程技术人员、社会活动家、军事战略家对"星球大战计划"进行了深入的研究和论证,动员了国内的科技力量和陆、海、空三军的有关研究机构、国家实验室、有关公司及许多理工科大学投入这项研究工作。

　　计划由"洲际弹道导弹防御计划"和"反卫星计划"两部分组成。拦截系统由天基侦察卫星、天基反导弹卫星组成第一道防线,用常规弹头或定向武器攻击在发射和穿越大气层阶段的战略导弹;由陆基或舰载激光武器摧毁穿出大气层的分离弹头;由天基定向武器、电磁动能武器或陆基或舰载激光武器攻击在再入大气层前阶段飞行的核弹头;用反导导弹、动能武器、粒子束等武器摧毁重返大气层后的"漏网之鱼"。经过上述 4 道防线,可以确保对来袭核弹的 99% 摧毁率。同时在核战争发生时,以反卫星武器摧毁敌方的军用卫星,打击削弱敌方的监视、预警、通信、导航能力。

　　"星球大战计划"的出台背景是在冷战后期,由于苏联拥有比美国更强大的核攻击力量,美国害怕"核平衡"的形势被打破,有需要建立有效的反导弹系统,来保证其战略核力量的生存能力和可靠的威慑能力,维持其核优势。由于系统计划的费用昂贵和技术难度大,加上苏联后来的解体。美国在已经花费了近千亿美元的费用后,于 20 世纪 90 年代宣布中止"星球大战计划"。

　　随着美国中央情报局冷战密件曝光,"星球大战计划"被证实是一场彻底的骗局,一时间舆论哗然。大多数人开始相信,"星球大战计划"只是美国政府想凭借其强大的经济实力,通过太空武器竞争,拖垮苏联而采取的一种宣传手段而已。但五角大楼声称,它没有实施,是因为存在技术缺陷。现在许多用于在"星球大战计划"中进行研究、实验的装置仍然发挥着作用。如美国白沙实验场,研究"光束飞船"(用激光代替化学燃料)的激光仍然是来源于星战计划中所使用的仪器。

　　"星球大战计划"实际上并没有停止,而是由新的导弹防御系统所替代。新的导弹防御系统主要包括战区导弹防御系统和国家导弹防御系统等。

2. 美军战区导弹防御系统

　　美国战区导弹防御系统(TMD),是一个多层、有效协作的导弹防御体系,旨在保护美国海外各战区的重要设施、前沿部队及盟友免遭战区弹道导弹攻击,图 5.25 为美国战区导弹防御系统示意图。它是美国为在全球建立军事优势,特别是在东亚建立以美国为主导的安全合作体系而推出的军事防御系统,1993年5月提出的美国导弹防御系统的重要组成部分。

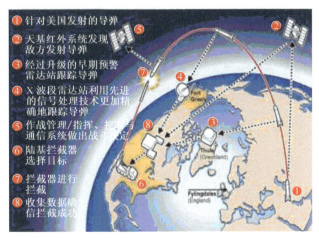

图5.25 美国战区导弹防御系统示意图

美国认为,所有威胁不到美国本土的弹道导弹,都属于"战区弹道导弹",只有能够打到美国本土的弹道导弹,才是"战略弹道导弹"。"战区"是指美国本土以外,由一个联合司令部和专门司令部管辖的地区。因此,战区导弹防御系统是"用于保护美国本土以外一个战区免遭近程、中程或远程弹道导弹攻击的武器系统"。

美国军方对于战区导弹的防卫有四种主要策略:一是在来袭导弹发射前侦察到并将其摧毁,使其不能构成潜在威胁(先行拦截);二是在来袭导弹发射升空时将其摧毁在发射国内(助推段拦截);三是在来袭导弹尚在大气层外或刚返回大气层飞行途中时予以摧毁(中段拦截);四是在来袭导弹重回大气层的弹道飞行末段(已进入保护区)予以拦截摧毁(末段拦截)。

美国战区导弹防御系统的设想由低层防御和高层防御两部分组成。低层防御设想包括"爱国者-3""扩大的中程防空系统""海军区域防御系统";高层防御设想包括陆军"战区高空区域防御系统"(THAAD系统)"海军战区防御体系""空军助推段防御"。其中,"爱国者-3""海军区域防御系统""陆军战区高空区域防御系统""海军战区防御体系"构成战区导弹防御系统的核心。

美国萨德系统是TMD中关键性的一节,是美国导弹防御局和美国陆军隶下的陆基战区反导系统,一般简称为萨德反导系统,是专门用于对付大规模弹道导弹袭击的防御系统,图5.26为萨德系统示意图。THAAD主要用来阻截远程战区级弹道导弹,THAAD的目标是要在远处高空将导弹击落,这样就可以增加防范战区弹道导弹威胁的能力,尤其是对一些有较大杀伤力的武器,可以在远处和高空就把它们击落,以防后患。

海湾战争后,由于美国在战争中使用的MIM-104防空导弹属于低层防空导弹,最大射高只有约20km,主要用于保护小型重要目标,防御面积较小,拦截也不是在足够高的空间进行,而且拦截造成的导弹碎片经常落在己方或友方领土上,同样会对地面人员和资产造成破坏。如果敌方使用大规模杀伤性武器,如核弹头和化学弹头,像这样的低层拦截是没有什么效果的。因此,开发一种能在更远距离、更大高度上拦截来袭弹道导弹的高科技

195

技术就变得十分必要。

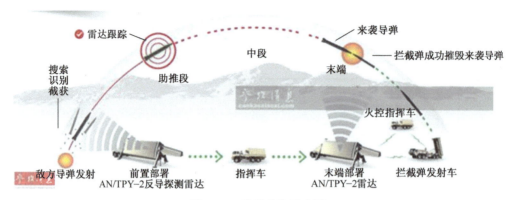

图 5.26 萨德系统示意图

THAAD 系统具有拦截战区弹道导弹所需的齐射能力。为在更高的高空和更远的距离摧毁携带大规模毁灭性武器的威胁,以保证需要的防御水平,齐射能力是必要的。

THAAD 系统由携带 8 枚拦截弹的发射装置、AN/TPY-2 X 波段雷达、火控通信系统及作战管理系统组成。

THAAD 的八联装导弹发射装置安装在一辆奥什科什公司的 10×10 重型扩展机动战术卡车上(见图 5.27),该车装有自动装弹系统。该系统的拦截弹是命中—杀伤飞行器,它采用最新的制导、控制和杀伤飞行器技术。拦截弹由一级固体助推火箭和作为弹头的 KKV(动能杀伤飞行器)组成,全弹长 6.17m,起飞质量约 600kg,整个 KKV(包括保护罩)长 2.325m,底部直径 370mm,质量约 60kg,飞行速度为 2000m/s。

图 5.27 八联装导弹发射系统

THAAD 雷达能满足能力更强的宽域防御雷达的迫切需求。作为 THAAD 系统的一个组成部分,THAAD 雷达提供监视和火控支援,并向"爱国者"导弹一类低层防御系统提供提示。THAAD 雷达利用现有的雷达技术实现的功能:威胁攻击预警,威胁类型识别,拦截导弹火控,外部传感器提示,发射和弹着点判断。特别是,THAAD 雷达将具有区分战术弹道导弹类型的能力,并能在拦截后进行杀伤评估。THAAD 的标准雷达配置是一台 AN/TPY-2 X 波段固体有源多功能相控阵雷达,是世界上性能最强的陆基机动反导探测雷达之一。该雷达对反射面积(RCS)为 $1m^2$(典型弹道导弹弹头的反射面积)的目标的最大探测距离约 1200km。美军部署在韩国的萨德系统雷达搜索距离和作战范围如图 5.28 所示。

图 5.28　美军部署在韩国的萨德系统雷达搜索距离和作战范围

THAAD 的作战管理/指挥、控制、通信、情报(BM/C^3I)系统由一个战术作战站和一个发射车控制站组成,还提供与战区防空指挥和控制系统连接的通用接口,以及与 THAAD 雷达连接的接口。

陆基"宙斯盾"系统。"宙斯盾"是著名的美国舰载区域防空反导系统,陆基"宙斯盾"是在海基系统的基础上发展而来的,是美国计划在欧洲部署的"欧洲导弹防御系统"与俄罗斯反导战略博弈后的产物,其设备和部件最大可能地与海基系统保持了一致。美国在夏威夷部署有陆基"宙斯盾"系统试验场(见图 5.29),在罗马尼亚部署的陆基"宙斯盾"导弹防御系统(见图 5.30)。从试验情况看,陆上"宙斯盾"与海上"宙斯盾"使用的系统几乎相同,其组件包括 AN/SPY-1 雷达、火控系统、MK41 垂直发射系统、计算机处理器、显示系统、电源和水冷器等。

图 5.29　部署在夏威夷的陆基"宙斯盾"系统试验场　图 5.30　在罗马尼亚部署的"宙斯盾"导弹防御系统

陆基"宙斯盾"系统简单移植了海基"宙斯盾"的 SPY-1D 型雷达,系统结构和组件与舰载"宙斯盾"系统一样,甚至模仿了舰艇的甲板设计。这种"甲板室"是一个以"宙斯盾"舰的构造为基础的 4 层设施,装载了除垂直发射系统和"标准"3 拦截导弹之外的所有设备。该建筑设施的一楼是作战情报中心,二楼是发电机组,三楼是计算机组,四楼是雷达基座和相应设备,楼顶安装有多种通信天线和探测装置。

陆基"宙斯盾"系统配有3座MK41导弹垂直发射系统,有独立的电源与装载分系统。从目前公布的模拟照片看,每个发射单元为8座MK41标准发射筒(即8枚导弹)。这样每套作战单元就由1套"宙斯盾"雷达系统和3套MK41导弹垂直发射系统组成,共装载24枚"标准"3型反导拦截弹。这些发射单元可以在基地内分散部署,以遥控方式工作。

目前陆基"宙斯盾"系统采用了"标准"3 Block1B型拦截弹,这种拦截弹与其他"标准"3拦截弹一样,都用来在弹道导弹飞行中段、大气层外进行拦截。该型导弹装备了动能战斗部,通过撞击来摧毁弹道导弹的战斗部。目前"宙斯盾"舰船使用的拦截弹是"标准"3 Block1A型,后续即是"标准"3 Block1B。与Block1A型相比,Block1B型装备了改进型目标寻的器(双色)、更先进的信号处理器以及用于调整航线的转向/姿态控制系统。通过寻的器和姿态控制等系统的改进,使陆基"宙斯盾"系统使用的"标准"3导弹的拦截能力更强。

日本政府认为,相比"萨德",陆基"宙斯盾"系统导弹射程更远,从而防御范围更大,只用部署两三套就可以覆盖日本全国。从目前的部署计划看,陆基"宙斯盾"系统2015年部署海陆通用的"标准"3 Block1B,2018年部署扩大射程的Block2A,2020年部署Block2B,将陆基"宙斯盾"系统的拦截高度从160km扩大到500km。由于具备较快的燃尽速度及较高的转向能力,"标准"3 Block2B导弹能够覆盖更大的范围,拥有一定的早期拦截远程导弹的能力。

陆基"宙斯盾"是根据美国海军的最新作战系统设计的。它采用了"宙斯盾"系统最新的"基线9"技术版本,配备BMD 5.0弹道导弹防御系统软件。该软件由经过多次试验并取得成功的BMD 4.0软件发展而来,针对陆地环境进行了一系列改进,能使用更新型的"标准"3型拦截弹。从美方公布的情况来看,新的指控软件将使系统反应速度更快,拦截目标种类更加复杂,比海基系统使用的软件处理复杂地理环境和目标的能力更强。

3. 美国国家导弹防御系统

美国国家导弹防御系统(NMD),是用于拦截攻击美国的远程和洲际弹道导弹、保卫美国全境安全的防御系统、指挥系统和拦截系统,旨在保护美国本土免遭战略弹道导弹攻击的武器系统,图5.31为美国国家导弹防御系统示意图。按照规划,美国的国家导弹防御系统由拦截导弹、雷达、空基传感器、改进型预警雷达以及作战、管理、指挥和通信系统等组成。该系统将形成一个囊括太空、陆地和海洋的"天网",对有可能袭击美国的战略弹道导弹实施全过程、多层次的拦截,从而保证美国的"绝对安全"。

美国国家导弹防御系统由2处发射阵地、3个指挥中心、5个通信中继站、15部雷达、30颗卫星、250个地下发射井和250枚拦截导弹系统构成,组成预警卫星、预警雷达、地基雷达、地基拦截导弹和作战管理指挥控制通信系统5大部分。预警卫星用于探测敌方导弹的发射,提供预警和敌方弹道导弹发射点和落点的信息。这些卫星都属于天基红外系统,也就是说靠敌方发射导弹时喷射的烟火的红外辐射信号来探测导弹。预警雷达是国家导弹防御系统的"眼睛",能预警4000～4800km远的目标。美国除要改进现有部署在阿拉斯加的地地弹预警雷达以及部署在加利福尼亚州与马萨诸塞州的"铺路爪"雷达外,还要在亚洲地区新建一个早期预警雷达。地基雷达是一种X波段、宽频带、大孔径相控阵雷达,将地基拦截导弹导引到作战空域。地基拦截导弹是国家导弹防御系统的核心,由助推火箭和拦截器(弹头)组成,前者将拦截器送到目标邻近,后者能自动调整方向和高

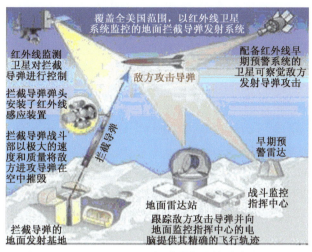

图 5.31 美国国家导弹防御系统示意图

度,在寻找和锁定目标后与之相撞,将它击落在太空上。作战管理指挥控制通信系统利用计算机和通信网络把上述系统联系起来。这些系统部署后,24 颗整天围绕地球不断旋转的低轨道预警卫星和 6 颗高轨道卫星,一旦探测到敌方发射导弹,立刻跟踪其红外辐射信号。通过作战管理指挥控制通信系统,卫星除将导弹的飞行弹道"告诉"指挥中心外,还要为预警雷达和地基雷达指示目标。预警雷达发现目标后,将导弹的跟踪和评估数据转告地基雷达。一旦收到美国航天司令部的发射命令后,拦截弹就腾空而起。拦截器靠携带的红外探测器盯上来袭导弹后,竭尽全力(靠动能)与它相撞,与对方同归于尽。

4. 中国战区导弹防御体系

中国战区导弹防御体系(CTMD)是一种战术型导弹防御系统,属末端拦截系统,可以拦截各类型的短程、中程及远程导弹,包括小型超声速导弹,机载导弹、潜射导弹,以及突破中段反导的"漏网之鱼",在其进入大气层的阶段进行拦截。CTMD 主要用于如三峡大坝、上海等重要基地或战区的导弹防御。CTMD 系统具有一定的机动性和反打击能力,中国主要在战区司令部驻地、海军驻地、重要战略设施及其大型城市等进行部署。

CTMD 由"北斗"导航卫星系统、空中预警机、地面雷达站、指挥中心、HQ-9 防空导弹发射基地、陆盾 2000、激光与电磁干扰中心、军用机场(无人机与超声速战斗机)、车载机动导弹编队等构成。

CTMD 运作流程是:先由"北斗"卫星检测系统、空中预警机、地面雷达站发出导弹预警信息,并及时传送给指挥中心和拦截系统,包括导弹发射源、时间、弹头轨迹、体积及飞行速度等信息;然后由指挥中心发出拦截命令,指挥中心根据计算机系统计算评估得出拦截方案,先由地面雷达站继续跟踪导弹,分别采取:①通过电磁干扰、激光打击等致使其失去控制;②通过小型快速无人机碰撞拦截;③发射 HQ-9 防空导弹发射拦截器进行拦截;④通过战机发射空空导弹拦截;⑤采用车载导弹发射器导弹进行拦截或对导弹发射地进行攻击;⑥通过终端反导火炮 LD2000 进行拦截。

HQ-9 是一种反战术导弹的武器系统,采用终端主动雷达制导,最大射程约 125km,最大射高 18000m,对一般导弹目标的射程介于 7~50km,射高介于 1000~18000m;对巡航导弹射程 7~15km,最低射高 25m;对弹道导弹的射程 7~25km,射高 2000~15000m。HQ-

9采用SJ-212相控阵搜索/火控雷达,能同时追踪距离300km以内、高度7000m以下的100个空中目标,并自动进行威胁评估,选出最具威胁的6个目标优先接战,从雷达接触目标到发射导弹接战所需的反应时间约12~15s。HQ-9反导系统能一次控制6枚导弹攻击3~6个目标(采用两弹打一机时可对付3个目标,而对付6个目标则是6枚导弹各接战1枚),对同一个空中目标可先后动用2枚导弹进行重复攻击,导弹发射间隔时间约5s。一个完整的HQ-9旅级作战单位由6个营级单位组成,每个营由1辆营级控制车、1辆火控雷达车、8辆四联装防空导弹发射车组成,每个营有32枚备射弹,而旅级单位还有1辆旅级指挥车,每个旅最多能同时接战48个空中目标(平均每部火控雷达接战8个)。新型HQ-9B(见图5.32),最大射程约200km,最大射高30km,最大速度为马赫数4.2。采用了将导弹抛射出发射筒之后再点火的冷发射方式。

图5.32 HQ-9B反导系统发射

LD2000型近程防空武器系统(见图5.33),是我国新研制成功的一种陆上自行防空武器。LD2000使用8×8越野卡车为底盘,在卡车后部安有1座遥控旋转炮塔,上装7管30mm转管炮,配备钨心脱壳穿甲弹和燃烧高爆杀伤弹,火炮的射速最高4200r/min,最大射程5000m,但目标摧毁距离一般在1500~3000m。火炮上方安装了一部宽波段跟踪雷达和一套昼/夜瞄准系统,后者带有激光测距机。

图5.33 LD2000型近程防空武器系统

5. 中国国家导弹防御系统

中国基于国家安全考虑,做出的防御性战略安全重大决策,打破美国对中国的战略平衡,维护国家利益和领土安全,逐步构建中国国家导弹防御系统(CNMD)。CNMD是用于拦截攻击中国的远程和洲际弹道导弹、保卫全境安全的防御系统、指挥系统和拦截系统,旨在保护中国免遭战略弹道导弹攻击的武器系统。CNMD与CTMD共同构成"中国天网"。CNMD是一种陆基中段反导系统,武器以陆上基地或平台为常规出发基地,主要在弹道导弹发射升空以后在大气层外的飞行阶段进行拦截,利用雷达和导弹系统,发射防御导弹击落来袭的弹道导弹。CNMD由拦截导弹、雷达、空基传感器、改进型预警雷达以及作战、管理、指挥和通信系统等组成,将形成一个囊括太空、陆地和海洋的"天网",对有可能来袭战略弹道导弹实施全过程、多层次的拦截。

据报道,2007年我国进行了一次试验,当时在高度864km处摧毁了一颗重954kg的报废气象卫星。新华网快讯:中国2010年1月11日在境内进行了一次陆基中段反导拦截技术试验,试验达到了预期目的。中国外交部表示,此次试验不产生滞留空间轨道的碎片,不会对在轨航天器安全构成威胁。这一试验是防御性的,不针对任何国家,与中国一贯奉行的防御性的国防政策是一致的。中国在反导问题上的立场没有变化。五角大楼发言人莫林·舒曼表示,"我们的确探测到(中国)从两处地点各发射了一枚导弹,我们部署在外空的监测设备也发现大气层外发生了导弹撞击事件。"新华网电讯:2013年1月27日,中国在境内再次进行陆基中段反导拦截技术试验,试验达到了预期目的。有分析人士认为,我国已初步掌握了反弹道导弹技术。一些西方媒体甚至认为,中国已经成为继美国、俄罗斯、以色列之后第四个具备战略导弹拦截能力的国家。在2014年、2015年又成功进行了两次陆基中段反导拦截技术试验,据称使用的中段拦截弹的HQ-19型导弹,拦截高度在100km左右,这说明中国在中段反导系统已达相当高的水平,分层拦截能力,即对一个目标进行多次拦截的能力。如果简单统计一下即可发现,至今中国进行的反导试验,基本上都成功了,保持着极高的成功率,这与美国的高失败率形成了显明对比。

构建CNMD,首先要建立起战略导弹预警系统,包括太空中的战略预警卫星与陆基战略预警雷达。中国的战略预警卫星已经布置到太空中,也就是形成多大预警网络的问题。中国已经突破陆基战略预警雷达技术难关,建成了新一代的X波段、P波段远程预警雷达。新一代雷达的探测距离可达5500km,总体性能与美军最新服役的AN FPS-132"铺路爪"雷达相当。随着战略预警雷达系统网络的发展和完善,其实也意味着中国对周边各种洲际导弹、中程弹道导弹威胁的控制力在加强,其次是发展拦截系统。外国媒体猜测中国的弹道导弹防御系统包括6种导弹,即HQ-9B、HQ-19(类似THAAD)、HQ-26(类似陆基标准3)、HQ-29(类似爱国者3)、DN-1和DN-2(相当于美军的GMD)。这6种导弹分别构建了3层导弹防御网,第一层为中段拦截层(见图5.34),主要通过动能系列导弹来完成大气层外的导弹拦截任务,是中国构建反导系统的核心关键。第二层为大气层内外和大气层边缘的拦截层,主要依靠HQ-19和HQ-26导弹进行拦截。第三层为末段拦截层,主要通过HQ-9B和HQ-29等导弹进行末段拦截。

按美国人的观点,目前HQ-19导弹可能就是中国陆基中段反导试验的主角,HQ-19

图 5.34　陆基中段反导系统

反导导弹主要拦截射程达到 3000km 内的弹道导弹。从历次试验的情况看,中国 HQ-19 反导导弹的拦截成功率相当高。HQ-19 反导导弹可能安装了矢量推进调整喷管、红外搜索系统。拦截方式是,先由预警卫星提高早期情报,再经过 X 波段、P 波段雷达率确认与锁定发现目标,随后 HQ-19 反导导弹发射,再高速接近目标的 100km 范围内,红外搜索装备自行发现目标。HQ-19 拦截弹的性能,最大射程较萨德增加 3 倍,可拦截末端速度马赫数 9~12 的弹道导弹。HQ-19 的主要特点是同时兼顾末段拦截和中段拦截,既能对付中远程,乃至洲际导弹,也可以拦截已经处于再入阶段的来袭弹头。

第6章 空间作战武器装备

6.1 空间战概述

人类的战争经历了冷兵器时代、热兵器时代、机械化时代、核武器时代,现正处于向核威慑下的信息化非接触战争时代转化时期。以信息技术为主导的新军事革命,大大地加快了这种转化的速度,而随着科学技术的发展,军用航天技术的日益成熟,又为太空力量的发展和太空战提供了客观物质基础。

人类战争的领域范围不断扩展,从最初的陆地逐步发展到海洋,又从海洋发展到空中,再发展到外层空间,使太空成为继陆、海、空三维战场后的又一个崭新的战场。浩瀚的太空战场无边无际,太空作战力量在太空战场中可不受地球、国界、领土、领海、领空的限制,也不受地形条件、气象条件、天候条件等因素的制约,在轨道机动能力允许的范围内,进行真正"全天候、全方位"的机动作战,这就使作战达到了真正意义上的灵活度和协调性。所有这些,都是建立在夺取了制太空权的基础上。没有制太空权,只能"望天兴叹",难以充分发挥太空武器的威力。太空可作为连续通信、侦察、预警、导航、指挥与控制的基地,确保作战信息的获取、传输、处理可以顺利进行。

拥有了制太空权,有利于支援和保障"地"上的军事行动。特别是在未来的信息化战争中,位于太空战场上的各种侦察、预警、通信卫星,将作为军队指挥自动化系统的核心部件,成为对方首先攻击的目标。从近期发生的几场局部战争可见,无论是陆战、海战,还是空战,都严重依赖天基系统在测地、气象、预警、监视、跟踪、定位、导航、打击效果评估等方面的支援与保障。随着陆、海、空、天、电磁五位一体战场的形成,以及太空战作战样式的出现,这种依赖程度只会加深,绝不会减轻。只有夺取并保有制太空权,才有可能充分发挥"地"上武装力量的作用,达到理想的作战效果。作战双方为获得陆海空立体战场上的主动权,必将首先抢占太空战场这一"制高点"。

1999年,前联合国秘书长安南在越南主持召开防止太空军事化会议时说:"我们必须防止太空被不当使用。我们不能允许已经战火纷飞的本世纪将其恶果遗留给后世,到那时我们所能够利用的技术将会更可怕。我们不能坐视辽阔的太空成为我们地面战争的另一个战场。"而世界上一些军事大国,为了满足其政治、经济和军事利益的需要,决不会放弃对太空战场的争夺。特别是随着高新技术广泛运用于军事领域,军队增兵太空,争夺太空的能力极大地提高,实施太空作战已非难事。因此,未来在太空战场上的争夺,将会突破以往单纯在技术兵器方面的较量,而重点运用太空部队,采取太空破袭、太空突击、太空封锁等战法,在广阔的外层空间进行军事大较量。正如美军所指出,天空和海洋是20世纪的战场,而太空将成为21世纪的战场。太空已成为现代化战争的战略制高点,在未来战争中,谁夺取了制天权,控制了太空,谁就可以进一步夺取制空权和制海权,并最终赢得战争的胜利。

空间战场具有无接缝性、无边缘性、无静止性、无确定性的基本特征。

无接缝性是指大气层、近地空间、深层空间是一个具有连续性的系统，其间不具有任何明显的分界面。人类战争的历史，造就了如今的陆军、海军和空军，这些军种主要是根据其作战的自然领域而划分的。在未来战争中，先进的中远程导弹弹道最高点可达数十至数百千米，在这种高度实施拦截，应属防天。但是，多弹头分导导弹进入大气层后，其弹头又可以用超高速巡航导弹的方式机动飞向目标，在这种情况下实施拦截，又应属于防空。可见，由于空天之间的无接缝性，防空与防天之间也是不可分割的。不仅如此，由于既可在大气层利用空气动力飞行，又可跃升到近地空间作惯性运动的空天飞行器的研制开发，以及利用航空器作为作战平台发射航天器，已在技术上日臻完善和付诸实用，航空与航天之间更变得很难分割。

无边缘性从理论上是指空间战场遍及整个宇宙空间。因为目前的研究成果证明宇宙是无穷尽的，所以空天战场是无边缘的。它的范围将随着人类空间科技的发展而延伸。俄罗斯军事理论家则明确地把目前的空间战场，分为近地空间战区和月球空间战区。发达国家在深层空间的竞争一直十分激烈。

无静止性是指空间战场中的所有飞行器，无论进攻还是防守，都必须处于不断的运动状态。因为在宇宙中没有任何东西是静止的。空间战场的无静止性，决定了空间战必须是彻头彻尾的运动战或超运动战。运动战，就是"在长的战线和大的战区上面，从事于战役和战斗上的外线的速决的进攻战的形式"。当然，也不排除"运动性的防御"。因此，为了获得进攻或防御的优势，空间战中的飞行器，必须具有良好的变轨和机动能力。

无确定性主要是指飞行器、星体等在空间战场中的运动，从力学角度上来看，属于多体运动，其运动规律可以用确定性方程描述，但是其解却可能是不确定的，即可能出现混沌态。此外，从更深的层面上分析，构成空间战场的各种物质及其运动规律，如暗物质、暗能量、反物质、各种场、各种粒子等，都很难确定。更不要说星体、星系的生成、演化、爆炸、坍塌、毁灭的过程了。就连地球大气层中的气象变化，大气的运动，也都具有不确定性。未来最基本的空间战也是三体运动，即攻击机、目标机和空空导弹。

自1957年人类发射第一颗人造卫星起，航天技术取得了突飞猛进的发展，人类把自己的足迹一步步地向太空延伸。航天技术广泛应用于军事领域后，太空的军事斗争愈演愈烈，并出现了崭新的战争概念——空间战。

空间战，以外层空间为主要战场，以天基武器系统为主要作战力量，以夺取空间的控制权为主要目的，所进行的攻与防的作战，又称天战、太空战等。它既包括作战双方天基武器系统之间的格斗，也包括天基武器系统对地面和空中目标的打击以及从地面对天基系统发动的攻击。

军事航天武器装备在战争中的运用虽然可以追溯到20世纪60年代初，但真正意义上的空间战则出现在举世瞩目的海湾战争中。在这场战争中，以美国为首的多国部队广泛运用航天力量，对参战的陆、海、空力量进行实时和近实时的侦察、通信、气象、导航、定位等作战支援和保障，成为支持多国部队形成整体打击力量的关键因素。战争期间，美军动用了几乎全部军用卫星系统，所使用的卫星总数达72颗，同时还征用了部分在轨的商业卫星。这些卫星在海湾上空来往穿梭，交织构成了空间侦察监视、空间通信保障、空间导航定位和空间气象保障四大系统,庞大的"天网"笼罩在海湾上空,使多国部队犹如神助,其导弹命中率令人惊讶。整个战争中,全战区的通信量绝大部分是通过卫星传送;导弹预警卫星对"飞毛腿"导弹做到了 3min 以上时间的预警;气象卫星准确地提供了天气预报。美军的精确制导武器在战争中发挥了前所未有的威力,这也主要得益于 GPS 精确定位技术。由于军事航天武器装备强有力地支持,多国部队对伊拉克的军事和战略目标实施了精确的打击,而伊拉克由于情报失灵、地面通信指挥系统被摧毁,战斗力很快瓦解,最终遭到失败。

海湾战争之所以被人们看作是一场带有新军事变革色彩的战争,主要原因之一就是军事航天武器装备第一次全面支援了作战行动,在战争中起到了至关重要的作用。美军在总结海湾战争经验时认为,从一定意义上来说,海湾战争是人类历史上"第一次真正的天战"。"海湾战争证明,空间武器系统无论在战略行动还是在战术行动上,都已成为现代作战体系中不可缺少的一部分。"

在伊拉克战争中,美军使用军用和民用航天器的规模和范围更创新高。据介绍,美军在战争中共投入各类卫星 100 多颗。战争中,部署在太空的各型卫星为美、英联军参战部队提供了全面的侦察、监视、通信、预警、导航、气象等重要的作战保障,空间电子战系统也有力地支援了美、英联军对伊军实施的电子战。这些卫星不仅实现了战场信息的实时传输,而且实现了信息向作战能力的迅速转化。整个战争期间,战场上 90%以上的信息是卫星提供的。由于军事航天武器装备的强有力支持,美军对伊拉克的军事和战略目标实施了不间断的精确打击,获得了十分明显的战场效益。由于掌握了制太空权,美军自始至终地掌握着这场战争的主动权。一些军事专家因此评价道:"伊拉克战争的战场等于处在美国天军的驾控之中。"

近年来,几场高技术局部战争的实践充分证明,外层空间是各种信息的策源地,夺取制太空权是赢得信息化战争胜利的前提条件。因此,世界各国对于外层空间的争夺都格外关注,正抓紧时间进行太空战准备。随着军事航天技术的发展而出现的军事航天系统,不仅可以使现有的武器装备效能倍增,而且又是争夺制太空权的主要装备,因而受到各国的重视。目前,发展航天武器装备已成为各国军事装备发展的一个重要内容。

美国一直把维护外层空间优势作为其国家安全战略和军事战略的优先目标,计划于 2009 年开始部署天基监视卫星,成立太空攻击队。美国已着手在太空修筑工事,太空战的帷幕已逐渐拉开。俄罗斯也十分重视军事航天力量的建设,不断提高太空兵力兵器的作战能力。1992 年 8 月,俄罗斯重新组建了航天部队,分别隶属国防部、发射部队、测控部队、军事航天学院和国防部空间武器中央科研所等部门。2001 年,俄罗斯军事航天部队和导弹航天防御部队从战略火箭军单列出来,组建新的军种——航天部队,并被赋予发射各种军用航天器和打击敌太空武器系统的任务。俄军还把太空作战行动纳入现代战役范畴,并明确把太空划分为近地太空战区和月球太空战区两个战区。日本也加紧进行航天器的研究开发,制定了小卫星发展战略,以使航天器向高性能、长寿命、多功能和网络化方向发展。印度于 1999 年开始研制能够监视导弹发射的低轨道监视卫星,并准备研制可重复使用上百次、单级入轨的小型航天飞机。这种小型航天飞机将用于发射小型通信、导弹卫星,或者作为高空超声速飞机用于完成情报搜集和侦察监视等军事任务。

空间信息战是未来空战的核心,它是用空间信息流控制空间物质流(各种航天器的数量)和空间能量流(各种航天器和导弹的威力与效能)的全新作战样式。

空间中的各种侦察卫星、预警卫星、导航卫星和军用通信卫星等,作为现代战争的耳目、神经,对空中、地面、海上甚至海洋深处的军事行动产生越来越大的影响。纵观当今世界,天军已经出现,天战武器正在发展,空间信息战在一定意义、一定程度上逐步变成现实。由于空间战中所有攻防武器都要依靠信息来指挥、控制,谁取得了太空制信息权,谁就能取得制空间权和战争的主动权。

由于空间战力量获取信息的突出优势,使得未来高技术战争中,陆、海、空等作战力量遂行的各种作战行动,将越来越依赖于太空信息系统所提供的作战信息保障,空间信息战正成为未来军事斗争的制高点。这主要表现为:利用侦察卫星,可全面、准确、实时地收集敌方军事情报,使指挥员能够时刻掌握敌方的情况,从而有针对性地采取相应措施;利用通信卫星,可实现全球、全天候、不间断的通信,并且保密性强、可靠性高;利用导航定位卫星,不仅可使己方部队进行快速、准确的机动,而且可提高武器的命中精度,对敌方实施精确打击;利用气象卫星,可获取全球气象资料,预报天气形势及其发展变化,满足军事行动的需要;利用测绘卫星,可精确测定地球表面各种目标的位置,从而绘制出详细、精确的军用地图等。正是由于空间信息系统在未来战争中具有极其重要的作用,因此敌对双方很有可能将其作为重点打击的目标。

空间战的作战形态虽然仍属于以侦察、预警、通信和导航等作战保障,为陆战、海战和空战提供军事支援的"软性战争"范畴,但是,随着军事技术的发展和高技术兵器的广泛运用,太空作战将呈现出形形色色的作战样式。

太空保障战,是运用太空被动式武器系统,为各战场上的军事行动提供各种保障的军事活动。包括使用各种具有侦察能力的航天器,为地面部队或太空部队提供可靠的、有价值的敌方地面和太空信息;利用通信卫星进行远距离情报、指挥等信息的快速传输;利用运载火箭、航天飞机等运载工具,在地面与外层空间进行物资、人员输送以及为太空部队提供、储备所需要武器装备,并对太空武器装备进行保养、维修等一系列军事活动。

太空封锁战,是指主要使用天基武器系统,对进入太空或经过太空战场的敌航天器进行封锁打击,以阻止敌方向太空战场增援,孤立敌方太空部队的作战行动。其具体作战行动有:封锁、拦截敌方运载火箭、航天运载工具,阻止敌方沿航天通道向太空战场增援;利用太空武器,在外层空间破坏和摧毁敌方的导弹等。

太空破袭战,主要是指对敌方太空战场中的卫星、空间站、轨道平台等空间武器装备进行袭击和破坏的作战行动。其作战样式有反卫星作战、反空间站作战、天对天作战、地对天作战等。其中反卫星作战将是常见的样式,即以拦截卫星和反卫星导弹、天基动能武器和定向能武器,摧毁或破坏敌方的卫星。

太空防御战,是指为保护己方在太空战场中的各种军用或民用航天器的安全,而在外层间进行的防卫性作战行动。其主要的作战手段将有以下几种:积极摧毁敌方天基攻击性武器系统;采用隐身技术降低敌方侦察系统的作用;以机动变轨方式躲避敌方主动式太空武器的侦察和打击;运用高技术手段主动进行防护等。

太空突击战,是指天基作战部队利用太空战场的自然优势,运用太空武器装备对敌地面、海上和空中的军事目标,直接进行打击和破坏的攻势作战行动。

太空电子战,是指利用太空战场电子战武器装备,削弱、阻止敌方使用电磁频谱,保护己方使用电磁频谱而进行的电子对抗行动。主要分为电子进攻战和电子防御战。电子进攻战,是采用电子战侦察、干扰和主动摧毁措施,干扰、压制和提防敌方太空各种卫星、武器系统中电子系统的军事行动。电子防御战,是利用反电子战侦察。反电子干扰和反火力摧毁等电子战综合措施,保障己方太空武器的电子技术系统正常工作的军事行动。

随着太空武器的不断发展,未来的太空战场上,还将出现更多的作战样式。这些作战样式在太空作战中的灵活运用,必将使太空战场出现史无前例的"制天权"大竞争的壮阔景观。

太空战场的开辟和建立,特别是天基作战平台和天基武器系统的不断发展与完善,催生一支崭新的军种——"天军"。早在20多年前,以美国和俄罗斯为代表的一些发达国家,就在积极探讨建立"天军"的可能性和途径。

20世纪60年代初期,美国将原来主要用于对付远程战略轰炸机的北美防空司令部,扩展成为以对付洲际弹道导弹、潜射弹道导弹为主的防空防天系统,其作战区域由大气层扩展到外层空间,使空间监视、战略预警和攻击判定成为其主要任务。俄罗斯也成立了空间防御司令部。这些组织机构的出现,可以看作是"天军"诞生的雏形。

20世纪80年代以后,"天军"的筹建活动进入一个新的阶段。美国和俄罗斯不仅组建了军事航天司令部,而且相继建立了一定规模的"天军"。如美国目前已拥有一个航天师、5架航天飞机和近百名航天员。而俄罗斯也拥有数百名专门担负反导、防天任务的高级"航天士兵"。

从发展趋势上看,"天军"将成为未来太空战场的主力军,并可在夺取"制天权"的战争中发挥重要作用。首先,"天军"可以遂行侦察、预警任务。军用卫星在太空执行侦察、预警等军事活动,只能机械地执行规定的程序,受自然因素影响较大。利用太空部队遂行侦察、探测等任务,则可根据太空战场的实际,随机分析判断情况,并适时进行处置。显然,利用太空部队执行太空侦察、探测、预警等作战任务,有着更大的优势。其次,"天军"可以用来摧毁军用卫星、太空基地。军用卫星作为军队在太空中的"眼睛""耳朵",对部队的军事行动有着巨大的支援作用。特别是以空间站和天基武器系统组成的作战平台,是太空作战赖以依托的"制高点"。夺取太空战场的主动权,必须首先着眼于摧毁对方的军用卫星和太空基地。而完成这一任务,太空部队具有绝对的优势。另外,"天军"能够攻击地面军事目标。太空战场的重要使命是服务于地面战场,为地面作战创造更加有利的条件。由于太空部队能居高临下控制地面战场,特别是能准确控制和打击地面战场上的军事目标,对于推进地面战场的作战进程,取得作战胜利具有重要的作用。为此,未来太空战场,太空部队将成为运用太空武器装备对地面、海上和空中军事目标直接进行打击和破坏的主力。此外,太空部队还将担负指挥、通信、导航以及搜集气象资料等多种军事任务。美国航天部队的一位将军曾说过,未来的太空部队,将同时承担太空战场和地面战场的双重作战任务。因此,太空部队将成为一支不容忽视的"两栖"作战力量。

6.2 空间作战武器装备

部署在宇宙空间和陆地、海洋与空中用于打击、破坏与干扰空间目标的及从空间攻击陆地、海洋与空中目标的所有武器系统统称为空间武器系统。空间武器系统是进行空间作战的基本手段,其攻击的主要目标有航天器、飞机、洲际导弹、地面指挥与通信设施、导弹基地与航天器发射设施等。

按部署位置可以分为天基武器系统、空基武器系统、陆基武器系统和海基武器系统。天基指的是外层空间的基地,如卫星或空间站,与之相对的是空基、陆基和海基。武器系统以外层空间的基地或平台为常规出发基地,即可称为天基武器系统,外层空间的平台(卫星或空间站)其实本身也是一种天基武器系统。武器系统从空中平台(多为飞机)上发射,即可称为空基武器系统;武器系统以陆上基地或平台为常规出发基地,即可称为陆基武器系统;武器系统从海上或水下平台发射,即可称为海基武器系统。

航天技术早已成为大国军事系统中不可缺少的重要组成部分,各种军用航天器已经成为影响地面、海上和空中军事行动的重要因素之一。现在,军用航天器的发展正经历着重大的转变,即由"非武器类"的情报搜集、通信、导航等向"武器类"方向发展。军事大国正大力研制各种各样的航天兵器。空间武器系统的许多关键技术已经取得重大突破。

天基武器系统,也称军用航天器,是指专门用于军事目的的航天器。军用航天器,是在地球大气层以外,基本上按照天体力学的规律,沿一定轨道运行的应用于军事领域的各类飞行器。其中,环绕地球运行的航天器,有人造地球卫星、卫星式载人飞船、航天站和航天飞机;环绕月球和在行星际空间运行的航天器,有月球探测器、月球载人飞船和行星际探测器。

军用航天器绝大部分是人造地球卫星(简称人造卫星),按用途可分为侦察卫星、通信卫星、导航卫星、测地卫星、气象卫星和反卫星卫星等。

军用航天器按是否载人分为无人军用航天器和载人军用航天器两大类。载人军用航天器是军用航天器的重要组成部分,包括载人宇宙飞船、航天飞机和空间站。无人军用航天器包括支援保障类航天器和作战武器类航天器两种。作战武器类航天器主要是指用于攻击敌方航天器用的卫星及卫星平台,如反卫星卫星、反卫星及反弹道导弹动能武器平台和定向能武器平台等。作战武器类航天器采用的杀伤手段通常分为核能与非核能的两种。核能杀伤是利用核装置爆炸产生的热辐射、核辐射与电磁脉冲等效应破坏目标的结构或使之失效。非核能杀伤又可分为动能与定向能的两种。动能杀伤是依靠高速运动物体的动量破坏目标,一般是利用火箭推进或电磁力驱动的方式把弹头加速到很高的速度,并使其与目标直接碰撞来实现的,也可通过弹头携带的高能炸药爆破装置在目标附近爆炸产生密集的金属碎片击毁目标。定向能杀伤是通过发射高能激光束、粒子束、微波束直接照射破坏目标,通常把采用这几种杀伤手段的空间武器分别称为高能激光武器、粒子束武器、微波武器。

航天器由不同功能的若干系统和分系统组成。一般分为专用系统和保障系统两类。前者用于直接执行特定任务;后者用于保障专用系统正常工作。

1. 侦察卫星

侦察卫星又名间谍卫星(见图6.1),其主要用于对使用国家有兴趣的其他国家或是地区进行情报搜集,搜集的情报种类可以包含军事与非军事的设施与活动,自然资源分布、运输与使用,或者是气象、海洋、水文等资料的获取。由于现在的领空尚未包含地球周遭的轨道空域,利用卫星搜集情报避免了侵犯领空的纠纷;而且因为操作高度较高,不易受到攻击。据报道,最先进侦察卫星的分辨力是有10mm,意思就是10mm见方大的东西在照片上都有显示(当然只是1个点)。

图6.1 侦察卫星

早期侦察卫星最主要的侦查手段是利用可见光波段的照相机。随着科技的进步和情报种类的多样化,现在的侦察卫星使用的搜集手段可以大致上区分为主动与被动两大类。

主动手段就是由卫星发出信号,借由接收反射回来的信号分析其中代表的意义。譬如说利用雷达波对地面进行扫描以获得地形、地物或者是大型人工建筑等的影像。被动手段是利用被侦查的物体发射出来的某种信号,加以搜集并且分析。这种侦查方式是最为常见的一种,包括使用可见光或者是红外线进行照相或者是连续影像录制,截收使用各类无线电波段的信号,像是各种雷达与通信设施等。

目前,各种光学摄影的效果的最大分辨力是各国家的机密,不过从各种公开或者是半公开的资讯当中,很多人相信目前的侦察卫星要取得地面上的车牌的数字是轻而易举,至于是否可以连报纸上的文字都能够清晰的获得,就没有足够的资料与以佐证。可以说,间谍卫星的数量和发射次数,已经成了国际政治、军事等领域内斗争的"晴雨表"了。

间谍卫星具有侦察范围广、飞行速度快、遇到的挑衅性攻击较少等优点,美、俄两国都对它格外钟情,把它当作"超级间谍"来使用。这些"超级间谍"在几百千米高的太空上,日日夜夜监视着地球的任何一个角落。现代的技术侦察主要是空间侦察,而空间侦察则又是利用各种间谍卫星来实施的。这类间谍卫星主要包括照相侦察卫星、电子侦察卫星、海洋监视卫星、导弹预警卫星和核爆探测卫星。

2. 通信卫星

通信卫星是无线电通信中继站的人造地球卫星。通信卫星反射或转发无线电信号,实现卫星通信地球站之间或地球站与航天器之间的通信。通信卫星是各类卫星通信系统或卫星广播系统的空间部分。一颗静止轨道通信卫星大约能够覆盖地球表面的40%,使覆盖区内的任何地面、海上、空中的通信站能同时相互通信。在赤道上空等间隔分布的3颗静止通信卫星可以实现除两极部分地区外的全球通信。

通信卫星按轨道分为静止通信卫星和非静止通信卫星;按服务区域不同可分为国际通信卫星和区域通信卫星或国内通信卫星;按用途可分为专用通信卫星和多用途通信卫星,前者如电视广播卫星、军用通信卫星、海事通信卫星、跟踪和数据中继卫星等,后者如军民合用的通信卫星,兼有通信、气象和广播功能的多用途卫星等。

作为无线电通信中继站,通信卫星像一个国际信使,收集来自地面的各种"信件",然后再"投递"到另一个地方的用户手里。由于它是"站"在 36000km 的高空,因此它的"投递"覆盖面特别大,一颗卫星就可以负责 1/3 地球表面的通信。如果在地球静止轨道上均匀地放置 3 颗通信卫星,便可以实现除南北极之外的全球通信。当卫星接收到从一个地面站发来的微弱无线电信号后,会自动把它变成大功率信号,然后发到另一个地面站,或传送到另一颗通信卫星上后,再发到地球另一侧的地面站上,这样,我们就收到了从很远的地方发出的信号。

通信卫星一般采用地球静止轨道,这条轨道位于地球赤道上空 35786km 处。卫星在这条轨道上以 3075m/s 的速度自西向东绕地球旋转,绕地球一周的时间为 23h56min4s,恰与地球自转一周的时间相等。因此从地面上看,卫星像挂在天上不动,这就使地面接收站的工作方便多了。接收站的天线可以固定对准卫星,昼夜不间断地进行通信,不必像跟踪那些移动不定的卫星一样而四处"晃动",使通信时间时断时续。现在,通信卫星已承担了全部洲际通信业务和电视传输。

通信卫星是世界上应用最早、应用最广的卫星之一,美国、俄罗斯和中国等众多国家都发射了通信卫星。

美国"军事星"系统是最先进的通信卫星,其工作示意图如图 6.2 所示,是美国为确保核战争条件下的陆、海、空三军安全可靠的全球保密通信而实施的一项军事卫星通信系统工程。以方便的呼叫方式为部队,尤其是为大量战术用户提供实时、保密、抗干扰的通信服务,通信波束全球覆盖。

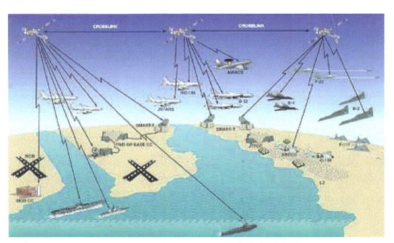

图 6.2 美国"军事星"系统工作示意图

3. 导航卫星

导航卫星是为地面、海洋、空中和空间用户导航定位的人造地球卫星。导航卫星属于卫星导航系统的空间部分,它装有专用的无线电导航设备。用户接收卫星发来的无线电导航信号,通过时间测距或多普勒测速分别获得用户相对于卫星的距离或距离变化率等导航参数,并根据卫星发送的时间、轨道参数求出在定位瞬间卫星的实时位置坐标,从而定出用户的地理位置坐标(二维或三维坐标)和速度矢量分量。

著名的美国全球定位系统(GPS,如图 6.3 所示)就是以卫星星座作为空间部分的全球全天候导航定位系统。GPS 的空间部分是由 24 颗工作卫星组成,它位于距地表

20200km 的上空,均匀分布在 6 个轨道面上(每个轨道面 4 颗)。此外,还有 4 颗有源备份卫星在轨运行。卫星的分布使得在全球任何地方、任何时间都可观测到 4 颗以上的卫星,并能保持良好定位解算精度的几何图像。这就提供了在时间上连续的全球导航能力。GPS 的地面控制部分由一个主控站,5 个全球监测站和 3 个地面控制站组成。监测站均配装有精密的铯钟和能够连续测量到所有可见卫星的接收机。监测站将取得的卫星观测数据,包括电离层和气象数据,经过初步处理后,传送到主控站。主控站从各监测站收集跟踪数据,计算出卫星的轨道和时钟参数,然后将结果送到 3 个地面控制站。地面控制站在每颗卫星运行至上空时,把这些导航数据及主控站指令注入卫星。这种注入对每颗 GPS 卫星每天一次,并在卫星离开注入站作用范围之前进行最后的注入。如果某地面站发生故障,那么在卫星中预存的导航信息还可用一段时间,但导航精度会逐渐降低。GPS 的用户设备部分,即 GPS 信号接收机,其主要功能是能够捕获到按一定卫星截止角所选择的待测卫星,并跟踪这些卫星的运行。当接收机捕获到跟踪的卫星信号后,就可测量出接收天线至卫星的伪距离和距离的变化率,解调出卫星轨道参数等数据。根据这些数据,接收机中的微处理计算机就可按定位解算方法进行定位计算,计算出用户所在地理位置的经纬度、高度、速度、时间等信息。接收机硬件和机内软件以及 GPS 数据的后处理软件包构成完整的 GPS 用户设备。GPS 接收机的结构分为天线单元和接收单元两部分。接收机一般采用机内和机外两种直流电源。设置机内电源的目的在于更换外电源时不中断连续观测。在用机外电源时机内电池自动充电。关机后,机内电池为 RAM 存储器供电,以防止数据丢失。目前,各种类型的接收机体积越来越小,重量越来越轻,便于野外观测使用。GPS 定位精度高,单点定位精度优于 10m,采用差分定位,精度可达厘米级和毫米级。GPS 系统的特点:高精度、全天候、高效率、多功能、操作简便、应用广泛等。GPS 卫星接收机种类很多,根据型号分为测地型、全站型、定时型、手持型、集成型;根据用途分为车载式、船载式、机载式、星载式、弹载式。

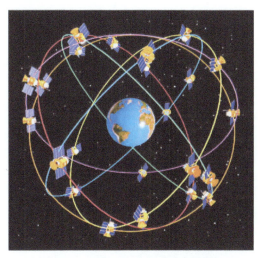

图 6.3 美国全球定位系统示意图

卫星全球定位系统除美国 GPS 外,还有欧盟"伽利略"系统、俄罗斯"格洛纳斯"系统和中国"北斗"系统。美国的 GPS,由美国国防部于 20 世纪 70 年代初开始设计、研制,于

1993年全部建成。1994年,美国宣布在10年内向全世界免费提供GPS使用权,但美国只向外国提供低精度的卫星信号。据信该系统有美国设置的"后门",一旦发生战争,美国可以关闭对某地区的信息服务。中国"北斗"卫星导航系统是中国自行研制的全球卫星定位与通信系统,系统由空间端、地面端和用户端组成,空间端由5颗地球静止轨道和30颗地球非静止轨道卫星组网而成,可在全球范围内全天候、全天时为各类用户提供高精度、高可靠定位、导航、授时服务,并具短报文通信能力,定位精度优于20m,授时精度优于100ns。

4. 测地卫星

测地卫星是专门用于大地测量的人造地球卫星。测地卫星用于测定地面上任意点的坐标、地球形体和地球引力场参数,测绘所需地区的地形图,在现代战争中具有重要意义。卫星测地有几何方法和动力学方法。几何方法是通过同步测定几个地面点到卫星的方向和距离,构成空间三角网,计算出地面点坐标。动力学方法则是通过精确测定卫星轨道的摄动,推算出地面点坐标、地球形状和引力场参数等。

目前,发射过专用测地卫星的国家有美国、俄罗斯、法国、中国等。1962年10月美国发射的"安娜"1B第一颗专用测地卫星,该卫星上安装有闪光灯、多普勒信标机和雷达应答机。此后相继发射了"西可尔"卫星系列、测地卫星系列、激光地球动力学卫星。俄罗斯也发射了多颗测地卫星,混编在宇宙号卫星系列中。法国发射"调音"号、"王冠"号、"佩奥利"号,以及激光测地卫星等。中国发射了"资源"系列和"高分"系列等测地卫星。这些测地卫星的成果为大地测量学的发展开辟了新的前景,促成了空间大地测量学这一新的学科分支。其主要贡献是:①提供了在全球范围内进行大地联测的全球统一地心坐标系;②人造卫星轨道运动反映了地球引力场的各种摄动,通过长期观测可精确测定地球引力场参数;③用卫星进行大地联测,基线长达数千千米,因此控制点位的定位精度比常规大地测量网的精度高一个数量级;④测地卫星还可用来测量平均海平面高度的变化,研究地壳运动和大陆漂移,并能预测地震和海啸等。美国20世纪70年代初发射的测地卫星对地面点的定位精度优于10m,大地水准面测量精度±1m。

美国"测地卫星"-7,从700km高的轨道,在可见光和红外光波段量测地球表面,它的分辨力大约在30m。图6.4是从三个可见光波段照片所组合出来的自然色彩影像,精彩且精细地呈现美国旧金山市附近的自然景观,以及周围的丘陵地貌。照片里从蓝色至绿色的连色区域,是来自喜贝拉山区和周围高山的春季雪融水,正奔流入旧金山湾和太平洋。

图6.4 "测地卫星"-7测绘的旧金山市地貌图

5. 气象卫星

气象卫星是对大气层进行气象观测的人造卫星。具有范围大、及时迅速、连续完整的特点,并能把云图等气象信息发给地面用户。

气象卫星实质上是一个高悬在太空的自动化高级气象站,是空间、遥感、计算机、通信和控制等高技术相结合的产物。由于轨道的不同,可分为太阳同步极轨气象卫星和地球同步轨道气象卫星两大类。太阳同步极轨气象卫星是逆地球自转方向与太阳同步,卫星的轨道平面和太阳始终保持相对固定的交角,简称极轨气象卫星。极轨气象卫星的飞行高度约为600~1500km,卫星每天在固定时间内经过同一地区两次,因而每隔12h就可获得一份全球的气象资料。地球同步轨道气象卫星是与地球保持同步运行,其轨道平面与地球的赤道平面相重合。从地球上看,卫星静止在赤道某个经度的上空,又称为静止轨道气象卫星,简称同步气象卫星。同步气象卫星,运行高度约35800km,一颗同步卫星的观测范围为100个经度跨距,从南纬50°到北纬50°,因而5颗这样的卫星就可形成覆盖全球中、低纬度地区的观测网。

在气象预测过程中非常重要的卫星云图的拍摄。卫星云图的拍摄有两种形式:一种是借助于地球上物体对太阳光的反向程度而拍摄的可见光云图,只限于白天工作;另一种是借助地球表面物体温度和大气层温度辐射的程度,形成红外云图,可以全天候工作。气象卫星具有短周期重复观测;成像面积大,有利于获得宏观同步信息,减少数据处理容量;资料来源连续实时性强成本低等特点。图6.5为中国"风云二号"静止气象卫星拍摄的气象云图。

图6.5 "风云二号"气象卫星拍摄的气象云图

1958年,美国发射的人造卫星开始携带气象仪器,1960年4月1日,美国首先发射了第一颗人造试验气象卫星,目前,已经形成了一个全球性的气象卫星网,消灭了全球4/5地方的气象观测空白区,使人们能准确地获得连续的、全球范围内的大气运动规律,做出精确的气象预报,大大减少灾害性损失。

气象卫星主要观测内容包括:卫星云图的拍摄,云顶温度、云顶状况、云量和云内凝结物相位的观测,陆地表面状况的观测(如冰雪和风沙),以及海洋表面状况的观测(如海洋表面温度、海冰和洋流等),大气中水汽总量、湿度分布、降水区和降水量的分布,大气中臭氧的含量及其分布,太阳的入射辐射、地气体系对太阳辐射的总反射率以及地气体系向太空的红外辐射,空间环境状况的监测(如太阳发射的质子、α粒子和电子的通量密度)等。这些观测内容有助于我们监测天气系统的移动和演变;为研究气候变迁提供了大量的基础资料;为空间飞行提供了大量的环境监测结果。

6. 反卫星卫星

军用卫星在为己方军事行动带来巨大便利的同时,也使对方看到了其巨大的潜在威胁。因此,自20世纪60年代以来,美国、俄罗斯等军事强国一直致力于"以导反星""以星反星"和"以能反星"等反卫星武器的研制,并把其作为控制太空、夺取制天权的重要武器装备。

反卫星卫星技术手段分为"软""硬"两种。"软"技术手段是通过破坏对方卫星的传感器、通信设备、通信链路和供电电池板来毁伤目标,使卫星暂时失效、工作性能降低或者彻底瘫痪,其对抗手段主要依靠电子干扰设备来干扰卫星的通信链路和无源污染干扰剂来干扰卫星的光电传感器等。"硬"技术手段是通过攻击性武器的实体直接撞击卫星从而达到摧毁卫星的目的,其对抗手段一是使用反卫星武器对卫星进行毁伤,如使用截击卫星或动能导弹直接碰撞目标,使用携带高能炸药或核炸药战斗部的反卫星天雷和反卫星导弹等在目标附近引爆并摧毁目标。

反卫星卫星是对我方有威胁的敌方卫星实施摧毁、破坏或使其失效的人造卫星,也称拦截卫星。反卫星卫星有两种类型,实际上也就是两种拦截方式:一种是携带跟踪识别装置和常规炸药,并具有一定的机动变轨能力的卫星,利用自身携带的跟踪识别装置探测与跟踪目标,然后接近到目标卫星,在一定范围之内,以地面遥控或自动引爆载有高能炸药的卫星战斗部引爆,产生大量碎片,将目标卫星摧毁(以自毁方式与目标卫星同归于尽)。所谓"天雷"或"太空雷"实际上就是这种拦截卫星。另一种是装备有导弹或速射炮等杀伤武器的卫星平台,当目标卫星进入武器的射程之内时便进行发射摧毁。

反卫星作战过程大致如下:由空间观测网对敌方各种卫星进行不间断的观测,编存目标参数,判定其性质(军用或民用的),在适当时机将反卫星卫星发射到预定轨道上,不断监视目标卫星的运行情况;必要时由反卫星卫星上的自动控制系统发出指令,起动变轨发动机,进行变轨机动去接近目标卫星并将其摧毁。最后,由地面发射—监控系统判断其效果。反卫星卫星的攻击方法一般有椭圆轨道法、圆轨道法和急升轨道法。椭圆轨道法,是将反卫星卫星发射到一条椭圆轨道上,远地点接近目标的轨道高度,多用于拦截高轨道的卫星。圆轨道法,是反卫星卫星的圆轨道与目标卫星的轨道共面,这样可以较容易地进行变轨机动去接近目标卫星,并可节省推进剂。急升轨道法,是将反卫星卫星发射到一条低轨道上,并在一圈内进行变轨机动,快速拦截目标卫星使其来不及采取防御措施,但需要消耗较多的推进剂。在一般情况下,对较高轨道的目标卫星使用前两种攻击方法,但反卫星卫星要运行数圈才能完成拦截任务。对轨道高度为500km以下的目标卫星,通常采用后一种攻击方法。

美国为提高阻断敌方卫星的能力而研发的动能反卫星卫星(KEASAT),通过高速碰撞击毁敌方卫星。美国空军开发了一种"软杀伤"反卫星卫星,该反卫星卫星可以接近敌方通信卫星,但不是直接破坏通信卫星,而是采用无线电微波干扰的方式,干扰敌方的通信卫星,从而达到中断敌方通信的目的。美国国防部太空武器清单中名列榜首的是一种

"微卫星动能杀手载荷"(MKKP),其任务就是"摧毁敌方的航天器"。它们从可重复使用的军用轨道器中释放,然后"高速尾随"敌方的目标卫星并伺机将其摧毁。美国 XSS 系列卫星(见图6.6),称"掠夺者"微卫星,具有"钩住对方卫星"的特性,能够与敌方卫星对接并使其重新定向或撞毁。俄罗斯利用"宇宙"号反卫星卫星先后进行了20多次"以星炸星"的反卫星试验。据报道,中国"试验号"反卫星卫星进行多次"以星炸星"和"以星捕星"试验。

图6.6 美国 XSS-11 微卫星

7. 宇宙飞船

宇宙飞船,是一种运送航天员、货物到达太空并安全返回的一次性使用的航天器。它能基本保证航天员在太空短期生活并进行一定的工作。它的运行时间一般是几天到半个月,一般乘2名或3名航天员。

世界上第一艘载人飞船是苏联的"东方"1号宇宙飞船。它由两个舱组成,上面的是密封载人舱,又称航天员座舱。这是一个直径为2.3m的球体。舱内设有能保障航天员生活的供水、供气的生命保障系统,以及控制飞船姿态的姿态控制系统、测量飞船飞行轨道的信标系统、着陆用的降落伞回收系统和应急救生用的弹射座椅系统。另一个舱是设备舱,它长3.1m,直径为2.58m。设备舱内有使载人舱脱离飞行轨道而返回地面的制动火箭系统,供应电能的电池、储气的气瓶、喷嘴等系统。"东方"1号宇宙飞船总质量约为4700kg。它和运载火箭都是一次性的,只能执行一次任务。

人类已先后研究制出三种构型的宇宙飞船,即单舱型、双舱型和三舱型。其中单舱式最为简单,只有航天员的座舱,美国第一个航天员格伦就是乘单舱型的"水星号"飞船上天的;双舱型飞船是由座舱和提供动力、电源、氧气和水的服务舱组成,它改善了航天员的工作和生活环境,世界第一个男女航天员乘坐的俄罗斯"东方"号飞船,世界第一个出舱航天员乘坐的俄罗斯"上升号"飞船以及美国的"双子星座号"飞船均属于双舱型;最复杂的就是三舱型飞船,它是在双舱型飞船基础上或增加1个轨道舱(卫星或飞船),用于增加活动空间、进行科学实验等,或增加1个登月舱(登月式飞船),用于在月面着陆或离开月面,俄罗斯的联盟系列和美国"阿波罗号"飞船(见图6.7)是典型的三舱型。"联盟"系列飞船至今还在使用。

图 6.7　美国"阿波罗"宇宙飞船

中国"神舟"系列飞船已经成功载人飞行。"神舟"十一号飞船，是中国于 2016 年 10 月 17 日 7 时 30 分在酒泉卫星发射中心，由"长征"二号 FY11 运载火箭发射的载人飞船，目的是为了更好地掌握空间交会对接技术、开展地球观测和空间地球系统科学、空间应用新技术、空间技术和航天医学等领域的应用和试验。飞行乘组由两名男性航天员景海鹏和陈冬组成（见图 6.8），景海鹏担任指令长。"神舟"十一号飞船由中国空间技术研究院总研制，飞船入轨后经过两天独立飞行完成与"天宫"二号空间实验室自动对接形成组合体（见图 6.9）。"神舟"十一号是中国载人航天工程三步走中从第二步到第三步的一个过渡，为中国建造载人空间站做准备。"神舟"十一号飞行任务是中国第 6 次载人飞行任务，也是中国持续时间最长的一次载人飞行任务，总飞行时间长达 33 天。2016 年 11 月 18 日下午，"神舟"十一号载人飞船顺利返回着陆。

图 6.8　"神州"十一号航天员

图 6.9　"神州"十一号与"天宫"二号组合体

虽然宇宙飞船是最简单的一种载人航天器，但它还是比无人航天器（如卫星等）复杂得多，以至于到目前仍只有美、俄、中三国能独立进行载人航天活动。宇宙飞船与返回式卫星有相似之处，但要载人，故增加了许多特设系统，以满足航天员在太空工作和生活的多种需要。例如，用于空气更新、废水处理和再生、通风、温度和湿度控制等的环境控制和生命保障系统、报话通信系统、仪表和照明系统、航天服、载人机动装置和逃逸生系统等。

8. 航天飞机

航天飞机，也称太空船、太空梭，是一种垂直起飞、水平降落，能在空天往返"穿梭"的载人航天器。航天飞机以火箭发动机为动力发射到太空，能在轨道上运行，且可以往返于地球表面和近地轨道之间，可部分重复使用的航天器。它的轨道器、固体燃料助推火箭和外储箱三大部分组成。固体燃料助推火箭共2枚,发射时它们与轨道器的3台主发动机同时点火,当航天飞机上升到50km高空时,2枚助推火箭停止工作并与轨道器分离,回收后经过修理可重复使用20次。外储箱是个巨大壳体、内装供轨道器主发动机用的推进剂,在航天飞机进入地球轨道之前主发动机熄火,外储箱与轨道器分离,进入大气层烧毁,外储箱是航天飞机组件中唯一不能回收的部分。航天飞机的轨道器是载人的部分,有宽大的机舱,并根据航天任务的需要分成若干个"房间"。有一个大的货舱,可容纳大型设备。轨道器中可乘载3名职业航天员(如指令长或机长、驾驶员、任务专家等)和4名其他乘员(非职业航天员)。其舱内大气为氮氧混合气体。航天飞机在太空轨道完成飞行任务后,轨道器下降返航,像一架滑翔机那样在预定跑道上水平着陆。轨道器可重复使用100次。

　　航天飞机是一种为穿越大气层和太空的界线(高度100km的卡门线)而设计的火箭动力飞机。它是一种有翼、可重复使用的航天器,由辅助的运载火箭发射脱离大气层,作为往返于地球与外层空间的交通工具,航天飞机结合了飞机与航天器的性质,像有翅膀的太空船,外形像飞机。航天飞机的翼在回到地球时提供空气刹车作用,以及在降落跑道时提供升力。航天飞机升入太空时跟其他单次使用的载具一样,是用火箭动力垂直升入。因为机翼的关系,航天飞机的酬载比例较低,设计者希望以重复使用性来弥补这个缺点。

　　虽然世界上有许多国家都陆续进行过航天飞机的开发,但只有美国与苏联实际成功发射并回收过这种交通工具。由于苏联解体,目前全世界仅有美国的航天飞机机队可以实际使用并执行任务。"哥伦比亚"号、"挑战者"号、"发现"号、"亚特兰蒂斯"号、"奋进"号航天飞机都已经多次往返于地球与太空之间,如图6.10所示。

图6.10　美国"奋进"号航天飞机安全返航

　　航天飞机除可在天地间运载人员和货物之外,凭着它本身的容积大、可多人乘载和有效载荷量大的特点,还能在太空进行大量的科学实验和空间研究工作。它可以把人造卫星从地面带到太空去释放,或把在太空失效的或毁坏的无人航天器,如低轨道卫星等人造天体修好,再投入使用,甚至可以把欧空局研制的"空间实验室"装进舱内,进行各项科研工作。

9. 空间站

　　人类并不满足于在太空作短暂的旅游,为了开发太空,需要建立长期生活和工作的基地。于是,随着航天技术的进步,在太空建立新居所的条件成熟了。

空间站也称航天站或轨道站,它是一种能在固定近地轨道上长时间运行,可供多名航天员在其中生活、工作和巡访的载人航天器。如同地面上的汽车站、火车站、飞机场一样,它堪称是设置在太空的多用途航天中心,是迎送航天员和太空物资的长久性空间基地。小型的空间站可一次发射完成,较大型的可分批发射组件,在太空中组装成为整体。在空间站中要有人能够生活的一切设施,不再返回地球。国际空间站结构复杂,规模大,由航天员居住舱、实验舱、服务舱,对接过渡舱、桁架、太阳电池等部分组成,试用期一般为5~10年。

同其他航天器相比,空间站的突出特点是:它体积比较大,有数个对接口,可同时与数个航天器对接组成大型轨道联合体;可变轨机动;可携带大批仪器设备,有多种功能,能开展的太空科研项目也多而广;可在轨道上永久载人;新一代空间站,还具有远高于航天飞机及其他现有空间系统的自主能力和先进性能。正是由于空间站的这些突出特性,也使其不仅可用于科学实验,客观上也孕育了这种技术未来广泛应用于军事领域的潜能。正如国外有人预言:随着航天大国太空竞争日趋白热化,"航天母舰"在军事领域的出现已为期不远。

空间站的特点之一是经济性。例如,空间站在太空接纳航天员进行实验,可以使载人飞船成为只运送航天员的工具,从而简化了其内部的结构和减轻其在太空飞行时所需要的物质。这样既能降低其工程设计难度,又可减少航天费用。另外,空间站在运行时可载人,也可不载人,只要航天员启动并调试后它可照常进行工作,定时检查,到时就能取得成果。这样能缩短航天员在太空的时间,减少许多消费,当空间站发生故障时可以在太空中维修、换件,延长航天器的寿命。增加使用期也能减少航天费用。因为空间站能长期(数个月或数年)的飞行,故保证了太空科研工作的连续性和深入性,这对研究的逐步深化和提高科研质量有重要作用。

空间站容积很大,可装载如长焦距照相机等各种大型复杂仪器。航天员在空间站上利用肉眼和各种先进的遥感仪器配合,可侦察监视飞机、坦克、雷达站、导弹发射场、部队集结地等军事目标。空间站侦察不仅准确,实效性强,而且效率极高。此外,空间站还可执行探测、预警等任务。

不难想象,如果将指挥、控制系统布置在空间站上,将使其成为天基作战指挥部。指挥员利用定位系统,可直接为火炮、导弹、飞机、舰艇提供敌方目标的精确位置,并引导它们准确攻击和摧毁目标;通过侦察系统,还可以及时对作战效果作出评估;对战场进行全方位指挥、控制和管理。在美国的"星球大战"计划中,曾设想使未来空间站成为立体化战争的指挥中心,用以提高 C^4I 系统生存能力和抗干扰能力,并有计划地培养了大批军人航天员,训练他们在空中的侦察、跟踪能力,甚至还打算进一步把优秀的高级军事指挥员送入宇宙空间。

空间站还能作为高能激光武器、粒子束武器、动能武器等太空攻击武器的发射平台,用以拦截摧毁宇宙空间的导弹、卫星和飞船等军事目标。空间站由于处于高真空和失重状态,没有气流和飞行振动,所以激光和粒子束武器在空间也不会因与大气的相互作用而使能量受到损失。可以想象,如一旦将导弹、核弹等武器布置在空间站上,则必然会使其具有打击地面、海上、空中等军事目标的能力。

空间站可在轨道上实现长期载人且有变轨机动能力。利用这些特点,既可在空间站上组装建造太阳能电站、大功率通信平台等大型复杂空间军事设施,又可将其转移到工作轨道;甚至还可利用机械臂实现对卫星等军事目标的在轨保养维修或装配。此外,空间站还可向宇宙深处发射军事探测器,组装发射军事卫星,从而大大提高了卫星的运用水平。

航天大国竞相研制载人航天器的长远目标,在于面向未来建立"航天飞机—空间站—轨道间飞船"这样的庞大航天体系,随之建立起太空军事基地,而空间站作为这个体系的主体,实际上将充当"航天母舰"的角色。因为空间基地,既可以是航天飞机、宇宙飞船停靠的"码头",也可以是军事作战的天基支援保障系统,同时还可以是"天军"的"营盘"。

随着载人航天技术的不断发展和太空军事化的不断加剧,人们会看到,一个包括航天军等若干兵种组成的门类齐全、体系完整的新军兵种——太空部队将崛起。届时,以天战为核心的空间站,必将发挥越来越大的作用。

到目前为止,世界已发射了约 10 座空间站,其中俄罗斯占绝大多数,俄罗斯"礼炮"号空间站就有 7 座。俄罗斯"和平"号空间站是工作时间最长的空间站。美国发射成功一座"天空实验室"空间站,先后接待 3 批 9 名航天员到站上工作。1983 年美国提出建造一座迄今为止最大的载人空间站,因所需资金的庞大,决定通过国际合作的形式来建造。经过近十余年的探索和多次重新设计,直到俄罗斯加盟,国际空间站才于 1993 年完成设计,如图 6.11 所示。从此美、苏两国的航天竞赛走向航天合作。该空间站以美国、俄罗斯为首,包括加拿大、日本、巴西和欧空局共 20 多个国家参与研制。计划于 2020 年前后建设的中国空间站(见图 6.12)。

图 6.11 国际空间站

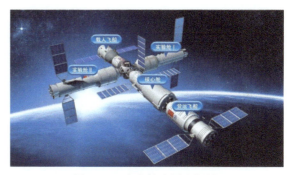

图 6.12 未来的中国空间站

10. 空天飞机

空天飞机是既能航空又能航天的新型飞行器。它像普通飞机一样起飞,以高超声速在大气层内飞行,在 30~100km 高空的飞行速度为 12~25 倍声速,并直接加速进入地球轨道,成为航天飞行器,返回大气层后,像飞机一样在机场着陆。在此之前,航空和航天是两个不同的技术领域,由飞机和航天飞行器分别在大气层内、外活动,航空运输系统是重复使用的,航天运载系统一般是不能重复使用的。而空天飞机能够达到完全重复使用和大幅度降低航天运输费用的目的。

实现空天飞机的技术难度比航天飞机更大,主要是三种动力装置的组合和切换,高强度、耐高温的材料(高速飞行时,其头锥温度可达 2760℃,机翼前缘达 1930℃,机身下也可达1260℃)和具有人工智能的控制系统等。

空天飞机最高时速30000km,可在海拔200km的绕地轨道飞行。在军事上,这种空天飞机既可作为全球高超声速运输、洲际轰炸和战略侦察,又可作为航天运载工具或太空兵器,有可能成为一般轰炸机、战斗机和导弹所"不可比拟"的攻击和防御力量。美国拟议中的空天飞机方案主要有两种:一种是拟用作跨太平洋飞行的高超声速运输机,称"东方快车",能以5~6倍声速在30km的高度作巡航飞行;另一种为"跨大气层飞行器",可作轨道飞行(飞入地球低轨道的速度为25倍声速),也可在次轨道做气动力机动,然后在回升到轨道上以轨道速度航行。空天飞机,可以作为实现空间打击的重要天基作战武器系统,携带不同的精确打击有效载荷或空间投掷弹药,用以实施软杀伤和硬杀伤。它既是一种反应快、费用较低的跨大气层飞行的运输机,也是一种装备有计算机和先进探测设备的侦察飞行器,还可能是一种廉价、灵活并可重复使用的太空发射平台。在未来太空战中,既可以当作航空兵参加战斗,也可以参加天军行列,出现在太空战场上,与大空"敌人"厮杀。它是比航天飞机更为灵活、战斗力更强的一种大空武器。

太空战斗机能对敌方卫星和其他航天器进行军事行动,控制、捕获、摧毁敌方航天器,对敌方进行军事侦察。美国2010年4月23日成功发射人类首架X-37B袖珍无人空天飞机(见图6.13)。X-37的最高时速达声速的25倍,还携带太阳能电池板,能够执行最长为期270天的太空任务。X-37B飞得太快,现有的雷达探测技术,基本上是很难捕获到它,更别说拦截它。尽管X-37B披着"太空运载工具"的民用外衣,但仍掩饰不住浓厚的军用色彩。X-37B在战时,有能力对敌方卫星和其他航天器进行军事行动等。X-37B可在2h内攻击地球上任何目标,比核弹还危险,是美国构建"两小时全球打击圈"的表现。因此,可以认为X-37B是领先于全世界的首架太空战斗机。

图6.13 美国X-37B袖珍无人太空战斗机

当然,在国际军力对比极不平衡的情况下,无论是从效用性、时效性和应用范围来看,还是从制造和使用的成本角度来说,纯粹空天飞机的未来角色,主要还在于战略威慑和执行特殊任务,不可能像普通军用飞机一样批量生产和成建制列装。而具备空天飞机特征的第六代战斗机,则更具有实际意义。因此,就目前而言,不少国家都把注意力放在发展高性能飞机执行航天任务上。

6.3 空间作战武器的发展趋势

随着陆、海、空战场的日渐饱和及太空所具有的其他领域无可比拟的军事"制高点"的战略地位日益为世界各国重视,在21世纪,是否拥有太空这个战略制高点,将成为衡量一个国家军事力量的重要标志。以美、俄为代表的世界各航天军事大国纷纷投入大量的人力、物力、财力进行太空力量动员准备,积极研发空间作战武器,为赢得并保持在未来太空战中的绝对优势和地位奠定坚实基础。

未来的太空战将以宇宙空间为主要战场,以"天军"为主要作战力量,以太空武器对抗为主要作战样式。未来太空战主要表现为以下几种形式:

(1) 摧毁,即使用太空武器从地面或空中直接摧毁对方航天器。

(2) 致盲,即用激光、微波等定向能武器,从地面或空中攻击敌方的航天器,使敌方航天器中的各种光学和电子仪器毁坏,从而无法正常工作。

(3) 干扰,即针对航天器一系列活动都是依靠信号进行的特点,发射相同参数的指令,干扰敌方航天器,使其不能正常接受指令,也不能提供信息。

(4) 捕捉,即利用航天飞机和空间轨道站靠近目标,以机械臂或人工方式将敌方的航天器捕捉,或加以毁坏,或改造为我方使用,或送回地面进行研究。

针对未来的太空战的特点,有针对性地发展空间武器装备,逐步提高空间武器装备的空间作战支援保障能力、空间对抗能力和空间进攻能力。

空间作战武器的发展趋势主要表现为:

1. 太空力量由以战略层次为主转向战役战术层次

虽然说进行真正意义上的太空战尚需时日,但太空支援保障作战则已成为现实。在近期几场高技术局部战争中,美军全面动员了各种太空力量资源支持陆、海、空军作战,为赢得战争胜利起了重大作用。目前来说,太空力量动员主要还是服务于战略层次,因而世界各航天军事大国的太空力量动员准备也均是着眼于战略任务而进行。但随着国际战略环境的不断演变与航天技术的飞速发展,将太空力量应用于其他作战层次的呼声越来越高,拓展太空力量动员应用层次也就成了一种必然趋势。而且伴随着太空力量应用于各个作战层次,其在未来的一体化联合作战中的地位也将越来越重要,陆、海、空、天力量的联合和信息的融合,将成为未来信息化战争取胜的关键。

2. 太空战武器装备体系向一体化、小型化、微型化方向发展

进行太空力量动员准备活动,太空武器装备系统的发展是关键。按作战运用,太空武器装备系统可分为四类:一是太空战主战武器装备系统。主要包括太空作战平台和专门攻击太空力量资源并可实施反导和对其他战场空间攻击的太空战武器,如种类地基、空基、天基激光武器、微波武器及动能武器等。二是太空战支援装备系统。它是对作战提供各种信息支援、自身不具备打击能力只能被动防御的太空战装备,如各种侦察、通信卫星等。三是太空战保障装备系统。即太空战的发射与回收以及运输装备等。四是防天和太空防卫装备系统。主要是弹道导弹防御系统及反航天器武器系统等。目前,各航天军事大国在发展太空武器装备系统时都不再以单一装备系统的高性能为唯一目标,而是着重于整个太空武器装备体系效能的提高。欲实现这一目标,就需要打破主战武器装备系统、

支援装备系统、保障装备系统、防天和太空防卫装备系统等太空力量动员领域各成体系、纵向分割、横向分离的门户之见,使整个太空力量动员领域互通有无,真正融为一体,这样方能在更高层面实行协作和综合,对在轨卫星配置及其相关基础设施进行方案的最优化筛选,以求在任务和功能上最大限度地减少不必要的重复和资源浪费。除了航天系统本身的优化之外,如何着眼于战争动员准备建设全局,实现航天系统与其他指挥控制系统、信息获取平台、精确打击武器的战斗力综合集成也是各航天军事大国今后迫切需要解决的问题。这不仅仅需要良好的全局性的体系化结构设计,还意味着要制定大量的统一的技术标准和接口规范。随着微电子、新材料、新能源等高新技术的发明与应用,同时为了适应未来信息化战争快速反应、迅速机动的行动特点,以美、俄为代表的世界各航天军事大国的太空武器装备系统在一体融合的同时,也均呈现出向小型化、微型化方向发展的趋势。小型化、微型化太空武器装备系统具有研发周期相对较短、造价相对较低、发射速度相对较快以及自身生存能力相对较高等诸多优点,比较适用于在信息化战争尤其是在反恐维稳行动等突发性事件中对战场和事发地区进行短期侦察、监视、跟踪和传输信息等,故倍受美、俄等航天军事大国的青睐。根据美国国家安全新概念,美军还将开发一种体积更小、隐身效果更佳的新一代间谍卫星。与此同时,微型卫星、纳米卫星甚至皮米型卫星也已成为各航天军事大国的研究热点。

3. 飞速发展的太空战武器系统由"软保障"向"硬摧毁"过渡

因为空间无可比拟的军事"制高点"的特殊地位,在空间中实施攻击将具有其他战场无法达到的威慑力,涉足空间的世界各航天军事大国无不认识到这一点。故此,在平时的太空力量动员准备建设中,为赢得并保持在未来太空战中的绝对优势和地位,以美、俄为代表的世界各航天军事大国,不但非常重视己方太空武器系统对地面及其他战场空间的攻击能力,而且努力提高对敌方太空力量资源进行破坏和攻击的能力,故此,竞相研发能适用于太空环境作战的武器装备系统和太空作战平台,力争尽早实现太空战武器系统由"软保障"向"硬摧毁"过渡。

第7章 无人作战武器装备

7.1 无人化战场

信息化战争的基本特征是"非对称""非接触""非线式",是战场的"透明"和"流动",是情报、决策与作战行动的实时化和智能化。为了能在信息化战争中保持主动和优势地位,尽量减少作战人员直接介入高风险战斗,这种军事需求变革的牵引和高技术飞速发展的推动,使得无人作战平台的发展日新月异,突飞猛进,特别是发展无人化飞机已成为一种"时尚"。

相对有人驾驶的飞机而言,无人驾驶飞机有着得天独厚的优势,其最大好处就是把被动挨打的目标变成人工智能机,把作战人员直接参战变为间接参战,这也正迎合了美、英等西方国家积极推崇的"零伤亡战争"理念。尤其是导弹问世后,由于飞行员在空中承受负荷的能力有限,往往摆脱不了导弹的攻击。然而,人工智能无人机不受飞行员生理因素的制约,从而可采用全新的飞行方式,设计出更大的时速和更长的续航时间,实现高效率的无人驾驶。

科学技术的飞速发展,引发了军事领域一系列重大变革,作为未来战争物质基础的武器装备不断花样翻新,特别是人工智能技术在军事领域的应用,促使武器装备的智能化程度越来越高,并呈现出向无人化迅猛发展的新趋势。目前,世界一些军事专家已经预言:机器人将有可能在20年后代替人类"舞刀弄枪",战争将主要由无人驾驶的坦克、火炮、飞机、机器人、导弹等高技术智能无人化武器担任主角出场,主宰局部战场,而人类将退居幕后,将使作战样式发生深刻变化。

无人化战场,是指作战双方在交战区域内的侦察、作战、保障等方面的任务由各种无人化的平台及机器人等独立执行、自主完成的一种状态。显然,这种状态的出现,首要的和决定性的因素是能否研制和生产出各类适用的无人化武器装备。20世纪80年代以后,在新材料技术、新能源技术、信息技术和自动化技术等高新技术群的共同推动下,世界各主要国家军队纷纷加大了在无人化武器装备方面的研发力度,并取得了不俗的成绩。诸如一些初级甚至更高级别的无人驾驶飞机、自动寻的弹头、无人水下潜艇、无人驾驶车辆及机器人等,已陆续开始研发并有部分成功,有的甚至开始投入实战使用。

与以往的战场形态相比,无人化战场的最大特点或不同,就是整个战场要素的全面和高度智能化。届时,战争的主体人,将从现在的前台退到幕后。

智能因素开始渗透到战场的各个层面和角落,使之具有了真正和完整意义上的智战特性。在传统的冷兵器、热兵器、机械化兵器时代,作战能力的发挥,始终离不开人的亲临战场,离不开人的体能、技能和智能的直接支撑。从鸣金击鼓,手停刀止,到操枪弄炮,攻守进退等,没有人的全程和全面参与是不行的。在这种暴力冲突中,兵器仅仅是人的体能和技能的延伸,始终需要人来赋予活力。而在无人化战场中,人的智力因素已深深嵌入到了暴力活动的各个领域和层面,使其具有了无与伦比的智战特性。

从武器装备看,随着智能化技术在侦察、监控、作战、保障等方面的普及与运用,武器装备越来越具有自我判断、自我调整、自我控制、自我学习和自我改进的功能。自寻的导弹,可以在导弹发射后,在原有的目标参数的基础上,不断改变自身的飞行方向、路径、高度和角度,自动寻找、识别、跟踪、摧毁目标。智能化的坦克、飞机、舰船等会在自己"大脑"的操控下自主行驶,自主作战,使以往死的武器变成了活的武器。

从控制程序看,在智能武器出现之前,人要想有效控制传统武器装备,就只能通过肢体与它直接接触。刀枪剑戟,靠发口令、念"咒语"是不会让它活动起来的。传统的火炮、坦克、战舰这些庞然大物,也离不开人的肢体的直接操控。但在无人化战场上,由于人在机器中植入了程序,"克隆"了人的思想,装备被人赋予了"耳目"和"大脑",人可以通过信息控制装备,而不再主要依靠四肢的机械运动来驾驭。功能各异、形态纷呈的机器人,或自主地完成人赋予它的任务,或受控于战场之外的控制人员。这样,战场上对抗的武器与作战人员就可以实现空间上的相对分离,"机器军队"成了遂行各种作战任务的忠实"下属"。

从活的智能看,无人化装备的广泛使用,使战争中的人从大量紧张、激烈、危险的体力劳动中解放出来,并在一定程度上使人从简单枯燥的脑力劳动中抽身而出,有机会用更多的时间从事更为重要、更为复杂的战场控制、思维较量和谋略对抗,从而使人的智能因素在战争中的地位、作用直线攀升。在无人化战场上,军人的生理、心理素质仍很重要,但它们主要甚至全部是作用在智能对抗的领域,而非以往的体能、技能、智能一齐上。

无人化战场的孕育和发展,不仅使未来战争的战场形态发生重大变化,而且战争的内容和形式等也将发生史无前例的巨变。可以想象,当无人化战场一步步向我们走来并真有一天成为现实时,它对战争演变的影响将是多么的巨大和深远。而今天,当它还处在萌芽状态时,我们至少可以感受到以下几点:

(1) 战场无人化使人—机关系进入到一个新阶段。随着武器装备的日渐"成熟"和走向"独立",人不再是对武器装备包办一切的"家长",而是在物质、能量特别是信息、智能领域中与之优势互补的"朋友",机器的人工智能与人的大脑智能通过分工合作,大大提升了人和机器的整体作战效能。在这种智能分工中,机器不仅部分地代替人脑加工、储存、收集、传递信息,而且辅助人脑进行判断和决策。同时,人不再对武器装备的运行和使用事无巨细、一包到底,而是抓宏观、抓重点、抓根本。通过"放权搞活",来发挥机器的自主性,使之作战技能得以充分发挥。当然,智能化的武器装备虽然"长大"了,但它永远都是人类的"孩子",永远都离不开人的支撑和帮助。无论其智能因素多高,自主作战能力多强,也不可能成为战争胜负的最终决定者。

(2) 战场无人化将导致资源密集型战争消耗模式进一步衰落。从冷兵器时代、热兵器时代到机械化时代,战争中的资源消耗一直呈直线上升的趋势。特别是机械化战争中,由于火炮、坦克、运输车辆、飞机、舰艇等大量投入战场,战争的资源消耗达到空前地步。不过 20 世纪末以来,随着机械化战争向信息化战争的转型,资源密集型战争开始走向衰落,战场无人化的发展,则将使这种资源消耗下降的趋势进一步加速。由于无人化战场资源消耗的重心转向资金、知识、技术等智能附加型资源,钢铁、石油等天然的、附加值低的、无法或难以再生的资源消耗,在战争中所占的份额将越来越小。因此,以往那种以重工业为支撑的资源密集型的大规模战争,将被以信息产业为基础的技术、资金密集型的小型战争所取代。

(3) 战场无人化将加速战场对抗重心的转移。大量歼灭敌方的有生力量,是以往战争特别是机械化战争的一大特点。而战场对抗的无人化,将使大量消灭敌方有生力量变得越来越困难,战争毁损的内容开始由过去的以人为主转为以物为主。而物与人的一个重要区别是:物的再生产和大量补充比人的再生产和大量补充要迅速得多,也容易得多。战争毁损模式的这种变化,必然导致交战的双方将对抗的焦点转向无形的智战领域,通过大打信息战,特别是其中的指挥战、控制战和情报战等,来瘫痪和削弱敌方对整个军事组织,特别是各种无人化武器装备的控制能力,以此来实现克敌制胜的目的。

(4) 战场无人化将给现有的战争伦理和观念带来巨大冲击。对战争进行伦理和法律的约束及制衡,是人类长期努力的结果,也是人类文明进步的重要表现。战场无人化的出现,则使一些公认的战争伦理受到了前所未有的挑战。例如,在战场上,具有自主攻击能力的无人化兵器,能够依据原先设定的程序,识别并自主攻击敌方的人员,这在技术上没有问题。但对主动放下武器或被剥夺武器的敌方人员,如何识别和判断对方的真正意图,并给以相对的回应,这是机器人难以准确判断的和做到的,弄不好就会造成滥杀无辜。此外,人员的巨大伤亡,一直是制约现代战争发生发展的一个重要因素。而在无人化战场上,"死伤"的主要是没有生命并可以大量再造的"智能机器"。这就会因战争风险的降低而导致武力的随意使用,特别是拥有军事优势的一方。总之,无人化战场的出现,很可能会导致一些传统的战争伦理,包括诸多的战争观念如胜负观、控制观等发生深刻变化,这是需要引起世人高度重视的。

在未来作战中,人的决定作用仍不能怀疑,但必须看到,人对战争起决定作用的方式与以往有很大不同。在过去的作战中,人的决定作用主要是通过人员的数量、勇猛和顽强等因素表现出来,在无人化的战场环境中,人的决定作用主要通过人们事先的行为去实现。也就是说,人们事先把自己的知识和智慧物化到武器的研制和生产过程中,如已使用于战场的隐身飞机和大量的无人控制系统,都是人们的谋略、知识、经验、智能的集中体现。从某种意义上讲,未来的无人作战,仍将是人与人之间的较量。所不同的是这种斗争不再是面对面的拼杀和格斗,而是由人们生产和制造的武器性能表现出来。更明确地说,要想取得未来无人化作战的胜利,人们在武器研制的过程中,就应充分体现设计者的知识和智慧、谋略和技术。

无人化作战并不是绝对没有人参加。但有一点应当看到,未来战场上人员的密度将会明显减小。拿破仑战争时期,平均每平方千米是4790人,第一次世界大战是4032人,第二次世界大战是36人,1973年的第四次中东战争是25人。海湾战争和科索沃战争中人员密度更是进一步减小。这一变化的原因主要是由军事技术革命所引起的,如在越南战争中,炸毁1座桥要用100枚炸弹,而现在的武器和弹药实现了智能化和精确化,只要1枚炸弹就可完成任务,从而大大节省了人力和物力。

7.2 无人作战平台特点

近年来,除精确制导武器(尤其是巡航导弹)和军用卫星等无人化军事装备在继续发展之外,空中的无人机、水中的无人潜水器和陆地的机器人不断涌现,发展势头方兴未艾。20世纪70年代以来,微电子、光电子、隐身、新材料、计算机与信息处理、通信与网络等高技术的迅猛发展,为大幅度提高无人化军事装备的性能奠定了物质基础。无人化武器装备是指武器装备的载体(平台)无人,并非指武器装备无需由人来发射、操作或控制。

无人化武器,是指以完成预定的战术或战略任务为目标,以智能化信息处理技术和通信技术为核心,无人驾驶的、完全按遥控操作或者按预编程序自主运作的进攻性或防御性武器。无人作战平台,也称无人作战系统,是指无人驾驶的、完全按遥控操作或者按预编程序自主运作的、携带进攻性或防御性武器遂行作战任务的一类武器平台。

无人作战平台具有如下明显优点:

(1) 不存在人员(包括飞机的飞行员、潜艇或战车的乘员)伤亡或被俘的危险,是确保战斗人员伤亡降到最低程度的有效途径。考虑到未来几十年内各类高技术武器装备,尤其是先进的防御性武器(如防空导弹、地(水)雷等)还会有很大的发展,并在全球范围内广泛使用,这将对有人作战平台构成越来越大的威胁。在此情况下,使用无人作战平台来执行若用有人作战平台将会带来巨大伤亡的那些最富有风险性的作战任务(如压制敌方防空和突防攻击、通过稠密布雷区的反潜战或反雷战、坦克战与反坦克战等)是再合适也不过的了。

(2) 无人作战平台在设计时无需考虑人的因素及其相关的设备(如座舱或舱室、生命保障和环境控制设备、手柄、按钮和显示设备等),平台的设计完全以任务为中心。设计师可以大胆采用不受人的体力或心理因素限制的技术,他将具有更大的自由度把平台设计得结构更简单、重量更轻、尺寸更小、阻力更低和效率更高;推进系统和其他各分系统可以放置在最有利于发挥它们工作效能的地方。以无人作战飞机为例,据国外无人机专家估计,与携带相同有效载荷的有人作战飞机相比,无人作战飞机的重量可减轻15%~57%(取决于携带武器的类型)、体积可缩小40%;飞机的飞行速度、高度、航程和机动性将有极大的提高,如最大飞行速度甚至可达到高超声速(马赫数12~15),最大飞行高度可达到25~38km,航程可达10000km以上,续航时间长达数十小时,机动过载可高达20g,这些优异性能都是有人作战飞机很难或根本不可能达到的(如飞行员目前能承受的机动过载能力只有9g)。

(3) 成本低廉,全寿命费用大为减少。无人作战平台省去了与人有关的许多系统和设备,结构简单,小而轻,必然导致成本低廉。仍以无人作战飞机为例,据专家们估计,以1996年美元值计,每架无人作战飞机的单价在300万~2000万美元之间(取决于所选用的设计方案和所要求的生存能力),而当代战斗机的单价都在3000万~5000万美元之间,下一代战斗机的单价有的高达近亿美元。此外,无人作战飞机可以像巡航导弹那样,平时可长期封存在库房内,无需定期维护与保养;战时即可拉出来投入使用,由地面(或舰船上的)控制站的操作员或已升空飞机(如预警机、雷达监视飞机或电子侦察机)上的操作员控制其飞行和作战。操作员完全可以在模拟器上进行训练,无需出动飞行架次,其费用只是训练飞行员费用的很小一部分(训练一名飞行员平均每年需耗资200万美元)。因此,无人作战飞机寿命期内的使用维护费仅为相同航程和有效载荷的有人作战飞机的20%~60%,甚至更低。

(4) 隐身性好。即便是非隐身设计的无人作战平台,由于尺寸小,且不受座舱(或舱室)、人体和生命保障等因素的制约,基外形和横截面的设计也会产生有利于隐身的效果。例如,无人潜水器或无人战车可以设计成外形更扁平,横截面更窄或呈流线形;无人作战飞机有的采用无尾设计,既减轻重量和减少阻力,又降低雷达反射截面;有的采用在起降和发射武器时让飞机呈正飞姿态而在巡航飞行时呈倒飞姿态的设计方案,可使雷达反射截面降低 12dB,从而使敌方雷达探测距离和覆盖范围分别降低 50% 和 75%。当然,无人作战平台若采用隐身设计,其隐身效果肯定更佳。隐身性好,再加上"无人",可使无人作战平台更接近于敌方目标地区实施攻击,此时平台所载的传感器和武器的成本也可相应降低。

从目前的作战领域看,无人作战平台主要分为四类,即空中无人作战平台、地面无人作战平台、水中无人作战平台和空间无人作战平台。这些无人作战平台的发展已经呈现出清晰的蓝图,无人攻击机、小型/微型攻击机器人、无人战车、无人潜航器等已经逐渐在战场上显示出越来越大的威力。

美国《未来学家》甚至预测,到 2020 年,战场上的机器人数量将超过士兵的数量。随着新一代军用机器人自主化、智能化水平的提高并陆续走上战场,"机器人战争"时代已经不太遥远。也许,在未来军队的编制中,将会有"机器人部队"和"机器人兵团"。

7.3 空中无人作战平台

空中无人作战平台,是一种有动力、可控制,能携带多种任务设备,执行多种任务,并能重复使用的无人驾驶航空器,国际上简称无人机(UAV),有空中"敢死英雄"的雅称。不久的将来,无人机将有可能成为空中作战的一支重要力量。它们不仅可完成侦察、干扰、电子对抗、反雷达等军事任务,还可执行最危险的任务,如压制敌方防空力量、猎杀战术地地弹道导弹、拦截巡航导弹和远距离攻击高价值固定目标等多种军事任务。

无人机先后经历了靶机、空中诱饵、电子战飞机、侦察机、中继飞机和对地攻击机,主要执行作战支援任务,成为 21 世纪武器装备发展中的最大亮点。21 世纪前 10 年世界各国都在大力发展各种用途的无人机,目前,世界上 32 个国家已研制出了 50 多种无人机,基本型号已经发展到 300 个以上,有 55 个国家装备了无人机。美国、北约其他国家、以色列、南非都非常重视无人侦察机和多用途无人机的研制和生产,形成了美军全面称雄、以军一枝独秀、西欧不甘人后的局面。

无人机分类方法多样,通常按功能可以分为靶机、无人侦察机、多功能无人机、无人攻击机、反辐射无人机、通信中继无人机、诱饵无人机等;按起飞重量分为小、中、大型无人机;按作战纵深可以分为近程无人机、短程无人机、中程无人机、长航时无人机;按控制方式可以分为遥控式、半主动式、自主式和组合式;按航程、活动半径、续航时间和飞行高度可以分为战术无人机和战略无人机。

1. 无人侦察机

无人侦察机是一种进行战略、战役和战术侦察,监视战场,为部队的作战行动提供情报的无人机。目前,门类比较齐全并大量应用的无人机,占现今无人机的大部分,其中以高空长航时无人侦察机为典型代表。这类无人机飞行速度快、留空高度高,使用大视场镜头或者宽波束扫描雷达,可以监视车队、大批量流动的人员、空旷的荒漠和海面零星目标活动等动态趋势,可以提供大范围内战术信息的统计和判别,这是低空侦察机比较难以实现的功能。和先进的侦察卫星相比,高空无人机距离地面只有18km,而性能最好的KH-12"锁眼"卫星在最低的轨道时距离地面也要超过120km,卫星虽然可以提供更宽的观察范围,但是分辨率远远不如高空侦察机。20世纪60年代初,美国首先将无人机用于军事侦察,此后无人机先后参加了越南战争、中东战争、海湾战争、科索沃战争、阿富汗战争及伊拉克战争,均发挥了重要作用。

以色列在发展和应用无人侦察机方面走在当今世界的前列。从20世纪70年代开始,以色列已独立或与美国、瑞士等国合作发展3代无人侦察机,即第一代"侦察兵",第二代"先锋""徘徊者",第三代"搜索者""猎犬""苍鹭"和"眼视"等。这些无人侦察机的活动范围,近的约100km,远的可达1000km,续航时间从4~40h不等,装载不同的侦察设备,可执行照相侦察、电视侦察、红外成像侦察或电子侦察,所获情报可直接或通过无线电中继实时传回地面指挥中心。美国重视发展长航时、三军通用的无人侦察机,技术处于世界领先水平,如"蚋蚊750""捕食者"和"全球鹰"等。著名无人侦察机还有英国"不死鸟"、俄罗斯"图"-243、法国"红隼"、中国"翔龙"等。"全球鹰"无人侦察机如图7.1所示,长13.4m,翼展35.5m,最大起飞重量11610kg,有效载荷900kg,最大飞行速度740km/h,巡航速度635km/h,航程26000km,续航时间42h。可从美国本土起飞到达全球任何地点进行侦察,或者在距基地5500km的目标上空连续侦察监视24h,然后返回基地。中国"翔龙"高空高速无人侦察机如图7.2所示,全机长14.33m,翼展24.86m,正常起飞质量6800kg,任务载荷600kg,作战半径2000~2500km,续航时间最大10h。

图7.1 美国"全球鹰"无人侦察机　　　　图7.2 中国"翔龙"高空高速无人侦察机

2. 攻击无人机

攻击无人机是一种以自身作为战斗部或者携带有小型和大威力的攻击武器,攻击、拦截地面和空中目标的无人机。攻击无人机主要对敌雷达、通信指挥设备、坦克等重要目标实施攻击以及拦截处于助推段的战术导弹。

无人攻击机的任务包括:①打击敌方地面目标。包括压制防空,攻击非坚固性的固定和移动目标。②反弹道导弹。在敌方有可能部署和发射地地战术弹道导弹或巡航导弹的区域上空游弋待机,当发现敌方发射设施或车辆时即予以打击。③夺取空中优势。无人攻击机群可以不计代价地攻击敌方空中目标和有人飞机所在的机场,使有人战斗机无法起飞或起飞后无法降落,从而对夺取制空权起重要作用。

无人攻击机有以下几个特点：①作战效费比高。飞机上可以省去人机接口和生命保障系统，并且可在核、生、化和高威胁环境下作战，避免人员伤亡；结构简单、尺寸小，造价比其他军用飞机低得多，降低了生产成本，使用和维护费用也较之有人驾驶飞机大大减少；可以不依赖机场机动灵活分散的发射。②机动性高。由于没有驾驶员，最大过载不受人的生理限制，留空时间长，大大提高了机动性。③隐身性好。无需座舱，节约了机内空间和重量，尺寸可以更小，其雷达截面积小于有人驾驶战斗机，小的发动机可以降低红外辐射，因此具有更好的雷达和红外隐身性能，不易被敌方探测系统发现，也不易被其防空火力击中。④执行多种任务。未来的无人攻击机是一种集侦察、监视和攻击等能力于一身的作战平台。

无人攻击机是美国军方为了满足五角大楼"零伤亡"作战思想的要求在1997年提出的。它是无人机的进一步发展，可自主控制或者地面遥控，执行空空、空地（海）作战任务，由地面人员参与武器的投放决策，并且可回收，可重复使用。无人攻击机是现代政治、军事需求与科学技术发展到信息时代的产物，是在无人机、有人作战飞机基础上向更高技术和更高作战能力方向深入发展的一种全新武器系统，已成为世界各军事强国继第四代战斗机之后下一代战斗机的发展方向。

美国中空战术无人机"捕食者"在对阿富汗的军事行动中，首开无人机用于攻击作战之先河，从辅助、支援作战跃变为主战性装备；在伊拉克战争中，美、英联军的无人机正式成为攻击力量之一，并形成了大中小、高低空、远中短程无人机配套使用，承担侦察、监视、干扰、欺骗（诱饵）、战场评估、通信中继、对地支援以及对地攻击等多种任务，在整个作战过程中起到了重要的作用。美军MQ-9"收割者"无人攻击机，重5t，比"捕食者"重4倍，机长约11m，翼展约20m，外形同美国空军的A-10攻击机相似，飞行速度和飞行高度都是"捕食者"无人机的2倍。更为重要的是，"收割者"可以携带更多武器："捕食者"只能携带2枚导弹，"收割者"则能携带14枚空对地武器或4枚导弹、2枚500磅炸弹。在满载武器的情况下，"收割者"的滞空时间有望达到14h。

目前，世界各军事强国都先后提出其无人攻击机研究方案和技术验证计划。先进无人攻击机有美国X-45、X-47、"捕食者"、MQ-9"收割者"（见图7.3），俄罗斯"鳐鱼"，以色列"哈比"，英国"螳螂"、"雷神"，欧洲"神经元"，中国"翼龙"等。英国首架高科技隐身无人攻击机"雷神"号称天下第一，是目前世界上最先进的无人攻击机。具有超强的隐身功能，可在全球范围执行侦察或攻击任务。中国"翼龙"无人机如图7.4所示，长9.05m、高2.77m、翼展14m，升限5000m、最大飞行速度280km/h、任务续航时间20h，最大起飞质

图7.3 美军MQ-9"收割者"无人攻击机

图 7.4 中国"翼龙"无人机

量为1100kg,既可空投炸弹,又可发射轻型空地导弹,每个翼下还可各挂重50kg的弹药,身上有15颗导弹挂点。

3. 反辐射无人机

反辐射无人机是一种装有被动寻的导引头和战斗部,并能利用敌方电磁辐射源发射的电磁信号,自动发现、跟踪,以至最后摧毁敌方雷达等目标的无人驾驶飞机。反辐射无人机是反辐射武器的一种,是近年来无人机在电子战应用方面的发展重点之一。实际上,反辐射无人机主要是攻击雷达,而且还可用于攻击电子战专用飞机和通信干扰机以及其他辐射源,因而它的应用大大提高了电子对抗能力,并成为当今电子对抗的重要手段。反辐射无人机具有攻击半径大、巡航和留空待机时间长、造价低廉、使用灵活等特点,有利于搜索和跟踪目标并伺机展开攻击,可以大量发射升空,压制和摧毁敌方防空系统。可由飞机携带到空中发射或在地面发射。它可在敌区上空盘旋,截获到敌方威胁信号后,迅速转入攻击。如敌雷达关机,则或者利用其记忆功能完成攻击,或者恢复到巡航状态,等待目标暴露再行攻击。

反辐射无人机是从反辐射导弹的发展开始的。由于反辐射导弹在飞行中不能做大的机动且在空中飞行时间较短,只有攻击到自己认定的目标或找不到目标而自行销毁,因而反辐射导弹不能持续对敌方雷达网构成威胁,从而导致反辐射导弹反雷达效果下降。在这种背景下,20世纪70年代,美国和联邦德国开始预先研究反辐射无人机,设想制造一种一次性摧毁敌方雷达的反辐射无人机——"蝗虫"。

从机载有效任务载荷来看,反辐射无人机与其他无人机的主要区别是加装有雷达寻的器和战斗部,并采取自动导航的制导方式。宽频带、高动态、被动式雷达寻的器,也称导引头,一般做成半球形,与机身头部相铰接,在半球头部装有螺旋天线,用以感受目标的俯仰角和方位角的偏差;而战斗部则是由近炸引信和带有预制碎片的高能炸药组成,在预计的攻击精度和杀伤半径内,应能足以将雷达系统摧毁,或使其损伤而不能正常工作。使用时,无人机从地面或空中起飞,使敌方雷达饱和,并沿雷达波束向雷达攻击。如果敌方雷达采取自卫措施或无人机受到攻击,无人机能在战场上空巡航。当目标雷达开机时,机载导引头便立即捕获目标,随即实施攻击。

反辐射无人机除携带战斗部而具有攻击性之外,还有许多重要的战术特点,诸如机动性高,能随作战需要迅速转移并展开发射;能远距离纵深突破、长时间待机搜索;能自主捕获目标和按优先级自动选择攻击目标;有全天候作战能力;有较好的隐身能力和高生存力;操作人员少以及使用经济方便等。这些战术特点使得反辐射无人机一经问世,就对人们传统的作战思维形成强烈冲击,并正在对高技术条件下的局部战争模式产生着深远的影响。

反辐射无人机集无人机、导弹和机器人技术于一体,是一种利用敌方雷达辐射的电磁波信号搜索、跟踪并摧毁地面雷达的自主武器系统,可以在任何气象条件下,全天候、远距离地探测、跟踪、压制和摧毁敌空防系统中的陆基雷达系统。

在攻击地面雷达目标时,操作人员在地面控制车内完成计划和准备工作。首先着手制订作战计划,主要包括选择发射地点、确定飞往目标区域的路线以及所攻击目标的优先级等,然后编制飞行任务程序,依据所掌握的目标特性和最新的电子侦察情报,对作战任务进行确定。根据计划,整个作战过程按顺序分为发射、待机和攻击三阶段。在发射阶段,无人机靠助推器飞离发射箱,整个过程高度自动化,并可实现间隔不超过1min的连续、快速发射。在待机阶段,无人机按照预编程序飞到目标区后,雷达寻的器按照设定的优先级对目标进行搜索和跟踪,敌方雷达一旦开机即被截获,旋即进行攻击。在攻击阶段,为了提高命中率和自身生存率,它将以近似90°的俯冲角和极高俯冲速度向目标攻击,最后与雷达同归于尽,如图7.5所示。

目前,世界上反辐射无人机系统的典型代表有:美国"勇敢者"200系列、"默虹""短剑",德国"达尔",法国Marula,南非"云雀",以色列"哈比",中国ASN-301等。中国ASN-301反辐射无人机系统(见图7.6),采用6×6军卡作为机动发射载具,每辆军卡可携带6个储运/发射箱,每个箱内装1架ASN-301。这样一来,ASN-301就可以像蜂群一样对敌方雷达和通信系统实施高强度的快速打击。ASN-301无人机长2.5m、翼展2.2m,总体设计为小展弦比无尾三角翼布局,机身呈圆柱体,头部则为球体,其中内置无线电探测与光电器材舱。ASN-301通过尾推式螺旋桨发动机实现推进,续航时间超过4h,最大巡航飞行速度220km/h,任务半径则超过280km。ASN-301除了安装反辐射接收机,还增加了光电视频侦察和实时图像传输两种导引模式,大大增强了其抗电子干扰能力和命中率,对雷达信号的探测范围达25km。ASN-031反辐射无人机体内装的高爆战斗部爆炸后可产生7000块高速破片,杀伤半径达20m。

图7.5 反辐射无人机与雷达同归于尽情景

图7.6 中国ASN-301反辐射无人机系统

4. 诱饵无人机

诱饵无人机是一种诱使敌方雷达等电子侦察设备开机,获取有关信息,或者模拟显示假目标,引诱敌方防空兵器射击,吸引敌方火力,掩护己方机群突防的无人机。诱饵无人机主要是充当诱饵,用于干扰欺骗,有时也称为靶机。它可以飞临敌方部署前沿、翼侧,模拟大型飞机诱骗敌方侦察和防空系统。

用具有"自我牺牲精神"的小型诱饵无人机在敌方战区飞行,通过施放模拟信号,吸引敌方预警系统;或者与有人战机混编,并发出比有人战机强得多的红外及电磁信号,转移敌方视线,以诱骗、消耗敌方防空力量。据说以色列曾用一架 AQ-34L 无人机飞至埃及上空,消耗了埃及 32 枚昂贵的 SM-4 导弹。

在 1982 年中东战争中,以色列使用"侦察兵"和"猛犬"无人机作诱饵,在其头部加装了能增强雷达反射信号的圆锥体反射器,使叙军雷达上呈现出如同战斗机大小的欺骗性回波信号,诱骗叙军"萨姆"-6 地空导弹的制导雷达开机,获得了雷达工作的参数并测定其准确位置,而后尔后出动大批 F-4"鬼怪"和 F-4G"野鼬鼠"战斗机使用灵巧炸弹和反辐射导弹,大开杀戒,仅用短短 6min,叙军的 19 个"萨姆"导弹阵地就全被摧毁。1991 年的"沙漠风暴"作战当中,在 F-117 隐身战斗机实施第一波攻击之后,美军派出可模仿盟军各型轰炸机"电子图像"的"鹧鸪"BQM-74 诱饵无人机(图 7.7),它们以 3 架或 4 架的编队队形在关键目标上空以环形或"8"字形剖面飞行,引诱伊拉克保护机场和导弹发射场的防空系统对其开火,使其暴露,紧随在 BQM-74 后的 F-4G 等攻击机就对已暴露的敌方防空阵地实施轰炸,两天之内就使伊拉克防空系统陷于瘫痪。

图 7.7 正在发射的 BQM-74"鹧鸪"诱饵无人机

美国海军研究实验室正在研制一种小型诱饵无人机"福莱特",它可以用北约标准的箔条发射器发射。它将作为释放雷达诱饵的可重复使用设施,保护舰船免受雷达制导导弹的攻击。诱饵无人机执行投放雷达诱饵任务仅几分钟,但飞行时间可达 20min,以执行其他任务。

5. 多用途无人机

多用途无人机采用先进的测控、导航、传感器、自动控制、图像传输等技术,配备不同的设备,可用于侦察、评估、监控、定位、攻击、拦截、通信中继、电子干扰、电子对抗、边境巡逻、航测航拍、森林防火等任务中,至少具有两种或者两种以上的功能的无人机。多用途无人机具有功能多、使用灵活、能适应战斗任务变化和多种用途的需要、成本低等优点,并且作战效能高,对敌方威胁大,所以倍受重视,各国都在开发能适应不同实战环境的多用途军用无人机。它可以同时装载多种任务设备,完成多种作战任务,或者采用不同用途的机载设备模块化设计,实现一机多用,更能体现出多任务多传感器无人机的优点。例如,美国的"捕食者"无人机,它本来是无人侦察机,可以执行实时监测任务,但是装载了激光制导反坦克导弹后就具有了对地攻击能力,实现了侦察打击一体化;还有以色列的"苍鹭"无人机可携带光电/红外/雷达等侦察设备进行搜索、控测和识别,执行侦察和干扰、通信中继和海上巡逻等任务,进行电子战和海上作战;在民用方面还可进行地质测量、环境监控、森林防火等。

进入21世纪,航电设备的小型化、智能化和信息融合化,以及装载能力的提高,使无人机执行攻击地面目标的任务成为可能。而直接携带导弹对敌方目标实施火力打击则进一步拓展了无人机的应用范围,使其跨入了作战武器的行列,掀起了世界范围内对可执行对空、对地(海)作战任务的无人攻击机(UCAV)的研究热潮。与其相关的包括微电子、光电子、微机电、控制、计算机、信息处理、通信与网络、隐身、新材料、动力等高新技术的迅猛发展,为无人攻击机的发展和应用奠定了坚实的技术基础。

在新型无人机的研制中,特别重视造价相对廉价的小型多用途无人机的研制,如美国"天空勇士"(见图7.8)、意大利"奎宿九星"、德国"巨嘴鸟"、俄罗斯"妖精"、中国 ASN-206 等,这些无人机能在执行侦察任务的同时,完成攻击任务,自动攻击被发现的目标。

图7.8 美国"天空勇士"多用途无人机

6. "蜂群"作战

随着无人机、人工智能、自主系统、大数据等前沿技术的发展与应用,无人机"蜂群"作战成为一种新型无人作战模式。作为无人机"蜂群"作战技术的先导国家,美国正致力于这一颠覆性技术的发展,主要有战略能力办公室的"山鹑"项目、国防高级研究计划局的"小精灵"项目、空军研究实验室的"忠诚僚机"项目、海军研究局"低成本"项目等。美国把无人机"蜂群"技术列为"第三次抵消战略"五大支撑技术之一,甚至宣称无人机"蜂群"技术是核武器技术以来军事技术领域内最重要的发明。

"蜂群"作战将改变作战形态,如图7.9所示。技术决定战术,颠覆性技术将颠覆原有的作战方式,给各层次指挥员更多的战略战术选择。今天的无人机"蜂群"作战,通过模拟群聚生物的协作行为与信息交互方式,以自主化和智能化的整体协同方式完成作战任务。它有5个重要特征:一是去中心化,即没有一个个体处于主导地位,其中任何一个个体消失或丧失功能,都不影响群体功能;二是自主控制,即所有个体只控制个体行动,并观察临近个体位置,实时自主协同;三是集群复原,即集群受外力改变群体结构、位置时,新的集群结构会快速自动形成并保持稳定;四是功能放大,即集群能够克服个体能力的不足,通过协同实现整体能力放大,即 1+1>2 的效果;五是零伤亡化,这使得"蜂群"作战运用具有较低决策门槛和政治风险的优势。

"蜂群"作战的主要作用:

(1) 渗透侦察。公开资料显示,美国发展无人机"蜂群"作战技术基本都是微小型无

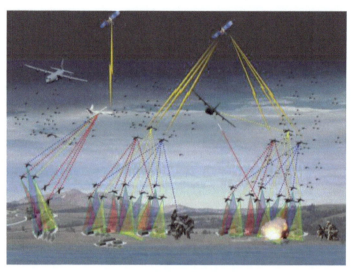

图 7.9 "蜂群"作战示意图

人机(除"忠诚僚机"中改装的无人战斗机外),均具有很强的隐蔽性,能够轻易突破敌方防空体系,可以运用携带的各型模块化的侦察探测设备,悄悄潜入敌方防护严密的区域进行抵近侦察,并通过蜂群间的数据链,将情报接力传回,为作战提供可靠的情报保障。

(2)诱骗干扰。由于敌方对空防护严密,隐身轰炸机或战斗机强行进入可能会造成重大损失,此时,可用成本极低的小型无人机充当诱饵或者干扰机,引诱敌方防空探测设备开机工作,暴露阵位;或者吸引防空火力,消耗防空兵器。另外,无人机"蜂群"还可携带电子干扰设备,组成前沿电子战编队,对敌方的预警雷达、制导武器进行电子干扰、压制、欺骗等,为后续作战力量开辟安全走廊,为空中突击提供可靠的掩护。

(3)察打一体。无人机"蜂群"可根据任务需要,在"蜂群"内灵活配置侦察探测、信息处理、导弹火力等模块,形成一个侦察—打击编队;或由若干个无人机"蜂群"分别配置侦察、火力模块,再组成一个大型突击编队,深入敌方纵深,对关键目标或高危目标进行实时的侦察打击,以达成战略性的作战目的。

(4)协同作战。为了降低作战风险和成本,可运用大量的低成本无人机携带更多的、各种类型的传感器以及导弹,组成前沿作战编队,而有人驾驶飞机则从后方对无人机"蜂群"进行指挥控制,使其对复杂、高风险区域的目标进行打击;或者根据空中作战需要,与有人机组成编队,由有人驾驶飞机控制无人机"蜂群"作战,并掩护有人驾驶飞机安全。

(5)集群攻击。充分运用"复眼"战术(即:在无人机平台上加挂小型雷达和光电侦测设备,相互以数据链和卫星信道通信,一次部署 7 套以上形成集群),使大量无人机携带不同类型设备和各种弹药,同时对敌方实施电磁压制、火力突防、侦察跟踪、火力打击等行动,进行全方位、多角度的饱和攻击,使敌方难以应对,从而突破敌方防线,以较小的代价实现作战目的。

7.4 地面无人作战平台

地面无人作战平台是指在地面上行驶的执行军事任务的机器人系统,也称地面军用机器人。地面无人作战平台不仅在和平时期可以帮助警察排除炸弹、完成要地保安任务，战时还可以代替士兵执行扫雷、侦察、火力支援、城市作战等各种任务，在未来战场上是一支不可小视的力量。

地面无人作战平台是未来陆军的重要力量，能明显增强部队的作战能力，代替人在高危险环境下完成各种任务，如扫雷、探雷、布雷、排爆、侦察等，而且使用地面无人作战平台对保存有生力量、提高作战效能具有重要意义，因此世界各国都极其重视地面无人作战平台的研制。目前，美、英、德、法及日本等国均已经研制出多种型号的地面无人作战平台，有的已在波黑战争和伊拉克战争中使用。

地面无人作战平台的发展大致分为三个阶段：遥控地面无人作战平台、半自主地面无人作战平台和自主地面无人作战平台。遥控地面无人作战平台即远距离操纵的无人车辆。半自主地面无人作战平台可在人的监视下自主行驶，在遇到困难时操作人员可以进行遥控干预，能完成侦察、作战和后勤支援等任务。自主地面无人作战平台依靠自身的智能自主导航，躲避障碍物，具有自动搜索、识别和消灭敌方目标的功能，能够独立完成各种战斗任务。

20世纪80年代以前，因受当时图形处理、数据融合等关键技术的限制，地面无人作战平台的进展缓慢，发展重点为遥控地面无人作战平台。20世纪90年代以来随着自主车辆技术及其他关键技术突破性的进展，地面无人作战平台得以进一步发展，出现各种自主/半自主平台。

目前，遥控地面无人作战平台的技术比较成熟，这些平台主要用于执行扫雷、排爆、侦察等任务。典型的遥控地面无人作战平台有美国小型遥控无人扫雷车，M60"黑豹"扫雷车，德国的"清道夫"2000扫雷车，英国的履带式"手推车"及"超级手推车"排爆机器人，美国的"萨格"监视与侦察地面装备等。典型的半自主地面无人作战平台有美国的SSV半自主地面战车，德国的MV4爆炸物处理机器人等。自主地面无人作战平台相关项目与平台有美国的越野机器人感知技术演示项目、先进机器人系统(ARS)、DEMO Ⅲ XUV系列演示平台、Navplab自主导航车及法国的自主式快速运动侦察车(DARDS)等。

作为一个完整的地面无人作战平台，它的功能组件或子系统很多，涉及的技术领域相当广泛。一般包括的子系统主要有：①推进系统，该系统包括动力装置、行动机构和地面导航系统等。目前各国都很重视研究重量轻、扭矩大而且操作灵活的电动推进系统。行动机构大多是轮式或履带式，也有步行式机器人系统，新研制的车型以轮式居多。②传感器，它相当于人的五官，负责采集所需要的环境信息，关键技术是视频成像传感器，如高分辨率立体电视摄像机、热像仪和毫米波雷达等。车载传感器还有距离传感器、声学接近感传感器、温度传感器、惯性基准传感器、三防侦察传感器和报警器等。③信息处理/控制系统，该系统以高速计算机为中心，主要用于提取关键信息，对所得图像进行识别和判断，建立机器人任务模型，用指令信号对被控变量进行控制，使车辆完成一定的动作和特定任务。④通信系统，主要完成机器人车辆状态和动作与控制台之间的信息传递，使操作手监控机器人车辆，实施遥控。⑤执行/输出机构，用于精确地完成某种类型的动作及特定任务，如操作臂、各种武器系统、各种特定任务组件等。如PROWLER机器人车的桅杆式侦察系统实施远距离侦察，作战平台上安装导弹系统进行反坦克作战，完成瞄准射击等动作。⑥其他系统，如防护系统和特种武器系统。根据车辆任务需要，目前可供选择的武器系统有7.62mm机枪等轻武器,有反坦克导弹等重型武器。

地面无人化武器装备的研发起步虽然较晚,但力度很大,进展也较快。例如,美国军方目前对军用机器人的研究就包罗万象。从能投放到敌方建筑物刺探敌情的微型侦探机器人,到可以自驾、为部队提供后备物资的大型支援交通工具。甚至,美军现在正在研究"有袋"作战机器人,这种机器人能随身携带比较小型的机器人,一旦遇到碉堡或类似的建筑,当本身太大进不去时,它就会让身上的小型机器人去执行任务。陆地战场的无人化不仅仅限于像坦克、战车这样的大型作战平台,随着纳米技术和超大规模集成电路的发展,小型化甚至微型化的智能机器人,如苍蝇侦察机、蚂蚁士兵等,都有望陆续加入到未来陆地战场的拼杀中来。

地面无人作战平台按使用方式可分为固定式和机动式两大类。固定式地面无人作战平台主要用于执行防御任务,它固定在防御阵地内,能够截获目标,进行识别和测距,并可根据目标性质使用反坦克武器、枪榴弹或机枪等适当武器进行射击。机动式地面无人作战平台主要采用轮式、履带式、步行式(单腿式、双腿式和多腿式)、爬行式、蠕动式等多种机动方式,可在战场随意机动,执行巡逻、排雷等多种任务。地面无人作战平台的应用范围很广,而且还在不断地扩大。目前地面无人作战平台的主要应用有下列几个方面。

1. 侦察机器人

侦察机器人是一种可担负战场侦察、监视和情报搜集等多种任务的机器人。如"观察员机器人"能在地面用于观察某一区域,在特定目标出现时发出警报,并根据命令用激光指示目标;"战术侦察机器人"能通过照相侦察、电子侦察等手段自动对地面、海上及空中目标进行侦察,并可根据需要随时将搜集到的情报报告给指挥员,还可进行火炮校射;"三防侦察机器人"能对沾染地区进行侦察、鉴别,并将侦检结果标绘在图上,还能根据需要取样。此外,还有"徒步街道侦察兵""空中侦察警戒兵""图像判读机器兵"等。如美国的"徘徊者"50系列机器人(见图7.10),可实施远距离侦察,摄像机位于竖起的桅杆顶部,可超越山丘、树林等进行侦察。

图7.10 美国"徘徊者"侦察机器人

2. 排爆机器人

排爆机器人,是一种携带可处理有害物质及爆炸物设备,能排除爆炸物的专业机器人,如图7.11所示。排爆机器人是排爆人员用于处置或销毁爆炸可疑物的专用器材,避免不必要的人员伤亡。主要用于代替排爆人员搬运、转移爆炸可疑物品及其他有害危险品;代替排爆人员使用爆炸物销毁器销毁炸弹;代替现场安检人员实地勘察,实时传输现场图像;可配备散弹枪对犯罪分子进行攻击;可配备探测器材检查危险场所及危险物品。按照操作方法,排爆机器人分远程操控型机器人和自动型排爆机器人。按照行进方式,排爆物机器人分为轮式及履带式。机器人车上一般装有多台彩色CCD摄像机用来对爆炸物进行观察;一个多自由度机械手,用它的手爪或夹钳可将爆炸物的引信或雷管拧下来,并把爆炸物运走;车上还装有猎枪,利用激光指示器瞄准后,它可把爆炸物的定时装置及引爆装置击毁;有的机器人还装有高压水枪,可以切割爆炸物。美国F6-A排爆机器人,采用活节式履带,能够跨越各种障碍,在复杂的地形上行走。速度为0~5.6km/h,无级可调,完全伸展时,最大抓取重量11kg,可用于排爆、核放射及生化场所的检查及清理,处理有毒、有害物品,特警行动和机场保安。英国研制的履带式"手推车""超级手推车""土拨鼠"和"野牛"排爆机器人,已向50多个国家的军警机构售出了800台以上。以色列的TSR700"黄蜂"遥控机器人,可用于易爆物处理、警戒、侦察、消防、巡逻和危险品搬运等。

3. 哨兵机器人

哨兵机器人代替士兵站岗巡逻。比较成功的哨兵机器人是美国的"徘徊者"60系列机器人,可自主式工作,也可遥控工作,已具备了自主式边界巡逻能力,可为核电站、化工厂、导弹发射井等重要地区担任巡逻警戒任务。韩国开发的配备机关枪的边境哨兵机械人(见图7.12),能够协助军队探测到闯入边境地区的任何人。该名为"智能型监视和守卫机械人"的机械人,配备的视像和红外线探测装置,能在日间探测到远至4km外的移动物体,夜间则能探测2km外的移动物体。该机械人集监视、追踪、开火和辨声功能于一身,能够探测、预警和开火。

图7.11 排爆机器人正在排爆

图7.12 韩国边境哨兵机械人正在执勤

4. 作战机器人

作战机器人是一种机动性武器平台,上面可以安装各种武器组件,用以执行战斗任务的机器人。作战机器人是一种用于军事领域的具有某种仿人功能的自动机。作战机器人主要用于对付坦克、步战车、装甲运输车等装甲目标。

美国"激战哨兵"装有专门对付敌方装甲车辆的传感器材和反坦克武器,当发现敌方装甲目标时,能自动抢占有利地形发起攻击;多用途反坦克机器人装有计算机、激光目标指示器、信息传感器、"地狱火"反坦克导弹,可根据计算机提供的射击诸元,自动控制导弹发射直至将目标摧毁。美国格鲁曼航天公司研制的"突击队员"机器人可安装3枚反坦克导弹,位于前沿阵地实施反坦克作战。美国"角斗士"作战机器人装备着多种武器,能够在未来战场上替陆战队员冲锋陷阵。"角斗士"是一个能够遥控的多面手机器人,它可以在任何天气与地形下,执行侦察、核生化武器探测、突破障碍、反狙击手和直接射击等任务。战斗时,士兵们可以向"角斗士"下达指令,"角斗士"可冲在最前面,为后续士兵扫清前进中的障碍。"角斗士"还可配备很多"非致命武器",如车载烟雾施放系统、障碍突破系统、催泪弹、闪光手榴弹等,用于执行维和等非作战任务。美国"剑"作战机器人如图7.13所示,携带威力强大的自动武器,每分钟能发射1000发子弹,它们是美国军队历史上第一批参加与敌方面对面作战的机器人。一个"剑"机器人士兵身上所装备的武器,绝对能发挥好几个人类士兵的战斗力。"剑"能装备5.56mm口径的M249机枪,或是7.62mm口径的M240机枪,一口气打上数百发子弹压制敌人,除此之外,机器人还能装备M16系列突击步枪,M202-A16mm火箭弹发射器和6管40mm榴弹发射器。除了强大的武器之外,机器人还配备了4台照相机、夜视镜和变焦设备等光学侦察和瞄准设备。控制火箭和榴弹发射的命令通过一种新开发的远程火控系统进行。这种远程火控系统可让一位士兵通过一种40bit加密系统来控制多达5部不同的火力平台。由于"剑"的武器安装在一个稳定平台,加上使用电动击发装置,机器人的射击精度相当惊人。如果一名神射手能准确击中300m外篮球大小目标的话,那"剑"就能射中同等距离但只有5美分硬币大小的目标。在人类操作员方面,"剑"的有效控制距离最远为1000m,机器人采用交流电、电池或充电电池作为动力,控制盒重13.6kg,有两个操纵杆,分别用来控制武器和机器人,使用电池的连续作战时间视具体强度从1h到4h不等。除美国外,英国、法国、以色列、韩国等都在努力开发新型军用机器人。

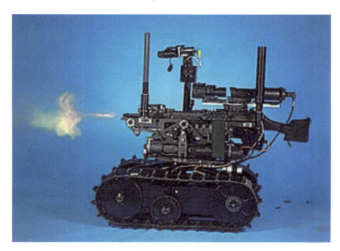

图7.13 美国"剑"作战机器人

5. 排雷机器人

排雷机器人是一种可担负运雷、布雷、排雷以及施放烟幕等多种任务的机器人,又称为机器工兵。如"布雷机器人"可以自动设置雷场,按埋设要求自动挖坑,给地雷安装引信,打开保险并填土、埋雷,自动到附近的补给站装运地雷,还可标示雷场界限和绘制雷场图;"排雷机器人"安装有传感器和使地雷失效的装置,必要时可将地雷销毁,能按要求迅速开辟通路,并能准确指示安全通路。图 7.14 为美军使用的排雷机器人。

机器人扫雷之所以受到人们的重视,不仅因为它扫雷速度快,更重要的是它可以避免人员的伤亡。扫雷机器人大体上可分成两类:一类重点探测及扫除反坦克地雷;另一类探测及扫除杀伤地雷。前者多用现有军用车辆的底盘改造而成,体积较大;后者多为新研制的小型车辆。当然,有的机器人也可同时扫除两种地雷。

图 7.14 美军使用的排雷机器人

目前,这种机器人中比较典型的是美国"罗伯特"突击扫雷机器人,它可以自动搜索、探测并清除敌方作战地域前沿的地雷,一次作业可开辟出一条 8m 宽、100m 长的通道。2002 年美军装备一种"地雷猎手"机器人,其目标是将探雷及扫雷装置集成到同一辆标准的战术车辆上。该车可在道路及开阔地上探测 750 多种地雷,可在 60m 的距离上探测直径在 120~380mm 的地雷,而现装备的最大探测距离只有 5m。该车只需几秒就可确定地雷的位置,定位精度为 250mm。一旦探测到地雷,30s 内就可销毁它,扫雷成功率在 90%。扫雷宽度 2.74m。机器人可在沙地、碎石地、黏土及有机土等各种地面上作业。奥地利 HUMI 排雷机器人,探测灵敏度高、制造成本低。机器人重 12~13kg,借助 6 个轮子运动,并装有摄像机和用于探测和识别地雷的活动机械手臂,能够发现埋在 30mm 深的地下、质量超过 2g 的金属物体。

6. 战场后勤支援机器人

战场后勤支援机器人是一种可在危险恶劣环境中执行运输、修理、抢救等多种支援保障任务的机器人。战场后勤支援机器人可取代人从事笨重的体力劳动和危险作业。

一种名为"战斗搬运工"的机器人可遂行战地前送给养、搬运油桶及弹药、后撤伤员等勤务支援任务。一种名为"通用机械手"的机器人能够根据需要自行选择炮弹,并将炮弹输送给自动引信安装机,然后转送安装在榴弹底盘上的起重机进行装填。"机器人修理工"可遂行在战场上抢修损坏的车辆和武器装备的任务。"物资救护机器人"能爬上车辆作业,并可在浅水、泥泞或沾染条件下抢救各种军用物资等。美国小型掩体挖掘机器人,通过遥控能使士兵和操作手脱离危险环境,减少伤亡。随着机器人技术发展,这类车辆将逐渐增加其自主能力。美国"大狗"机器人如图7.15所示,不但能够行走和奔跑,而且还可跨越一定高度的障碍物。能够在交通不便的地区为士兵运送弹药、食物和其他物品。美国"泰迪熊"战场救助员机器人,身高1.8m,人性十足,以便在救护时给士兵一种亲切安全感。"泰迪熊"能够怀抱受伤士兵,在崎岖不平的地带通行无阻,也能顺利穿过建筑物大门。"泰迪熊"单手就能举起超过135kg的重物,怀抱真人大小的人体模型在楼梯上顺利上下。"泰迪熊"还能做超出人类能力的事,比如携带重物长途跋涉而不会疲倦,不管是跪下还是躺倒,都能始终保持托着伤兵的姿势,这使它在穿过深草丛或在墙后移动时不被发觉。

图7.15 美军"大狗"运输机器人

7.5 水中无人作战平台

如今的高技术战场,已经成为高度立体化的战场,从太空、中高空、中低空、超低空、地面、海面一直延伸到水下。近年来,为了掌控海上战场优势,一些国家的海军为满足新的作战需要,纷纷斥巨资建造能够适用于海上作战的无人作战平台。

水中无人作战平台,是指靠遥控或自动控制能在水中航行并能执行危险而复杂作战任务的各类作战武器系统的总称,也有称为无人作战舰队。这种新颖且极具威力的水中无人作战平台,能够携带各种武器,在水上或水下,既可执行情报搜集、扫雷等辅助性任务,又可执行对敌舰的攻击任务,具有隐蔽性好、攻击性强、控制范围广、费用低等特点。水中无人作战平台又可分为水面无人作战平台和水下无人作战平台。

1. 水面无人作战平台

水面无人作战平台,是一种用于近海作战的无人驾驶舰艇,简称无人艇。水面无人作战平台叫法多样,无人水面艇、无人水面舰艇、无人驾驶海面舰艇、无人水面船等。由于无人艇个头小、科技含量高、无人操纵、出没于海面,能够神不知鬼不觉地执行一些危险任务,所以被人亲切称为"幽灵船"。可以用多种方式控制无人艇,一些无人艇是遥控操作的,可具有评估与报告系统等初级自动化能力;一些无人艇具有程序编定的能力,使用全球定位系统从一个地点航向另外一点,并可根据程序设定改变航向;一些无人艇具有某些自主作战能力,通过为无人艇预先设定程序,使其沿特定航线航行,但可以根据艇载传感器的输入而改变航线;一些无人艇采用复合控制,无人艇进港时可以遥控,执行简单任务时可以采用程序编定功能。无人水面艇主要用于执行危险以及不适于有人船只执行的任务。一旦配备先进的控制系统、传感器系统、通信系统和武器系统后,它会更加神通广大,可以执行多种战争和非战争军事任务,例如,侦察、搜索、探测和排雷;搜救、导航和水文地理勘察;反潜作战、反特种作战以及巡逻、打击海盗、反恐攻击等。

美国海军的第一批无人艇将为濒海作战舰提供支援。遥控猎雷系统,又名遥控猎雷舰,已经部署到美海军的快速护卫舰上,将来会配备濒海作战舰。美国海军正在设计和建造一种可用于水雷战的无人艇,这种无人艇可执行扫雷任务。美国还在研究配备于濒海作战舰用于执行反潜作战任务的无人艇,如 Leidos 工程公司为美国海军研制的无人潜艇猎手,被称为"反潜战持续追踪无人艇"(ACTUV)。若干年来,美国海军一直在尝试使用无人艇为反恐任务提供部队保护。在维持海面秩序或者巡逻时,美国海军使用配备相机的无人艇对形势进行评估,然后再投入兵力部署。监视任务已经在美国本土和海外军事基地展开。美军"斯巴达侦察兵"无人艇如图 7.16 所示,是一种既可遥控也可自动航行的高速舰艇。该舰艇可执行的任务包括沿海地区反潜战、反水雷战、防御鱼雷、情报收集、兵力保护、通道保障、监视和侦察等。

图 7.16 美国"斯巴达侦察兵"无人艇

在无人舰艇应用方面,以色列也走在了世界前列。据媒体报道,以色列研制的"保护者"无人水面舰艇已经服役,每 3 艘编成一个机动编队,轮流在靠近埃及的加沙地区巴勒斯坦人控制区的海岸线、以色列本土沿海地区和黎巴嫩相邻水域进行巡逻,担负作战任务。以色列研制的"防护者"是一套综合性的无人海上战斗平台,采用了特别的高隐身性和机动性设计,同时,在不使人员及装备财产受到威胁的情况下,它可执行一系列关键性任务。"防护者"可以对几种不同的任务模块重新配置,如海军部队防御、海上安全任务、反恐、海岸、港口和商船航行安全及电子战、反水面战、水雷对抗、反潜战任务模块等。以色列航空航天工业公司推出名为"KATANA"的新一代无人水面艇如图 7.17 所示,包括自动导航和自动防撞系统,并装配有电光和红外相机、视距和非视距通信、雷达和武器系统等。这种无人水面艇能在大范围内执行多种任务,如保护专属经济区、海上边界、港口安全、离岸天然气钻井平台和管道,以及进行浅水巡逻和电子战等。它还能通过对远近目标

241

进行辨识、追踪和分类,提供实时情报图像,并根据指令对目标发动进攻,可全自动操作,也可由人遥控操作。中国"精海"无人水面艇,全长6.28m,宽2.86m,吃水0.43m,满载质量2.3t,最大航速18kn,最大续航力120n mile,可按预设规划航路自动完成规避障碍物、自主完成S形转弯等特殊机动,可自主完成水体环境要素探测、环境测量及海洋水文测量任务,并且具有较大的军事运用潜力。

图7.17 以色列"KATANA"新一代无人水面艇

2. 水下无人作战平台

水下无人作战平台是一种水下智能化远航程的无人潜航装置,简称无人潜航器。水下无人作战平台依据不同的使命可携带不同的作战模块,执行搜索和侦察、监视与跟踪、警戒和诱骗、探雷和灭雷、中继通信以及水下攻击等多种任务。水下无人作战平台以潜艇或水面舰船为支援母船,可以脱离母船以极其隐蔽的方式自主地进行远程航行潜入敌方水域(港口、基地、近岸或雷区),从而扩大海军舰船的探测和作战能力,而己方载人平台和人员不受损伤,其作用是当今海军任何武器不可替代的。水下无人作战平台一旦成为实用武器,将对水下作战模式产生革命性影响。

水下无人作战平台是一种可以模块化、多功能、多类型的水下无人潜航器。水下无人自主潜航器实际上是一种指以在海中活动为目的的海中机器人。可以按使命任务发展成套的功能体系模块,扩大海军舰船的探测和作战能力,对敌方有突袭和制约能力。在战场准备过程中,可以使用有人作战平台预先布设具有各种功能模块的水下无人作战平台,如侦察、监视、信息获取与传输、布设水雷等,使水下战场构成立体作战体系,为己方舰艇提供信息资源。水下无人作战平台将改变现有装备作战方式,若潜艇携带该平台,可以延伸传感器的作用距离,隐蔽突破雷区封锁,进入大样作战,使潜艇作战效能倍增。水下无人作战平台可以隐蔽接近敌方前沿海区,侦察水下雷阵或障碍设置情况,并使用攻击型模块,密集、高效地为登陆部队或水面舰艇开辟航道。水下无人作战平台可以远程航渡穿越雷阵进入港湾进行侦察、攻击敌方舰船或导引潜艇进入敌方港湾作战,攻其不备。水下远程自主式无人作战平台可以担负水下巡航警戒预警任务,进行反侦察、反潜作战。随着科学技术的发展,水下无人作战平台在未来的海战中发挥越来越重要的作用。

20世纪80年代以来,世界上先进国家尤其是美国开始研究无人无缆自主式水下潜航器。在美国开始阶段的研究以民用为目的,多在麻省理工等大学里进行。到80年代末期,90年代初取得突破性研究成果。有的已付诸使用,如麻省理工研制的水下潜航器在1993年完成在南极洲浮冰下自主摄影任务。水下潜航器在探知海洋方面显示出突出优点。

美国国防部注意到自主式无人潜器发展的动向,认为该项技术对水下作战模式有重大影响。因此在20世纪80年代末期美国国防高级研究计划局制订了一项水下无人作战平台的研制计划。美国海军研究局1994年4月公布的计划明确指出,水下无人作战平台的优先使命为:反水雷、监视、情报搜集和战术海洋测量等。该计划规定了今后水下无人作战平台的主要研究方向:能源和推进技术、精确导引和控制技术、自主导航和控制技术、通信技术和用主被动方式降低噪声和电磁信号特征等。美国海军水下作战中心主要任务之一是研究、发展、试验、评估和工程化。

近年来,无人潜航器作为一种水下尖端武器日益受到世界各国的重视,许多国家都在按照本国国情大力进行开发。目前,世界上有十几个国家正在从事无人潜航器的研制,研制出的各类无人潜航器已是成百上千,这些国家包括美国、英国、法国、德国、意大利、挪威、瑞典、葡萄牙、丹麦、日本、加拿大、俄罗斯、韩国、澳大利亚、中国等。未来无人潜航器将承担如下几种任务:①情报/监视/侦察;②水雷对抗;③海洋学;④通信/导航;⑤反潜作战;⑥武器平台;⑦后勤供应和保障。因此,未来无人潜航器应考虑的特征能力:①海事侦察能力;②水下搜索和调查能力;③通信和导航援助能力;④潜艇跟踪和追猎能力;⑤武器平台能力;⑥后勤供应和保障能力等。

无人潜航器种类繁多,根据其开发和利用情况,可大致分为遥控型、潜水艇型、半浮半沉型,以及能携带武器进行自主作战的新一代智能型无人潜航器等。

1) 一次性遥控无人潜航器

一次性遥控无人潜航器共分两种:一种装有空心装药破甲弹头,使用时通过有线遥控接近水雷,并以与水雷同归于尽的方式除掉水雷;另一种不装弹头,可用来多次执行搜索水雷及乘务员的操作训练。例如,德国的"长尾鲛"就是一种一次性无人潜航器,通过有线遥控,可以潜到水下300m的深度。"长尾鲛"分两种:一种装有空心装药破甲弹头,以与水雷同归于尽的方式除掉水雷(见图7.18);另一种不装弹头,可用来多次执行搜索水雷的任务。长尾鲛全长1.3m,直径200mm,质量40kg,呈鱼雷状,有4个电池驱动的水平推进器和1个垂直推进器。尾部的光缆全长3000m,可在母舰周围1200m的范围内活动。在水平推进器推进下的最高航速为6kn,在垂直推进器推进下,可停在水中确定深度和位置。"长尾鲛"携带的传感器包括确定位置的声纳,以及装有探海灯的摄像机。有弹头的"长尾鲛"在母舰控制台手动操作,或按设定好的程序接近系留水雷和沉底水雷,进行爆破处理。没有弹头只有传感器的"长尾鲛"用于搜索水雷以及乘务员的操作训练。

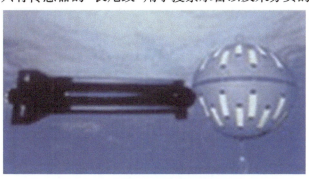

图7.18 "长尾鲛"遥控无人潜航器灭雷

2）潜水艇型无人潜航器

潜水艇型无人潜航器也是从水面舰艇上进行有线遥控操作，但这种无人潜航器的水中航行体相当大，因此可以搭载搜索鱼雷用的各种传感器。此外，还可以伸出机械臂，在离所发现的鱼雷最近的地方放置爆破用炸药。例如，瑞典的"双鹰"无人潜航器（见图7.19），全长22m，宽3m，高0.5m，重360kg，2台电动主推进器，最大航速6kn，此外还有6台小型推力器控制灭雷具上下左右运动。借助传感器可探测最大水深300m范围内的水雷，并接近被探测到的水雷，机械臂可将爆破用炸药安放在距水雷最近的地方。作为目标搜索用的传感器包括CCD彩色摄像机，而水下导航用的传感器有电罗经、测深仪和速度计。水面上的母舰与水下航行器通过直径11mm的加强型脐带电缆连接，电源通过电缆提供，而信号传送则通过光纤电缆。脐带电缆的标准长度为1000m。发现和接近水雷时，航行器在不会因声磁场而引爆水雷的距离上，利用液压驱动机械手，将灭雷炸弹放在水雷的附近。

3）潜水艇发射型无人潜航器

利用从潜水艇的鱼雷发射管发射的无人潜航器，人称水下"袋鼠"。这种无人潜航器不仅可以清除水雷，而且还被作为新型高性能声纳和水中和水上情报收集设备的试验平台。例如，美国"水雷侦察系统"LMRS遥控无人潜航器，外形酷似鱼雷，由"洛杉矶"级核潜艇的鱼雷发射管释放和回收，可持续工作4~5h，从潜艇牵出的缆绳最长可达30n mile，其工作原理如图7.20所示。"水雷侦察系统"LMRS，是一种搜索鱼雷用的无人潜航器，从潜水艇的鱼雷发射管发射，从母艇上用最长可达50n mile的光缆进行控制，可以在4~7kn的航速下连续工作5h，装备有监视前方目标用的多重搜索灵敏声纳和监视侧面用的声纳。"水雷侦察系统"LMRS，能够以比NMRS更快的搜索频率长时间、可靠地工作，并可对水雷状物体进行搜索、探测和分类，而且不使用电缆或光缆，可以连续工作40~48h，每天搜索范围400n mile^2。完成任务后，还可以通过母艇（潜水艇）右舷鱼雷发射管内的机器人手臂进行回收。

图7.19　瑞典"双鹰"无人潜航器

图7.20　LMRS"水雷侦察系统"工作示意图

4）半浮半沉型无人潜航器

现在，各国还在开发一种半入水型无人潜航器（见图7.21）。虽然航行体本身在水下，但是发动机的进气和排气口以及通信天线都露在水面。这种无人潜航器不但自身装有传感器,而且还装有传感器的小型航行体,用来搜索海底附近的水雷等。通过通信天线从母艇上进行无线遥控操作,也可以利用全球定位系统,按照事前设定的路线独立航行。例如,法国使用的半沉半浮式无人潜航器"剑鱼",可与全球定位系统联动,将收集到的声纳影像数据通过无线通信传送给母艇。"剑鱼"能以 12kn 的航速连续航行 400n mile,最大续航时间为 74h,如果是在最大深度 200m 拖动航体航行,可以以 10~12kn 的航速航行 14h。拖航体装备有多波束侧方扫描声纳,可以对深度为 6~200m 的水域进行搜索。另外,拖航体体内还装有惯性测量部件,通过与全球定位系统联动,控制拖航体的深度、摆动、倾斜度和航向。"剑鱼"所收集到的声纳影像数据可在 10km 范围内通过无线通信线路传送给母舰。

图 7.21　半潜式无人潜航器

5) 完全自主型无人潜航器

未来一代的无人潜航器以智能化、自主性为主要特征,执行任务时无需对其遥控,可以完全自主地工作,还能远离母艇,独立活动,不仅具有现在的无人潜航器的扫雷功能,而且还可以收集水中和水面上的所有情报,甚至能够使用武器来对付威胁。完全自主型无人潜航器又称无人驾驶潜艇。根据需要,这种无人潜航器可以搭载各种各样的设备,从而发挥各种各样的功能。如在作战行动的初期阶段,它可在海面上监听敌人的通信情报,同时,可以在危险海域进行光学和电子侦察;在与强敌相遇时,它能够投入反潜战,使用先进武器攻击目标。其收集的所有数据可通过人造卫星电波,或者通过声波利用水中的秘密通信线路传给母艇。

据报道,目前美国海军反潜战中心正在推进开发下一代完全自立型无人潜航器。这种新型无人潜航器的 3 个基本使命是:①收集情报、进行水面搜索和侦察;②侦察水雷、收集海洋战术数据;⑧在沿岸浅海水域进行反潜战。在执行任务期间,除了搜索鱼雷、探测和处理等功能外,还将作为以网络为主的作战网节交点,这种具有高度传感器功能的一个个通信交点,对整个舰队提升海上作战能力具有重要作用。

未来的无人潜航器将具备以下特点:在潜水母艇或者水上战舰等平台上可自如地进行施放和回收;在危险度很高而且环境状况随时变化的浅海,可以长时间、自主地进行隐秘性工作;为了执行反潜战、搜索目标和收集海洋战术数据以及侦察鱼雷等任务,具备搭载所需传感器的能力;拥有与战斗群有效实施通信的能力;作为对抗时"撒手锏"武器,拥有智能化攻击的能力。

美国微型自主型无人潜航器"海马"(见图7.22),采用了模块化设计,应用了许多流行技术的组件,设计时充分考虑了可靠性、维护性以及可承受性等问题,能够搭载在T-AGS 60级海洋调查船和其他舰船上,从事世界范围内的濒海搜索和调查活动。其具有的任务可重构能力,可以根据不同需求装备不同的传感器,以执行赋予它的新任务。排水量3.73t,最大持续航速6kn,有效载荷体积接近0.28m³,作业时间超过100h,4kn航速时的续航力达到500n mile以上。"海马"主要搭载在水面舰船上,其发射与回收采用的是倾斜滑道式发射回收系统。

图7.22 "海马"自主型无人潜航器

澳大利亚最近研制出世界上体积最小的无人潜航器,称为"塞拉菲娜"。"塞拉菲娜"采用塑料船体,靠5台微型推进器前进,动力由一组充电电池提供,能够保证它在24h内"精力充沛",无需充电。成本极低,使用起来非常方便,部署时从船舷扔下即可,执行完任务回收时再从海面捞起是执行寻找失踪船只、探索海底矿藏等任务的理想助手。"塞拉菲娜"身材小巧,只有400mm长,却能潜到5000m深的海底,水下航行的速度可达1m/s,相当于人们在陆地上步行的速度,还可以完成悬停、倾斜、翻筋斗等动作,并能完成翻筋斗这样的水下特技,如果不慎倾覆还能自动恢复正常航行姿势。"塞拉菲娜"装备先进的侦察设备,可在敌方海岸附近当水下间谍,摸清海岸线的地形,为登陆作战提供情报;它还可以探测敌方布下的水雷阵,并在接到指令后与水雷同归于尽。

日本作为一个岛国,拥有漫长曲折的海岸线,对来自海洋的威胁十分敏感。日本防卫省计划在开发无人潜航器和无人水面艇方面投入巨大资金与人力,并加快发展拥有先进智能的自主式潜航器,将无人驾驶水上艇和无人驾驶潜艇加以结合,共同进行追踪武装间谍船、搜索和清除水雷、海底调查以及监视入侵离岛、港湾和沿岸的敌方特种部队等任务。日本海上自卫队已部署可遥控的水雷清除小艇"S-7",今后将提升其能力并开发具有"机器人"的功能,可自动航行、识别目标,进行判断及展开攻击,以完成无人驾驶潜艇的建造。凭借先进的机器人等技术,日本自认为完全有能力开发先进的无人潜航器,并组建成自卫队的水下力量。

英国"护身符"无人水下潜航器是一个由水下航行器本身、一个开放式结构控制系统、一个远程控制台、通信模块、软件和支持设备构成的完整系统。其机动性超强,携带摄像机、探雷声纳定位系统和其他各种传感器。"护身符"能寻找并摧毁水雷,无需人工导航,只需凭借计算机软件便可自行完成扫雷任务,甚至有可能成为未来海战的"清道夫"。

中国"潜龙"无人水下潜航器,长4.6m、直径0.8m、重1500kg,最大工作水深6000m,巡航速度2kn,最大续航能力24h,配有浅地层剖面仪等探测设备,可自主完成海底微地形地貌精细探测、底质判断、海底水文参数测量和海底多金属结核丰度测定等任务。

7.6 空间无人作战平台

20世纪中叶后,随着航天技术等的发展,人类拉开了向太空进军的时代大幕。然而,伴随着迈向太空的疾进脚步,在"控制了太空就控制了地球"思想的驱使下,一些国家开始把本该和平利用的太空打上了渐深的军事印迹,甚至开始了"武器化"的孜孜追求。尤其是,美军对航天资源的依赖日益加深,积极开发和部署军用航天系统,以进一步抢占太空军事资源。

美国空军2004年版《空军转型飞行计划》的核心内容是把获取空间优势和控制空间作为美国空间军事行动的目标,并指出若使敌方不能像美国及其盟国一样利用空间,就需要发展空间对抗系统,以便在必要时阻止敌方使用其空间系统和非授权使用美国及盟国的空间系统。

空间作战平台,也称天基武器系统,主要是指由部署在宇宙空间,用于打击、破坏与干扰敌方空间目标以及从空间攻击陆地、海洋与空中目标的武器搭载平台(卫星、空间站等)。由于太空的特殊性,空间作战平台基本上是无人平台。空间作战平台,主要以敌方的空间能力为目标,动用各种永久性的和/或可恢复的手段,采取先发制人或其他措施,阻止敌方利用空间获得其优势。空间作战平台主要用于进攻性空间对抗作战。

空间作战平台用途主要分为天基硬杀伤武器系统、天基软杀伤武器系统和卫星捕获机器人。

1. 天基硬杀伤武器系统

1) 天基动能反卫星武器系统

天基动能反卫星武器系统,是指自毁性攻击型军事卫星,以及由在轨武器搭载平台(卫星、空间站等)发射系统及其动能弹,以动能击毁敌方在轨卫星或其他战略目标。天基动能反卫星武器系统是目前最容易实现的天基反卫星武器系统之一。天基动能反卫星武器系统工作原理即将卫星移动到攻击目标的附近并瞄准,然后卫星直接或发射动能弹,高速冲向目标,以动能撞击方式准确击毁目标。例如,在卫星中带有"微卫星动能杀伤有效载荷"来摧毁敌方的航天器等。按美国"智能卵石"计划,美国将在距地球450km的轨道上部署上千个"智能卵石",使之可利用自身动力追杀敌方的弹道导弹和卫星。打卫星的卫星是一种微型卫星,平常在轨道上运行,本身具有动力系统,可自主跟踪目标卫星并保持距离,平时可对太空目标执行侦察等任务,在接受作战任务后,可以对确定目标进行攻击,如美国 XSS-11 微型卫星(图 7.23 为美国 XSS-11 微型卫星正在接近一颗常规卫星)。"上帝之杖"是一种天基动能武器,其武器平台上载有多条又长又细用钨、钛或铀制造的金属棒,每支金属棒重约100kg,武器系统放出金属棒后,金属棒会以11600km的时速撞向目标,威力相当于小型核弹。动能拦截弹由助推火箭和作为弹头的"动能拦截器"两大部分组成,借助动能拦截器高速飞行时所具有的巨大动能,通过直接碰撞摧毁目标,主要用于防御弹道导弹和反卫星。

2) 天基定向能反卫星武器

天基定向能反卫星武器,通过发射高能激光束、粒子束、微波束直接照射,利用定向能杀伤手段摧毁空间目标(图7.24),这种武器具有可重复使用、速度快、攻击空域广等优点。天基高功率微波可以用以毁伤、摧毁通信和信息系统中的电子部件,从而能够打击空间系统或信息系统。美国采用宽带、高峰值功率的微波摧毁敌电子信息处理和通信系统。天基激光器用精确定向的高强度相干光束毁伤空间目标,可以达到灵活的杀伤作战效果,组成的星座可形成覆盖全球的攻击能力,将成为21世纪天战中最重要的武器之一。根据美国空军的发展现状和计划预测,低功耗、小体积、高辐射的激光器在2010—2020年逐渐成熟,以用于天基激光器武器系统。

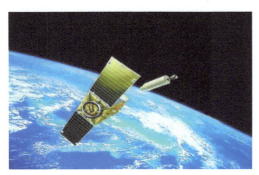
图7.23　美国XSS-11微型卫星正在
接近一颗常规卫星

图7.24　天基定向能反卫星武器系统

3) 太空雷

太空雷,又称反卫星卫星,是一种轨道封锁武器,平时部署在空间轨道上,能根据地面指令自动接近与识别敌方卫星或其他航天器,当军事航天器进入雷区,太空雷引爆,通过自身爆炸产生的大量碎片击毁航天器。太空雷由爆炸装置、引信、遥控系统和动力系统等构成。太空雷可以预先部署,也可以机动部署。据报道,俄罗斯天军将装备的新型反"卫星"卫星质量为2~3t,长为4~6m,带有轨道发动机、雷达或者红外制导装置和高能炸药破片杀伤战斗部,其作战高度为5000km,可攻击敌方部署在地球低轨道上的侦察、导航、气象卫星和航天飞机。20世纪60年代,俄罗斯即开始研制共轨式反卫星武器(见图7.25)。目前,俄罗斯已建成15个快速反低轨道卫星系统发射台。据悉,俄罗斯共轨式反卫星拦截器的作战发射区域为1500km×1000km,作战高度为150~2000km,作战反应时间为90min。制导方式采用雷达寻的或红外寻的,圆概率偏差(CEP)不超过1km;接近目标的相对速度为40~400m/s,拦截目标卫星的时间为1h左右(第一圈轨道内拦截)到3.8h(第二圈轨道内拦截)。

2. 天基软杀伤武器系统

1) 天基反通信系统

天基反通信系统,用于阻止敌方利用卫星进行通信(见图7.26)。反通信系统系统"使用可恢复的、非摧毁性的手段,阻断被认为对美军及其盟军有敌意的、基于卫星的通

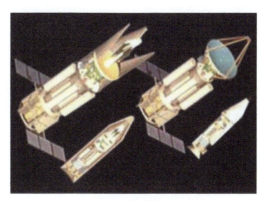

图 7.25 俄罗斯共轨反卫星系统

信链路",即能够用无线电频率干扰敌方卫星的上行/下行链路,阻断敌方的卫星通信。美国空军还计划发展"第二代反通信系统",以弥补现有系统的不足,包括提高频率范围以及实施更多同步干扰的能力。美国空军称,其天基反通信系统目前已经具备作战能力。

2) 天基监视系统

美国"天基监视系统"(见图 7.27),能够探测太空碎片的轨道数据,并将其传输给美国国家航空航天局(NASA),从而避免碎片与国际空间站或者航天飞机空中相撞。美国"天基监视系统"貌似是为了保护美国自身的太空资产,但实际上等于变相增强自身太空进攻能力。"天基监视系统"的任务绝不是为探测威胁太空安全的碎片这么简单,更重要的任务是监视太空中的他国卫星,所获取的卫星轨道数据将会交给美国国防部,以支持日后的军事行动。根据美国的国家太空政策,美国拥有"必要时拒止对手使用太空的权力"。这也就意味着,一旦别国被视为威胁,美国可以根据自己的安全需要对别国的太空设备发起攻击。"天基监视系统"所提供的有关目标的轨道、行踪等详细的数据,无疑都将转化成美军未来反卫星武器瞄准的坐标。因此可以说,"天基监视系统"本质上就是美军在太空部署的侦察兵。

图 7.26 天基反通信系统

图 7.27 美国"天基监视系统"

3) 天基干扰系统

天基干扰系统(见图 7.28),采用高功率微波作为武器,可以中断或扰乱地面—空间通信链路,从而能够打击空间系统或信息系统。美国展开采用平均功率微波中断敌方系

249

统研究,其研究的主要领域包括射频源及效应、天线、脉冲功率源系统等;其研制的数字射频存储器能够精确地储存、复制、处理获取的相干信号,以进行再次发射。根据美国空军航天司令部2020年的远期计划预测,在2020年前能够完成天基干扰系统的研究,并获得初始作战能力。

图 7.28　天基干扰系统可有效阻断各种卫星通信

3. 卫星捕获机器人

卫星捕获机器人,利用太空机器人在太空中任意捕获他国卫星。据美国航天网站透露,"轨道快车"试验其实就是展示美国太空掳星的技术,也就是要证明美国的卫星在太空中能够轻松自如地掳夺任何潜在敌方的卫星,将其拉到自己的身边进行破坏乃至摧毁。"轨道快车"项目由两个部分组成,一个头小一点的目标卫星"未来星"和个头大一点的"太空自动化运输机器人"。这对姊妹星发射进入太空后先是连在一起,相互交换有关数据,然后两星分离。分离后,"太空自动化运输机器人"将想方设法捕捉"未来星"。一旦锁定"未来星"且赶上它后,"太空自动化运输机器人"将伸出机器人手臂,将"未来星"拉回到身边,如图 7.29 所示。

图 7.29　卫星捕获机器人捕获卫星

空间系统本身也会受到攻击,因此,在攻击敌方空间系统的同时,必须采取防御性空间对抗措施,在空间系统遭受攻击时能够实施有效的保护,并尽快恢复空间系统的效能。已经采用或正在研究的防御性措施包括:①激光致盲防护,如美国空军研制的卫星"眼睑"装置,可防止侦察卫星所用的光学精密传感器遭受激光致盲攻击;②抗辐射加固,可防止对手的干扰和定向能武器攻击,如美国国防高级研究计划局和国家航空航天局资助研制的"高压轨道长绳"项目,可利用带高压电的轨道空间绳驱散空间有害射线(包括核爆炸后产生的射线);③微小卫星星座与编队飞行,即使遭到攻击整个系统也不至于陷入瘫痪,并可快速发射微小卫星予以补充;④轨道机动,可躲避敌方反卫星武器的攻击或空间碎片的撞击,如美国空军目前正在实施的"轨道快车"项目,主要目的就是通过为在轨卫星加注燃料,增强卫星的轨道机动能力;⑤伪装与隐身,可利用现代隐身技术,避开敌方空间监视网的监测,免遭敌方干扰和反卫星武器攻击。

7.7 无人作战平台的发展趋势

随着无人机、无人舰艇等机器人系统的建立与发展,国外已有人预言,在未来战场上,军用无人作战平台将可能最终成为主宰。未来,地面机器人将广泛应用于执行侦察、武器发射、施放烟幕以及核、生、化观测报警等艰险任务,它们将成为以一当十的"全能士兵",将成为陆军的战友;随着人工智能技术的飞速发展,攻击性空中无人机将应运而生,它们不仅可在复杂气候条件下对目标进行高速侦察,还可执行压制敌防空力量、拦截战术地地弹道导弹、拦截巡航导弹以及远距离攻击高价值固定目标等任务,将成为空军的伙伴;随着水下机器人的蓬勃发展,水下机器人已不满足于仅仅做一些辅助性工作,将成为海战的"主角",未来组建的机器人舰队,可从事现代海军所执行的各种作战任务,将成为海军的助手;未来空间战场将被X射线激光器、电磁炮和带电粒子束武器等所充斥,未来空间作战的主角非机器人莫属,在天军的行列里,机器人将是一支执行诸如侦察、探测、排险甚至与敌人"同归于尽"任务不可替代的生力军,将成为天军的替身。

无人作战平台如今已成为世界各国竞相研制的"宠儿",重视和发展无人作战平台及其技术已成为冷战后高技术武器装备发展的一个显著特点。目前,俄罗斯、英国、法国、德国、日本、以色列等国都在争先恐后地发展无人作战平台,并且成为新世纪武器装备发展的一个亮点。无人作战平台的发展有如下趋势:

(1)小型化。采用纳米技术和微机电系统与技术,研制发展巴掌大小乃至昆虫大小的无人作战平台已不再是科学幻想。美国刚刚面世的"微星"无人机,长度仅为15cm,质量200g左右,装备有微型摄像机,GPS定位仪,巡航时速约56km,能够逃过雷达或红外线遥感器的视线。据美国国防部预测,在5年内将有第一批微型武器组成的"微型军"诞生,在10年内有望形成大规模部署,将来战场上将会出现"小妖"战"巨魔"的壮观场面。

(2)隐身化。采用隐身技术提高生存能力,是无人作战平台发展的重要方向。美国秘密研制的"黑星"无人机,飞行范围将近4800km,使用吸收雷达波的轻型材料,具有很好的隐身性能,能够突破最好的防空系统。

(3)自动化。在无人作战平台上安装GPS定位系统或预先存储行动方案,即可实现自动控制和自主行动。美国海军舰载无人机,使用液压/气动弹射器或火箭助推器发射升空,完成任务后可自由降落水面,完全可以实现定点垂直起降、空中悬停和全方位机动。

(4)多用途化。除发展侦察监视无人作战平台外,还发展可执行电子战、直接攻击等任务的无人作战平台。同时,谋求武器装备的通用化,可随时更换机载设备以适应不同作战任务的需要。美国正在研制的"无限战斗空中飞行器",既可执行情报侦察任务,又可执行作战突击任务,它将使用质量为45~113kg的小型"灵巧"炸弹和联合直接攻击炸弹等多种精确制导武器,是一种极具杀伤破坏力的无人化武器。

(5)集群化。随着智能、网络、协同与控制技术和无人平台技术的发展,未来在陆、海、空、天各个领域将出现类似于"蜂群""狼群""鱼群""星群"等各类无人作战集群,实施全域无人作战集群攻击与防御作战。

在不久的将来,战场上将会出现大量无人作战平台,形成真正意义上的"无人军",并占领未来战争的制高点。无人作战平台将会改变现代战争的模式,使战争的形式从完全的物质摧毁型变成真正的局部"手术式",使正规战变成特种战,使"顺序作战"变成"并行作战"。突然袭击也将贯穿于战略战役行动的全过程。国外军事专家估计,到2030年,无人作战平台将主宰战场,届时的"无人军"将不再是战争的"配角",而将一跃成为战场上厮杀搏斗的"主角"。

第 8 章　信息战武器装备

8.1　信息战概述

8.1.1　信息化战争

科学技术的发展,导致新军事变革。随着科学技术的不断进步,战争已由简单到复杂、由单一领域到多领域、由特定作战行动发展成为具有"制高点"意义的作战样式。凡是战争都离不开信息,随着信息技术的发展,现代战争将是信息主导的战争,信息在战争中具有十分显著的地位和作用,而将发展成为一种特有的战争形态。

信息化战争是信息时代的基本战争形态,是由信息化军队在陆、海、空、天、信息、认知六维战略空间用信息化武器装备进行的,以信息和知识为主要作战力量的,附带杀伤破坏减到最低限度的战争。信息化战争的基本内涵可以从以下六个方面进行理解:一是时代性,因为在信息时代,有多种形态的战争,但信息化战争是最基本的、最主要的战争形态,就像在工业时代机械化战争是最基本的战争形态一样;二是交战双方至少一方是信息化军队,因为机械化军队或半信息化军队打不了信息化战争;三是要使用信息化、智能化武器装备,各作战单元网络化、一体化;四是要在多维战略空间进行,特别是在太空空间、信息空间、认知空间进行的战争要占相当比例;五是在物质、能量、信息等构成作战力量的诸要素中,信息起主导作用,信息能严格调制在战争中表现为火力和机动力的物质和能量;六是战争中的必要破坏和"流血暴力"依然存在,但附带破坏,即与达成战争目的无关的不必要杀伤破坏,将降低到最低限度。

随着信息技术的发展及在军事领域的广泛应用,信息化战争特点更加呈现"非对称性""非接触性"与"非线式"。一是作战对象的"非对称性",由于世界各国的经济实力、科学技术发展水平不一样,因此各国的军队战斗力强弱有别,呈现出"非对称性"。二是作战手段呈现出"非对称性"与"非接触性",因作战对手技术上的差异,造成双方武器装备性能差距较大,以"非对称"手段实施作战,以求发挥各自的特长;"非接触"作战即远程精确打击。三是作战方式的"非接触性"与"非线式",由于技术的发展,武器性能大大改善,作战平台与部队的机动能力大大提升,战场趋于单向透明,信息流控制物质流与能量流,信息流的无规则流动导致了战场的"非线式";作战双方都根据信息,寻找对方的弱点实施攻击与打击,而不再是两军成线式展开;按时间表协同的线式作战方式将被小型、分散、灵活多变的"非线式"作战方式所代替。

8.1.2　信息战

信息战,又称信息作战,是指为夺取和保持制信息权而进行的斗争,是战场上敌对双方为争取信息的获取权、控制权和使用权,通过利用、破坏敌方和保护己方的信息系统而展开的一系列作战活动,如图 8.1 所示。信息与作战武器平台相结合,产生了信息化武器,可极大地提高武器平台的打击精度和作战效能;指挥官利用信息,可用多种信息化指挥手段及时指挥和调整部队,以夺取作战胜利。信息战主要包括情报战、电子战、网络战、心理战、精确战,以及信息欺骗、作战保密等。

图 8.1　21 世纪战场中的信息战示意图

情报战是指围绕获取和运用情报而展开的斗争,又称情报作战。狭义的情报战是指敌对双方为获取对方情报和防御对方搜集己方情报而进行的各种对抗活动。广义的情报战是指敌对双方为最终达到军事斗争的胜利、保障己方利益而展开的以争夺信息控制为中心的情报系统的对抗。取得情报优势,是军事斗争胜利的重要保证。

电子战是指敌对双方争夺电磁频谱使用和控制权的军事斗争,包括电子侦察与反侦察、光电干扰与反干扰、电子欺骗与反欺骗、电子隐身与反隐身、电子摧毁与反摧毁等。由于军队电子化程度的迅速提高,电子战被作为直接用于攻防的作战手段,形成了陆、海、空、天、电多维立体战。保证己方使用电磁频谱,防止敌方使用电磁频谱的斗争成为现代战争的第四维战场,大规模电子战将贯穿于战争的始终。未来的高技术战争,电子战将发挥巨大作用,没有制电磁权就谈不上制天、制空、制海、制陆权。电子战的攻击重点是敌方 C^4I 系统,在连续高强度电子战软/硬打击下,使敌方电子系统无法正常工作,而变成了聋子、哑巴、瞎子。现代空中作战中依靠电子攻击飞机实施有效的电子攻击,是美军夺取空中作战胜利最重要的"法宝"图 8.2 为美军 EA-18G"咆哮者"电子攻击机电子战主要装备构成。

图 8.2　美军 EA-18G"咆哮者"电子攻击机

网络战正在成为高技术战争的一种日益重要的作战样式,它可以兵不血刃地破坏敌方的指挥控制、情报信息和防空等军用网络系统,甚至可以悄无声息地破坏、瘫痪、控制敌方的商务、政务等民用网络系统,不战而屈人之兵。网络战是为干扰、破坏敌方网络信息系统,并保证己方网络信息系统的正常运行而采取的一系列网络攻防行动。网络战的核心就是一个国家利用数字攻击来扰乱另一个国家的计算机系统,从而对其造成显著的损失或破坏。与其他形式的战争一样,网络战通常被定义为国家之间的冲突。网络战分为两大类:一类是战略网络战;另一类是战场网络战。战略网络战又有平时和战时两种。平时战略网络战是,在双方不发生有火力杀伤破坏的战争情况下,一方对另一方的金融网络信息系统、交通网络信息系统、电力网络信息系统等民用网络信息设施及战略级军事网络信息系统,以计算机病毒、逻辑炸弹、黑客等手段实施的攻击;而战时战略网络战则是,在战争状态下,一方对另一方战略级军用和民用网络信息系统的攻击。战场网络战旨在攻击、破坏、干扰敌方战场信息网络系统和保护己方信息网络系统,其主要方式有:利用敌方接收路径和各种"后门",将病毒送入目标计算机系统;让黑客利用计算机开放结构的缺陷和计算操作程序中的漏洞,使用专门的破译软件,在系统内破译超级用户的口令;将病毒植入计算机芯片,需要时利用无线遥控等手段将其激活;采用各种管理和技术手段,对己方信息网络系统严加防护。当然,战场网络战的作战手段也可用于战略网络战。"网络战""网络空间行动"或者是"网络防御"已经成为网络空间中不得不加以重视的新趋势与研究领域。据不完全统计,全球已经有140多个国家正在发展网络作战力量。据美国情报部门表示,30多个国家正在开发攻击性的网络攻击能力。美国、俄罗斯、欧盟等主要大国纷纷把网络军事准备上升到国家战略层面,网络战司令部升级、作战部队扩编、网络部队形成作战能力正在成为各国普遍追求的目标。

信息战的实质是以信息能为主要作战手段,以"信息流"控制"能量流"和"物质流",剥夺敌方的信息优势,保持己方的信息优势,进而掌握战场的主动权,在一定程度上达成"不战而屈人之兵"或"少战而屈人之兵"的作战效果。

由于信息战是"信息起主导作用的作战样式",因此它与机械化战争有明显的不同。一是作战目的不同,信息战把控制"信息流"、打击对方的指挥控制系统、信息网络和夺取信息优势作为主要任务和打击的重心,而以火力打击为主的机械化战争,主要把摧毁和歼灭对方的飞机、坦克、大炮和舰艇等有生力量作为主要作战目的。二是作战力量不同,信息战是以全员整体力量进行的整体作战,任何一个懂信息、网络的人都可以成为信息战战场上的一名"斗士",而机械化战争,作战力量主要是以钢铁和火力武装的陆军、海军、空军、火箭军和特种作战部队。三是作战环境不同,信息战的战场空间除传统意义的陆、海、空、天外,还包括电磁、网络和心理空间,战场是"无疆态",而机械化战争主要立足陆、海、空、天等有形的物质战场环境来作战。四是作战的本质不同,信息作战是以攻击敌方认知能力为本质特征的作战,最终影响敌方人员特别是战争决策者的思想,使其放弃对抗,停止作战,而机械化战争的本质是消灭对方的有生力量,夺占对方的领土和阵地。

信息战主要四种作战样式包括信息威慑、网络攻击、火力摧毁和敌后"点穴"。

兵法云:"不战而屈人之兵,善之善者也。"而今,信息技术的飞速发展,为达成这种战争目的提供了更大的可能。信息作战中,敌对双方将充分依托信息战的指挥控制系统,在夺取和掌握"制信息权"的基础上,以信息战的声势和威力使敌方屈服,或丧失武力对抗能力。即信息战条件下,谁获得了信息控制权的优势,谁就可以巧妙地运用自己的信息优势,使信息威慑成为一种操作性很强的战法。

网络攻击,是指针对战场认识系统和信息系统实施的攻击性作战行动,主要包括三种攻击方式:一是电子"斩首"。即通过光电干扰、压制和摧毁行动,致盲或瘫痪敌指挥中心、战斗信息中心等单位的数据库、数据融合系统、信息处理与显示系统等,达到削弱、破坏敌指挥控制能力的目的。二是"断源"攻击。即运用一切手段摧毁敌信息系统中的传感器,造成敌方信息传输中断;采取多种方法,破坏、干扰敌方信息传输或截断其信息源,造成其信息传导失调,使之指挥和控制中断。三是病毒袭扰。利用计算机病毒所具有的很强的传染性和隐蔽性等特性,通过信息技术手段,将其释放到敌方的各种作战平台,造成敌方整个信息系统的感染,使信息网络全部丧失作用,难以有效地发挥战场指挥和控制的功能。

火力摧毁是信息作战的一种重要作战样式,即以精兵利器,采取"软杀伤"和"硬摧毁"等手段,对敌方指挥控制系统、火力控制系统及后勤保障系统进行精确打击,在短时间内迅速瘫痪敌方作战体系。从发展趋势上看,它主要包括空中奔袭、定点袭击和精确"点穴"、结构破坏等一些攻击样式。空中奔袭、定点袭击是通过集中空中兵器的精锐,对敌方作战体系和部署中的关键构成节点、要害目标等,实施突然而准确的空中致命打击,予以一举瘫痪摧毁。实施过程中必须做到适时、快速、坚决。适时,是指必须选择有利时机,在关键时刻对敌方实施关键一击,迅速达成作战目的;快速,是指作战反应周期快,尽量缩短作战飞机留空时间,以提高空中力量的战场生存能力;坚决,是指舍得动用空中力量,实施关键性作战,不是因追求空中力量的生存能力而消极避战。精确"点穴"、结构破坏是指针对敌方作战体系中的指挥机构、首脑机构、雷达站、通信枢纽部、高技术兵器发射阵地等被称为敏感之"穴"的目标,以各种精确制导武器予以打击,以达到击其一点,瘫痪全局之目的。如打击或破坏敌方指挥决策机关,就会使敌作战指挥的"大脑"失聪,造成敌整体作战能力下降;打击和破坏敌方雷达站、通信站等目标,就会使敌方战场上的"眼睛"与信息传递的"神经网络"受损,造成其反应迟钝或功能失调,甚至瘫痪。

敌后"点穴",是指由特种部队利用各种方式渗入敌作战纵深,对敌通信枢纽、指挥控制中心、炮兵阵地、机场和导弹部队等纵深目标有重点地予以打击,降低其整体系统功能的一种作战样式。实施这种作战,必须周密筹划组织,充分利用敌兵力集结部署、作战整体能力处于"形成期""易受攻击之窗"未关闭之前等有利时机展开。主要有以下五种作战形式:一是近敌侦察,窃取情报。以特种部队进行敌后特种侦察和战场监视,秘密获取敌方作战部署及行动情报;搜集特定地区的气象、水文和地理等数据资料,实时提供准确的敌情和其他情况,保障指挥员实施正确的作战决策。二是突然行动,短促袭击。指挥特种部队隐蔽地进入敌方指挥控制中心附近,对敌 C^4ISR 系统实施光电干扰或火力摧毁,瘫痪其指挥控制系统。或对敌后的重要目标、物资器材和重要设施进行破坏摧毁,得手后迅速脱离战斗,再寻找新的袭击目标。三是渗透袭扰,精确打击。利用特种部队自身精干灵活的优势,进入敌方通信枢纽、桥梁、仓库、飞机场、导弹基地等重要目标附近,积极地袭扰、破坏敌方的作战准备,配合正面部队的作战。四是心理威慑,迷盲扰乱。利用特种信息攻击分队,对敌方各种信息网络系统实施强大突然的心理攻击,扰乱其指挥控制的整体协调性和实时性,降低敌方作战意志,削弱敌方战斗力。五是广泛游击,破袭要害。在敌战略后方独立采取游击方式,积极袭扰敌方要害目标,干扰其信息网络系统,炸毁其交通枢纽和重要桥梁,焚烧其后勤保障物资,切断其输油管线,打乱其后方部署,使之陷入被动应付的困境。

8.1.3 信息化军队

军事变革,从根本上讲,是科学技术在军事领域广泛运用的结果。为了打赢信息化战争,必须建设信息化军队。军队的信息化建设,主要体现在三个方面:一是武器装备的信息化;二是人员素质、信息能力的提高;三是军队编制结构的优化。美国陆军未来信息化战争作战系统部队如图8.3所示。

图 8.3 未来信息化战争作战系统部队示意图

数字化部队建设是军队建设的重点。所谓数字化部队,是指将数字化电子信息装备融入陆军单兵武器系统、机动作战平台和支援保障设备之中,实现了陆军主战武器系统的智能化,能够做到情报侦察、预警探测、通信联络、指挥控制、电子对抗、火力打击等多种行动一体化的新一代作战部队。数字化部队是进行信息化战争最主要的物质承担者。数字化部队与目前的机械化部队相比,具有以下四个特点:一是部队视野拓展;二是行动反应迅速;三是协调控制方便;四是整体战斗力强。

指挥体系由"树"状态向"网"状结构发展。传统的军事指挥体系由"树干""树枝"和"树叶"组成,下达命令往往通过逐级完成。这种指挥体系弊端在于"打断一枝、瘫痪一片",如一个师的指挥各级组织系统被打垮,师以下各级都将与上级失去联系。而信息时代战争中军队指挥体系已逐步发展为"指挥网",如一个师指挥系统被打垮,师以下各级可通过"网"状指挥系统或其他作战单位、单元进行联系,"指挥网"上的任何结点遭到破坏都不会影响整个"网"的正常运行。美国陆军作战指挥系统如图8.4所示。

军事人员素质结构发生重大变化。军事人才的知识结构向智能型、复合型方向发展。信息时代的战争,既是武器装备的对抗,更是作战人员基本素质的对抗,是否拥有高素质的军事人才,决定着能否有效驾驭信息化武器装备,从而决定着能否赢得战争的胜利。对军事人才的要求,这里有两句话即能说明变化与要求:"膀大腰圆诚可贵,科技素质价更高","指挥员在战争中,不是运动场上单项冠军,而且是十项全能的健将",就是说要培养智能型、复合型的指挥员。

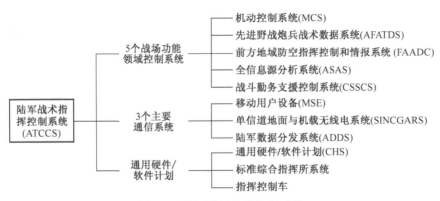

图 8.4 美国陆军作战指挥系统

军队组织结构逐步小型化、一体化、多功能化。科学的体制编制是实现武器装备与人的因素相结合的关键性环节。军事史表明,任何一次军事变革的实现与完成,最终是以建立科学的、全新的军事组织体制为基本标志的。以信息技术为核心和基础的新军事变革所引起的军事组织体制变化,与以往的军事组织体制的变革相比,更具有根本性和整体性的特征。未来军事组织体制的发展趋势,已经展示出初步轮廓。主要表现在:一是军队的总体规模将大幅度缩小;二是作战部队的建制规模将更加小型、灵巧。

加强特种作战部队和新兴军种建设成为新的动向。特别作战部队是指装备精良的武器装备,经过特殊专业训练、由特殊军事人员构成、辅以特殊的保障、执行特殊任务的部队。随着信息化时代战争战略目的的灵活多样,特殊作战部队逐步成为世界各主要国家军队建设的重要内容。新兴的军队建设,至关重要的电子信息军,主要是利用各种电子器材、设备,运用先进的电子计算机技术,在电磁环境和计算机信息领域与敌展开对抗的作战力量。计算机网络兵——"网军"将成为未来战场上一支新的作战力量。太空作战的天军的主要任务:一是实施天战,即与敌航空航天兵器在太空直接进行对抗;二是天勤支援,包括战场上的情报侦察、通信联络、导航定位等。

以信息技术为核心的高新技术加快了武器装备的发展速度,并促使武器装备发展呈现出一些新的特点:武器装备正处于从机械化向信息化的革命性转变之中,信息化、智能化和一体化取代机械化,已经成为武器装备发展的基本趋势;从注重单件武器或单一武器装备系统性能的提高,转变为注重武器装备整体效能的提高;从注重提高武器装备的火力、机动力和防护力等的物理性能,转变为向以信息能力为核心,信息能力与火力、机动力和防护力等并重;从以发展武器平台为主,转变为平台和负载的有机结合;从注重武器装备的数量,转向注重武器装备的质量和效能的提高等。战争形态的深刻演变和作战样式的发展变化,必然对武器装备的发展提出了新的、更高的要求。信息化战争给武器装备带来了以下几个方面的新变化。

侦察探测更加准确,信息处理传递更加及时。近年来,高新技术的飞速发展及其在军事领域的广泛应用,大大拓展了军事侦察探测的方式和手段,从而使信息的获取能力得到了空前的提高,使得侦察探测更加准确和信息处理传递及时。

武器装备的近实时精确打击能力明显增强。从传感器到火力的信息链,实现从获取信息向实施战斗行动的迅速转化。C^4ISR 系统增加进攻和杀伤功能,发展成为 C^4KISR 系统,目的是要建立计算机网络、传感器网络和武器平台网络的无缝信息链接,使 C^4KISR

系统的各个环节与杀伤过程更加紧密结合,缩短观察、判断、决策、攻击的时间。

武器装备正在向隐身化方向发展。隐身技术又称低可探测技术或目标特征控制技术。它是改变武器装备等目标的可探测信息特征,使敌方探测系统不易发现的综合性技术。随着各种侦察探测手段的广泛运用,加之有"发射即摧毁"的精确制导武器的准确打击,使得隐身技术及其武器装备的发展备受人们的重视,其发展速度越来越快。

武器装备的智能化程度更高。随着世界新军事变革的不断深入,发展智能化武器装备,已成为当今世界发达国家武器装备发展的必然趋势。智能化武器装备就是在武器装备系统中,大量采用人工智能技术,使武器装备系统能够模仿人的某些智能行为,具有人类大脑的某些功能。目前,世界上武器装备智能化程度最高的是第四代和第五代具有高级人工智能的制导武器。随着人工智能技术的发展,世界各国必将进一步加大对智能化武器装备研究和开发的力度。尽一切可能努力提高武器装备的智能化程度,是世界发达国家武器装备发展的战略目标,代表着未来武器装备发展的趋势。

8.2 信息化武器装备

信息化武器装备是指信息技术含量高,信息技术对武器装备性能的提高及其使用、操纵、指挥起主导作用,具有信息探测、传输、处理、控制、制导、对抗等功能的作战装备和保障装备。主要包括综合电子信息系统、信息化弹药、信息化作战平台、信息战武器和单兵数字化装备等。

信息化武器装备与机械化武器装备的最大区别在于,前者是网络系统中的武器,后者是单个武器平台。发展信息化武器装备,既是新军事变革的基本内容,又是建设信息化军队的物质和技术基础。鉴于此,20世纪90年代以来,世界发达国家的军队广泛运用新的信息技术成果,采取研制、改造、整合等多种手段,加快建设信息化的武器装备体系,使信息化武器装备呈现出蓬勃发展之势。

8.2.1 综合电子信息系统

综合电子信息系统,即指挥、控制、通信、计算机、情报、监视与侦察系统(C^4ISR),又称指挥自动化系统,是所有信息化武器和整个军队的"神经中枢",是战斗力的"倍增器"。综合电子信息系统和精确打击武器一起构成的探测—打击系统是信息化战争的核心,依靠这种系统可以实现"发现即摧毁"的目标。图8.5为先进的自动化指挥中心。

图8.5 先进的自动化指挥中心

随着技术的进步和需求的变化,综合电子信息系统始终处于不断发展和完善之中,其内涵逐步扩展,功能不断增强,系统名称也在不断变化。美国是世界上最早开发和使用综合电子信息系统的国家。早在 20 世纪 50 年代,美国就已建成了世界上第一个"指挥与控制"(C^2)系统。60 年代,随着远程武器特别是战略导弹和战略轰炸机大量装备部队,通信手段在系统中的作用日益完善,于是形成"指挥、控制与通信"(C^3)系统。70 年代,美国将情报作为指挥自动化不可缺少的因素,形成"指挥、控制、通信与情报"(C^3I)系统。到了 80 年代又加上"计算机"一词,变成"指挥、控制、通信、计算机与情报"(C^4I)系统。海湾战争后,综合电子信息系统进一步增加了监视与侦察功能,演变为 C^4ISR 系统。经过 50 多年的发展,美国的综合电子信息系统已由最初个别指挥机构分别建立的综合电子信息系统和在各军兵种内部的综合电子信息系统,发展成为三军一体的综合电子信息系统。当前,美国正在试图建立全球一体化的综合电子信息系统。

进入 21 世纪以来,世界各主要国家都把综合电子信息系统建设摆在重要位置,作为发展信息化武器装备体系的"龙头"。从各国的情况看,综合电子信息系统主要有三种发展趋势:一是继续大幅提升信息获取、处理和使用能力。信息传输量将得到大幅度增加,可具有指挥、控制、情报、图像、战勤支援、建模与仿真等功能,情报信息可实时传输和处理。二是实现一体化无缝链接。可实现在全球任何地方获得全方位信息接入和得到信息支援。三是提高生存能力。综合电子信息系统是作战打击的主要目标,提高抗干扰和抗毁伤能力,也是未来综合电子信息系统发展的一个趋势。

8.2.2 信息化弹药

信息化弹药,即精确制导弹药,是指依靠自身动力装置推进,能够获取和利用目标所提供的位置信息,并由制导系统控制飞行路线和弹道,命中精度很高的弹药,如图 8.6 所示。目前,信息化弹药已经发展成为家族成员众多的大家庭,包括有制导炸弹、制导炮弹、制导子母弹、制导地雷、巡航导弹、末制导导弹、反辐射导弹等。

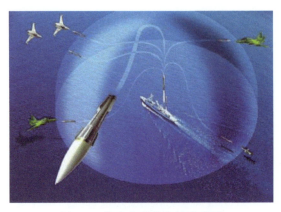

图 8.6 信息化弹药作战示意图

与传统弹药相比,信息化弹药的一个突出特点是,能够获取并利用有效信息来修正弹道,准确命中目标,因而具有极高的战斗效能。信息化弹药的出现,是军事技术发展史上的一次革命,它使弹药从原来的不可控发展到部分可控或完全可控。在西方发达国家,信息化弹药的发展已经历了三代,目前正在向灵巧型、智能型方向发展。灵巧型弹药是一种在火力网外发射、"发射后不管"、自动识别与攻击目标的弹药。智能型弹药是能利用声波、无线电波、可见光、红外线、激光等一切可利用的直接或间接的目标信息,自主选择攻击目标和攻击方式的精确制导弹药。

为适应迅猛发展的世界新军事变革,特别是未来信息化战争中实施精确打击的现实需要,世界各主要国家都在大力发展信息化弹药。据推测,随着科技发展及其在弹药领域的广泛应用,未来的信息化弹药将呈现出如下特点:

(1) 精度高。采用新型制导技术的信息化弹药,其命中精度将比现有信息化弹药提高一个数量级,打击效果也将同步提高。

(2) 射程远。各种防区外发射的信息化弹药将成为发展重点,一些信息化弹药甚至可能具备洲际作战的能力。

(3) 隐身化。信息化弹药除采用高速飞行、改变弹道飞行轨迹、实现导弹末端弹道机动等措施提高突防能力外,还将广泛采用隐身技术,实现隐身化。

(4) 智能化。广泛利用人工智能技术,使之真正具备自主搜索、自主选择、自主攻击的能力,成为有部分人工智能的智能化弹药。

8.2.3 信息化作战平台

信息化作战平台,是指安装有大量电子信息设备,如一体化传感器、电子计算机、高性能弹药、自动导航定位设备等,集成了光电技术、新材料技术、新能源技术等众多高新技术,可通过 C^4ISR 系统联结,具有高智能化水平和综合作战能力的武器载体。主要包括坦克和装甲车等陆上平台、水面舰艇和潜艇等海上平台、喷气机和直升机及卫星等空中及太空平台、智能机器人等无人作战平台等,如图 8.7 所示海上信息化作战平台。

图 8.7 海上信息化作战平台

20 世纪 70 年代以来,美国等西方军事大国就开始将信息技术广泛应用于新型高性能武器装备的研制,因而出现了种类繁多的信息化作战平台,如美军的 M1 系列主战坦克、M2 系列步兵战车、宙斯盾驱逐舰、F-22"猛禽"战斗机,俄罗斯的 T-90 主战坦克、"现代"级导弹巡洋舰、"金雕"战斗机等。这些作战平台安装有多种信息传感设备和通信器材,可与 C^4ISR 系统联网,具有较强的探测、识别、打击、机动、定位和突防等综合能力。

展望未来,信息化作战平台将呈现出如下发展趋势:

(1) 高度信息化。未来的信息化作战平台将配有多种通信设备和探测设备,并具有足够的计算机联网能力,能够与上级和友邻互通作战信息,为精确火力打击提供目标信息,为作战行动及时而有效地提供辅助信息。

(2) 隐身化。未来几乎所有作战平台,都将或多或少地采用隐身技术。

(3) 轻型化和小型化。在信息化战场上,"发现即摧毁"正在成为现实,传统大型或超大型作战平台面临着巨大威胁。更加重视作战平台的机动能力,实现作战平台的轻型化和小型化是一个重要发展趋势。

(4) 智能化。随着人工智能技术的日益成熟,以智能机器人为代表的无人作战平台系统将在战场上发挥越来越重要的作用,无人战争时代正在加速成为现实。到 2010 年,在地面、空中、水下等战场上,人们可以看到用于实战的机器人哨兵、机器人工兵、机器人步兵,甚至无人智能坦克、无人智能潜艇等无人化作战平台。

8.2.4 单兵数字化装备

单兵数字化装备,又称"单兵一体化防护系统"(见图 8.8)。目前,美国、俄罗斯、英国、以色列、澳大利亚等很多国家都制订了单兵数字化装备开发计划。从结构和功能上看,美、英、法等国正在研制的单兵数字化装备大同小异,主要由以下五个分系统组成。

图 8.8 数字化单兵系统

(1) 一体化头盔分系统。该系统能够为数字化战场上的士兵提供所有视听信息。主要部件包括:增强型视频放大装置、周围听力装置、高分辨力头盔显示器、无线电头盔控制装置、防护面具和电源等。

(2) 计算机分系统。也称"单兵 C^3I 分系统",可为士兵提供通信、预警、定位和防护等服务,起到综合情报管理的作用。主要部件包括:夜间枪具瞄准专用的视频强化图像增强器,光电信号转换式平板显示器,全球定位系统,储有文字、图像、数据、战场态势等信息的单兵计算机等。

(3) 武器分系统。该系统集观察、瞄准、射击于一体,能完成昼夜监视、跟踪、精确射击等多项任务。主要部件包括制式步枪、热成像仪、夜战用激光瞄准仪和远距离听力装置等。

(4) 先进军服分系统。该系统具有防弹、防化学战剂、防火、防热核、防红外监视、防激光等功能。主要部件包括战斗服、防弹衣、手套、新型战斗靴、制冷圆领衫、承载组件等。

(5) 微气候空调分系统。该系统是独立的温度调节系统,可提高士兵在炎热或严寒战场条件下的作战能力。主要部件包括主动冷却背心、周围空气监视器、过滤器、风扇等。

单兵数字化装备的开发研制被认为是武器系统发展的一个里程碑。目前,西方军事强国正在制定和实施一系列"数字化单兵作战平台"发展规划。可以预料,随着数字化军队和数字化战场建设的逐步完善,未来"数字化"的士兵,将不再是执行作战命令的最小单位和简单的"地面人",而是有指挥、协调、保障功能的作战单元。从技术角度来看,可能是实现人和战场脱离,地面无人作战时代的开端。

8.2.5 信息战武器

随着军事技术革命的不断深入,在未来武器装备发展中,以信息技术为核心、以信息对抗为目的的信息战武器将大量涌现,并成为未来武器装备体系中一个十分重要的组成部分。目前,关于信息战武器的概念,一般认为:用于保护己方信息和信息系统、影响敌方信息和信息系统的武器,即为信息战武器。应该说,信息战武器主要以电子对抗和计算机网络对抗为主,以夺取和保持"制信息权"为主要目的。信息战武器已成为高技术局部战争中夺取信息优势的主战装备。

从作用原理上看,目前世界上已经研制和正在研制的信息战武器主要包括三种类型:一是计算机病毒武器。计算机病毒是一种人为编制的有害程序,它能在计算机系统运行过程中把自身精确地或经修改后复制到其他计算机程序内,必要时启动,达到病毒制作者特定目的。计算机病毒的作用包括窃密、陷阱和直接破坏等。计算机病毒可以在计算机操作者毫无察觉的情况下,将计算机中的有关信息盗窃走。计算机病毒可以在信息系统中人为地预设一些"陷阱",以干扰和破坏计算机系统的运行。计算机病毒可以对原程序进行置换和破坏,使计算机系统崩溃。二是思想控制武器。这是一种利用声音、光线、形象、传媒、宣传、恐吓、威慑、欺骗、诱惑等手段,产生一些特定信息,使敌方产生错觉,并引起混乱,从生理和心理上来打击敌人。三是干扰与毁伤武器。这是一种利用电磁能对敌方的电子信息系统进行干扰、破坏乃至摧毁的武器。

信息战武器是夺取未来高技术战争制高点(信息优势)的法宝。目前,世界各国,特别是军事大国不惜投入大量人力和财力,秘密研制各种信息战武器。据报道,美国正在进行一项通过无线把病毒注入敌方计算机系统的计划,准备用10年时间研制出能在远距离注入计算机病毒的计算机病毒炮。此外,还有人设想制造纳米机器人和芯片细菌等破坏计算机系统的硬件。芯片细菌能像吞噬垃圾和石油废料的微生物一样,嗜食硅集成电路,对计算机系统造成破坏。

1. 计算机与网络病毒武器

近年来,计算机病毒呈爆炸式增长,数量庞大、名目繁多的计算机病毒中最为猖獗的当属间谍软件。它们不仅侵蚀着各国的政治、经济、文化等各个领域的信息安全,而且给各国的国防信息安全带来了前所未有的挑战。

国际互联网从20世纪70年代正式兴起。由于它操作方便,储存量大,很快就被众多领域广泛使用。到了1994年,国际互联网已成为网民查询资料、获取信息的一块重要阵地。

2000年,一种专门用来刺探、窃取别人秘密的间谍软件开始频频出现在国际互联网上。这种软件的应用开始主要是出于商业目的,后来被世界一些军事利益集团利用,间谍软件遂成为世界军事大国用来猎取别国国防安全信息机密的一个重要工具。像间谍潜入目标内部一样,间谍软件的潜入往往采取比较隐蔽的方式。软件捆绑是最常见也是最隐蔽的方式之一,它通常和某实用软件放在一起,当用户在安装这款实用软件时,间谍软件便悄悄进行自动安装。有些软件打着反间谍软件的名义,实际上本身就是一个间谍软件。间谍软件往往具有双重软件特性,表面上具备实用的、具有吸引力的基本功能,如MP3播放、BT下载,或者是一个小游戏等,但实际上其中隐藏了一个隐秘的组件。虽然那些被安装了间谍软件的计算机使用起来和正常计算机并没有什么太大区别,但用户的隐私数据和重要信息都会被间谍软件所捕获。这些信息将被发送给互联网另一端的操纵者,并且这些有"后门"的计算机都将成为黑客和病毒攻击的重要目标和潜在目标。

间谍软件不仅能够刺探、窃取别人计算机中的各种密码、账号、文件等信息,更重要的是能够对植入间谍软件的计算机操纵自如。世界一些国家发现间谍软件有如此"妙用",纷纷招兵买马,培养间谍软件设计高手,用于国防安全需要。

间谍软件真正用于战争是在1991年的海湾战争中。开战前,美国中央情报局派特工到伊拉克,将其从法国购买的防空系统使用的打印机芯片换上了植入间谍软件的芯片。在战略空袭前,又用遥控手段激活了该间谍软件病毒,致使伊拉克防空指挥中心主计算机系统程序错乱,防空系统的C^3I系统失灵。

信息技术的发展,事实上导致了社会对网络的依赖,国防领域也不例外。相应地,网络技术客观上已成为一种新的军事作战手段。利用间谍软件窥视对方的国防机密,破坏对方的网络,一旦奏效就会给对方造成巨大的损失,甚至导致全面崩溃。

2002年,美国总统布什发布了第16号"国家安全总统令",组建美军历史上、也是世界上第一支网络黑客部队——网络战联合功能构成司令部(JFCCNW),也称网络战实验室(见图8.9)。该部队已于2007年2月正式编入美军作战序列。

图8.9 美国网络战实验室

这支部队由世界顶级计算机专家和"黑客"组成,其人员组成包括美国中央情报局、国家安全局、联邦调查局以及其他部门的专家,甚至还可能包括盟国的顶级计算机天才,所有成员的平均智商在140分以上,因此也被一些媒体戏称为"140部队"。

2005年3月,美国国防部公布的《国防战略报告》中,明确将网络空间和陆、海、空、天定义为同等重要的、需要美国维持决定性优势的五大空间。

俄罗斯、印度、日本、韩国等国家也都赋予了网络战极高的地位,并征召"黑客"入伍,组建了计算机应急分队,专门从事网络系统的攻防和种植间谍软件。

由于计算机网络体系结构的复杂性和开放性等特征,使得网络设备及数据的安全成为影响网络正常运行的重要问题。依据安全学原理,可以把影响计算机网络安全的因素分为个人原因、物理原因和环境原因,即人的不安全行为、物的不安全状态和环境对系统的影响。如果人的恶意攻击是"人"的原因,那么磁盘等物理介质出错就是"物"的原因,而外界的电磁辐射对网络数据的影响则应该属于"环境"的原因。

计算机网络的风险主要由网络系统存在的缺陷或漏洞、对漏洞的攻击以及外界环境对网络的威胁等因素构成。

网络"攻击"是指任何的非授权行为。攻击的范围从简单的服务器无法提供正常的服务到完全破坏、控制服务器。目前的网络攻击者主要是利用网络通信协议本身存在的缺陷或因安全配置不当而产生的安全漏洞进行网络攻击。目标系统被攻击或者被入侵的程度,依赖于网络攻击者的攻击思路和采用攻击手段的不同而不同。可以从攻击者的行为上将攻击区分为以下两类:被动攻击与主动攻击。被动攻击的攻击者简单地监视所有信息流以获得某些秘密。这种攻击可以是基于网络或者基于系统的。这种攻击是最难被检测到的,对付这类攻击的重点是预防,主要手段是数据加密。主动攻击的攻击者试图突破网络的安全防线。这种攻击涉及数据流的修改或创建错误信息流,主要攻击形式有假冒、重放、欺骗、消息篡改、拒绝服务等。这类攻击无法预防但容易检测,所以,对付这种攻击的重点是"测"而不是"防",主要手段有防火墙、入侵检测系统等。入侵者对目标进行攻击或入侵的目的大致有两种:第一种是使目标系统数据的完整性失效或者服务的可用性降低。为达到此目的,入侵者一般采用主动攻击手段入侵并影响目标信息基础设施。第二种是破坏目标的秘密。入侵者采用被动手段,即不用入侵目标,通过网络设备对开放网络产生影响。为此,入侵者可以主动入侵并观察,也可以被动手段观察、建模、推理达到其目的。无论入侵者采用什么手段,其行为的最终目的是干扰目标系统的正常工作、欺骗目标主机、拒绝目标主机上合法用户的服务,直至摧毁整个目标系统。

无论网络入侵者攻击的是什么类型的目标,其所采用的攻击手段和过程都有一定的共性。网络攻击一般分为如下几个步骤:调查、收集和判断出目标计算机网络的拓扑结构和其他的信息;对目标系统安全的脆弱性进行探测与分析;对目标系统实施攻击。首先入侵者利用操作系统中现有的网络工具或协议收集远程目标系统中各个主机的相关信息,为对目标系统进行进一步分析和判断做准备。入侵者在收集到远程目标的一般网络信息后确定攻击对象,这与入侵者所制定的攻击策略有关。一般情况下,入侵者想要获得的是主系统或者可用的最大网段的根访问权限,通常只要成功入侵主机,就可以控制整个网络。入侵者确定扫描远程目标系统,以寻找该系统的安全漏洞或安全弱点,并试图找到安全性最薄弱的主机作为入侵对象。因为某些系统主机的管理员素质不高而造成的目标系统配置不当,会给入侵者以机会。而且有时攻破1个主机就意味着可以攻破整个系统。入侵者使用扫描方法探测到目标系统的一些有用信息并进行分析,寻找到目标系统由于种种原因而存在的安全漏洞后,就可以进行攻击并试图获得访问权限。一旦获得访问权限,入侵者就可以搜索目录,定位感兴趣的信息,并将信息传输、存储起来。通过这台薄弱的主机,入侵者也可以对与本机建立了访问连接和信任关系的其他网络计算机进行攻击。

常见的网络攻击方式包括网络监听攻击、缓冲区溢出攻击、拒绝服务攻击。网络监听攻击是一种监视网络状态、数据流以及网络上传输信息的管理工具,它可以将网络接口设置在监听模式,并且可以截获网络上传输的信息,取得目标主机的超级用户权限。作为一种发展比较成熟的技术,监听在协助网络管理员监测网络传输数据、排除网络故障等方面具有不可替代的作用。然而,在另一方面网络监听也给网络安全带来了极大的隐患。当信息传播的时候,只要利用工具将网络接口设置成监听模式,就可以以将网络中正在传播的信息截获,从而进行攻击。网络监听在网络中的任何一个位置模式下都可实施进行。而入侵者一般都是利用网络监听工具来截获用户口令的。缓冲区溢出攻击,简单地说就是程序对接收的输入数据没有进行有效检测导致的错误,后果可能造成程序崩溃或者是执行攻击者的命令。在某些情况下,如果用户输入的数据长度超过应用程序给定的缓冲区,就会覆盖其他数据区,这就称为"缓冲区溢出"。拒绝服务攻击,即攻击者想办法让目标机器停止提供服务或资源访问。这些资源包括磁盘空间、内存、进程甚至网络带宽,从而阻止正常用户的访问。最常见的拒绝服务攻击有计算机网络带宽攻击和连通性攻击。带宽攻击指极大的通信量冲击网络,使得所有的网络资源都被消耗殆尽,最终计算机无法再处理合法用户的请求。这是由网络协议本身的安全缺陷造成的,从而拒绝服务攻击也成为攻击者的终极手法。攻击者进行拒绝服务攻击,实际上让服务器实现两种效果:一是迫使服务器缓冲区满负荷,不接受新的请求;二是使用 IP 欺骗,迫使服务器把合法用户的连接复位,影响合法用户的连接。

网络攻击具有动态性,网络技术日新月异,新的攻击技术和手段层出不穷,防御者只有在被攻击受损后才能发现新的攻击,对其做出反应,找到防御方法。面对网络攻击的动态发展,防御总是被动和相对滞后的。

综上所述,网络安全是一个综合性的课题,涉及技术、管理、使用等许多方面,既包括信息系统本身的安全问题,也有物理和逻辑的技术措施。一种技术只能解决一方面的问题,而不是万能的。因此,一个用户单位必须同时具备严格的保密政策、明确的安全策略以及高素质的网络管理人才这三方面的前提,才能完好、实时地保证信息的完整性和正确性,为网络提供强大的安全服务。

2. 思想控制武器

思想控制武器是根据心理学原理和人的电脑波特性,以及声、电、光学原理研制的专门用于影响或控制人的情绪、思维的武器,也称情绪控制武器。思想控制武器(见图8.10),用专门的仪器设备发射出特殊的电磁波、白噪声(一种十分令人讨厌的声波)、全息

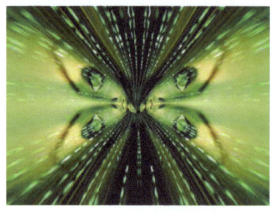

图 8.10　可以控制人大脑的秘密武器

图像等一些潜意识信息来影响一个人或一批人的情绪,改变人的行为,从而有效地控制其行为。据悉,在苏联入侵阿富汗、美国入侵海地的战争中,曾成功地使用了思想控制武器,并发挥了巨大作用。由于它特殊的杀伤机理和作用,思想控制武器必将广泛活跃于高科技战场。

将走向未来战场的情绪控制武器主要有低频催眠武器、全息射影术和射频闪击武器等。

(1) 低频催眠武器。低频催眠武器(见图8.11)是一种由美国海军陆战队研制的非杀伤性电磁武器。它通过使用频率非常低的电磁辐射,引起大脑释放控制行为的化学物质,是一种非杀伤性电磁武器。电磁辐射的磁场是非常弱的,使用这些频率,将立即造成同流行感冒一样的症状,并引起恶心,甚至可以使人处于昏迷状态。但是,这只是使人处于暂时的"伤残",没有杀伤性,而且还是可以逆转的。参与研制的专家埃尔登·伯德说:"这种磁场非常弱,一般人觉察不到,属于非杀伤性的,但可以使人暂时伤残。"

(2) 幻觉武器。幻觉武器(见图8.12)是一种能干扰人的心理,崩溃人的精神,瓦解人的斗志,使人产生厌战情绪,进而放弃武器逃离战场的武器。它不会使人受伤和死亡,主要是运用全息摄影技术,采用激光装置和复杂的计算机系统产生图像投影,能够在云端或战场等特定的空间中投射出虚幻的逼真图像、景况,如飞机、坦克、舰船,甚至能够凭空"造出"整支战斗部队,给受众以直观的视觉刺激。幻觉武器是心理战手段。

图8.11 低频催眠武器

图8.12 幻觉武器

在未来的战场上,这种幻觉武器将在两个方面发挥重要作用。首先是战术欺骗。通过模拟武器、部队和地形,幻觉武器将使敌方摸不清美军的兵力部署、武器装备等情报信息,攻击并不存在的美军目标,使自己陷入被动挨打的困境。据法国情报人员透露,美军的心理战部队利用这种幻觉武器制造"阿帕奇"直升机影像的技术已经很成熟了,肉眼很难辨出真伪。其次,幻觉武器是用以蛊惑人心的心理战重要工具,从心理上骚扰、恫吓、瓦解敌方。

虚拟的欺骗信息依附于直观的图像,较之谣言、谣声更具形象、直观的特点,更为符合人们"耳听为虚,眼见为实"的心理定势,因而也就更具有欺骗性。

美国利弗莫尔实验室已成功研制运用"激光全息投影法"向云端虚拟映射出殉教者圣徒的形象,让在敌方中拥有绝对威信的宗教先知或传奇人物在战场上空"显灵",命令自己的追随者放下武器、缴械投降,美军可以取得"不战而屈人之兵"的效果。这种"海市蜃楼"式的心理战,无疑将对人的心理产生极大的影响。另外,运用计算机技术、激光技术、高保真音响技术,进行战场环境和其他环境的音响模拟,也可以达到以假乱真,迷惑敌人,收到较强的心理战效果。

2006年2月,日本《朝日新闻》报道,日本产业技术综合研究所、庆应大学以及一家信息器材开发公司的研究人员成功利用激光技术,在一定空间内制成螺旋形或金字塔形的三维立体影像。此前的三维影像只不过是看似立体,其实不然,科学家在这一过程中利用了人体的视觉特性。研究人员将红外激光集中在空中不同的点,使空气中的氧分子和氮分子在等离子区发光,空间同一点1s可以出现100个耀点,每个耀点发光时间仅为1/1000s。但因为构成的影像保留时间有0.2s,人眼可以看到一个完整的三维立体影像。该技术同样可以应用于军事行动中的心理战。

1989年,美军曾在某军事基地用激光技术模拟了原子弹爆炸的景象,用以进行核条件下的训练和在心理战中进行心理欺骗和恐吓。

1993年2月,驻扎在索马里首都摩加迪沙以西15km处的美国海军陆战队士兵,在执行任务的区域上空发现了异常情况。随着一阵沙尘雾霭的翻卷升腾,一个方圆达150m×150m的巨型彩色头像开始慢慢呈现,几分钟后,目击者就准确辨认出这是一幅巨型的耶稣头像。这时,受到这种强烈图形信息刺激的许多美国士兵,竟然一边哭泣,一边下跪祈祷。事后经美国军方证实,"圣像显灵"实际上是美军驻索马里心理战分队为试验目的而施放的全息摄影图片,旨在加强对军队士兵的心理控制,不想让美国军人对时局的变化有不同看法,并坚定美军的必胜信心,同时也试图震慑对方的信教士兵。

(3) 射频闪击武器。射频闪击武器是一种利用高频率的射频波来闪击,使敌方的人员思维和情绪受到影响,从而达到控制对方的目的。当人员遭到射频直接闪击时,在脉冲波的作用下,人的神经细胞会发生混乱,出现神经错乱、晕头转向的现象,造成心房纤颤或心力衰竭,引起心脏病,或使心脏和呼吸功能停止。射频闪击武器还可以用以直接摧毁敌方的电子设备、武器自动控制系统和作战指挥系统。

(4) 次声波武器。次声波武器(见图8.13)是指利用次声波的特殊性质,通过人工的方式产生与人体固有频率相似的高能强次声波,使人体及其器官与次声波发生共振,从而达到杀伤目标的一种武器。次声波,是指人耳听不到的频率低于20Hz的声波。次声波,特别是频率低于7Hz的次声波,对人体的危害尤为严重,可使人精神错乱、肌肉痉挛、全身颤抖、头痛恶心、脱水休克。在空中,次声波能以1200km/h的速度传播,在水中能以6000km/h的速度传播,可穿透1.5m厚的混凝土。它虽然难闻其声,却能与人体生理系统

图8.13 次声波武器

产生共振。目前研制的次声波武器分神经型和内脏器官型两种。前者能使人神经错乱，癫狂不止；后者能使人体脏器发生共振，周身产生剧烈不适感，进而失去战斗力。由于次声波能穿透建筑物和车辆，因而躲在工事和装甲车里的人员也不能幸免，在波黑战争中美军就曾使用次声波武器发射次声波，几秒钟后对方大批人员失去了战斗力。次声波武器被列为未来战争的重要武器之一。次声武器主要特点是隐蔽性强、传播距离远、穿透力强。

3. 光电干扰武器

光电干扰武器(见图8.14)是指专门用于破坏和干扰敌方的光电武器装备、并使之失效的一种武器装备。光电干扰是利用光电干扰设备和器材，通过发射、反射、散射和吸收光波能量的方法，来破坏或削弱敌方光电侦查或导引设备的正常作业，使敌方光电设备和光电制导武器不能正常地探测和跟踪目标，从而达到保护己方目标的作用。一般常使用的光电器材有可见光、红外线与激光三大类，因此光电干扰所针对的目标也就是这三类光电器材。由于可见光受环境的限制很大，而激光也由于衰减大，有效距离较短，在海上作战方面的用途较窄，故各类光电器材中最常被使用于舰载传感器或反舰武器导引的是使用红外线波段的传感器，所以光电干扰最主要的目标也就是红外线传感器，而红外线干扰也几乎成为光电干扰的代称。

图 8.14 光电干扰武器

世界上第一种光电武器装备，是在第二次世界大战期间美国与德国几乎同时发明的主动式红外夜视仪。20世纪50年代，许多国家都研制和装备了运用红外制导技术的空空导弹和反坦克导弹。进入60年代后，激光技术刚刚问世不久，就被广泛应用于军事，激光测距仪、激光制导的炸弹和导弹迅速研制成功并装备部队。

在现代军队中，运用光电信息技术的侦察设备与制导武器已相当普遍，如主动式与波动式的红外夜视仪、微光夜视仪、激光测距仪、红外线制导导弹、激光制导导弹、电视制导导弹和制导炸弹等。光电武器装备在现代作战中已发挥了重要作用。与此同时，针对这些光电武器装备的光电干扰武器也随之诞生，并成为现代军队进行自身防卫和对敌方实施软杀伤不可缺少的重要手段。光电武器之间干扰与反干扰的激烈对抗和斗争，已成为信息战争的重要内容。现代的许多作战武器平台(车辆、舰艇、飞机)上，大多是以火力攻击武器(如火炮、导弹等)为主要作战手段，也经常载有光电干扰武器(特别是在舰艇、飞机上)。它们作为武器平台整个武器系统的一部分,主要是为平台自身及火力攻击武器的作战行动提供掩护、防卫等支援保障。但也有一些光电干扰武器相对比较独立,可单独执行电子软杀伤任务,为自身系统以外的其他目标提供电子信息掩护。还有一些武器平台以光电干扰武器为主要作战武器,以敌方的光电信息武器和系统为作战对象,专门执行光电信息软杀伤任务,成为专用的光电干扰武器平台,也可以把它看作是一种综合性的光电干扰武器系统。

按照产生机理,光电干扰分为有源干扰和无源干扰;按照干扰作用性质,分为压制性干扰和欺骗性干扰;按照光电设备类型,主要有激光干扰和红外干扰。激光有源干扰是发射强激光信号,使敌光电接收设备的传感器饱和、致盲,甚至烧毁;或者发射距离欺骗、编码欺骗信号,通过假目标漫射强激光信号,使敌方激光接收设备接收假信号而错误地工作。干扰对象主要是激光测距机、激光雷达和激光制导武器。红外干扰是发射强红外信号,使敌方红外接收机的传感器饱和、阻塞而失去探测目标的能力;或者产生与被掩护目标红外辐射特征相似的红外辐射信号,使敌方红外跟踪和制导系统无法正确地提取误差信号,跟踪和制导误差增大。干扰的主要对象是敌方的红外侦察设备和红外制导武器。光电无源干扰是利用对光波有吸收衰减和散射作用的器材,遮蔽真实目标或形成假目标,以降低敌方光电设备的探测能力和精度,破坏敌光电制导武器对真实目标的识别和攻击。主要措施有:在光波传播路径上,施放烟幕、水雾或其他消光材料,阻断光电设备对目标的探测和跟踪;布设能强烈反射、散射激光信号的光箔条、角反射器充当假目标;对目标实施伪装,如覆盖反红外、反可见光伪装网、在目标表面涂敷伪装涂料等;抑制或屏蔽目标的红外辐射,如改变发动机喷口方向、降低喷口温度、采用隔热加层和加装红外抑制板等。光电无源干扰可使用制式器材进行,必要时在某些场合下也可采用就便器材进行。光电无源干扰制式器材主要有各种发烟装置、光箔条和伪装网、伪装涂料等。

光电干扰又有压制性干扰与欺骗性干扰之分。压制性干扰就是在敌方光电设备工作频段上发射功率强大的干扰信号,以压制敌方的光电设备信号,使敌方光电设备接收到的有用信号模糊不清或完全被掩盖,以致敌方的光电设备无法正常的工作,以达到破坏敌方保护自己的目的。压制性干扰可以瞄准敌方某一特定工作频率施放,破坏其工作效果,这种方式称为瞄准式干扰;另一压制式干扰能同时干扰一个频段范围内的不同工作频率的光电设备,被称为阻塞式干扰。此外,还有介于两者之间的半瞄准式干扰。按干扰产生的方法,分为有源压制性干扰和无源压制性干扰。有源压制性干扰是使用干扰发射设备发射大功率干扰信号,使敌方光电设备的接收机或数据处理设备过载或饱和,或者使有用信号被干扰遮盖。常用的干扰样式有噪声干扰、连续波干扰和脉冲干扰。噪声干扰是应用最广的一种压制性干扰。按干扰频谱宽度与被干扰光电设备接收机通频带的比值,可分为瞄准式干扰、阻塞式干扰和扫频式干扰等。发射强激光或用强光源照射光电设备,使光电设备的传感器致盲甚至烧毁,也是一种有源压制性干扰。无源压制性干扰通常用来压制雷达和光电设备。对雷达的无源压制性干扰是在空中大量投放箔条等器材,形成干扰屏障或干扰走廊,掩护己方部队的作战行动。对光电设备的无源压制性干扰则是施放烟幕、水雾或其他消光材料,阻断光电设备对目标的探测和跟踪。压制性干扰是一种暴露性干扰,施放时,易被敌方光电设备察觉。欺骗性干扰就是使敌方光电设备接收虚假信息,以致产生错误判断和错误行动的光电干扰,如图8.15所示。欺骗性干扰的目的并不是用外部噪声来压制被干扰系统,使其不能探测真实信号,而是故意制造虚假的信号。这些信号经过伪装,很像敌方设备期望的信号,从而诱使敌方错误地理解或使用获得的信息。一种欺骗干扰可以把雷达的信号经过变形,再转发给雷达,使雷达跟踪到假造的不存在的目标上,而真实的目标就得到了保护。此外,还可以形成大批的假目标,使对方的系统难以从中取得有价值的信息,甚至由于假目标数量太多,造成雷达的数据处理系统工作饱和,无法正常工作下去。按干扰产生的原理,分为有源欺骗性干扰和无源欺骗性干扰。按欺骗方式可分为伪装欺骗和冒充欺骗。伪装欺骗是变换或模拟己方的电磁信号,隐真示假,进行欺骗。冒充欺骗是冒充敌方的电磁信号,插入敌方信道,传递假信息,进行欺骗。对敌方光电设备的欺骗性干扰是针对光电设备的作战功能进行的。光电设备的作战功能不同,技术体制不同,所采取的欺骗干扰手段和样式也不同。如对雷达的欺骗性干扰主要有假目标干扰、角度欺骗干扰、距离欺骗干扰和速度欺骗干扰等,目的是破坏雷达对目标的探测和跟踪。对无线电通信的欺骗性干扰,又称通信欺骗,是冒充敌方通信网内的某一电台与敌方主台或其他电台进行通信联络,向敌方传递假命令、假文电或假图像信息,使敌方上当受骗。对敌光电设备的欺骗性干扰主要有发射距离欺骗、编码欺骗激光信号,设置假目标漫射强激光信号,欺骗敌激光探测设备和激光制导设备;发射红外编码干扰脉冲,投放红外诱饵,破坏红外跟踪和制导设备对目标的跟踪锁定。欺骗性干扰与压制性干扰相比具有隐蔽性好、不易被敌方察觉等优点,但针对性强,实施前需充分掌握敌方光电设备的有关情报。

陆基的光电干扰武器主要有固定式光电干扰站、车载式光电干扰机(见图 8.16)、携带式光电干扰机等。它们大多使用杂波式和欺骗式光电干扰机,对敌方的通信、雷达系统实施有源性光电干扰,保护己方的地面部队和目标。

图 8.15 欺骗性干扰

图 8.16 车载式光电干扰机

第 9 章 新概念武器装备

9.1 概　　述

新概念武器是指在工作原理、破坏机理和作战方式上与传统武器有着显著区别,并可大幅度提高作战效能与效费比,或形成新军事能力的高技术武器群体。它是一类正在探索和发展的武器。从广义上讲,凡具有新原理、新能源、新功能、新领域和新杀伤手段者,均可纳入新概念武器范围。新概念武器最显著的特征是创新性强,它们不仅高新技术含量高,而且在设计思想、杀伤机理和作战方式上有着革命性的变化,是创新思维和高新技术相结合的产物。这一基本特征能使新概念武器在军事斗争中发挥出传统武器难以匹敌的作战效能,成为一个现代武器装备体系中璀璨夺目的一族。

新概念武器的主要特点有:

（1）创新性。与传统武器相比,新概念武器在设计思想、工作原理和杀伤机制上具有显著的突破和创新,它是创新思维和高新技术相结合的产物。

（2）奇效性。新概念武器有独特的作战效能,能有效抑制敌方传统武器效能的发挥,达到出奇制胜的效果。一旦技术上取得突破,可在未来的高技术战争中发挥巨大的作战效能,满足新的作战需要,并在体系攻防对抗中有效地抑制敌方传统武器作战效能的发挥。

（3）时代性。新概念武器是一个相对的、动态的概念,其研究领域随时代的进步和科学技术的发展不断更新,出现不同于那个时代一般概念的新武器。某一时代的新概念武器日趋成熟并得到广泛应用后,也就转化为传统武器。

（4）探索性。新概念武器与传统武器相比,高科技含量大,技术难度高,在技术途径、经费投入、研制时间等多方面的不确定因素多,因而探索性强,风险也大。

新概念武器具有传统武器所不具备的或无法比拟的重要军事效用,为未来武器装备的发展开辟了新的领域,在某种程度上代表了未来武器装备的发展方向,它们的实用化将对军事理论、作战方式和部队编成产生革命性的影响。

根据世界各国关于高技术武器装备的探索性研究的进展,目前正处在探索和发展中的新概念武器主要分为动能武器、定向能武器、信息武器、非致命武器、环境武器、微型智能武器等几大类。动能武器主要有动能拦截武器、电磁发射武器等;定向能武器主要有激光武器、高功率微波武器、粒子束武器;信息武器主要有干扰与反干扰武器、网络攻防武器、计算机病毒武器等;非致命武器可分为反人员、反装备和反基础设施非致命武器,主要有声波武器、失能武器、"材料束"武器等;环境武器主要有气象武器、海洋环境武器、地震武器等;微型智能武器主要有微/纳米武器、智能灰尘等。

未来的战争,将是尖端武器的竞争和较量。为此,世界各国都在研制各类高精尖武器,以抢占未来战争的制高点。科学家和军事家们预测,未来的战争中将有许多尖端级新概念武器称雄于战场。激光武器是当前所谓新概念武器中理论最成熟、发展最迅速、最具实战价值的前卫武器。它以无后座、无污染、直接命中、效费比高等诸多优点成为发达国家研制中的未来重点武器。隐身武器的出现是人们千百年来不懈追求的结果。现在正在秘密研制中的隐身武器有隐身飞机、隐身导弹、隐身舰船、隐身水雷、隐身坦克等。未来隐身武器将朝着多兵种、全方位、更隐蔽的方向发展。在未来的高技术战争中,士兵将面临核、化、声、光、电磁等多方面的威胁。为此,一种能够完成昼夜观察、跟踪、瞄准、射击、防护等任务的多功能单兵攻防武器系统将随着战场环境的不断恶化而产生,它集单兵武器、综合防护、数字视听系统等多功能于一身。微波炸弹是利用强波束能量杀伤目标的一种新武器。它由高功率发射机、大型发射天线和辅助设备组成。当超高功率微波聚集成一束很窄的电磁波时,它就像一把尖刀"刺"向目标,达到毁伤目标的目的。军用纳米技术是异军突起的新兴技术,它将成为21世纪信息时代的核心技术。随着微纳制造技术的不断发展,在未来战场上将出现各式各样的袖珍侦察机、战斗机等武器。届时,将会出现"小鱼吃大鱼"的军事奇观。高技术局部战争是整体力量的对抗。要打赢这样一场战争,不仅要夺取制空权、制海权,而且还要争取到信息优势,将各军兵种的各类武器装备的软件硬件有机融合起来,发挥整体优势。C^4ISR系统就是起"融合"作用的武器系统,它能将所有信息数据库和数据汇集起来,达到信息共享、共用、共调,从而确保各军兵种与指挥部之间交换信息和数据,大大提高指挥的时效性和准确性。微电子、微纳制造等一系列军事高技术的发展成熟,为无人武器的研制和应用奠定了技术基础。为此,军事家们预言,未来的战场将是无人化战场,真人部队将为"机器人战士"所代替。不久的将来,无人化武器将作为主力军驰骋于陆、海、空、天立体战场。

随着信息技术的突飞猛进,信息化战争的发展步伐正在加快。主战武器的信息化程度越来越高,信息化主战武器的远距投放能力、精确打击能力越来越强,特殊功能武器的技术开发也在积极进行之中。与此配套的支援性信息系统,如天基、机载、舰载、地面各种信息传感器及其传输交换网络和信息处理节点的信息获取与处理能力,随着以计算机网络为核心的信息处理技术的发展,正在朝着将人类活动的每一个角落都存进数据库的方向发展。

新概念武器的5个主要发展方向:高效节能远程轻便的弹药发射系统、高效节能远程的定向能打击与干扰系统、效应可控的新机理大规模杀伤与失能或者恐怖效应手段、特殊形状与作用方式的机器人作战系统、计算机信息网络攻防系统等。为了在未来的高技术战争中取胜,世界各军事大国必然要全力研制、开发新概念武器。因此,新概念武器的出现和发展是当今世界军事斗争发展的客观需要,掌握新概念武器技术,是在未来高技术战场上取得战争主动权的砝码之一。

9.2 动 能 武 器

动能武器是指依靠自身足够的动能对要攻击的目标造成毁灭性破坏的武器。从毁伤机理来说,是通过把一定的能量投射到目标上,达到毁伤敌方有生力量和设施的目的。

这里作为新概念提出的动能武器,显然不是指那些原始的或低技术的直接碰撞杀伤武器,而是指那些依靠高声速(5倍声速以上,也称超高速)飞行的非爆炸性弹头所具有的巨大动能,能够通过直接碰撞的方式拦截并摧毁卫星或导弹弹头等高速飞行目标的高技术武器。

超高速动能武器的优点是:毁伤能力强,毁伤目标的效果容易判断;作战使用不像地基定向能武器那样容易受气象条件限制;火箭推进式超高速动能武器机动灵活,部署方式多样;技术相对比较简单成熟,价格低廉。

超高速动能武器的缺点是:目前技术受到推进能力的限制,飞行速度低于光速,作战距离有限;难以有效对付快速密集发射的多弹头洲际弹道导弹。

超高速动能武器主要由两大部分组成:用于拦截和摧毁目标的"动能弹头"和用于发射与加速弹头的发射装置。

依据所采用的发射装置不同,超高速动能武器分为动能拦截器和电磁发射武器。

依据部署方式不同,分为天基动能武器(部署在外层空间)、空基动能武器(由飞机携带发射)、地基动能武器(部署在地面上)和海基动能武器(部署在舰艇上)。

根据拦截导弹的阶段,分为助推段拦截系统、中段拦截系统和末段拦截系统。助推段拦截系统,在弹道导弹从起飞到发动机关机这个助推段对其实施拦截。在导弹的助推段实施拦截有许多优点:一是助推段飞行中的导弹速度慢、尺寸大(弹头还没有分离),易于拦截;二是助推段不易采取突防措施;三是拦截点在发射导弹的国家领土之内,击落的导弹碎片,以及所带的核弹头、化学或生物武器弹头,不会对防御方造成危害。因此,美国、以色列、法国及英国等西方国家都十分重视发展助推段拦截技术。中段拦截系统,在弹道导弹靠惯性自由飞行阶段对其实施拦截。末段拦截系统,在弹道导弹弹头重返大气层后,命中目标前对其实施拦截。

1. 动能拦截器

动能拦截器,是一种自主寻的,用助推火箭发射的动能武器,利用其与目标直接碰撞的巨大动能来杀伤目标的飞行器,通常是指新一代高层拦截防空导弹的末级,其作战原理如图9.1所示。动能拦截弹,实际上是一种导弹,为了区别于其他导弹的爆炸性弹头,美国

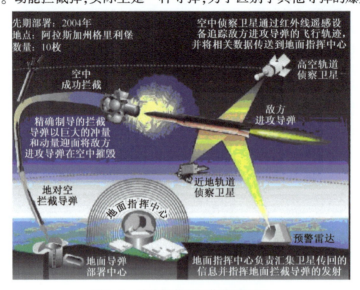

图9.1 动能拦截器的作战原理图

人把动能武器的这种自带动力系统和自主寻的非爆炸性弹头称为"动能拦截弹"(KKV),其结构组成如图9.2所示。它是在导弹技术的基础上迅速发展起来的一项新技术,高精度制导和快速响应控制是其关键技术,追求目标是"零脱靶量"。助推火箭技术已非常成熟,在理论上能够加速到10km/s,能够满足动能弹的要求,但只能一次使用,不能连续使用。目前,世界发达国家和地区都在竞相发展这项新技术,一些系统已经接近实战化水平,可能全面部署高性能的多层反导防御体系,并具备动能反卫星能力。

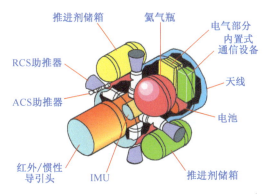

图9.2 动能拦截弹弹头结构组成

动能拦截弹是最接近成熟的武器,是国外重点发展的动能武器。自20世纪70年代以后,美国已先后研制并试验了多种类型的动能拦截弹,包括反卫星用的空基和地基动能导弹拦截弹,防御弹道导弹的天基、地基、海基动能拦截弹,地基、海基中段弹道导弹防御系统,地基末端防御系统。

由于火箭推进技术已成熟,动能拦截弹的关键技术主要在弹头上,弹头主要包括以下部分:精确捕获目标特征信号信息的导引头;处理导引头信息的高速信号处理机;确定弹头本身速度和姿态的"惯性测量装置";用于拦截器制导计算和飞行路线修正计算的高速数据处理器;使拦截器快速机动的轨控和姿控系统。

目前,国外已发展和研究了三代KKV技术。第一代是美国SDI计划最初研究的几种拦截弹(如SBI、ERIS、HEDI)上的弹头或动能拦截器,质量为40~200kg不等,基本上采用单模红外寻的头,KKV机动能力小,导引头视场也小,要求外部的目标探测跟踪系统的探测精度达到200m左右。第二代KKV的典型代表是LEAP射弹,与第一代KKV的最大区别是微小化,质量比第一代KKV小近一个数量级,并将KKV推向模块化、多用途的发展方向。第三代KKV技术,即所谓"有识别能力的拦截器"技术,是一种超级灵巧、能自主识别真假目标的、高级智能化的先进拦截器。它主要有三个特点:重量轻、成本低、依靠动能杀伤目标;有很强的自主作战能力,能压缩通信传输率和简化总体结构;能自主识别真假目标。

美国重点研究三类动能拦截弹:一是"爱国者"-3(PAC-3)动能拦截弹(见图9.3)与海军的标准-3导弹,拦截进入大气层的导弹,是导弹防御系统的下层保护措施。"爱国者"-3导弹防御系统是由美国早期的"爱国者"导弹防御系统发展而来的,有PAC-3/1、PAC-3/2、PAC-3/3三个型号。特点是:火力强,能够对抗饱和空袭,搜索速度高,跟踪能力强,反应时间短,可以实施多个同步攻击;能有效地对抗现有的电子攻击;能够与其他的陆军系统和联合系统互操作。二是可在大气层高空与大气层外实施拦截的"萨德"拦截器与"大气层拦截器技术"(AIT)。三是"大气层外轻型射弹"(LEAP)与"大气层外拦截器"(EKV)。

图9.3　美国"爱国者"-3导弹

据报道,2007年1月11日,中国从西昌航天发射中心发射DN-2弹道导弹,有效载荷是一个KKV拦截器,与一颗不起作用的中国气象卫星FY-1C相撞,高度为863km,完全毁坏卫星。五角大楼报告,中国进行了多次DN-3反卫星导弹测试,可用固体燃料机动发射火箭KZ-11发射一个2m直径的KKV弹头(类似DF-41)。国际评估和战略中心高级研究员费舍尔说,DN-3能够击中距离30000km以外的卫星,足以到达占据距离地球300~1000km轨道的大型美国监视卫星。

2. 电磁发射武器

电磁发射武器,简称电炮,是一种使用电能代替或者辅助化学推进剂发射弹丸的发射武器。电磁发射武器技术是一种全新原理的发射技术,电热化学炮和电磁轨道炮技术在最近十多年来取得了重大进展。美国电磁发射技术的研究已从演示验证阶段进入武器型号研制阶段。

电磁发射武器的特点:①超高速、大动能。电炮能够驱动弹丸以高速飞行,速度可达2000~8000m/s,对于小质量弹丸,甚至可达10000m/s以上。由于电炮炮弹比常规炮弹有更高的速度,因此它具有足够的动能对要攻击的目标造成灾难性的破坏,能更有效地摧毁硬目标。②能源简易和效率高。电炮的能源是一般的低级燃料,而普通火炮使用的是高能发射药。因此,降低了炮管易损性,无烟无声,比较安全。电炮几乎全部发射重量都是有效载荷,其主要能源一般是采用低级燃料的燃气轮机或柴油机,发射能量转换率相对较高,使得单位能量成本较低,加上弹丸价格便宜,因而整个系统的效费比较高。③性能优良和可控性好。普通火炮为达到不同的射程,需调节发射装药量,而电炮只要控制供电电流就可调节发射速度和射程。电炮加速度均匀,精度高。普通火炮由于点火药和发射药燃烧速度的微小变化,对弹丸运动速度会产生影响,严重地会引起迟发或突然发火。而电炮的整个系统由计算机控制,操作简便、安全性好。④简化了后勤供应。由于电炮弹丸尺寸小、速度高、动能大,故可在坦克、舰船或飞机等作战平台上携带众多质量相对小的弹丸,有利于弹药储存。⑤结构不拘一格。电炮的口径形状可各式各样,因此发射的有效载荷形状不受限制。

电磁发射武器,其军事应用十分广泛,可以用作天基反导系统。由于初速度极高,可用于摧毁空间的低轨道卫星和导弹,还可以拦截由舰只和坦克装甲车辆发射的导弹。因此,在美国的"星球大战"计划中,电磁轨道炮成为一项主要研究的任务。采用电磁炮把 10g~1kg 的弹丸加速到 3~20km/s,可用于摧毁空间的卫星和导弹,可以用作防空系统。用电磁炮代替高射武器和防空导弹遂行防空任务,发射许多重 1~10g、速度为 20km/s 或更高速的小炮弹,在来袭导弹的前方形成弹幕。美国研制的长 7.5m、发射速度为 500r/min、射程达几十千米的电磁炮,准备替代舰上的"火神—方阵防空系统",如图 9.4 所示。用它不仅能打击临空的各种飞机,还能在远距离拦截空对舰导弹。英国也正在积极研制用于装甲车的防空电磁炮。发射 1~2kg 重的轻型制导炮弹,速度为 10~20km/s,以击毁来袭导弹和中低轨道卫星。可以用作反装甲武器。随着材料科学的发展,复合装甲、高强度陶瓷装甲、贫铀装甲的使用,以及爆炸反应装甲的出现,大大提高了装甲的抗毁能力,对破甲技术提出更高的要求。发射 50g,初速为 3km/s 的炮弹,可穿透 25.4mm 厚的装甲。

图 9.4　美国海军电磁炮示意图

正在研制中的电炮有电磁炮和电热炮。电磁炮完全依靠电磁能来发射弹丸。根据工作原理的不同,电磁炮又分为导轨炮、线圈炮和重接炮。电热炮是全部或部分地利用电能加热工质并产生等离子体来发射弹丸。根据工作原理的不同,电热炮又可分为纯电热炮和电热化学炮。目前,电热化学炮是发展最快、最有希望的电炮。

1) 电热化学炮

电热炮是全部或部分地利用电能加热工质产生离子体来推进弹丸的发射装置。一般地说,电热发射有两个含义:一是使用特定的高功率脉冲电源向某些工质放电,把工质加热而转变成等离子体状态,利用含有热能和动能的等离子体直接推进弹丸运动;二是利用加热产生的等离子体再去加热其他更多质量的低分子量的第二工质,甚至直接加热发射药,使其化学反应变成热气体(含少量等离子体),借助这热气体的热膨胀做功来推进弹丸。因此,从工作方式上,电热炮可以分为两大类:用等离子体直接推进弹丸的,称为直热式电热炮或单热式电热炮;用电能产生的等离子体再加热其他更多轻质工质成气体面推进弹丸的,称为间热式电热炮或复热式电热炮。从能源和工作机理方面考虑,直热式电热炮是全部利用电能来推进弹丸的,它们是一类"纯"电热炮,故也称为纯电热炮;而绝大多数间热式电热炮,发射弹丸既使用电能又使用化学能(发射能量约 20% 来自电能,80% 来自化学反应),因此它们是一类电热"化学"炮,故也称为电热化学炮。在电热炮中用放电方法产生的等离子体多属低温等离子体,又称为电弧等离子体。所以,较早的电热炮又称为电弧炮、脉冲等离子体加速器或等离子体炮。

电热化学炮技术采用高温和高能等离子体来增强和控制固体发射药化学能的释放,可以使其性能提高到普通火炮望尘莫及的程度。使用精确点火可提高瞄准精度;采用温度补偿办法,可以在所有温度条件下发挥武器系统的最佳性能;使用先进发射药增强杀伤力,增大射程;使用低易损性发射药可实现稳定点火。

电热化学炮主要分系统有脉冲电源系统、弹药系统(包括发等离子体发生器、发射药和弹丸)、火炮系统(包括身管、炮尾和电源连接装置等)。点火脉冲电源系统由两个关键分系统组成,一个是高压充电器(直流到直流转换器),它从蓄电池母线获取能量,在电流恒定的情况下,可将电容器的最大电压充至数千伏。第二个主要的分系统是基于电容的脉冲成形网络。在接通开关后,点火脉冲电源系统的高电压、强电流将等离子体发生器中的第一工质转变成高温等离子体,并加热第二工质(发射药)形成高温高压含等离子体的燃气,用以发射弹丸。

电热炮的优点是可用常规火炮改装,能将重量较大的炮弹发射到2200~2500m/s的高速。电热炮的炮弹速度比电磁炮的炮弹速度慢,而且可以控制,所以可发射制导炮弹。

同常规火炮一样,电热炮也是靠气体膨胀做功使弹丸获得高初速,不同的是其气体分子量小,可吸引的功能少,弹丸功能小部分(20%以下)由电能提供,大部分由化学能提供。

美国于1993年6月已研制出世界上第一门60mm电热化学炮,弹丸的炮口能量比固体发射药火炮提高35%。2004年8月,英国使用安装在"闪电"混合电驱动战车上的120mm电热化学炮成功完成了发射试验(见图9.5)。

图9.5 英国电热化学炮

2) 轨道炮

轨道炮,是完全依赖电能和电磁力加速弹丸的一种超高速发射装置。

轨道炮是由一对平行的导轨和夹在其间可移动的电枢(弹丸)以及开关和电源等组成。开关接通后,当一股很大的电流从一根导轨经炮弹底部的电枢流向另一根导轨时,在两根导轨之间形成强磁场,磁场与流经电枢的电流相互作用,产生强大的电磁力(洛仑兹力),推动载流电枢(弹丸)从导轨之间发射出去,理论上初速可达6000~8000m/s。作用于导轨的电磁力仅持续几毫秒,当弹丸离开炮口,剩余能量或通过炮口分流器导向脉冲形成网络,或是在空中形成电弧散放。导轨炮的磁场强度和电流越大,电磁力也就越大。电路长度是由弹丸大小决定的,它的变化不会很大,主要影响的因素是电流和磁场。

轨道炮,被美国海军看作未来主要舰载武器,也被美国陆军看作"2020年后陆军"战车主要武器的候选技术方案,未来应用包括美国未来战斗系统、英/美战术侦察装甲战车/未来侦察骑兵车等车辆上。美国海军认为舰载轨道炮具有全天候、精确和长时间饱和火力能力,有助于提高舰船生命力,由于舰艇不需要爆炸药弹库,为简化及优化舰船结构提供了条件。美国海军全力开发的舰载电磁轨道炮,号称"能以炮弹的成本达到导弹的射程",该炮射程超过300km,炮弹出膛后,在GPS的导引下,可在1min内飞出大气层,在太空滑行4min后,再以马赫数5的速度下落直扑目标。美军希望通过这种武器实现从海上向陆地提供超视距火力支援。美国海军原计划在"朱姆沃尔特"级DDG-1000型驱逐舰上安装炮管为12m,射程370km的超级电磁大炮,用于拦截导弹和反舰,如图9.6所示。然而在现实中,技战术性能、技术难度与经济性决定了技术发展。在美国参议院批准的2012财年《国防授权法案》中,曾"终结了"电磁轨道炮项目,的确是迫不得已。2016年10月15日编入现役的美国海军第一艘"朱姆沃尔特"级DDG-1000型高技术隐身驱逐舰的主武器系统仍然是15mm"先进舰炮系统"(AGS)隐身舰炮和80单元"舷侧垂发导弹系统"。

图9.6 安装有电磁轨道炮的联合高速船

尽管轨道炮尚有许多实用技术难题有待解决,其中包括电源技术、材料技术、超高速弹丸技术、熔化与磨损等。美军研发"未来武器"电磁轨道炮,以取代昂贵的导弹,以改善作战效率的工作仍在继续。据2017年7月26日报道,美军方于25日公开连发试射视频片段显示,美军电磁轨道炮实用性研究取得重要进展,成功于25s内接连发射2枚炮弹,炮弹速度为2000m/s,炮弹的有效射击距离为185km。

英国媒体认为,中国已经将电磁炮技术作为未来登陆作战和由海上打击陆地目标的关键性武器,中国在电磁炮方面的进展仅次于美国,成果大致与英国BAE公司相当,已经领先其竞争对手日本。

3)线圈炮

线圈炮主要由感应耦合的固定线圈和可动线圈以及储能器、开关等组成。许多个同口径同轴固定线圈相当于炮身,可动线圈相当于弹丸(实际上是弹丸上嵌有线圈)。当向炮管的第一个线圈输送强电流时形成磁场,弹丸上的线圈感应产生电流,固定线圈产生的磁场与可动线圈上的感应电流相互作用产生推力,推动可动弹丸线圈加速;当炮弹到达第二个线圈时,向第二个线圈供电,又推动炮弹前进,然后经第三个、第四个线圈……直至最后一个线圈,逐级把炮弹加速到很高的速度。加速弹丸的推力正比于固定线圈中的电流强度和弹丸线圈中的电流强度及固定与可动线圈的互感梯度。线圈炮的优点是炮弹与炮管(线圈)间没有摩擦,能发射较重的炮弹,电能转换成动能的效率较高,但供电比较复杂。

9.3 定向能武器

定向能武器(DEW),是在很小立体角内定向发射与传输高能射束来攻击遥远目标的武器,也称射束武器或有束武器。定向能武器能在大气或真空中以很小的立体角(半锥角 $10^{-5} \sim 10^{-7}$ rad)传输能量,其传输速度等于光速或接近光速。所以,它能在瞬间打中远至几千千米外快速运动的目标(如洲际弹道导弹的助推器、母舱、诱饵和军用卫星等),将其摧毁或予以识别,并可迅速再次瞄准。定向能武器通常包括定向能束源、发射传输系统、目标捕获跟踪识别和杀伤评估系统等部分。正在研制中的定向能武器有激光武器、高功率微波武器、粒子束武器等。

定向能武器具有与现有兵器不同的特点:①激光束、微波波束或粒子束以光速或接近光速的速度直接射向目标,瞄准即能命中,使敌无法躲避;②控制射束,可快速改变攻击方向,反应灵活;③能量高度集中,一般只对目标本身甚至其中的某一部位造成破坏,而不像核武器或化学、生物武器那样,造成范围破坏或杀伤。定向能武器既可用于载,如电子战;也可用于防御,如拦截来犯的飞机和导弹等。目前,激光武器和高功率微波武器是最受重视、发展最快的两类定向能武器。其中激光致盲武器技术比较成熟,有些发达国家的军队已经演示试验或装备这种武器。它是利用能量较低的激光束刺伤人眼使之暂时或永久失明,或破坏敌方武器中的光电传感器使武器失效。战术防空激光武器已能提供使用。战略激光武器也已取得重要技术进展,但离实用还比较远。高功率微波反传感器武器目前已进入实用开发阶段,美国在海湾战争中首次试用了试验性的高功率微波弹头,据称对伊拉克军队的电子装备产生了干扰和破坏作用。当然,由于设备体积和重量的限制,以及大气对能束传播的影响,定向能武器真正用于实战,还有一些问题需要解决。定向能武器一旦研制成功并用于作战,必将对战争产生巨大影响,甚至可能出现定向能战的全新作战方式。

1. 激光武器

激光武器,是一种利用沿一定方向发射的激光束攻击目标的定向能武器,具有快速、灵活、精确和抗电磁干扰等优异性能,在光电对抗、防空和战略防御中可发挥独特作用。

由于长期以来激光器输出的功率都不大,因此激光主要用于激光测距、激光雷达、激光通信和激光制导等方面,直到 20 世纪 70 年代初,随着激光器输出能量的提高,激光才作为杀伤性武器直接摧毁目标或使其丧失战斗力。

激光武器的优点主要有:①速度快,命中精度高。光束以光速射出,到达目标的时间近乎零;反应迅速,打击目标时无需计算射击提前量,瞬发即中。非常适合拦截快速运动、机动性强或突然出现的目标。②可在电子战环境中工作,激光传输不受外界电磁波的干扰,目标难以利用电磁干扰手段避开激光武器的射击。③转移火力快。激光束发射时无后坐力,可连续射击,能在很短时间内转移射击方向,是拦截多目标的理想武器。④作战使用效费比高。激光武器的硬件成本虽然较高,但它可重复使用,实际使用费用比较低。⑤杀伤力可控。高能激光武器毁伤目标是一种烧蚀过程,与用焊枪切割金属类似,对目标毁伤程度的累积效果可以实时地变化,根据需要,既可随时停止,也可通过调整和控制激光武器发射激光束的时间和(或)功率以及射击距离来对不同目标分别实现非杀伤性警告、功能性损伤、结构性破坏或完全摧毁等不同杀伤效果,达到不同目的。

激光武器也有其缺点和弱点,主要是:①激光辐射的功率密度与激光器到目标距离的平方成反比,目前激光武器功率水平不易满足实际需要,远程应用十分困难。②激光传输中能量锐减,易被大气层吸收或受影响,激光武器不能全天候作战,云、雾、雨、雪、硝烟和尘埃是激光难以逾越的障碍。③激光直线传播不能绕过障碍物。

激光武器分为低能激光武器与高能激光武器两类。按照美国国防部的定义,平均功率输出不小于 20kW 或每个脉冲的能量不小于 30kJ 的称为高能激光武器,而功率或能量在此界限以下的则属于低能激光武器。

低能激光武器主要指激光干扰与致盲武器,它是重要的光电对抗装备,主要用于干扰和致盲敌方的光电传感器和敌方官兵的眼睛。它是借助于激光束的热能直接摧毁目标,可用于打击导弹、卫星、坦克、飞机等。激光干扰与致盲武器采用中小功率器件,其特点是:频率可调谐,有简单的对抗措施;虽然平均功率在万瓦级以下,但脉冲峰值功率可达10 万瓦级,能有效地致盲。

自 1983 年以来,美国一直把发展高能激光发射器作为其"星球大战计划"的一个重要组成部分。图 9.7 为利用地面激光武器摧毁空中卫星想象图。1989 年 2 月 23 日,美国海军在新墨西哥州的导弹靶场,用"米拉克尔"中红外高能化学激光器,第一次成功地拦截和击毁了一枚快速低飞的巡航导弹,使战略激光武器步入了实用阶段。

图 9.7 地面激光武器摧毁空中卫星想象图

高能激光武器又分为战术激光武器和战略激光武器两种。它将是一种常规威慑力量。战术激光武器主要有战术防空激光武器和战区防御激光武器。战略激光武器主要有战略防御反导激光武器和战略防御反卫星激光武器。有些高能激光武器的外形上很像火炮,也称为激光炮。

战术防空激光武器的突出优点是反应时间短,可拦击突然发现的低空目标。用激光拦击多目标时,能迅速变换射击对象,灵活地对付多个目标。战术激光武器主要用于攻击战术目标,拦截入侵的精确制导和非制导武器。用于对导弹导引头、整流罩等目标实施软破坏,功率需10万W以上,射程在10km以内;用于对导弹壳体实施硬破坏的激光武器,其平均功率需百万瓦以上,射程在10km左右。最典型的是美国和以色列联合研制的机动战术高能激光武器(见图9.8),用于对付火箭弹或炮弹等的硬杀伤激光武器。美国海军在高能激光武器方面的举世瞩目的重大成果要属海军AN/SEQ-3(XN-1)"激光武器系统"。2012年,该系统在"阿利·伯克"级导弹驱逐舰"杜威"号(DDG105)上完成了海上测试,测试时成功击落了3架代表威胁的无人机目标。2017年第13届阿布扎比国际防务展上,中国低空激光防空武器系统"沉默猎手"成为最吸引眼球的先进武器装备之一。"沉默猎手"固体战术激光武器,功率达30kW,能在800m距离上瞬间烧穿5层2mm的钢板,1000m距离上烧穿5mm的钢板,最大射程4000m,能同时在360°空域范围内拦截临近的多种低空小型航空器(包括无人机),从发现到击落目标只需短短的几秒钟时间,更加接近实战应用。

战区防御激光武器一般用于对弹道导弹实施助推段拦截,其平均功率需达百万瓦以上,射程大于100km。典型的武器是美国机载激光武器(见图9.9),将激光器装在飞机(波音747-400 F飞机改装成的YAL-1A飞机)上,主要用于从远距离(达600km)对处于助推段的战区弹道导弹进行拦截,从而使携带核、生、化弹头的碎片落在敌方区域,迫使攻击者放弃自己的行动,起到有效的遏制作用。

图9.8 美国机动战术高能激光武器

图9.9 空基反导弹激光武器反导示意图

战略防御反导激光武器主要用于摧毁敌方的战略弹道导弹,射程在几百千米到几千千米。战略防御反卫星激光武器主要用于攻击敌方的卫星,其作用距离为500~2000km,功率最高需几百万瓦级。典型的武器是美国的"阿尔法"激光武器,作为星战系统的一种天基激光武器,已在加利福亚试验成功,被称为美军"武器发展史上的里程碑"。早在1979年美军就开始研究"阿尔法"的激光武器,它能在0.2s内产生激光,由铝合金制成的,既小又轻,作为一种太空武器,其战斗效能完全适合作战需要。据估计,每个阿尔法装置可产生2MW特的能量。据2014年底报道,中国"神光"项目研制的超短超强激光器,实现了10MW激光脉冲输出,这是全球同类激光器迄今最大功率的输出。另外有分析称,中国的超强功率的固态激光器是世界一流,用它发射的激光束可在3000km的距离获得35kJ/cm²能量密度,此能量密度比攻击导弹所必需的破坏阈高出近1个数量级以上,以此粗略推算,中国的攻击激光武器有效杀伤力超过30000km。

2. 微波武器

微波武器,是一种能在真空或空气中直线传播,将辐射频率为 1000~300000MHz 的电磁波汇聚成一定方向,借高能量攻击损毁作战对象的新型武器。波长很短(1mm~1m)的高频电磁波,具有传播速度快、穿透力强、抗干扰性好、能被某些物质吸收等特点。微波武器又称为射频武器或电磁脉冲武器,它是利用高能量的电磁波辐射去攻击和毁伤目标的。由于其威力大、速度高、作用距离远,而且看不见、摸不着,往往伤人于无形,如图 9.10 所示。因此,微波武器被军事专家誉为高技术战场上的"无形杀手"。

图 9.10 微波武器作用示意图

微波武器的工作机理,是基于微波与被照射物之间的分子相互作用,将电磁能转变为热能。其特点是不需要传热过程,一下子就可让被照射材料中的很多分子运动起来,使之内外同时受热,产生高温烧毁材料。刚好利用这一特性,使得微波武器成为隐身飞机的克星,是因为隐身飞机的隐身涂层设计主要就是为了吸收雷达波的。较低功率的轻型微波武器,主要作为电子对抗手段和"非杀伤武器"使用;而高能微波武器则是一种威力极强的大规模毁灭性武器。

研究表明微波功率密度达到 3~13mW/cm^2 时,会产生非热效应,人员将因头痛恶心、思维混乱、行为失控而丧失战斗力;功率密度达 20~80 W/cm^2 时,会产生热效应;如果战时利用卫星、飞船等太空平台向目标区集中辐射微波,可使该区大气发生剧烈理化反应,以 3000~4000℃ 高温杀死装甲、掩体内人员,达到中子弹效果。当功率密度达 10~100W/cm^2 时,可毁坏武器装备的任何电子元件,不但能使对方雷达迷盲,通信中断、C^{4}I 瘫痪,指挥失灵,而且能无声中使其飞机、导弹、舰艇和军车引擎点火系统受损,摧毁其战斗力,根本不必传统火力杀伤"对对碰"式的逐个攻击。这种特性使微波武器能有效克制隐身战机、隐身舰艇、反辐射导弹、超声速反舰导弹、战场机器人、数字化士兵系统、预警机及国家和战区导弹防御系统等高新技术装备。

目前,国外微波武器已发展到实用阶段,如俄罗斯的电磁脉冲弹和英国的微波炸弹均能将大功率、不可见的电磁辐射短脉冲发送到较远距离上,用来破坏敌方的坦克、导弹、飞机以及通信和电子设备等。军事专家们预测,随着新技术、新材料的不断发展,电磁武器在军事领域的应用前景会越来越广泛。即使以导弹等精确制导武器为代表的火力杀伤也并未真正摆脱人力密集型作战模式,完成一次火力发射不但需要目标侦测、锁定等系列复杂过程,而且易受射界影响及遭对方电子对抗,命中率锐减;坦克、火炮、战机、舰艇等火力平台不但需要大量人员操作,而且须随时补充燃料弹药,后勤补给庞大复杂,输送线路及枢纽易遭突击。而微波武器则真正实现了杀伤手段的智能效益型。

目前,微波武器主要以微波弹和强力干扰机两种形式存在。

1) 微波弹

微波弹是一种以核爆炸或普通炸药爆炸为能源,其结构如图9.11所示,能一次性使用的单脉冲高功率微波的小型装置(或称电磁脉冲发生器)。

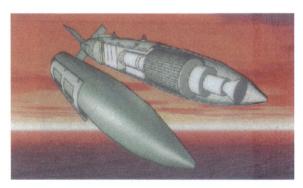

图9.11 微波弹结构示意图

由于高功率微波弹具有效费比高、体积小、重量轻、可用现有的武器运载和投放等特点,受到许多国家的重视。在海湾战争中曾有过关于美国军队使用"战斧"巡航导弹搭载高功率微波弹对伊拉克进行攻击的报道。在1999年3月24日北约对南联盟的轰炸中,美国使用了尚在试验的微波武器,使南联盟部分地区的各种通信设施瘫痪了3个多小时。典型的武器是美国的MK84微波弹。2003年3月26日,伊拉克战争爆发后的第六天,美军使用MK84微波弹,轰炸巴格达电视台。爆炸产生的电磁微波能量达数十亿瓦,造成巴格达地区大面积停电,雷达、计算机、电话、广播、通信陷入瘫痪,一些交通工具无法使用。初级能源(电能或化学能)经过能量转换器(强流加速器或爆炸磁压缩换能器等)等转换为高功率强流脉冲相对论电子束。在特殊设计的高功率微波器件内,与电磁场相互作用,产生高功率的电磁波。这种电磁波经低衰减的定向发射装置变成高功率微波束发射到目标表面。

2) 强力干扰机

强力干扰机是可重复使用的高功率微波武器,一般装在水面舰艇和地面车辆上。它主要由电源高功率微波产生系统,目标捕获、跟踪、瞄准装置和发射天线等部分组成,发射天线将微波汇聚成方向性极强、能量极高的波束,在空中以光速直线传播,用于杀伤人员和电子设备。

典型的武器有美国的主动拒止武器ADS(见图9.12),是一种非致命性定向能武器,它是一种针对人员的高功率微波武器,由美国空军研究实验室及国防部联合非致命武器管理局共同开发。其原理是用发射机向目标发射一束95GHz的聚焦微波,能量以光速抵达目标,穿透人的皮肤,穿透深度为0.4mm(3张纸的厚度),并对目标的皮肤表层进行加热,在数秒钟内可使皮肤表层的温度迅速升高到54℃,使人感到一种强烈的灼热和疼痛感,从而使人放弃原有的意图。但这种感觉在发射机关闭或人跑出波束覆盖区外就会停止。这种"无声无形"的微波武器的有效攻击距离达750m,而常规非致命武器橡皮子弹枪的射程只有75m。有了这种武器,在骚乱发生时,军方就能远距离驱散人群,控制局势。这种武器组装在高机动多用途轮式车辆上,今后也可安装在飞机、舰船或其他平台上。俄罗斯装备的 Krasukha-2 系统是一款集成度很高的车载高功率微波干扰系统,可以在上百千米外对预警机实施干扰,尤其针对美国 E-3 预警机和其他使用 S 波段的系统。2016 年 7 月,俄罗斯 KRET 公司披露了为第六代无人作战飞机安装微波武器的计划,将在第六代飞机配属的无人机上安装高功率微波武器,能够使敌方飞机的电子设备失效,其攻击半径可达数十千米。

图 9.12　美国主动拒止武器 ADS

3) 超宽带干扰机

超宽带干扰机(UWB,也称超宽带电磁辐射器)和微波弹一样,主频在微波段,但频带又相当宽,有的达吉赫兹,能够从微波波段向下扩展到数兆赫兹的射频波段。

由于超宽带干扰机频带很宽,可瞬间大范围覆盖目标系统的响应频率,使跳频通信变得毫无意义,因此对电子设备有很大的威胁。这类武器的最大优点是体积小、操作方便,置于车辆、飞机和卫星上,可破坏敌方的电子信息系统、信号接收机或阻塞对方雷达。因此,超宽带干扰机作为飞机的自保护装置是很有前途的。

3. 粒子束武器

当今世界,武器的发展已经进入分子和原子世界。粒子,是指电子、质子、中子和其他带正、负电的离子。粒子只有被加速到光速才能作为武器使用。这些粒子束发射到空间,可熔化或破坏目标,而且在命中目标后,还会发生二次磁场作用,对目标进行破坏。

粒子束武器的工作模式和激光武器类似,都是以能量定向输出为摧毁目标的方式,但它发射的是经过加速器加速的高能微粒。粒子束武器是将电子、质子或离子等粒子,利用粒子加速器加速到光速的 0.6~0.7 倍,然后发射出去。当粒子在前进方向上遇到障碍物时,粒子所带有巨大的动能就传输到障碍物上,使其毁坏。

粒子束武器一般由粒子加速器、高能脉冲电源、目标识别与跟踪系统、粒子束精确瞄准定位系统和指挥控制系统等组成,如图 9.13 所示。加速器是粒子束武器的核心,用来产生高能粒子,并聚集成密集的束流,加速到使它能够破坏目标,如图 9.14 所示。目标识别与跟踪系统主要由搜索跟踪雷达、红外探测装置及微波摄像机组成。探测系统发现目标后,目标信号经数据处理装置和超高速计算机处理后,进入指挥控制系统,根据指令,定位系统跟踪并瞄准目标,同时修正地球磁场等的影响,使粒子束瞄准目标将要被击毁的位置,然后启动加速器,将粒子束发射出去。

粒子束武器射出的高能粒子对人体或生物体的作用,不仅和激光一样能引起烧伤,而且会射入人体或生物体内部引起一连串的基本粒子反应和核反应,即放射性杀伤,它对人等生物体的杀伤比激光更厉害。

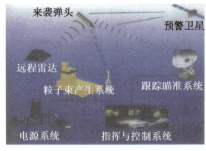

图9.13 粒子束武器的构成

图9.14 粒子束武器发射

粒子束武器对无生命目标的杀伤分成硬杀伤和软杀伤。①硬杀伤。高能粒子束带有大量的动能,打在目标上可产生热效应和辐射,以此毁伤目标。但与激光机制不同,激光只能一层层由表及里地把目标熔化成一个洞后才能进去,而粒子束穿透能力强,不需把目标壳体烧穿便可钻入其内引爆炸药。如果能使炸药起爆温度降低,则所需的粒子束沉积的能量还可降低。粒子束也能破坏核弹头的核装药或核燃料。当高能粒子束打在重金属铀或钚上时,将产生散裂核反应子把原子核打破,放出大量的次级带电粒子和散射出中子。②软杀伤。当高强度的高能粒子束不直接打击目标,而是在目标近处穿过时,带电粒子束与大气分子相互作用,使带电粒子放出具有一定能量的光子。当这种辐射出的光子打到目标材料上时,将产生电磁脉冲使电子元器件失灵。

粒子束武器的研制难度比激光武器大,但作为天基武器比激光武器有优势。其主要优点是:粒子加速器不受强辐射的影响;粒子束在单位立体角内向目标传输的能量比激光大,且能贯穿目标深处;它能够穿过云雾,又不怕反射,这使它比激光武器略胜一筹。图9.15为天基粒子束武器攻击示意图。

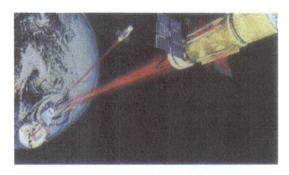

图9.15 天基粒子束武器攻击示意图

粒子束武器有带电粒子束武器和中性粒子束武器两种类型。带电粒子束武器,顾名思义,带电粒子束武器使用的"子弹"是带电的粒子,从电子到重离子。带电粒子束武器是在大气层内使用的。带电粒子束武器的优点是容易用加速器以强流脉冲群的形式产生,并且有很强的穿透能力,所以只要在有效作用距离内,具有较高的杀伤效能。但带电粒子束在传输过程中受地球磁场的作用,其轨迹会发生偏移,影响命中率。在传输过程中因同种电荷相互排斥而使束流直径扩散,同时带电粒子穿过大气时会使气体电离,产生空间电荷效应,使带电粒子束流更加发散,导致束能密度降低。因此,使带电粒子束难以成为实用的武器。中性粒子束武器,又称"亚原子束武器",它使用的"子弹"是高能中性粒子。中性粒子束武器在大气层外使用,主要用于拦截助推段和中段飞行的洲际弹道导弹。

在大气层外的真空状态,由于带电粒子之间的斥力,带电粒子束会在短时间内散发殆尽,因此中性粒子(中子)束更适合在外层空间使用。由于带电粒子束武器的固有缺点,使人们对中性粒子束武器更加感兴趣。中性粒子束不受地磁影响,也不存在带电粒子束在传输过程中由同种电荷相斥而出现的束流直径扩散的现象,只要有足够的动能,它便可以穿入目标的深处。因此这种低发散的高能中性粒子束具有很大的发展前途。但是,由于高能中性粒子束与物质相互作用非常强烈,因而在大气中传输较困难,所以中性粒子束武器只适宜布置在天基平台上,以攻击大气层外的各类目标。

中性粒子束从宏观看是不带电的,那么又如何利用粒子加速器把它们加速到高速呢?其办法是,首先把中性粒子进行带电处理,使其带电,然后借助其带电的特点,利用有关带电粒子加速器把其加速到接近光速,经磁聚焦和磁准直后,再在剥离室内通过原子碰撞或光致分离等过程,剥去其身上多余的电荷,使其变成中性粒子,具有原动能并沿直线轨迹传输而射向目标。

4. 等离子体武器

在现代战争中,如何有效地抗击导弹袭击是世界各国军事专家们共同关注的难题。现有的主要方式是"以导反导",即用我们前面介绍的动能拦截导弹拦截攻击导弹,由于导弹目标小、飞行速度快,"以导反导"防不胜防,效果不是太好。

俄罗斯的阿夫拉缅科、阿期卡良和尼古拉那娃3位科学家独辟蹊径,设计出了用等离子体武器消灭空中导弹的新方法。对于导弹、飞机等各种飞行器,其致命弱点是飞行环境的改变。等离子体武器就是利用大功率电磁波束来改变飞行器的飞行环境。

等离子体武器的原理是将超高频电磁波在高空聚焦,使焦点处的空气发生高强度的电离反应,形成等离子体云团,其密度和电离度比大气层高出1万~10万倍。飞机或导弹进入等离子体云团后,由于飞行环境发生了巨大的变化,往往偏离正常轨道,飞行状态发生巨变。根据惯性定理,飞行器将承受巨大的惯性力,最终遭到破坏而坠毁。

可见,等离子体云团实际上为飞行器设下了一个布满杀机的空中"陷阱"。导弹、飞机等各种飞行器一旦进入等离子体云团,就会偏离飞行轨道,而由此产生的强大向心力能在100ms内令它"粉身碎骨",如图9.16所示。

图9.16 等离子体武器作战构想图

等离子体武器主要由超高频电磁波束发生器(或激光发生器)、导向天线和大功率电源等组成。它集雷达搜索、发现目标和打击目标于一身,极大地简化了攻击过程,等离子体武器辐射的电磁波束并不聚焦在目标上,而是聚焦在目标的前方和两侧;不是用极亮的能量将目标烧毁,而是以电磁波束设下"陷阱",以破坏飞行器的飞行环境来打击目标。另外,由于等离子体武器辐射的电磁波束是以光速传播的,导弹弹头的飞行速度不过 8km/s,最多 15km/s,对于等离子体武器辐射的电磁波束而言,相当于"慢镜头"动作或静止不动的目标,攻击非常容易。等离子体武器可在瞬间打击各种空中目标,对于真假目标能够一并摧毁,可有效地对付来自太空和高、中、低空大气层内的各种飞机、导弹的袭击。

可以相信,随着科学技术的发展,等离子体武器在 21 世纪必将作为空中目标的新杀手和反雷达侦察的新星而登上未来战争舞台,并将发挥重要作用。

9.4 信 息 武 器

现代战场充满了信息对抗、知识对抗和智能对抗。信息优势已成为在现代战争中获胜的至关重要的因素。信息战已经成为战场主要形式。信息战是为夺取和保持制信息权而进行的斗争,也指战场上敌对双方为争取信息的获取权、控制权和使用权,通过利用、破坏敌方和保护己方的信息系统而展开的一系列作战活动。

广义上的信息武器是指利用信息技术和计算机技术,使武器装备在预警探测、情报侦察、精确制导、火力打击、指挥控制、通信联络、战场管理等方面实现信息采集、融合、处理、传输、显示的网络化、自动化和实时化。狭义上的信息武器是指信息战武器,特指用于干扰、破坏敌方电子信息系统和计算机网络系统的软件和技术装备。它主要包括电磁干扰与反干扰装备、计算机网络攻防技术和装备、定向能武器、反辐射武器及计算机病毒武器等。

1. 电磁脉冲弹

随着现代高科技的迅速发展和广泛应用,各种先进电子技术武器系统大量出现,覆盖了陆、海、空、航天、电磁五维战场。而所有高技术武器的核心,都是精密先进的电子计算机、半导体集成电路与弱电流控制软件系统。从整体上看,武器系统的电子化程度越高,就越脆弱,对于周围环境电磁场、电压、电流的变化,也越来越无法承受。电磁脉冲弹攻击的正是现代武器的这一弱点。

目前电磁脉冲武器主要有两大类:发射混频单脉冲的电磁脉冲弹和发射微波脉冲的高功率微波武器。发射混频单脉冲的电磁脉冲弹,侧重于其对非生物目标的电效应。

暴露在电磁场中的导体能够吸收电磁脉冲能量。物体越大,吸收的能量越多。电磁脉冲可以在暴露的导线、导体和电路板内产生上千伏的瞬间耦合高压,破坏电子设备。计算机系统对电磁脉冲尤其敏感,因为大部分计算机系统的元器件是半导体金属氧化物(MOS)器件,这种器件对耦合电压及其敏感,几十伏特的耦合电压就会将其完全破坏。有时,在感应电压较为微弱的情况下,虽然不能直接烧毁元器件,但是也可使 MOS 器件逻辑混乱而导致计算失效。电磁脉冲武器作战如图 9.17 所示。

在一般情况下,电子设备都装有金属保护外壳,该外壳具有较好的电磁场屏蔽作用。但是,金属屏蔽外壳的电磁屏蔽作用是有限的,电磁脉冲可以通过前耦合和后耦合的方式

图 9.17　电磁脉冲武器作战图

越过金属屏蔽。

　　电磁脉冲弹的优点是:频率范围宽,杀伤效率极高;具有全天候作战能力;对瞄准精度要求不高,能杀伤多个目标;隐身武器的克星。电磁脉冲弹的缺点是:虽然对晶体管器件和集成电路器件的设备影响很大,但是对电子管的破坏作用很小甚至没有。如果雷达或通信设备在电磁脉冲炸弹爆炸时关机,则不会造成伤害。对以 20MHz 以上的频率范围,爆炸辐射的电磁能量,大部分会被空气中的水蒸气和氧气吸收,杀伤作用会大大降低。

　　电磁脉冲弹发射的不是微波脉冲,而是一种混频单脉冲,因此不需要微波发生器,只需一个脉冲调制电路,将功率源输出的脉冲锐化压缩后直接发射。这样可以避免解决微波发生器中的许多技术难题,同时也可以使电磁脉冲的整体装置体积小、重量轻,更适合于使用常规武器发射和运载。

　　电磁脉冲是一个辐射持续时间很短的宽带信号,可来源于核爆(NEMP,核电磁脉冲),也可由上述的磁通量压缩发生器和磁流体力学发生器等装置产生(NNEMP,非核电磁脉冲)。因此,电磁脉冲弹分为核电磁脉冲弹和非核电磁脉冲弹。

　　2. 特种干扰弹药

　　当有导弹攻击飞机的时候,被锁定的飞机会有锁定告警(无论雷达制导还是红外制导),判断是被敌方雷达锁定还是被导弹锁定。如果是雷达锁定,就放出箔条干扰弹并作机动动作摆脱;如果是导弹锁定,要判断是什么制导体制的导弹,马上要进行大机动甚至是超机动飞行,并在同时释放相干扰弹。舰艇和军用车辆也使用干扰弹药以摆脱被攻击。特种干扰弹药是混淆视听的能手。

　　1) 声音干扰弹

　　声音干扰弹药由信息传感器、文字编排和声音模拟系统组成,专门用以干扰敌方指挥信息的接收。它发射到空中后能接收到敌方人员发出的各种指挥口令,然后将口令内容重新编排,编制出与原口令内容意思相反的口令,以与敌方人员完全相同的声音发送出去,干扰敌方武器射手、车辆驾驶员及飞机飞行员,使其难辨真假,无法正确执行命令。

　　2) 箔条干扰弹

　　箔条干扰弹药是一种在弹膛内装有大量箔条以干扰雷达回波信号的信息化弹药。它在敌方目标上空,从弹体底部抛出箔条块,箔条块释放后裂开。箔条散布成云状并低速降落,对敌方雷达信号产生散射,使其不能正常工作。

3) 通信干扰弹

通信干扰弹药是一种通过释放电磁信号、破坏或切断敌方无线电通信联络、使其通信网络产生混乱的信息化弹药。美国研制成功的 XM867 式 155mm 通信干扰弹内装有 5 个电子干扰器,已在海湾战争中试验使用,较好地干扰了伊拉克的无线通信网,取得了令人信服的干扰效果。

4) 红外干扰弹

红外干扰弹药通过辐射强大的红外能量,制造一个与所要保护的目标相同的红外辐射源,诱骗敌方红外制导导弹上当受骗,如图 9.18 所示。它主要对付敌方全向红外寻的导弹和双色红外制导导弹,属于有源欺骗式红外干扰弹。其他还有烟火型红外干扰弹、复合型红外干扰弹和燃料型红外干扰弹。

图 9.18 飞机释放红外干扰弹

3. 网络战武器

现代战争中网络战是不可避免的。网络战正在成为高技术战争的一种日益重要的作战样式,它可以兵不血刃地破坏敌方的指挥控制、情报信息和防空等军用网络系统,甚至可以悄无声息地破坏、瘫痪、控制敌方的商务、政务等民用网络系统,不战而屈人之兵。

网络战是为干扰、破坏敌方网络信息系统,并保证己方网络信息系统的正常运行而采取的一系列网络攻防行动。

1) 网络战武器的主要特点

(1) 指挥权限高,政治敏感性强。战略网络战,将围绕国家战略级的军事指挥控制网络、通信网络、情报网络和各类民用网络系统展开抗争,直接影响国家政治、军事、经济、外交等各个领域。其作战行动敏感性特别强,决不可各行其是,随心所欲地实施攻击;其指挥决策权必须高度集中,由最高统帅部组织实施,使网络战行动围绕统一的目的有计划地进行。

(2) 攻击范围广,破坏能力强。网络战可以导致通信阻塞、交通混乱、经济崩溃,使作战指挥不畅、武器失灵等。从某种意义上说,网络战的效果一点也不比核生化武器差。美军方人士认为"电子计算机中一盎司硅产生的效应比一吨铀还大"。

(3) 没有时空限制,隐蔽性强。当今社会计算机网络,特别是因特网已经遍布世界各地,计算机网络已大大缩短了人们的时间、空间距离,将整个世界联结成为一个"地球村",人们可以随时通过网络到达世界各地,因此以网络为依托的计算机网络战也就打破了以往战争时空距离的限制,可以随时、随地向对方发起攻击。目前,对计算机网络可能的攻击手段,不仅有传统的兵力、火力打击等"硬"的一手,还有诸多"软"的手段,而且许多手段非常隐蔽,不留下任何蛛丝马迹。被攻击者可能无法判定攻击者是谁,它来自何方,难以确定攻击者的真实企图和实力,甚至可能在受到攻击后还毫无察觉。

(4) 对人员素质要求高,技术性强。计算机网络战是高技术战争,计算机网络战战士要求有很高的专业技术水平,可以说计算机网络战战士的技术水平直接决定了网络战的胜负。当今世界,博士和科学家也冲到战争的最前线,发动"电脑战"。在计算机网络战中,网络战士将使用各种先进的网络战武器向敌方进行攻击。防御性武器如能探明"黑客"闯入的滤波器,可以根据特殊编制的软件鉴别和标明"黑客",并对"黑客"进行追踪,并由防御转入进攻。此外,计算机网络战涉及的微电子技术、计算机技术、网络安全技术、网络互联技术、数据库管理技术、系统集成技术、调制解调技术、加(解)密技术、人工智能技术、以及信息获取、传递、处理技术等都是当今的高、精、尖技术。

2) 网络战武器的主要作用

(1) 威慑作用。网络战是把敌方的战略目标作为首要攻击对象,如军队的 C^4ISR 系统,国家的交通枢纽、通信中枢等。通过对这些战略目标的攻击,直接地影响敌方的战略决策和战略全局,以便迅速地达成战略企图。一方面,当网络战能形成压倒对方的绝对优势,或能给对方造成空前巨大的破坏性时,网络战就对对方形成了"网络威胁"。若在网络领域确实具有较强的攻击能力和优势,并且让作战对手相信这种能力和优势,就可以在政治、外交、经济和军事斗争中取得主动权。另一方面,如同核威慑的形成、发展那样,当敌对双方都具有确保侵入、瓦解、破坏对方网络的能力时,就可以带来双向"网络遏制",使得双方不得不在一定条件下遵守互不攻击对方网络的游戏规则,甚至形成互不攻击对方网络的惯例、协议或公约。

(2) 侦察作用。通过计算机网络窃取重要军事信息成为获取军事情报的重要手段。网络侦察一般可通过如下方法进行:一是通过破译网络口令或密码进入重要军事系统,获取情报;二是通过设置截取程序截获数据,攻击者可以轻而易举地获取所攻击计算机及其网络传输的几乎所有的信息;三是通过预设陷阱程序窃取信息,可以越过对方正常的系统保护而潜入系统,进行信息的窃取和破坏活动;四是通过截取泄漏信息获取情报,由于信息泄漏而获取的情报比其他获取情报的方法更为及时、准确、广泛、连续和隐蔽,因此,情报人员往往通过各种专用设备,从网络系统(包括电缆、光缆)中窃取重要军事信息,也可从正在工作的计算机中散发出的电磁辐射中窃取信息。

(3) 破坏作用。在网络空间遂行的网络破坏主要是利用病毒破坏、黑客攻击、信道干扰等手段,全面破坏敌方的指挥控制网络、通信网络和武器装备的计算机系统等,使其不能正常运行甚至陷入瘫痪。在进行"软摧毁"的同时也可利用传统的硬摧毁方式如利用强电磁脉冲炸弹等武器对网络进行破坏、微机器人攻击等,彻底摧毁敌方计算机网络系统。

(4) 欺骗作用。利用网络进行军事欺骗,是指通过各种途径把虚拟信息即假情报、假决心、假部署等通过计算机网络传输给敌方,诱敌方做出错误的判断,使其采取有利于己方的行为(或根本不采取行动),从而取得战略战术上的有利地位。

(5) 防护作用。在未来信息化战场上,计算机网络进攻和计算机网络防御是计算机网络战中不可分割的两个部分,单纯的网络进攻和网络防御都不能达成计算机网络战的目的。攻击敌方的计算机网络和保证己方计算机网络的正常运行是相辅相成的。从这一点上来讲,既要注重攻击敌方的计算机网络,也要保证己方计算机网络的正常运行。在有效的进攻同时,结合采取伪装、欺骗、保密、加固、备份等手段,增大己方计算机网络防敌方侦察、干扰、窃密和摧毁的能力,保持己方信息获取、传递和处理的正常进行。

3) 网络战武器的主要类型

网络战武器主要包括:信息阻塞、病毒攻击、逻辑炸弹、黑客袭扰、芯片捣鬼等。

(1) 信息阻塞。利用互联网、空间注入、"后门"偷袭等方式,蓄意向敌方计算机网络系统倾泻大量的伪装信息和废信息,制造"信息洪流"或"信息垃圾",阻塞、挤占甚至撑坏敌方的信息通道和网络服务器。

(2) 病毒攻击。利用敌接受路径和各种"后门",将病毒送入目标计算机系统,干扰和破坏敌方计算机系统。

(3) 逻辑炸弹。逻辑炸弹指在特定逻辑条件满足时,实施破坏的计算机程序,该程序触发后造成计算机数据丢失、计算机不能从硬盘或者软盘引导,甚至会使整个系统瘫痪,并出现物理损坏的虚假现象。逻辑炸弹引发时的症状与某些病毒的作用结果相似,但与病毒相比,它强调破坏作用本身,而实施破坏的程序不具有传染性。逻辑炸弹是非常类似的一个真实世界的地雷,在一定的激活条件下才发挥作用。

(4) 黑客袭扰。让黑客利用计算机开放结构的缺陷和计算操作程序中的漏洞,使用专门的破译软件,在系统内破译超级用户的口令,扰乱和破坏敌方计算机系统。

(5) 芯片捣鬼。通过各种手段,蓄意修改、破坏敌方计算机中的核心部件——芯片。一方面可事先将病毒植入计算机芯片,需要时利用无线遥控等手段将其激活,导致芯片失效或损坏;另一方面,将"芯片细菌"设法植入敌方计算机系统,大量繁殖并吞噬其计算机芯片,达到破坏计算机系统的目的。

早在1991年的海湾战争中,美军就对伊拉克实施了网络战。开战前,美国特工就将伊拉克从法国购买的防空系统中的打印机芯片换上了含有计算机病毒的芯片。在战略空袭前,又用遥控手段激活了病毒,致使伊防空指挥中心主计算机系统程序错乱,防空 C^3I 系统失灵。

在1999年的科索沃战争中,网络战的规模和效果都有增无减。南联盟使用多种计算机病毒,组织黑客实施网络攻击,使北约军队的一些网站被垃圾信息阻塞,北约的一些计算机网络系统曾一度瘫痪。北约一方面强化网络防护措施,另一方面实施网络反击战,将大量病毒和欺骗性信息注入南军计算机网络系统,致使南军防空系统陷于瘫痪。

9.5 非致命武器

非致命性武器,是指在尽量减少人员伤亡和设备损伤的同时,能够通过作用于人员弱点处或物质的方法来强迫或阻止敌方行动的武器,也称"软杀伤武器"或"失能武器"或"低附带损伤性武器"。非致命性武器,是为达到能有效地使敌方武器装备失灵或人员丧失工作能力,而不造成大规模人员伤亡和设施破坏,最低限度地减少附带损伤,而专门设计的武器系统。非致命性武器能够在战场上为作战人员提供巨大的灵活性,对现在和将来有可能面临的威胁作出更适当、更灵活的反应,尽量避免过多的人员伤亡和设备损伤。非致命性武器在未来战争中将扮演越来越重要的角色。

非致命性武器的主要特点：①非致命性。这是非致命武器最重要的特点。在杀死或不大量杀死人员的情况下,破坏敌方的战斗力。它能使人暂时失去抵抗能力而不会产生致命性的杀伤,也不会留下永久性伤残,能暂时阻止某些车辆装备和设备的正常运行而不至于造成大规模破坏,并对生态环境破坏较小。②准确性。可在距非战斗人员很近的地方准确攻击敌方或敌方设施的特定部位而不危及平民。尤其对于警用的非致命武器,要求有效性高,首发必中,既要阻止犯罪分子作案,不给其反抗或逃离的机会,又要防止误伤无关人员和破坏公共设施的可能。③打击效果的可控性和可逆性。可对攻击效能进行选择与控制,在多数情况下打击后果具有可逆性,遭受打击的人员可恢复正常机能,冲突过后的重建工作也可迅速完成。一般来讲,理想的非致命武器应能使对手快速暂时失能,丧失作战能力,快速消除威胁。要做到这一点,就必须对武器的威力进行细致平衡,威力过大会造成杀伤,威力过小,又会给使用者本人造成危害。因此,从理论上讲,解决非致命武器效能问题的最好方法应该是武器性能可控性。既具有非致命性能,又具有非一般的威力。④作用范围广可重复使用。极具扩大杀伤范围的潜力,甚至可以在同一时间内将杀伤范围扩大到敌方全境,并可在各种条件下重复使用,使敌方难以采取有效的反制措施。⑤种类繁多各显其能。由于非致命武器在军用、警用中都有广泛应用,为适合不同的环境非致命武器的发展也多种多样。

非致命性武器将在未来的战争中扮演越来越重要的角色。其主要功能：①影响人员能力,如暂时迷茫,人群控制或驱散,使人员镇静或眩晕,使人员丧失移动能力,削弱感官能力等;②使物质系统失能,致盲光学传感器和寻的装置,使装备中的电子系统失能,阻止运载工具(包括飞机)的移动,造成计算机控制系统失灵或引起动作故障等;③提供安全和监视,增强战区安全,孤立/隔离对手等;④攻击物质保障系统/基础设施,弱化或改变燃料和金属的性能,破坏公共事业设备,使现代材料(复合材料、聚合物、合金)失去作用等。

从作用机理来说,非致命武器可以分为化学失能、动能打击失能、电击失能、声光干扰,及其他类型。化学失能,是通过化学失能剂驱赶目标或使目标失能,通常是使用化学催泪剂。动能打击失能,一般是通过射弹来实现。借助发射动能来打击目标使其失去反抗能力。橡皮子弹和塑料子弹是人们最熟悉的动能打击射弹。近年来开发了各种各样的射弹,如豆包弹(装有铅砂的包)、痛球弹、环翼射弹等。电击失能,是通过释放高压低电流电击使目标失能。电击武器目前大致有：电击枪(器),以泰瑟枪为代表的有线电击射弹,正在研制和评估中的无线电击射弹和可以使人肌肉强直的紫外激光电击武器。声光干扰武器,是通过强光、高强度声响使人暂时致盲或失聪来分散目标的注意力,借以达到控制目标的目的。这类武器包括各种声光榴弹和声光射弹、强光电筒、激光电筒等。除上述之外,非致命武器还有,如拦车钉排、采用缠绕技术的抓捕网等。

按作用对象不同,非致命武器可分为反装备非致命武器和反人员非致命武器两大类。

反人员非致命武器,根据作用原理又分为：①物理类,如橡皮/塑胶子弹、泡棉子弹、环翼手榴弹、水炮、捕捉网、拦截网、压缩空气等。②化学类,如刺激性化学剂、染色剂、恶臭剂、黏性泡沫、呕吐剂、镇定剂、迷幻药、蒙蔽剂等。③定向能类,如眩目灯、声光手榴弹、不伤眼激光、电击枪、脉动光束、微波、激光立体投影、次声波等。④生物类,如生物战剂与病毒等。目前,国外正在研究的反人员非致命武器主要有化学失能剂、刺激剂、黏性泡沫等。

反装备非致命武器,根据作用原理又分为:①物理类,如车辆阻拦网、铁丝网、纤维网、拦路钩、长条拦路钩等。②化学类,如燃烧缓和剂、空气滤网阻塞剂、黏性泡沫、黏化剂、朦胧剂、侵蚀剂、金属纤维/微粒、环境控制等。③定向能类,如脉动式电波、高功率微波、直射式电波、非核能电磁脉冲、反传感器激光、干扰装备、微粒子波束、次声波、超声波等。④生物类,如可防堵生物战剂等。目前,国外发展的用于反装备的非致命武器主要有超级润滑剂、材料脆化剂、超级腐蚀剂、超级黏胶以及动力系统熄火弹等。

从用途角度来说,非致命武器分为常规非致命武器和骚乱控制武器两大类。常规非致命武器,是警务人员执行各种常规任务配备的非致命武器。这类武器主要包括各种电击武器和各种催泪喷射器。骚乱控制或人群控制武器,即防暴武器,是用于控制骚乱的武器,包括防暴枪、大型气雾剂喷射器、水炮、声光弹、化学榴弹等。

1. 声波武器

声音其实是一种机械波,我们平常所能听到的声音只是声波的一部分,频率在 20～20kHz 之间,而高于 20kHz 的超声波和低于 20Hz 的次声波是人耳不能听到的。

声波武器就是利用我们听得见和听不见的声音作为杀伤手段的武器,主要有噪声波武器、次声波武器和超声波武器三类。

1) 噪声波武器

噪声波武器主要是依靠发出一种定向的噪声波,在短时间内麻痹敌人的听觉和中枢神经,甚至可使敌人在数分钟内处于昏迷状态。

一般说来,30～40dB 的音量是较理想的安静环境,超过 50dB 会影响睡眠和休息,而如果长期生活在 70～90dB 及其以上的噪声环境里,人的神经细胞会受到破坏,引发心脏病、神经分裂症等各种慢性病。不过这还不是最可怕的。如果一个人被放到 150dB 的噪声环境里,那么他的听觉器官将受到急剧伤害,引起鼓膜破裂出血,失去听力,甚至还会精神失常。

由于噪声武器作战效能显著,众多科学家都在对其进行研究。按作用距离分,现代噪声武器分为近距离和远距离两种。

在近距离噪声武器中,具代表性的是美国专为对付劫机分子而研制的声束枪(见图 9.19)。这种枪长 1m,可产生 140dB 以上的声束,作用距离达 100m。它能使劫机者丧失听力,或者让他们的身体失去平衡和方向感,而对飞机却不会造成破坏。但是,这种声束枪发出的高强度声束有可能从客机舱壁反射而影响乘客,所以尚需改进。

图 9.19 反劫持的声束枪

远距噪声武器因投放形式不同可分为三种。一是噪声炸弹。它由飞机从目标上空空投,在离地一定高度时启动定时装置,开始释放噪声。这种炸弹相对精确,但由于弹体轻,能在空中长时间飘浮,因此容易被发现和拦截。二是噪声导弹。它是运用现代导弹技术把制噪装备发射到目标上空,其隐蔽性比飞机好,精确度也好,但成本较高。三是自然噪声武器。它是利用自然条件,尤其是天气条件作为运载工具,把制噪装备载到目标区。

典型的远距噪声武器是美国技术公司研制的长程声波设备(见图9.20),是一种车载超高功率扬声器,可以发出高达 150dB 的高能量声波,其音量甚至比喷气式飞机引擎发出的噪声还要大。该设备貌似普通的扬声器,但实际上它是一款高科技警用设备。在实际使用时,操作者可先以喊话方式,要求目标对象配合行动,如果对方无适当反应,则可将该设备对准 15°~30°角度内的目标,集中施放 145dB 的警告音,以强制对象配合。

图 9.20　长程声波设备

2) 次声波武器

次声波武器是指能发射 20Hz 以下的次声波的大功率武器装置。次声波武器主要是依靠发出一种振荡频率与人体大脑节律或人体内脏器官固有频率相近的次声波,与人体器官产生共振,导致器官变形、移位、甚至破裂,使人体神经错乱或内脏剧烈疼痛甚至死亡。

次声武器的优点在于:①突袭性、隐蔽性好。次声波在空气中的传播速度为 300km/s,在水中传播更快,可达 1500m/s。次声波是常人听不到、看不见的,故除了传播迅速之外,次声波又具有良好的隐蔽性。②作用距离远。根据物理学原理,次声波的频率低、波长长,因此在传播中被介质吸收很少,穿透能力很强。次声波在大气中传播几千千米后,吸收还不到万分之几分贝。故高强度的次声武器具有洲际作战能力。③穿透力强。传播介质对低频率的声波吸收较小,故次声波具有很强的穿透能力。一般的可闻声波,一堵墙即可将其挡住,而实验表明,次声波能穿透几十米厚的钢筋混凝土。因此,无论敌人是在掩体内躲藏,还是乘坐在坦克中,或深海的潜艇里,都难以逃脱次声武器的袭击。④次声波在杀伤敌人的同时,不会造成环境污染,不破坏对方的武器装备。

法国人在次声武器研制方面走在了前列。法国工程师坦第曾使用 18.9Hz 的次声,使在自己家中做客的同事产生了身在实验室的幻觉。坦第认为,次声不仅会使人们产生幻觉,还可使皮肤上的毛孔颤抖,从而作用于心理,制造寒冷的感觉。据报道,1968 年 4

月,法国马赛附近农庄20多人在几十秒钟之内突然全部神秘死亡,罪魁祸首就是从附近次声武器研究所扩散出来的强大的次声波。1972年,法国国家实验中心的加里亚斯教授研制成一台强次声波发生器,作用距离可达到5km。

3) 超声波武器

超声波是指振动频率大于20kHz以上的,人在自然环境下无法听到和感受到的声波。超声波在媒质中的反射、折射、衍射、散射等传播规律,与可听声波的规律并没有本质上的区别。但是超声波的波长很短,只有几厘米,甚至千分之几毫米。当超声波在介质中传播时,由于超声波与介质的相互作用,使介质发生物理的和化学的变化,从而产生一系列力学的、热的、电磁的和化学的超声效应,包括机械效应、空化作用、热效应和化学效应。

超声波武器,可以利用高能超声波发生器产生高频声波,造成强大的空气压力,使人产生视觉模糊、恶心等生理反应,从而使人员战斗力减弱或完全丧失作战能力。

超声波在空气中衰减较快,致使超声波武器设备庞大,机动性能差,这使它很难实现。据称,美国已经研制出一些频率超过20000Hz的超声波武器。如图9.21所示超声波手枪售价仅150美元。

图9.21 超声波手枪

2. 电击武器

电击武器是能量传递武器,通过释放高压、低电流电击使目标失能。由于电击武器作用的机理主要是用高压低电流脉冲来干扰人体的传递系统,它发生作用并不需要身体伤害,同时其输出功率很低,远低于使人体发生致命伤害的水平,同时试验研究表明,电击武器对人体没有长期的影响。所以电击武器被认为是一种十分安全的非致命武器。

与常规武器或其他非致命武器相比,电击武器的优势是十分明显,电击武器具有作用效果明显、有效作用范围大、对目标造成的伤害比较小(非致命)等优点。电击武器击中目标后,目标会有方向感迷失、失去平衡等反应并能使被击中者保持在一种被动的消极和困惑、迷失状态,一般在5s之内就会失去反抗能力。同时,电击武器对人体的有效作用范围明显要大于其他的武器。

电击武器分为两种:电致眩晕武器和电致肌肉收缩武器。电致眩晕武器,一般采用7~14W的电能来干扰被打击目标的感官神经系统中的通信信号。就像是大脑和肌肉之间通信线路上的静电干扰一样,电击武器干扰人的指挥和控制体系,因此,它们是用电干扰来压倒神经系统产生电致眩晕效应的。由于电能的过分刺激头脑发生眩晕,被打击者一般就失去了对自己身体的控制,由于不能协调身体的动作而倒在地,失去反抗能力。但是,有很少一部分人对于电气刺激有很强的忍耐力,能够经受住这些打击。电致肌肉收缩武器,一般要求电击功率在14W以上,不仅使被打击目标眩晕,还能控制肌肉引起不能自制的收缩反应,使被打击者不管有多大的疼痛承受力或者精神多专注都会导致身体衰弱,失去反抗能力;它不同于电致眩晕武器在于它不只是简单地干扰大脑和肌肉之间的联系,而是直接引起肌肉收缩,直到目标倒卧在地上。

最典型和装备最多的电击武器是美国泰瑟公司的泰瑟枪。泰瑟枪也称为"电休克枪"。泰瑟枪没有子弹,它是靠发射带电"飞镖"来制服目标的。枪里面有一个充满氮气的气压弹夹。扣动扳机后,弹夹中的高压氮气迅速释放,将枪膛中的两个电极发射出来,命中目标后,倒钩可以钩住被击者的衣服,枪膛中的电池则通过绝缘铜线释放出高压,通过目标的神经系统闭合电路,干扰大脑和肌肉之间的联系,令被击者浑身肌肉痉挛,缩成一团。泰瑟枪发送一系列称为泰瑟波的电信号,这种信号和人脑与身体进行联系的那些电信号十分相似。泰瑟波的作用很像无线电干扰,它的强度超过了人体神经纤维中的正常电信号。人体被泰瑟枪击中后将瞬间失去对自己身体的控制,达到控制该人物目标的任务。美国X26泰瑟枪(见图9.22),最大射程为7m,"飞镖"的速度为60m/s。它可以隔着5cm厚的衣服放电,并在5s内多次放电,每次持续时间为百万分之一秒。它的电"飞镖"的电压虽然很大,但电流却很小,才有160mA。泰瑟枪让被攻击目标因"电休克"导致其神经系统暂时受损而失去作战能力,不会使对手死亡和造成永久性的身体创伤。

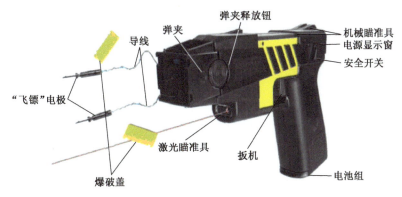

图9.22 美国X26泰瑟枪

泰瑟公司2008年推出由12号防爆枪发射的远距离无线电击弹XREP(见图9.23),将电击技术应用到一种独立的无线射弹上,可用一般发射器发射。这种弹的作用距离可达30m,使警察在远距离处就可对犯罪分子进行射击,能够大大减少犯罪分子伤害警察的概率。射弹本身有电池组合释放高压脉冲簇的相关电子电路,脉冲特性与市售电击枪的脉冲特性相似,电脉冲发生器在每秒内产生20个使神经肌肉组织失能的电脉冲,持续时间可达20s,可暂时使目标失能约几分钟(它粘在衣服上可穿透几层衣服),健康评估良好。

3. "材料束"武器

"材料束"武器是指为了使敌方人员或装备失能,并使附带破坏减至最小而专门设计的武器系统。这类武器既不发射光束或粒子束,也不放射频束、声束,而是发射"材料

图 9.23 美国 XREP 远距离电击弹

束",破坏敌方武器系统正常效能的发挥。目前,外军发展的非致命武器,主要有超级枯胶、超级润滑剂、材料脆化剂、超级腐蚀剂、动力系统熄火剂、化学失能剂、刺激剂、黏性泡沫和快速制冷剂等。

1) 反人员化学失能剂

化学失能剂,分为精神失能剂(如臭弹、麻醉剂等)和躯体失能剂(如辣椒素等),它能够造成人员的精神障碍、躯体功能失调,从而丧失作战能力。最近,国外又在研究强效镇痛剂与皮肤助渗剂合用,它能迅速渗透皮肤,使人员中毒而失能。严格说来,这也是化学毒气的一种,不过不取人性命而已。可以是手持式、背负式、车载式等。

(1) 刺激剂,是以刺激眼、鼻、喉和皮肤为特征的一类非致命性的暂时失能性药剂。通过对人的五官、皮肤、呼吸系统产生强烈刺激,使人发生恶心、呕吐、眼睛流泪、呼吸困难等症状,如臭味弹、辣椒素等。在野外浓度下,人员短时间暴露就会出现中毒症状,脱离接触后几分钟或几小时症状会自动消失,不需要特殊治疗,不留后遗症。若长时间大量吸入可造成肺部损伤,严重的可导致死亡。

(2) 黏性泡沫,属于一种化学试剂,喷射在人员身上立刻凝固,束缚人员的行动。美军在索马里行动中使用了一种"太妃糖枪",可以将人员包裹起来并使其失去抵抗能力。它可以作为军警双用途武器使用,目前美国已开发出了第二代肩挂式黏性泡沫发射器。

(3) 超级黏胶,是一些具有超强黏结性能的化学物质。超级胶黏武器可以束缚人们的行动,使之立即丧失活动能力,束手就擒,如胶黏武器、渔网弹等。包括两种类型:一种是泡沫胶储存在固定容器内,一旦发现防区内有人潜入立刻喷洒,霎时使目标陷入无数胶黏泡沫中,入侵者可自由呼吸,但是不能动;另一种是可移动的喷枪式发射器。

2) 反装备化学失能剂

(1) 超级胶黏武器,可以用作破坏装备传动装置和使发动机熄火的武器,以及将它们与材料脆化剂、超级腐蚀剂等复配,以提高这些化学武器的作战效能。

(2) 超级润滑剂,是采用含油聚合物微球、聚合物微球、表面改性技术、无机润滑剂等作原料复配而成的摩擦系数极小的化学物质。它主要用于攻击机场跑道、航空母舰甲板、铁轨、高速公路、桥梁等目标,可有效地阻止飞机起降和列车、军车前进。

(3) 材料脆化剂,是一些能引起金属结构材料、高分子材料、光学视窗材料等迅速解体的特殊化学物质。这类物质可对敌方装备的结构造成严重损伤并使其瘫痪,可用来破坏敌方的飞机、坦克、车辆、舰艇及铁轨、桥梁等基础设施。

(4) 超级腐蚀剂,是一些对特定材料具有超强腐蚀作用的化学物质。美国研制的一种代号为 C+的超级腐蚀剂,其腐蚀性甚至超过了氢氟酸。一类破坏敌方的飞机、坦克、车辆、舰艇及铁轨、桥梁、地面(沥青)等基础设施;另一类腐蚀飞机、坦克、车辆轮胎。

(5) 动力装置熄火弹,是利用阻燃剂、凝固剂等来污染或改变燃料性能,使发动机不能正常工作而熄火的武器。美国在这方面已取得重大进展,研究开发了一批高性能阻燃器,这种新观念武器被视为遏制敌方坦克装甲车集群的有效手段之一。

(6) 碳纤维弹,也称石墨炸弹、软炸弹,以电厂、变电站、配电站等能源设施为攻击目标,通过破坏其电力生产、各种输变电功能而达到破坏以电为能源的军事指挥、通信联络以及各种武器装备的目的。使用后,大量碳纤维丝团,像蜘蛛网一样密密麻麻地纷纷飘向电厂、电站,造成大面积停电,大量电器被烧毁。碳纤维弹是选用经过特殊处理的碳丝制成,每根碳丝的直径相当小,仅有几千分之一厘米,因此可在高空中长时间漂浮。由于碳丝经过流体能量研磨加工制成,成丝条状,并卷曲成团,且又经过化学清洗,因此极大地提高了碳丝的传导性能。碳丝没有黏性,却能附在一切物体表面。碳纤维弹由航弹、导弹及远程火箭弹的战斗部内爆炸或火药引爆散布在敌方阵地。碳丝弹头对包括停在跑道上的飞机、电子设备、发电厂的电网等所有东西都会产生破坏作用。碳纤维弹美军在科索沃战争与伊拉克战争中已得到成功应用。图 9.24 为美国 BLU-114B 碳纤维弹。

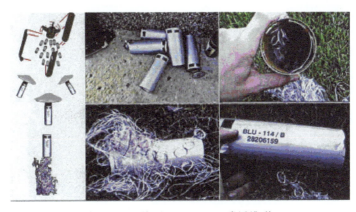

图 9.24　美国 BLU-114B 碳纤维弹

9.6　地球物理环境武器

核武器、化学武器和生物武器在战场上的使用,可以造成巨大的人员伤亡和财产损失,给人们留下难以愈合的创伤,因此被国际列为大规模杀伤武器的"黑名单"而禁止发展。而地球物理环境武器虽然没有被列入大规模杀伤武器的"黑名单",但其杀伤力和破坏力与核武器、化学武器和生物武器相比则毫不逊色,越来越引起人们的注意。

环境与人的关系非常密切,如果破坏敌方人员所生活的环境,就可以起到杀伤敌人的作用。地球物理环境武器,是指运用现代科技手段,人为地制造地震、海啸、暴雨、山崩、雪崩、滑坡、山洪、热高温、气雾等局部自然灾害,用自然威力袭击敌方的经济、文化、指挥中心,改造战场环境,以实现其军事目的的一系列武器的总称。地球物理环境武器,具有威力大、效率高、隐蔽性强的特点。

环境武器主要有海洋环境武器、地震武器和气象武器。

299

1. 海洋环境武器

海洋环境武器,是指利用海洋、岛屿、海岸以及相关环境中某些不稳定因素,如巨浪、海啸等,同时借助各种物理或化学方法,从这些不稳定因素中诱发出巨大的能量,使被攻击的军舰、海洋和海岸军事设施,以及海空飞机丧失效能,从而达成某种作战目的的一种作战手段。随着科学技术的迅速发展,在军事科学家和海洋学家、气象学家、化学家的鼎力合作下,海洋环境武器的研制工作取得了惊人的进展,有的已经显示出巨大的威力。尽管目前海洋环境武器尚处于褴褛之中,但其发展的前景已令世人为之震惊。

1) 飓风武器

浩瀚的海洋上,有时和风煦来,渔帆点点,一片和平安宁的景象;有时狂风大作,浊浪排空,给舰船带来了很大的困难甚至舰毁人亡的灾难。古往今来,风给海上军事行动制造了无数次灾难。在某种程度上,它直接就能决定舰队的命运和海战双方的结局。

早在20世纪60年代,美国在大西洋上曾经成功地进行过三次人工引导飓风实验,其人造飓风技术日臻完善。可以预料,随着人工引导技术及人工制造飓风技术的发展和完善,飓风将成为一种各国武器库中具有强大威力的新式武器。

2) 巨浪武器

对于军舰和海洋设施以及登陆作战来说,风浪是一种不可小视的重要因素,巨大的风浪常常导致舰毁人亡,军事设施毁坏。因此,利用风浪和海洋内部聚合能使大洋表层和深层产生海洋潜潮,从而造成敌海军舰艇、水下潜艇以及其他军事设施的倾颠和人员死亡。军事科学家认为,巨浪武器还可用于封锁海岸,达到遏制敌方军舰出海进攻之目的。不过,到目前为止,真正引起巨浪的方法未问世,只是引发了一些小浪级的浪涛,这也算得上是巨浪武器运用成功的前兆。

巨大的海浪常常可以导致舰毁人亡、军事设施损坏。因而,军事科学家们设想,利用风能或海洋内部聚合能使洋面表层与深层产生海浪和潜潮,从而造成敌水面舰船、水下潜艇,以及其他军事设施的倾覆和人员的死亡;另外,巨浪武器还可用于封锁海岸,达到扼制敌方军舰出海之目的。

3) 海啸武器

提起海啸,人们无不为之胆颤心惊,毛骨悚然。海啸,是海浪中的大哥大,其力量之大,足以倾覆万吨巨轮。唯一值得庆幸的是,海啸侵袭几乎是随机的,完全无目标的,从这个意义上说,人类是幸运的。可是,如果人们能够引导甚至制造出海啸,并将其作为加以使用的武器的话,那么它所能造成的损害将是难以想象的。在自然界中,海啸常常是由海底地震和山石崩裂引发的,但是,1954中夏美国在比基尼岛上进行的核试验,却激发了军事科学家们研制海啸武器的浓厚兴趣。那次核爆炸,在距爆心500m的海域内骤然掀起了一个60m高的海浪在奔出了1500m之后,高度仍在15m以上。科学家深信,一旦这种武器步入战场,将能冲垮敌方海岸设施或使其舰毁人亡。

4) 海幕武器

海幕武器这是一种消极被动性武器。它主要是运用人工方法制造出一种能保护舰船和军事设施的防护幕,使敌方舰船、飞机以及岸基雷达无法发现目标,达到神出鬼没、隐蔽出击的目的。海幕武器实际上早在第二次世界大战时期就已经开始用于实战之中,并取得了良好的效果。1943年9月,美军为掩护第五集团军强渡意大利的沃尔图诺河,在沃尔图诺河上制造了一条约 5km 长、1.6km 宽的人工雾障,成功地掩护了部队的作战行动。20 世纪 80 年代初期,苏军的潜艇进入瑞典领海进行大量非法活动,瑞军发现其行踪后,立即派出大批各型海军装备实施立体的围追堵截,企图一举将其捉拿归案。然而,就在瑞典人的眼皮下面,苏潜艇溜之大吉,据瑞军推测正是使用了水下特殊烟幕才得以逃脱。目前,海幕武器仍在进行深入研制,其性能不断改善。

5) 吸氧武器

人类的生存需要氧气,一些机械的起动和运行也离不开氧气。如果氧气一旦从自然界的某一个空间消灭了,情景将是非常悲惨的。军事科学家们根据这一设想,将制造一种能吸收局部空间氧气的武器。它能造成人员死亡,使需要氧气的一些发动机停止转动。如果把这种吸氧武器用在海战上,可以使水兵们无声无息地死去,舰船莫名其妙地失去动力,飞机令人恐怖地坠入深海……其实这种武器的结构很简单,只要在普通弹药中掺入大量能吸收氧气的化学药物就行了。目前,这种吸氧武器已经走出实验室,将很快出现在战场上。

6) 臭氧武器

臭氧是人们赖以生存的大气层中不可缺少的重要物质。自然状态下,大气层中臭氧的含量基本恒定在人们已经适应的浓度上。

臭氧武器,是采用物理或化学方法改变敌方上空大气中的臭氧浓度,使其对有生目标造成危害的一种探索中的武器。其设计方案有两种:一是在敌方某一区域上空的臭氧中,投放能吸附臭氧的化学物质或通过高空核爆炸所生成能分解臭氧的化学物质,形成一个没有臭氧的洞口,使太阳的硬紫外线直照地面,危害人或生物的细胞组织,引起皮肤灼伤等病变,损伤敌方有生力量;二是增大敌方某一区域上空的臭氧浓度,使其超过人或生物所能承受的最大限度,造成人员中毒,引起胃痉挛、肺水肿等病变,重者导致死亡。

2. 地震武器

地震武器,即人造地震武器,是指采取某种手段、人为地在一定区域引发地震从而达到军事目的的一种作战手段。常用方法是利用地下核爆炸来制造人工地震,所产生的定向声波和应力波形成巨大摧毁力而杀伤目标。人造地震大多选在地壳比较薄弱的部位,在那里有巨大的断裂层和火山地带。在这样的地区爆炸核武器以后,能人为地制造地震,可以给敌方环境造成破坏。

地震武器的最初设想产生于 20 世纪 60 年代的苏联。当时,美、苏的核军备竞赛正进行得如火如荼。为了改进自己的核武器,美、苏两国都在频繁进行着核爆试验。苏联地理学家注意到,在地下核爆炸几天之后,有时会在几百千米外发生地震。这一偶然的发现立即引起军方的注意。随后,在军方的介入与推动下,科学家们又先后在苏联各地共爆炸了 32 颗核弹,收集了大量数据。试验结果表明,核爆炸的确可以引发地震。敏锐的军方马上意识到:地下核冲击波极有可能发展为一种武器并加以利用,其威力之巨大可能出乎人们意料。

地震武器的一大特性,在于它的隐蔽性特别好。地震武器一般并不直接产生杀伤力,其破坏作用是通过其诱发的自然灾害而间接实现的,而且这种诱发性爆炸大多在距受攻击点几百千米甚至几千千米远的地下进行,因此很难被对方觉察到。地震武器的另一大特性在于它的威力巨大。因地震武器诱发的地震、海啸等自然灾害,伴之以地下核爆炸产生的定向声波和冲击波而形成的摧毁力,在破坏范围和破坏力方面都超过了现有的核武器。研究结果表明:一颗1万吨级核弹在某一特定区域的地下爆炸之后,可能制造出与千万吨级核弹毁坏力相当的地震、海啸等,其造成的地面破坏程度相当于里氏5.3级地震。而一颗10万吨级的核爆炸则可诱发里氏6.1级地震,其破坏力实在令人不寒而栗。地震武器的应用将会给人类带来难以估计的损失。因此,地震武器将成为人类的又一"煞星"。地震武器的另一大特性在于它的可控性。地震武器不仅可以在人工控制下攻击地球上的任何一个区域,而且由其造成的破坏性后果也是可以由人工进行控制,如破坏的形式、破坏的范围以及破坏力的大小等,都可以通过相关技术手段进行有效控制。一方面增加了地震武器的智能作用,另一方面也大大提高了地震武器的战斗效率。

同其他武器一样,地震武器也是人类所创造出来的一柄"双刃剑"。一方面,它的应用会给被攻击一方的国民经济与人民的生命财产带来巨大的毁伤;另一方面,因为核武器的布设很难深入敌方领土纵深进行,而在本国领土上进行核爆炸将带来很大的副作用,也会不同程度地污染本国的生态环境,其结果将会对国民赖以生存的自然环境带来长期的恶劣影响,由地震而引起的海啸、火山喷发等恶劣气候有可能会波及采用地震武器的一方。从严格的意义上讲,地震武器属于一种战略武器,它在战时的使用必须与其他战术性武器相配合。因此,在现代高技术局部战争条件下,其作用的发挥将受到时限的制约。再者,地震武器的造价高,与其他常规武器相比,实在是过于昂贵。

目前,真正意义上的地震武器并没问世,但众多国家对其兴趣尚浓,有的国家正在秘密研制,尤其是在定向性、动能传递、时间控制等诸多方面进行探索。尽管成功的难度很大,但是,地震武器不能不引起人类的警惕。

3. 气象武器

气象,是指大气的状态和现象,如刮风、闪电、打雷、结霜、下雪等,是大气中的冷热、干湿、风、云、雨、雪、霜、雾、雷电等各种物理现象和物理过程的总称。

气象武器,是指运用现代科技手段,通过催化空气中的不稳定因素,产生能量转化,导致局部地区的天气发生变化,人工控制天气变化来改造战场环境,或人为制造各种特殊气象,配合军事打击,以实现军事目的的武器。

采用人工手段能够使天气产生变化,是因为大气层中所包含的水汽、水滴、冰晶和各种悬浮物质,时常处于一种不稳定的状态之中,只要掌握这些不稳定因素的变化规律,就可以使用较少的能量去引发和催化它们,促使天气中的不稳定因素产生较大的能量转换,从而导致某些地区、某些空间天气、气候的变化。从气象武器的大威力、低耗费和高效性等优点来看,随着科学和气象科学的飞速发展,利用人造自然灾害的气象武器技术已经得到很大提高,必将在未来战争中发挥巨大的作用,气象武器将成为未来战争中制"气象权"的主角。变天气为武器,让"雷公""电母"下凡参战,已不是异想天开。

2002年,美国在阿拉斯加半岛的加科纳建成"高频主动极光研究计划"(HAARP)试验基地,在加科纳一望无际的荒原上,林立的天线直插云霄,每根天线都有几十米高,总数多达180根,占地多达$13hm^2$,构成一个堪称壮观的金属方阵(见图9.25)。美国HAARP工作原理如图9.26所示。天线其实是一个高频电磁波发射装置,发射功率3.6MW,可向大气电离层发射短波电磁波束,以研究地球大气中间层的粒子特性和气象变化。美军称,这是国家反导系统的一部分,如果俄罗斯或其他国家洲际导弹空袭美国本土,就会在北极地区上空电离层遭到美军强大电磁波束拦截,电子制导系统就会因过热而烧毁,洲际导弹将无法继续飞行。美军声称,该项目符合国际有关规定,并非气象武器项目。然而,有美国物理学家认为,"高频主动极光研究计划"是"世界上最大的气象武器",试图利用高频电磁波束控制高层大气,以人为操控当地天气,破坏其他国家飞船和运载火箭的飞行,扰乱其他国家的通信往来。

 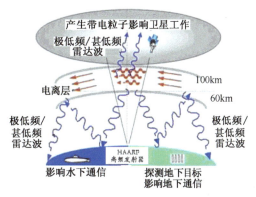

图9.25　美国HAARP的天线阵　　　　图9.26　美国HAARP工作原理图

按作用原理,气象武器分为气象伪装、气象清障、气象侵袭和气象干扰等。气象伪装,是指运用气象武器制造雾、雨、雪等天气,用以隐蔽己方的作战行动和战场重要目标的一种作战形式。由于雾、雨、雪等天气能够有效地降低对方可见光、红外、照相等侦察器材的探测效果,利用这些人造天气可以有效隐蔽己方的作战行动,使对方难以探测到目标的真实位置和行动去向,降低对方的火力打击效果。气象清障,是指运用气象武器消除雾、雨、雪等天气障碍,为己方作战行动提供气象保障的一种作战形式。它通过采用各种战术技术手段,把不利天气转化为有利天气,在较短的时间内为己方的作战行动创造一个良好的战场天气。气象侵袭,是指运用气象武器破坏敌方作战地区内的战场环境,给敌方造成行动或生存上的种种困难,从而削弱敌方的作战能力,限制敌方的行动自由的一种作战形式。气象干扰,是指运用气象武器制造恶劣和特殊的天气,用以干扰敌方的作战行动和武器装备正常运转的一种作战形式。

1) 温压炸弹

温压炸弹是美国国防部降低防务威胁局在2002年10月组织海军、空军、能源部和工业界专家,利用两个月时间突击研制的,并成功应用于阿富汗战场。温压炸弹爆炸时能产生持续的高温、高压,并大量消耗目标周围空气中的氧,打击洞穴和坑道目标效果显著。除去用温压炸弹打击洞穴、坑道和掩体等狭窄空间目标外,美国海军陆战队还计划利用便携式温压炸弹打击城市设施,包括建筑物和沟道等。

2) 制寒武器

美军曾在距地面17km的高空试验引爆一颗甲烷或二氧化碳炮弹等制寒武器,爆炸后的炮弹碎片遮蔽太阳,天气骤然变得异常寒冷,这足以将热带丛林中的敌人活活冻死。

3) 高温武器

通过发射激光炮弹,使沙漠升温,空气上升,产生人造旋风,使敌方坦克在沙暴中无法行驶,最终不战自败;其钢制弹壳内装有易燃易爆的化学燃料,采用高分子聚合物粒状粉末,以便提高武器系统的威力和安全性;爆炸发生时会产生超压、高温等综合杀伤和破坏效应。这种炮弹既可用歼击机、直升机、火箭炮、大口径身管炮、近程导弹等投射,打击战役战术目标,又可用中远程弹道导弹、巡航导弹、远程作战飞机投射,打击战略目标。

4) 热压气雾武器

正研制热的压气雾武器,是一种利用热浪、压力和气雾打击目标的精确打击武器。这种武器运用的是先进的油气炸药原理。这种武器在撞击后弹体燃料会马上被点燃,从而产生大量的浓雾爆炸云团,通过热雾和压力摧毁建筑物内的目标,并且能够在很大范围内杀伤敌人,在目标区域内的敌人很快会被压力压死、气雾憋死。

5) 云雾炮弹

云雾炮弹又称燃料空气炸药炮弹,通常使用环氧乙烷、氧化丙烯等液体炸药,将其装填在炮弹内,通过火箭炮或迫击炮发射到目标上空。第一代云雾炮弹属于子母型,即在母炮弹内装 3 枚子炮弹。每枚子炮弹装填数十千克燃料空气炸药,并配有引信、雷管和伸展式探针传感器等。当母炮弹发射击到目标上空后,经过 1~10s 的时间,引信引爆母炮弹,释放出挂有阻力伞的子炮弹,并缓缓地接近目标。在探针传感器的作用下,子炮弹在目标上空预定的高度进行第一次起爆,将液体炸药混合,形成直径约 15m、高约 2.4m 的云雾,将附近的地面覆盖住,经过 0.1s 的时间,子炮弹进行第二次引爆,使云雾发生大爆炸。目前,云雾炮弹已经发展到第三代,其性能又有较大的提高,使用的范围也更加广泛。

6) 化学雨

化学雨,主要由碘化银、干冰、食盐等能使云层形成水滴,造成连续降雨的化学物质和能够造成人员伤亡或使武器装备加速老化的化学物质组成。该武器分为两大类:一类是永久性的;另一类是暂时性的。永久性的化学雨武器主要用隐身飞机或其他无人飞行器运载,偷偷飞临敌国上空撒布,使敌军武器加速腐蚀,进而丧失作战能力;而暂时性的化学雨武器主要是使敌部队瞬间丧失抗击能力,它由高腐蚀性、高毒性、高酸性物质等组成。

7) 人造洪涝

用人工降水方法增加敌方活动区域的降水量,形成大雨、暴雨,以影响敌方的作战行动,使敌方的作战物资受潮变质,影响其战场使用,甚至造成洪水泛滥,使敌方交通中断。

8) 人造干旱

通过控制上游的天气,给下游的敌方区域造成长时间干旱,以削弱敌人的战斗力,破坏敌人的生存环境。人造干旱武器已经具备实战应用的基本技术。

9) 人工引导台风

向台风云区投放碘化银发烟弹或其他化学催化剂,使台风改变路径,并根据需要将台风引向敌方,以毁坏敌方人员和军事设施与器材。

10) 人工造雾

通过施放大量的造雾剂,认为地制造漫天大雾,用以隐蔽自己的军事行动,或给敌方的行动造成困难和障碍。

11) 人工消云消雾武器

人工消云、消雾是指采用加热、加冷开播撒催化剂等方法,消除作战空域中的浓雾,以提高和改善空气中的能见度,保证己方目视观察、飞机起飞、着陆和舰艇航行等作战行动的安全。在第二次世界大战中,英军曾使用一种名为"斐多"的加热消雾装置,成功地保障了2500架次飞机在大雾中安全着陆。1968年,美军为保障空军飞机安全着陆,曾使用过人工消雾武器。

12) 人工控制雷电

人工控制雷电,是指通过人工引雷、消雷的方法,使云中电荷中和、转移或提前释放,控制雷电的产生,以确保空中和地面军事行动的安全。人工控制雷电的方法有:利用对带电云团播撒冻结核,改变云体的动力学和微物理学过程,以影响雷电放电;采用播撒金属箔以增加云中电导率,使云中电场维持在雷电所需临界强度以下抑制雷电;人为触发雷电放电,使云体一小部分区域在限定的时间内放电。

13) 太阳武器

太阳武器是一种利用太阳光来消灭敌方的武器。实际上利用太阳光作为武器,早被使用过。1994年,俄罗斯卫星曾在轨道上安放了一面镜片,镜片的反射光在夜间擦过地球,这说明目前的技术已经能够在40km高空集中镜面反射光。据计算,聚集的热源中心温度可达数千度,可以毁灭地球上的一切。这种武器也很有可能出现在21世纪的战争中。

9.7 纳米武器

1. 纳米技术

纳米(nm)是一种长度的度量单位,原称毫微米,$1nm = 10^{-9}m$。这个计量单位在日常生活中很少出现,因为它太小了,1nm大体上相当于4个原子排列起来的长度,如图9.27所示。因此,肉眼是根本看不见纳米级尺寸的物体的。纳米结构通常是指尺寸在100nm以下的微小结构。

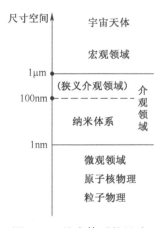

图9.27 纳米体系的尺寸

纳米材料,是指三维空间中至少有一维处于纳米尺度范围内(0.1~100nm),或以它们作为基本构成单元的材料。纳米材料大致可分为纳米粉末、纳米纤维、纳米膜、纳米块体四类。

在纳米尺度下,物质中电子的波性以及原子之间的相互作用将受到尺度大小的影响。在这个尺度时,物质会出现完全不同的性质,即使不改变材料的成分,纳米材料的熔点、磁性、电学性能、光学性能、力学性能和化学活性等都将和传统材料大不相同,呈现出用传统模式和理论无法解释的独特性能。纳米效应,是指纳米材料具有传统材料所不具备的奇异或反常的物理、化学特性。这是由于纳米材料具有颗粒尺寸小、比表面积大、表面能高、表面原子所占比例大等特点,以及其特有的几大效应:表面效应、小尺寸效应、量子尺寸效应与宏观量子隧道效应。

纳米技术,是纳米科学与技术的简称,是指在0.1~100nm尺度空间内,研究纳米级物质(包括分子、原子、电子)的运动规律和特性,并利用这些特性的多学科的科学技术。

纳米技术是在现代物理学和新兴的高新技术相互融合的基础上,于20世纪80年代迅速形成和发展起来的崭新技术。纳米技术是国际上公认的21世纪最具有前途的科研领域,是现代科学和技术相结合的产物,并以空前的分辨力为人类揭示了一个可见的原子、分子世界,如图9.28所示。

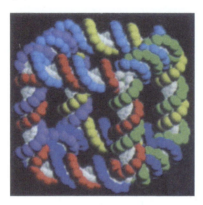

图9.28 纳米技术

纳米技术使得人类认识和改造物质世界的手段和能力延伸到原子和分子,它的最终目的是人类通过直接操纵和安排原子,而制造出具有特定功能的产品。

纳米技术是一门交叉性很强的综合学科,研究的内容涉及现代科技的广阔领域。纳米科学与技术主要包括:纳米体系物理学、纳米化学、纳米材料学、纳米生物学、纳米电子学、纳米加工学、纳米力学等。这七个相对独立又相互渗透的学科和纳米材料、纳米器件、纳米尺度的检测与表征这三个研究领域。纳米材料的制备和研究是整个纳米科技的基础。其中,纳米物理学和纳米化学是纳米技术的理论基础,而纳米电子学是纳米技术最重要的内容。

用纳米材料制作的器材重量更轻、硬度更强、寿命更长、维修费更低、设计更方便。利用纳米材料还可以制作出特定性质的材料或自然界不存在的材料,制作出生物材料和仿生材料。

2. 纳米技术的军事应用

军事发展的历史表明,先进的科学技术总是最先应用于军事领域,纳米科技也不例外。当纳米技术刚刚在民用领域崭露头角时,人们就已窥视到其在军事领域应用的广泛前景,有人甚至断言,21世纪是纳米武器的世纪。

在军事领域,纳米技术的发展与应用必将促使武器装备从以下几个方面得到提高。

1)武器装备微型化、轻量化

武器装备的体积大小,是影响其作战灵活性的重要因素。而用量子器件取代大规模的集成电路,将使武器控制系统的重量和功耗缩小到原来的千分之一以下,武器装备的体积、重量也随之缩小。利用纳米技术可以把传感器、电动机和数字智能装备集中在一块芯片上,制造出几厘米甚至更小的微型装置,使目前需车载的电子战系统缩小至可由单兵携带。用自组装方法研制的具有完全规则纳米结构的超薄涂层,可以用做化学传感器,检测分子的灵敏度。它将比普通材料灵敏度高500倍。用纳米材料管"编织"的细微纤维将具有非常好的纤维弹性,不怕弯曲、穿刺、挤压,有望做成薄轻型防弹背心。用纳米技术制造的微型武器其体积只有昆虫般大小,却能像士兵一样执行各种军事任务。此外,以硅为衬底的专用微型仪器,还可用于制导、导航、控制推进、能源和通信等领域。在未来战场上,将出现能像士兵那样执行军事任务的超微型智能武器装备。美国研制的小型智能机器人,大的像鞋盒子那么大,小的如硬币,它们会爬行、跳跃甚至可飞过雷区、穿过沙漠或海滩,为部队或数千千米外的总部收集信息。微型机电武器还可用于敌我识别、探测核污染和化学毒剂、无人侦察机等。专用微型集成电路取代现在卫星上使用的有关系统,微型卫星、纳米卫星体积小、重量轻;生存能力强,即使遭受攻击也不会丧失全部功能;研制费用低,不需大型实验设施和跨度大的厂房;易发射,不需大型运载工具发射,一枚小型运载火箭即可发射千百颗,再按不同轨道组成卫星网,即可实现对地球表面的覆盖。

2) 改善武器装备的隐身性能

隐身性能是新一代武器装备的显著特点之一。隐身性能的优与劣不仅取决于武器装备的结构设计,更重要的是它采用的隐身材料是否对雷达波具有良好的吸收性能。由于纳米材料的特异结构,物质的表面、界面效应和量子效应将对武器装备的吸收性能产生重要影响。利用纳米微粒材料的远小于红外和雷达波波长及电磁损耗大的特点,可望制成电磁波吸收率非常高的隐身材料,从而使武器装备的隐身技术性能从单一波段向实用型宽谱段的方向发展。此外,纳米材料良好的吸波性能和高活性易分散的特点,使其易于制成超薄轻质的隐身涂层,几十纳米厚的纳米材料就可达到现有隐身涂层几十微米厚的吸波效果,大幅度地减轻了现有吸波材料的重量。美国研制的纳米隐身涂料超黑粉对雷达波的吸收率达99%。用纳米吸波材料涂在战略轰炸机、导弹等攻击性飞行器的表面,能有效地吸收敌方防空雷达的电磁波(B-2隐身轰炸机表面的涂层中就含有纳米材料)。将纳米粒子添加于发烟剂中,能对阵地起到很好的屏蔽作用,与土壤混合可遮蔽地下指挥所等重要军事设施。纳米技术用于武器装备的发展将会大大改善飞机、坦克、导弹等武器装备的隐身性能。

3) 纳米磁性功能材料增强信息存储与获取能力

用纳米技术制成的碳纳米管,可以充当电子快速通过的隧道。一根直径只有一个原子大小的金属导线,它的尺寸只有计算机芯片上最细电路直径的1/100,将其运用于武器装备的信息系统,能使电子信息快速准确地传输到战场的每个角落。武器装备由于纳米磁性功能材料的作用,可以大大改善战场复杂环境下电、磁、声、光、热等各种信息的获取、传输、处理、存储和显示的能力,为武器平台的电子系统、综合电子信息系统提供更强的信息保障能力。由于它的磁记录密度性能比现有磁记录材料提高20倍,可使现有军用计算机磁盘的存储能力提高近10倍。此外它还可用于抗电磁干扰器,使军事通信网、卫星接收和C^3I系统保持良好的工作状态。在纳米技术作用下,量子器件的工作速度要比半导体器件的工作速度快1000倍。用量子器件取代半导体器件,能提高武器装备控制系统信息工作的各种能力。采用纳米技术,能使现有雷达在体积缩小数千倍的同时,其信息获取能力提高上百倍。把超高分辨率的合成孔径雷达安放在卫星上,可进行高精度对地侦察。此外,纳米技术还可以使武器装备表面变得更"灵巧",利用可调动态特性的纳米材料作武器的蒙皮,可以灵敏地"感受"水流、水温、水压等极细微的变化,并能将所得的信息及时地反馈给中央计算机,最大限度地降低噪声、节约能源,还能根据水波的变化提前"察觉"来袭的敌方鱼雷,使潜艇及时做规避机动。纳米功能材料在未来的武器系统中将有广泛应用。例如磁记录密度比现有磁记录材料提高 20 倍,还可得到高信噪比,使军用计算机磁盘存储能力提高数十倍。纳米软磁材料可用于抗电磁干扰器,在军用通信网、卫星接收和 C^3I 系统上得到重要应用。

4) 纳米颗粒能提高推进剂和炸药的燃烧效率

利用一些特殊纳米微粒的表面效应,从而增加化学反应的接触面,可制成燃烧效率更高的催化剂。在固体火箭装药中加入镍纳米颗粒做催化剂,可使武器弹药的燃烧效率提高 100 倍,不但提高了飞机、导弹、炮弹、子弹等的飞行速度,而且也增强了炮弹、子弹的贯穿能力。由于纳米微粒具有较强的化学活性性质并且在空气中能迅速氧化燃烧,在与高能量密度材料纳米微粒(纳米铝粉)制成的超高速燃烧的纳米炸药结合后,其释放的能量将是原有弹药爆炸能量的数十倍甚至上百倍。在高能量密度材料中加入纳米金属微粒制成的纳米炸药能够超高速燃烧,迅速释放能量,性能提高数十至上百倍。纳米镍粉作为火箭固体燃料反应催化剂,可使燃烧效率提高 100 倍。纳米炸药比常规炸药性能提高千百倍。纳米材料制成的燃油添加剂,可节省燃油,降低尾气排放。

5) 提高常规武器的打击与防护能力

运用纳米技术在产品中添加特殊性能的材料或在产品表面形成一层特殊的材料,能产生出新的性能。可以使易碎的陶瓷变得具有韧性,达到类似于铁的耐弯曲性,或具有特殊的刚性,用来制造装甲车辆、飞机、舰船以及航天飞行器发动机的高温部件,提高发动机的工作效率、工作寿命和可靠性。纳米材料制成的钨合金弹芯能大大提高弹药的穿甲能力。把纳米技术用于武器制造,可大大提高武器弹头对目标的穿透力和破坏力,也可提高武器装备的防护能力,增强速射武器陶瓷衬管的抗烧蚀性和抗冲击性,未来防弹装甲车可能产生使导弹滑落或弹回去的奇迹。

3. 纳米武器

纳米武器专家纳德勒在谈起自己与纳米武器结缘的原因时说:"我是很偶然读了中国神话小说《西游记》的,孙悟空变成小虫子钻进铁扇公主肚子里,迫使她乖乖就范。这改变了我日后的生活和工作方向……","变成小虫子的孙悟空,特别像一个'纳米武器'——他机智过人,运动速度极快,体积虽小却能战胜庞然大物……"。

与传统武器相比,纳米武器具有截然不同的特点。顾名思义,纳米武器是指这种武器尺寸很小。纳米武器实现了武器系统超微型化,使目前车载机载的电子战系统浓缩至可单兵携带,隐蔽性更好,安全性更高;纳米武器实现了武器系统高智能化,使武器装备控制系统信息获取速度大大加快,侦察监视精度大大提高;纳米武器实现了武器系统集成化生产,使武器装备成本降低、可靠性提高,同时使武器装备研制、生产周期缩短。

纳米武器的出现和使用,将大大改变人们对战争力量对比的看法,使人们重新认识军事领域数量与质量的关系,产生全新的战争理念,使武器装备的研制与生产更加脱离数量规模的限制,进一步向质量智能的方向发展,从而彻底变革未来战争的面貌。未来战场,巨型武器系统和微型武器系统将同时存在,协同作战,大有大的作用,小有小的妙处,作战手段更加机动灵活,战斗格局更加诡谲多变。人们更多看到的将是"蚂蚁啃大象""小鬼擒巨魔""以小制大""以微胜巨"的奇异战争景观。随着纳米技术的不断发展和完善,必然会有更多、更先进的微型武器出现。

纳米技术作为一门前瞻性、战略性、基础性的科技,虽然目前仍处在基础研究阶段,但其在未来的应用将远远超过计算机技术,影响人类文明的进程。在军事领域,它将会带来又一次军事技术革命,未来的战场从太空、空中、地面、水面及水下,将大量充斥着形形色色的纳米武器,彻底改变目前的武器装备结构和未来的战争模式。它将是信息化武器和生物武器得以进一步发展的技术基础,也将是21世纪军事技术发展的助推器。

目前,从世界各国纳米武器发展研制情况看,主要有以下几种。

1) 纳米卫星

1993年,在奥地利召开的第44届国际宇航大会上,美国航空航天公司提出了纳米卫星(质量0.1~10kg)的概念(见图9.29)。这种卫星比麻雀略大(有人称为"麻雀"卫星),质量不足10kg,各种部件全部用纳米材料制造,几乎没有肉眼能看到的硬件单元之间的连接,卫星采用最先进的微机电一体化集成技术整合,具有可重组行和再生性,体积小、重量轻、可靠性高、生存能力强,即使遭受攻击也不会丧失全部功能;研制费用低,不需大型试验设施和跨度大的厂房;易发射,不需大型运载工具发射,一枚小型运载火箭即可发射成千上百颗纳米卫星,并形成一个多轨道的星座系统。若在太阳同步轨道上等间隔布置648颗功能不同的纳米卫星,就可以保证在任何时刻对地球上任何一点进行连续监视,即使少数卫星失灵,整个卫星网络的工作也不会受到影响。纳米卫星发展极为迅速,美国、俄罗斯、中国等航天大国和许多中小国家均投入大量人力物力加紧研制。

图9.29 纳米卫星

2) 纳米飞机

纳米飞机,这是一种如同苍蝇般大小的袖珍飞行器(有人称为苍蝇飞机,见图9.30),

可携带各种探测设备,具有信息处理、导航和(带有小型 GPS 接收机)通信能力。美国"黑寡妇"超纳米飞行器长度不超过 15cm,成本不超过 1000 美元,重 50g,装备有 GPS、微摄像机和传感器等精良设备。德国美因兹微技术研究所科学家研制成功纳米直升机,长 24mm、高 8mm、重 400mg,小到可以停放在一颗花生上。这些纳米飞机的主要功能使秘密部署到敌方信息系统和武器系统的内部或附近,监视敌方情况,同时也可对敌方雷达、通信等电子设备实施有效干扰。这些纳米飞机可以悬停、飞行,且很难被敌方常规雷达发现。据说它还适应全天候作战,可以从数百千米外将其获得的信息传回己方导弹发射基地,直到引导导弹攻击目标。

3) 纳米机器人

纳米机器人是纳米科技最具诱惑力的内容,它设想在纳米尺度上应用原子、分子学原理,研制出可编程的分子精细结构及其与功能的联系,在纳米尺度上获得生命信息。第一代纳米机器人是生物系统和机械系统的有机结合体,如酶和纳米齿轮的结合体。这种纳米机器人可注入人体血管内进行全身健康检查,疏通脑血管中的血栓,清除心脏动脉脂肪堆积物,杀死白细胞,如图 9.31 所示。第二代纳米机器人是直接以原子或分子装配成具有特定功能的纳米尺度的分子装置。第三代纳米机器人将包含有纳米计算机,这种可以进行人际对话的装置一旦研制成功,又可能在 1s 内完成数十亿次操作。这种军用机器人一旦投入作战,那么未来微型战场的模式与格局将会发生根本性的变革。

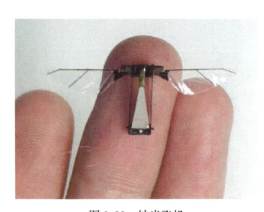

图 9.30 纳米飞机

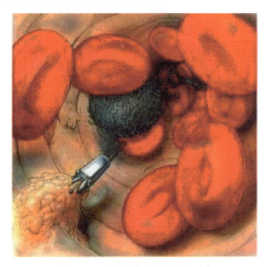

图 9.31 纳米机器人在血管中

4) 纳米导弹

由于纳米器件比半导体器件工作速度快得多,可以大大提高武器控制系统的信息传输、存储和处理能力,可以制造出全新的原理的智能化微机电导航系统,使制导、导航、推进、姿态控制、能源和控制等方面发生质的变化,使制导武器的隐蔽性、机动性和生存能力大大提高,从而使纳米导弹更趋小型化、远程化、精确化。这种形如蚊子的纳米导弹(有人称为蚊子导弹,见图 9.32),直接受电波遥控,可以悄然潜入目标内部,其威力足以炸毁敌方火炮、坦克、飞机、指挥部和弹药库,达到神奇的战斗效能。目前,美国、日本、德国正在研制一种细如发丝的传感制动器,为成功研制纳米导弹开拓了技术发展空间。美国制造的一种小型精确制导重113kg,比现行装备的908kg炸弹大大缩小,但在攻击坚硬目标时威力更大、更准确。因此,出动的每架次战斗机或轰炸机可消灭比现在多3~4倍的目标。这意味着可减少运送弹药的运输机的出动量,减少战斗机飞行员在战场的危险环境下的出动次数。

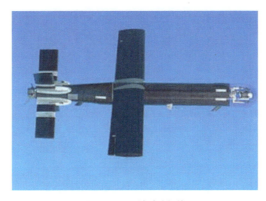

图9.32 纳米导弹

5) 纳米士兵

纳米士兵是指能像士兵那样执行各种军事任务的超纳米智能武器装备。这些纳米智能武器装备比蚂蚁还小,但具有惊人的破坏力。它们可以通过各种途径钻进敌方武器装备中,长期潜伏下来。一旦启用,这些"纳米士兵"就会各显神通:有的专门破坏敌方电子设备,使其短路、毁坏;有的充当爆破手,用特种炸药引爆目标;有的施放各种化学制剂,使敌方金属变脆、油料凝结或使敌方人员神经麻痹、失去战斗力。此外,还有被人称为"间谍草"或"沙粒坐探"的形形色色的微型战场传感器等纳米武器装备。所有这些纳米组配起来,就建成了一支独具一格的"微型军"。

目前,正在研制的主要是执行侦察监视任务及破坏敌方计算机网络、信息系统、武器火控和制导系统的"间谍草""机器虫"、袖珍遥控飞行器、"蚂蚁雄兵"(见图9.33)和纳米攻击机器人等。这类微型军长度仅几厘米,重几千克,有一定智能,可进行战场攻击或采集信息,其最突出的优点是信号较弱,隐蔽性强,可秘密地靠近目标,实施高精度攻击,而且可批量、廉价制造。它主要装有微电机作为其动力系统,可以驱动它的几条腿行走;微处理器,作为其控制系统相当于人脑;还有传感器,相当于人的眼睛和耳朵,而且由于其传感器种类不同,有时人眼看不到的地方和东西,它却能看到。难以分辨的"间谍草",这种看似小草的纳米探测器内,装有敏感的超微电子侦察仪器、照相机和感应器,具有如人类眼睛一样的"视力",可侦测出数百米之外坦克、车辆等出动时产生的振动和声音,能自动定位、定向和进行移动,绕过各种障碍物。作用非凡的"苍蝇",这是一种苍蝇样大小的机器虫,既可用飞机、火炮和步兵武器投放,也可人工放置在敌方信息系统和武器系统附近,大批机器"苍蝇"可在一个地区形成高效侦察监视网,大大提高战场信息获取的数量和质量。如果再给"苍蝇"安上某种极小的弹头,它们就会变成"蜇人的黄蜂"。纳米间谍飞行器长约150mm,能持续飞行1h,航程可达16km。其功能是在建筑物中飞行或附着在设备上,一般雷达难以发现,任何现役武器都对它无能为力。袖珍遥控飞机,它只有5英镑纸钞大小,装有超敏感应器,可在夜暗条件下拍摄出清晰的红外照片,并将敌方目标告知己方导弹发射基地,指引导弹实施攻击。纳米攻击机器人的大小不等,形状各异,大的像鞋盒,小的如硬币,可执行排雷、攻击破坏敌方电子系统、搜集情报信息等任务。有如蚂蚁大小的网络纳米士兵,具有可观的破坏力。它的背部装有一枚微太阳能电池作动力,使其神不知鬼不觉地潜进敌军总部电子网络系统。它也可装上搜集情报的感应器,有些可装上炸药,专找计算机网络或电线下手,其火力足以炸毁各种重要的通信线路。

图9.33 纳米蚂蚁兵

6）纳米地雷

纳米地雷形同树叶,又称布袋雷,仅重50～70g,内装30～50g高级炸药,专门撒布在杂草、灌木丛里。该地雷由雷壳、装药、摩擦片三部分组成。当人踩上雷体的时候,由于玻璃渣与氯酸钾、黑索金相互摩擦而起爆。此外,还有一种地雷很像蝙蝠,外表为深绿色或棕黄色,雷壳用塑料制作,中间为引信室,一侧为炸药,另一侧为雷翼。炸药腔内装6mL液体,引信室与炸药腔之间有一个小孔相通。雷上配有液压机械引信,当它处于安全状态时,钢珠被限制圈所阻止,不能外移,卡住击针,不能击发。当炸药上受到的力大于100N时,钢珠限制圈上移,击针在击针簧作用下推开钢珠,击发雷管,使地雷起爆,可炸伤人的脚部。英军子弹地雷的战斗部就是一颗子弹,形如铁钉。设置时,弹头朝上,往地上一插,微露地面即可。脚一踏上,弹头便射出,能击穿脚掌。

7）纳米传感系统

纳米传感系统状如小草,装有敏锐的电子侦察仪器、照相机和感应器,具有人的眼力,可侦测出坦克出动时的振动和声音,再将情报传回总部。空军可在敌方可能部署部队的原野上,空投数以万计的纳米传感系统,不费吹灰之力,即可掌握敌军动向。美国圣迪亚实验室用自组装方法研制出一种表面巨大,具有完全规则纳米结构的超薄涂层,其孔隙允许一定尺寸的分子通过。这种涂层可用于制作分子传感器,其检测分子的灵敏度比普通材料高500倍。如军事上用的高灵敏度探测器,在百千米外就可嗅到坦克的柴油气味,在百米外可以探测到人行动时产生的地面震动和人体的红外辐射,在几十米外可以探测到人的心脏跳动。另外,分子传感器还可以个性化,像猎犬一样记住某个人的气味,实现千里追踪。如果与其他传感器配合使用,安装在武器的导引头上,就可制成微型个人攻击器,根据敌军指挥员的特有气味对其实施精确打击。

8）纳米核武器

21世纪的战场,核武器仍然具有巨大的威胁。除了作为战略威慑力量的战略核武器外,各种可用于实战的纳米战术核武器也将陆续被研制和装备部队。目前比较有代表性的是有关国家正在研制的三种纳米核武器:10t当量的钻地核武器的弹头可钻入地下10~15m处爆炸,能够使500Pa的压力到达地下25m的深度,即使35m深处也仍有250Pa。如此强大的压力能摧毁非常坚固的地下工事,而核爆炸所产生的冲击波对距离100m左右的建筑设施仅有轻微损坏。此外,这种核武器还能十分有效地破坏敌方的机场等大型坚固的地面军用设施。100t当量的反导弹核武器是携带100t当量核弹头的反导弹核武器,不仅能在高空准确地拦截来袭导弹,而且其高强度的核辐射可使来袭导弹的化学、生物弹头失效。这种反导弹核武器即使在几乎没有空气传播冲击波的高度,致命杀伤半径也有100m,远远大于其他任何常规拦截武器,因而可以尽可能地在远距离上将来袭导弹击毁,这是常规拦截武器无法比拟的。1000t当量的地地或空地核武器能十分有效地打击敌坦克和步兵集团,其致命杀伤半径对坦克乘员约为500m,对步兵、炮兵及其他支援部队约为800m。将这种小型核弹准确投向敌进攻部队的先头部队,可以有效地迟滞其进攻;将这种小型核弹用于对敌指挥控制中心、炮兵部队以及处于临战状态和集结地域的第二梯队实施准确攻击,效果也十分理想。

9.8 基 因 武 器

基因是一种被称为脱氧核糖核酸(DNA)的物质(见图9.34),其中隐藏着负责人类生命和遗传的"密码",每个人都有自己的基因密码,如果基因发生问题,不仅会影响到本人的健康和生命,而且还将会传给子孙后代。

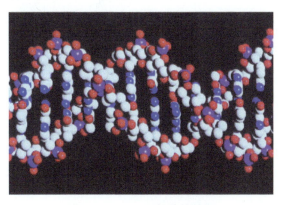

图9.34 DNA双螺旋结构图

基因武器,也称遗传工程武器或DNA武器,是一种利用运用遗传工程技术,采用类似工程设计的方法,利用基因重组技术来改变非致病微生物的遗传物质的新型生物武器。根据作战需要,在一些致病细菌或病毒中插入能对抗疫苗或药物的基因,产生具有显著抗药性的致病细菌,或在一些本来不会致病的微生物体内插入致病基因,产生出新的致病生物制剂。

1. 基因武器的特点

同其他武器相比,基因武器有以下几个显著的特点。

1) 威力巨大

对基因武器与威力巨大的核武器相比较,有人估算,用5000万美元建立一个基因武器库,其杀伤能力将远远超过一座用50亿美元建立的核武器库。将一种超级出血热菌的"基因武器"投入对方的水系,会使水系流域的居民多数丧失生活能力,这要比核弹杀伤力大数十倍。如果将其发挥到极致,将会使某一共同基因的人种灭绝。因此,基因武器又被称为"人种武器"。美国曾利用细胞中DNA的生物催化作用,把一种病毒的DNA分离出来,再与另一种病毒的DNA结合,拼接成一种剧毒的"热毒素",20g"热毒素"就可使全球60亿人口死于一旦,其威力比核弹大几十倍。正因为如此,国外有人将"基因武器"称为"世界末日武器"。对敌方有强烈的心理威慑作用。

2) 不易防御和被伤害后难以治疗

由于基因武器可以秘密施放,难以察觉,借助于水、植物、动物、食品等一切媒体进行传播,十分难以防御;一旦中毒,很难破译基因密码,一般的药物及普通疫苗预防难以治疗,所以防御难度大。

3) 成本低廉,易于制造

随着科学技术的发展,特别是生物技术的发展,制造"基因武器"的能力会越来越强,人数越来越多。只需要一般的实验室,一些简单的现代器械,几个专家级水平的人员就能制成。

4) 使用方便

基因武器的使用方法简单多样,可以用人工、普通火炮、军舰、飞机、气球或导弹进行施放,只需将经过遗传工程改造的细菌、细菌昆虫和带有致病基因的微生物,投入他国前线、后方、江河湖泊、城市和交通要道,让病毒自然扩散、繁殖,即可使敌方人、畜在短时间患上一种无法治疗的疾病,从而在无形的战场中静悄悄地削弱对手的战争能力,使敌方战场瓦解,后方支援和保障战争的能力瘫痪,同时还可以使基础设施和武器装备不受损坏。

5) 杀伤目标可控

由于基因武器有精确的敌我分辨能力,只攻击敌方特定人种。由于基因武器的致病菌采用了人种生化特征上的差异,因此它只对某个特定人种有致病作用,对其他人种并不起作用,是一种新型种族灭绝武器。也就是说,设计者可以有选择地利用这种武器对某种特定的人种进行杀伤,不会同时伤害同环境中的其他人种。例如,用基因武器可以只杀红褐色头发的人,也可以只杀矮个子或高个子、蓝眼睛的人。有精确的敌我分辨能力,只攻击敌方特定人种。

2. 基因武器的类型

基因武器根据其原理、作用的不同,可分为微生物基因武器、毒素基因武器、转基因食物、克隆武器等。

1) 微生物基因武器

微生物基因武器,是按人们的需要,通过基因重组技术改变细菌或带有致病基因微生物的病毒性质,使敌方感染得病并短期内无法治愈的新型生物武器。微生物基因武器,就是用DNA重组技术改变细菌或病毒,使不致病的成为致病的,可用疫苗或药物预防和救治的疾病,变得难于预防和治疗。微生物基因武器是生物武器库中的常见家族,包括:利用微生物基因修饰生产新的生物战剂、改造构建已知生物战剂、利用基因重组方法制备新的病毒战剂;把自然界中致病力强的基因转移,制造出致病力更强的新战剂;把耐药性基因转移,制造出耐药性更强的新战剂;等等。

如果基因病毒和病菌武器应用于战场,所产生的心理震撼力非常大。因为经过改造的病毒和病菌基因,只有制造者才知道它的遗传密码,敌方很难在短时期内破译和控制。如果交战双方的科学技术水平存在较大差距,科学技术落后的一方就更难以应付病毒和病菌基因武器的伤害。战时,病毒和病菌基因武器在敌方防不胜防的情况下突然使用,既能给敌方造成大量的人员伤亡,同时也能摧垮敌方的心理防线,使之惊慌失措,精神崩溃,自动丧失战斗力。

2）毒素基因武器

毒素基因武器,是通过基因工程技术改造,增强天然毒素的毒性,或者制成自然界所没有的毒性更强的毒素,可以对现有任何抗生素产生抗药性,使敌方感染得病并短期内无法治愈的新型化学武器。毒素基因武器杀伤力极强,远非普通的生物战剂所能比拟。

热毒素基因武器正是世界上杀伤力最大的武器之一。美国曾利用细胞中的脱氧核糖核酸的生物催化作用,把一种病毒的 DNA 分离出来,再与另一种病毒的 DNA 相结合,拼接成一种具有剧毒的"热毒素"基因战剂,用其万分之一毫克就能毒死 100 只猫;倘用其 20g,就足以使 50 亿人死于一旦。

炭疽热毒素由三个蛋白质组成,它们共同作用杀死感染者,尤其是在这种细菌的孢子被吸入后。一种蛋白负责保护其他的两种蛋白免受身体免疫系统的攻击,第二种负责摧毁免疫细胞。第三种称为水肿因子,接管身体信号的系统,破坏了细胞的能量平衡,使得它们都积聚液体。患者最终死于出血和脓毒性休克。

抗生素可以杀死这些细菌,但是炭疽热病菌能够产生毒素,即使是在菌体被杀死后,仍然能够导致患者死亡。因为一些形式的炭疽感染症状只有在疾病的后期才明显,所以医生们需要一种更好的药物来作用于这些毒素。

3）转基因食物武器

中国有句古语"吃什么补什么"。

转基因食物武器,是利用基因技术对食物进行处理,制成弱化基因,诱发特定或多种疾病,降低对方的战斗力;或者制成强化基因的食品,增强己方士兵的作战能力,培育未来的"超级士兵"。

转基因食品可以作为一种特殊武器,通过基因工程技术,有针对性地将某种基因毒蛋白转入某种植物中,威逼、诱骗或诱惑敌方引入,大量种植后再生产成转基因食品,通过日常食物摄取方式,使这样特殊的转基因食品中的基因毒蛋白悄无声息地进入敌方人体的血液和细胞组织,通过调控人体内靶基因表达的方式影响人体的生理功能,进而发挥生物学作用。转基因食品武器（"携毒"转基因食物）可导致动物一代致病,二代呆傻,三代绝育。转基因食品或许正是人类为自己准备的"最后的晚餐"。

4）克隆武器

古代神话里孙悟空用自己的汗毛变成无数个小孙悟空共同战斗。

克隆武器,是利用基因技术产生极具攻击性和杀伤力的变异新物种。只要研究和破译出一种攻击人类的物种基因,便可以将这种基因转接到同类的其他物种上,其繁育的后代也将具有攻击性而成为动物兵。克隆一种具有攻击性的动物投入战场,完全会出乎敌方意料。特别是那些备受人们喜爱的青蛙、蜜蜂、蚂蚁突然间变成"杀手",人们是很难进行有效防御的,所产生的心理震撼力也大。

如果将南美杀人蜂、食人蚁的基因进行破译,然后把它们的残忍基因转接到普通的蜜蜂和蚂蚁身上,再不断把这些带有新基因的蜜蜂、蚂蚁进行克隆,这些克隆后的蜜蜂、蚂蚁,便可以成为大批量的动物兵。科学技术发展到今天,人类利用基因技术产生"杀人蜂""食人蚁"或"血蛙""巨蛙"类新物种,再利用克隆技术复制,未来战场上出现怪兽追杀人的残酷场面将非天方夜谭。

5) 种族基因武器

基因决定了人类及民族特征:肤色、头发、眼睛、身高等。

随着基因工程技术发展,人类基因组图谱的完成,人类将掌握不同种族、不同人群的特异性基因。针对不同种族、不同人群的特异性基因,采用一定的策略将其用于攻击特定目标人种,但对本种族的人毫发无损,从而导致某一个种族的毁灭。科学家把这种能被用来攻击特定基因组成的种族或人群的基因武器称为种族基因武器。

种族基因武器,是针对特定种群基因,通过基因工程技术改造,而研制的针对性基因武器,只对某特定人种的特定基因有效,也称"人种炸弹"。种族基因武器,是当前基因武器库中最具诱惑力的新成员,也是最具威力的一种。

种族基因武器,可以是通过专门为某种群定制的转基因食物、药物等对食用中特定种群产生作用,使其基因突变,而形成种族性"屠杀";也可以是通过专门针对某种群特制的带有损伤智力基因的病毒、病菌等对感染者中特定种群产生作用,使其丧失正常智力;……

3. 基因武器的发展

基因武器的出现和发展,将使未来战争发生巨大变化。首先是战争模式将发生变化。敌对双方可能在战前使用基因武器,使对方人员及生活环境遭到破坏,导致一个民族、一个国家丧失战斗力,经济衰退,在不流血中被征服。其次是军队的编制体制结构将发生变化。战斗部队将减少,而卫生勤务保障部队可能要增加。第三是战略武器与战术武器将融为一体。未来战场成为无形战场,使战场情况难以掌握和控制。

美国塞莱拉基因组公司董事长克雷洛·文特尔警告说:"人类掌握了能够对自身进行重新设计的基因草图以后,人类也就走到了自身命运的最后边界。"有关专家认为,发展基因武器可能产生一些人类在已有技术条件下难以对付的致病微生物,从而给人类带来灾难性的后果。为此,他们向全球发出强烈呼吁,各国政府有必要采取紧急措施,以制止基因武器的研制与扩散。人类千万不能打开基因武器这只"潘多拉匣子",基因武器一旦问世,人类将面临巨大的灾难。如果听任少数战争狂人恣意研制基因武器,有朝一日将可能带来一场可怕的劫难,甚至人类的灭亡,这绝非危言耸听。

如同任何高新技术都很快被应用于军事领域一样,基因工程刚一问世,一些军事大国竞相投入大量的经费和人力研究基因武器。今天,世界上科技发达国家都不同程度地掌握了遗传工程技术,用它来制造基因武器的工艺也并非十分困难。

目前,至少美国、俄罗斯和以色列都有研制基因武器的计划。美国已经研制出一些具有实战价值的基因武器。他们在普通酿酒菌中接入一种细菌的基因,从而使酿酒菌可以传播裂各热病。另外,美国已完成了把具有抗四环素作用的大肠杆菌遗传基因与具有抗青霉素作用的金色葡萄球菌的基因拼接,再把拼接的分子引入大肠杆菌中,培养出具有抗上述两种杀菌素的新大肠杆菌。俄罗斯也利用遗传工程学方法,研究了一种属于炭疽变素的新型毒素,可以对任何抗生素产生抗药性,目前找不到任何解毒剂。据报道以色列正在研制一种仅能杀伤阿拉伯人而对犹太人没有危害的基因武器。

参 考 文 献

[1] 秦健,陶玉山. 现代陆战兵器[M]. 北京:星球地图出版社,2009.
[2] 曲贵喜,雷雨. 现代海战兵器[M]. 北京:星球地图出版社,2009.
[3] 朱爱先,严国顺. 现代空战兵器[M]. 北京:星球地图出版社,2009.
[4] 李鸿志,徐学华,皮德富,等. 霹雳战神:现代兵器科学技术[M]. 济南:山东人民出版社,2001.
[5] 曹红松,张亚,高跃飞等. 兵器概论[M]. 北京:国防工业出版社,2008.
[6] 薛海中. 新概念武器[M]. 北京:航空工业出版社,2009.
[7] 禚法宝,张蜀平,王祖文,等. 新概念武器与信息化战争[M]. 北京:国防工业出版社,2008.
[8] 李传胪. 新概念武器[M]. 北京:国防工业出版社,1999.
[9] 马福球,陈运生,朵英贤. 火炮与自动武器[M]. 北京:北京理工大学出版社,2003.
[10] 夏军. 百步穿杨:导弹[M]. 北京:化学工业出版社,2009.
[11] 张波. 海洋卫士:军用舰船[M]. 北京:化学工业出版社,2009.
[12] 周新初. 空中雄鹰:战机[M]. 北京:化学工业出版社,2009.
[13] 董从建. 战争之神:火炮[M]. 北京:化学工业出版社,2009.
[14] 管学勇. 近战杀手:轻武器[M]. 北京:化学工业出版社,2009.
[15] 沈志立. 陆战之王:坦克装甲车辆[M]. 北京:化学工业出版社,2009.
[16] 栾恩杰. 国防科技名词大典[M]. 北京:原子能出版社,兵器工业出版社,航空工业出版社,2002.
[17] 慈云桂. 中国军事百科全书:军事技术基础理论分册[M]. 北京:军事科学出版社,1993.
[18] 王莹,肖峰. 电炮原理[M]. 北京:国防工业出版社,1995.
[19] 王莹,马富学. 新概念武器原理[M]. 北京:兵器工业出版社,1997.
[20] 谢作言. 信息时代的心理战[M]. 北京:解放军出版社,2004.
[21] 杨晶梅. 军用无人机揭秘[M]. 北京:国防大学出版社,2004.
[22] 樊邦奎. 国外无人机大全[M]. 北京:航空工业出版社,2001.
[23] 建云,车玉. 环境武器[M]. 北京:国防工业出版社,2001.
[24] 谈乐斌. 火炮概论[M]. 北京:北京理工大学出版社,2014.
[25] 阎清东,张连第,赵毓芹,等. 坦克构造与设计[M]. 北京:北京理工大学出版社,2006.
[26] 尹建平,王志军. 弹药学[M]. 北京:北京理工大学出版社,2014.
[27] 祁戴康. 制导弹药技术[M]. 北京:北京理工大学出版社,2002.
[28] 欧学炳,殷仁龙,王学颜. 自动武器结构设计[M]. 北京:北京理工大学出版社,1985.
[29] 李向东,钱建平,曹兵,等. 弹药概论[M]. 北京:国防工业出版社,2004.
[30] 董跃农. 士兵系统[M]. 北京:国防工业出版社,2006.
[31] 张相炎. 新概念火炮技术[M]. 北京:北京理工大学出版社,2014.
[32] 韩珺礼,王雪松,刘生海. 野战火箭武器概论[M]. 北京:国防工业出版社,2015.
[33] 汤祁忠,李照勇,王文平. 野战火箭弹技术[M]. 北京:国防工业出版社,2015.
[34] 汤祁忠,郝宏旭,王新星. 野战火箭发射技术[M]. 北京:国防工业出版社,2015.
[35] 冯益柏. 坦克装甲车辆设计——总体设计卷[M]. 北京:化学工业出版社,2014.
[36] 冯益柏. 坦克装甲车辆设计——武器系统卷[M]. 北京:化学工业出版社,2014.
[37] 沈如松. 导弹武器系统概论[M]. 北京:国防工业出版社,2010.
[38] 胡照. 弹药发展的技术趋势[J]. 装备制造,2010(04):114.
[39] 陈勇. 美国小型精确制导武器的研制进展[J]. 飞航导弹,2013(10):31-35.

[40] 谢力波,李瑞红,程辉辉. 航空反潜的新需求:高空反潜武器[J]. 飞航导弹,2016(01):40-43.
[41] 张翼麟,蒋琪,文苏丽,等. 国外无人机载空地导弹发展现状及性能分析[J]. 战术导弹技术,2013(05):16-19,44.
[42] 张翼麟,蒋琪,宋怡然. Vigilus 无人机概念武器系统及其性能[J]. 飞航导弹,2012(09):8-12.
[43] 刘颖,文琳,张迁. 国外直升机载空空导弹发展综述[J]. 飞航导弹,2012(10):25-30.
[44] 张建生. 国外巡飞弹发展概述[J]. 飞航导弹,2015(06):19-26.
[45] 任淼,王秀萍. 国外空空导弹发展动态研究[J]. 航空兵器,2013(05):12-17.
[46] 李永,李朝荣. 国外武装直升机的发展分析[J]. 舰船电子工程,2012(10):19-21.
[47] 孟红,朱森. 地面无人系统的发展及未来趋势[J]. 兵工学报,2014(S1):1-7.
[48] 陈娇叶,罗卫兵,杨钦诃. 美国无人系统发展重点及趋势分析[J]. 飞航导弹,2012(11):35-37.
[49] 任奕. 战用无人系统的现状与发展趋势[J]. 水雷战与舰船防护,2014(04):58-61.
[50] 薛春祥,黄孝鹏,朱咸军,等. 外军无人系统现状与发展趋势[J]. 雷达与对抗,2016(01):1-5,10.
[51] 闵芳. 中国主要军用无人机[J]. 生命与灾害,2013(6):36-37.
[52] 陈强,张林根. 美国军用 UUV 现状及发展趋势分析[J]. 舰船科学技术,2010(07):129-134.
[53] 杨亚丽,贾欢欢,薛晓东. 美国无人系统未来发展路线[J]. 飞航导弹,2015(05):18-24.
[54] 祁圣君,张立丰. 美国军用无人系统综述[J]. 飞航导弹,2015(07):21-24.
[55] 胡玉梅. 无人水下航行器的发展与展望[J]. 电子世界,2013(14):71-72.
[56] 唐鑫,杨建军,冯松,等. 无人机机载武器发展分析[J]. 飞航导弹,2015(08):29-36.
[57] 魏继锋,徐楚璇. 反人员非致命武器技术发展现状及趋势[J]. 四川兵工学报,2015(03):13-16.
[58] 向红军,李治源,雷彬,等. 非致动动能武器研究现状及发展趋势[J]. 四川兵工学报,2011(09):36-38.
[59] 毛征,远菲,吕春花,等. 定向能非致命武器[J]. 中国电子科学研究院学报,2011(06):581-586.
[60] 李阿楠. 声波武器的作用机理及其在反恐处突中的应用[J]. 警察技术,2014(04):85-87.
[61] SJEF ORBONS. Assessing Non-Lethal Weapons Use in Detainee Operations in Iraq: Benign Force or Necessary Evil[J]. Defence Studies, 2012,12 (3):452-477.
[62] LIU X,DAI B. The Latest Status and Development Trends of Military Unmanned Ground Vehicles in 2013 Chinese Automation Congress[J].Changsha:IEEE 2014:533-537.
[63] PERSAD C. A Review of U.S. Patents in Electromagnetic Launch Technology[J]. IEEE Transactions. on Magnetics, 2007,37(1):493-497.
[64] SHVETSOVL G A,RUTBERG P G,BUDIN A V. Overview of some Recent EML Research in Russia[J]. IEEE Transactions. On Magnetics,2006,43(1):99-106.
[65] MCNAB I R,BEACH F C. Naval Railguns[J]. IEEE Transactions. On Magnetics,2007,43(1):463-468.
[66] ROBERT M,McNAB, RICHARD L. Scott,Non-lethal Weapons and the Long tail of Warfare[J]. Small Wars & Insurgencies, 2009,20(1):141-159.
[67] KLINGENBERG G,KNAPTON J D,MORRISON W F, et al. Liquid Propellant Gun Technology[M]. Reston:American Institute of Aeronautics and Astronautics Inc., 1997.
[68] HARRY D FAIR. Progress in Electromagnetic Launch Science and Technology[J]. IEEE Transactions on Magnetics, 2006,43(1) :93-98.
[69] DYVIK J,HERBIG J,APPLETON R,et al. Recent Activities in Eletrothermal Chemical Launcher Technologies at BAE Systems[J]. IEEE Trans actions on Magnetics,2006,43(1) :303-307.